ISO45001
职业健康安全管理体系
落地+全套案例文件

谭洪华◎著

北京燕山出版社
BEIJING YANSHAN PRESS

图书在版编目（CIP）数据

ISO45001职业健康安全管理体系：落地+全套案例文件 / 谭洪华著. --北京：北京燕山出版社，2020.8

ISBN 978-7-5402-5781-1

Ⅰ. ①I… Ⅱ. ①谭… Ⅲ. ①劳动保护 - 安全管理体系 - 中国②劳动卫生 - 安全管理体系 - 中国 Ⅳ. ①X92 ②R13

中国版本图书馆CIP数据核字（2020）第144269号

书　　名：ISO45001 职业健康安全管理体系：落地 + 全套案例文件
作　　者：谭洪华
责任编辑：满　懿
出版发行：北京燕山出版社
地　　址：北京市丰台区东铁营苇子坑路 138 号
网　　址：http://www.bjyspress.com
电　　话：（010）65240430
电子信箱：bjyspress@126.com
印　　刷：河北宝昌佳彩印刷有限公司
经　　销：新华书店
规　　格：190 毫米 ×260 毫米　16 开本　36.5 印张　841 千字
版　　次：2020 年 10 月第 1 版　2020 年 10 月第 1 次印刷
定　　价：125.00 元

本书是作者依据中国国家标准化委员会发布的 ISO45001：2018《职业健康安全管理体系—要求及使用指南》国家标准征求意见稿，同时参考自己提供咨询辅导服务的相关企业的职业健康安全体系文件、职业健康安全体系相关法律法规及安全管理专业知识、职业健康安全管理体系审核员培训教材而编写。

本书分为两篇，第一篇的第一章到第四章是标准理解编写，内容包括标准中的引言、范围、引用文件、术语和定义、标准条款。重点写标准条款如何理解，如何运用，有何价值，章节包括理解、试题、落地、价值、差异分析。试题部分的主要目的是让学员深入理解标准条款的含义；落地是指导企业如何运用条款，使用这个条款要做什么，如何一步一步地落实；价值是描述这个标准条款的作用，指出该条款存在的意义。

第一篇的第四章讲解 ISO45001 体系的建立流程，包括如何对职业健康安全体系诊断、体系文件策划、现场整改及体系文件实施运行等。第五章讲解 ISO45001 法律法规和其他要求，讲述我国职业健康安全法律体系、安全生产法、职业病防治法、劳动法等主要法律法规。第六章讲解安全生产技术，包括机械设备通用安全技术、电气安全技术、防火防爆安全技术、职业危险控制技术。第七章讲解 ISO45001 体系审核指南，告诉大家如何编写检查表，如何现场审核找到问题点，如何关闭不符合项等。第八章讲解新旧版本内容比对及如何应对，包括条款比对、主要内容比对及如何从 OHS18001（健康安全）体系转化为 ISO45001 体系。

第二篇是案例文件汇编，包括 ISO45001 管理手册、程序文件、管理规定、表格、外来文件清单。外来文件包括健康安全法律法规及其他要求。由于内容比较多，作者没有录入本书，读者可以在网络上搜索下载或复制使用。这些参考文件都是由 OHS18001（健康安全）体系改编而来，作者花费大量时间修改，文件条理清晰，紧扣 2018 版 ISO45001 标准，读者可大胆使用。

本书如有不妥之处，望读者提出宝贵意见。

谭洪华

2020 年 1 月 14 日

企业为什么要推行 ISO45001 标准，实施 ISO45001 标准的好处有哪些？

笔者经过总结，认为主要有以下 8 个方面的好处：

（1）实施 ISO45001 标准可以提高企业的安全管理水平，促进企业管理的规范化、标准化、现代化。

（2）可以减少因工伤事故和职业病造成的经济损失和因此而产生的负面影响，提高企业的经济效益。

（3）可以提高企业的信誉、形象和凝聚力，增强员工的归属感。

（4）可以提高员工的安全素质、安全意识和操作技能，使员工在生产、经营活动中自觉防范安全健康风险。

（5）可以增强企业在国内外市场中的竞争力，展示企业文化及人力资源优势。

（6）可以为企业在国际生产经营活动中吸引投资者和合作伙伴创造条件。

（7）可以促进企业的安全管理水平与国际接轨，消除贸易壁垒，是企业与国际集团公司贸易往来的“通行证”。

（8）可以通过提高安全生产水平改善政府—企业—员工（以及相关方）之间的关系，避免法律及经济制裁。

ISO45001 职业健康安全管理体系对企业来说有哪些作用？

简单来说，主要有以下作用：

（1）为企业提供科学有效的职业健康安全管理体系规范和指南。

（2）安全技术系统可靠性和人的可靠性不足以杜绝事故，组织管理因素是复杂系统事故发生与否的深层原因，要做到系统化，以预防为主，全员、全过程、全方位推动安全管理。

（3）推动职业健康安全法规和制度的贯彻执行，有助于提高全民安全意识。

（4）使组织职业健康安全管理转变为主动自愿性行为，提高职业健康安全管理水平，形成自我监督、自我发现和自我完善的机制。

（5）进一步与国际标准接轨，消除贸易壁垒。

（6）改善作业条件，提高劳动者身心健康和安全卫生技能，大幅减少成本投入和提高工作效率，产生直接和间接的经济效益。

（7）改进人力资源的质量。根据人力资本理论，人的工作效率与工作环境的安全卫生状况密不可分，其良好状况能大大提高生产率，增强企业凝聚力和发展动力。

（8）在社会上树立良好的品质、信誉和形象，优秀的现代化企业除了具备经济实力和技术能力外，还应保持强烈的社会关注力和责任感，良好的环境不仅可以保证企业提升业绩，还可以保证职工的安全与健康。

（9）把 ISO45001 和 ISO9001、ISO14001 标准结合在一起将成为现代化企业运作的趋势。

（10）企业只有认清 ISO45001 标准推行的作用及意义，才能全力推行职业健康安全管理体系，保证员工的工作环境及健康安全，提高企业形象，承担社会责任。

目　录

第一篇

标准知识理解

第一章　ISO45001 标准产生的背景

一、职业健康安全体系实施状况

1999 年，国际范围内数十家标准化组织及相关机构自发成立 OHS（健康安全）AS 项目组，发布 OHS18001（健康安全）《职业健康安全管理体系—规范》，并在 2000 年发布 OHS（健康安全）18002：2000《职业健康安全管理体系—实施指南》。2007 年至 2008 年，OHS（健康安全）项目组对这两个标准实施修改，发布 OHS（健康安全）18001：2007《职业健康安全管理体系—规范》和 OHS（健康安全）18002：2007《职业健康安全管理体系—实施指南》。目前，全世界有 130 多个国家基于 OHS18001 制定自己的职业健康安全管理体系。

中国作为 ISO 成员国，十分重视职业健康安全管理体系标准化。2001 年，制定发布了 GB/T28001-2001《职业健康安全管理体系—规范》；2002 年，制定发布了 GB/T28002-2002《职业健康安全管理体系—实施指南》；2011 年，重新制定发布了 GB/T28001-2011《职业健康安全管理体系—规范》；2011 年，制定发布了 GB/T28002-2011《职业健康安全管理体系—实施指南》。

二、ISO45001 标准的制定过程

2013 年，ISO 技术管理局（TMB）成立 OHS（健康安全）国际标准项目委员会（PC283）。2013 年，OHS（健康安全）国际标准项目委员会（PC283）召开第一次全会，决定制定 ISO45001《职业健康安全管理体系—要求及使用指南》，并计划在 2016 年 10 月发布。

2015 年，OHS（健康安全）国际标准项目委员会（PC283）发布了 ISO/DIS45001，2016 年启动投票并征询意见，但投票没有通过。这个标准的 ISO45001 是根据 ISO Guider83、

OHS18001（健康安全）、ISO31000 等标准制定的。

2017 年 3 月，OHS（健康安全）国际标准项目委员会（PC283）制定了 ISO/DIS45001.2，并于当年开始投票，顺利通过。

2017 年 11 月，ISO/FDIS45001 开始投票，获得通过。

2018 年 3 月，OHS（健康安全）国际标准项目委员会（PC283）发布了正式版本 ISO45001：2018 标准。

2018 年 6 月，国家认监委同意 ISO45001 开始转版，审核员参加完 CCAA 组织的培训就可正式审核。

预计 2021 年 3 月，所有 OHS18001（健康安全）证书全部转版完成。

第二章　ISO45001 标准的基础原理

一、风险管理原理

风险是指不确定性的影响，这里的不确定性是指事件发生的随机性及对事件发生的可能性和后果严重性的不确定性。职业健康安全管理的基础是实现事故控制。事故是组织工作活动过程中所发生的随机事件，具有不确定性。因此，职业健康安全管理是针对不确定性问题的管理。为了避免发生事故，人们通过系统安全工程来控制事故发生的原因，内容包括危险源辨识、风险评价、危险源控制。危险源辨识过程是识别危险源，以及他们的起因和潜在后果的过程；风险评价是评估风险程度、确定风险是否可接受的过程，包括确定控制措施的效果；危险源控制是基于风险评价的结果确定和实施对风险源控制的措施。系统安全工程与风险管理的基本过程在原理上是一致的。

风险管理的过程包括风险识别、风险分析、风险评定、风险处理。风险识别是发现、认识、描述风险的过程，包括识别系统中的风险源，以及他们的起因和潜在后果；风险分析是理解风险的性质和确定风险程度的过程；风险评定是将风险分析的结果与风险准则进行比较，以确定风险和其量是否可以接受；风险处理是修正风险的过程。风险识别、风险分析、风险评定的整个过程可称为风险评价过程。

二、过程管理原理

从对危险源直接或间接施加控制措施的角度可将危险源的控制措施划分为技术措施和管理措施。技术措施涉及企业生产现场直接用于控制能量意外释放、物的不安全状态、人的不安全行为，包括物和人的两方面条件。管理措施涉及控制不期待事件发生、隐患排查治理、应急准备和响应的管理过程手段，以及对他们进行指挥、支持和控制的管理过程和手段，包括企业用于安全风险管控的制度、规章、标准、方案等。

用于控制安全风险和危险源的技术措施通常称为“安全技术措施”，用于控制安全风险和危险源的管理措施通常称为“安全管理措施”。从管理学的角度来说，技术措施和管理措施都是通过管理过程来实施，管理过程包括各个管理小过程，但原理都是 PDCA 循环。

PDCA 循环的原理的内容如下：

策划：识别需求、建立目标、策划实现目标的过程。

实施：实施策划的过程。

检查：针对目标，监测过程，报告结果。

改进：采取措施持续改进绩效，实现预算结果。

ISO45001 标准基于 PDCA 的过程管理原理，形成其标准的结构。

三、2018 版 ISO45001 标准内容特色

结构上发生变化。ISO45001 版本采用 ISO Guider83 所提供的管理体系标准的高层结构。

风险管理原理一致，但 ISO45001 基于 ISO Guider83 确定的核心主题，增加了管理体系中其他风险管理的要求。

ISO45001 标准基于风险管理及条款“4.1 理解组织及其所处的环境”“4.2 理解工作人员和其他相关方的需求和期望”，取消了预防措施的要求。

遵循 PDCA 循环的原则。

ISO45001 标准强调了把职业健康安全管理体系融入组织的业务过程。

ISO45001 标准强调了支持职业健康安全管理体系的预期结果的组织文化。

ISO45001 标准强调了工作人员的协调与参与。

第三章　ISO45001 标准条款讲解

一、引言和范围

3. ISO45001 标准条款讲解

3.1　引言和范围

引言

0.1　背景

组织应对工作人员和可能受其活动影响的其他人员的职业健康安全负责，包括促进和保护他们的生理和心理健康。

采用职业健康安全管理体系旨在使组织能够提供健康安全的工作场所，防止与工作相关的伤害和健康损害，并持续改进其职业健康安全绩效。

在职业健康安全领域，国家专门制定了《中华人民共和国安全生产法》和《中华人民共和国职业病防治法》，以及其他一系列相关法律法规。这些法律法规所确立的安全生产制度和要求，以及职业病防治制度和要求是组织建立和保持职业健康安全管理体系所需予以特别考虑的制度、政策和技术背景。

0.2　职业健康安全管理体系的目的

职业健康安全管理体系的作用是为管理职业健康安全风险和机遇提供一个框架。职业健康安全管理体系的目的是防止对工作人员造成与工作相关的伤害和健康损害，并提供健康安全的工作场所；因此，对组织而言，采取有效的预防和保护措施以消除危险源和最大限度地降低职业健康安全风险至关重要。

组织通过其职业健康安全管理体系应用这些措施时，能够提高其职业健康安全绩效。如果及早采取措施以应对改进职业健康安全绩效的机遇，职业健康安全管理体系将会更为有效和高效。

实施符合本标准的职业健康安全管理体系，能使组织管理其职业健康安全风险并提升其职业健康安全绩效。职业健康安全管理体系有助于组织履行法律法规要求和其他要求。

0.3　成功因素

对组织而言，实施职业健康安全管理体系是一项战略和经营决策。职业健康安全管理体系的成功取决于领导作用、承诺，以及组织各职能和层次的参与。

职业健康安全管理体系的实施和保持，其有效性和实现预期结果的能力取决于一系列关键因素。具体包括以下几点：

（a）最高管理者的领导作用、承诺、责任和问责。

（b）最高管理者对组织内支持职业健康安全管理体系预期结果的文化的建设、引领和促进。

（c）沟通。

（d）工作人员及其代表（若有）的协商和参与。

（e）为保持职业健康安全管理体系而所需的资源配置。

（f）符合组织总体战略目标和方向的职业健康安全方针。

（g）辨识危险源、控制职业健康安全风险和利用职业健康安全机遇的有效过程。

（h）为提升职业健康安全绩效而持续开展的职业健康安全管理体系绩效评价和监视。

（i）将职业健康安全管理体系融入组织的业务过程。

（j）符合职业健康安全方针并必须考虑组织的危险源、职业健康安全风险和职业健康安全机遇的职业健康安全目标。

（k）符合法律法规要求和其他要求。

成功实施本标准可使工作人员和其他相关方确信组织已建立了有效的职业健康安全管理体系。然而，采用本标准并不能保证防止工作人员受到与工作相关的伤害和健康损害，提供健康安全的工作场所和改进职业健康安全绩效。

组织职业健康安全管理体系的详细水平、复杂程度和成文信息的范围，以及为确保组织职业健康安全管理体系成功所需的资源取决于多方面因素，包括以下几个方面：

（a）组织所处的环境（例如工作人员数量、规模、地理位置、文化、法律法规要求和其他要求）。

（b）组织职业健康安全管理体系的范围。

（c）组织活动的性质和相关的职业健康安全风险。

0.4“策划－实施－检查－改进”循环

本标准中所采用的职业健康安全管理体系的方法是基于“策划－实施－检查－改进（PDCA）”的概念。

PDCA概念是一个迭代过程，被组织用于实现持续改进。它可应用于管理体系及其每个单独的要素，具体如下：

（a）策划（P：Plan）：确定和评价职业健康安全风险、职业健康安全机遇及其他风险和机遇，制定职业健康安全目标并建立所需的过程，以实现与组织职业健康安全方针相一致的结果。

（b）实施（D：Do）：实施所策划的过程。

（c）检查（C：Check）：依据职业健康安全方针和目标，对活动和过程进行监视和测量，并报告结果。

（d）改进（A：Acton）：采取措施持续改进职业健康安全绩效，以实现预期结果。

本标准将 PDCA 概念融入一个新框架中，如图 3-1 所示。

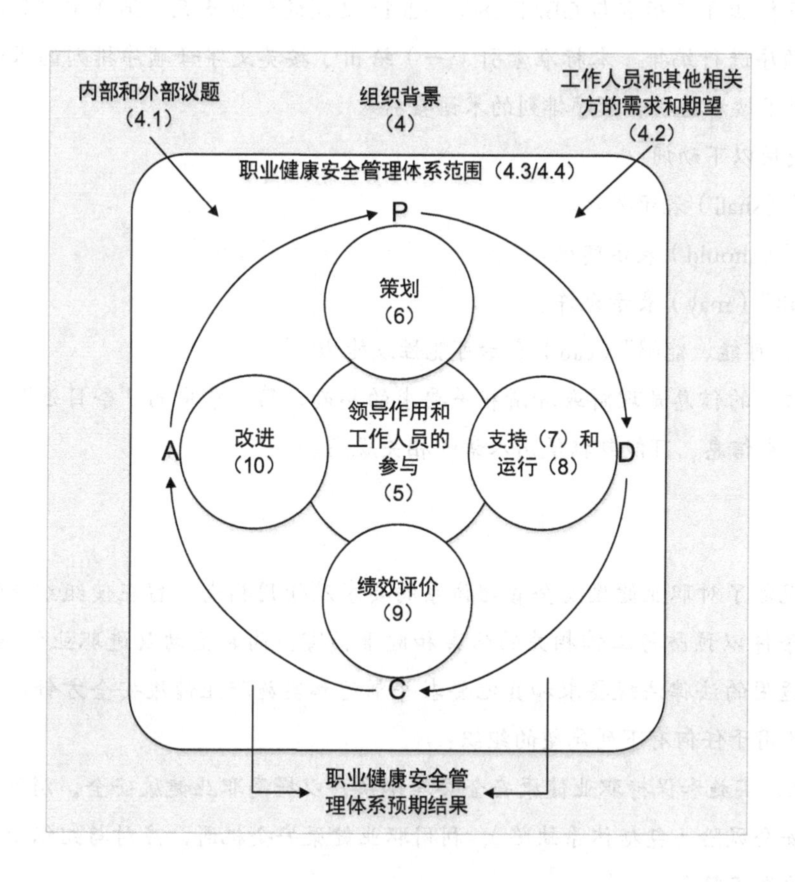

注：括号内的数字是指本标准的相应章条号。

图 3-1　PDCA 与本标准框架之间的关系

0.5　本标准

本标准符合国际标准化组织（ISO）对管理体系标准的要求。这些要求包括一个统一的高层结构、相同的核心正文以及具有核心定义的通用术语，旨在方便本标准的使用者实施多个 ISO 管理体系标准。

尽管本标准的要素可与其他管理体系兼容或整合，但本标准并不包含针对其他主题（比如质量、社会责任、环境、治安保卫或财务管理等）的要求。

本标准包含组织能用于实施职业健康安全管理体系和评价符合性的要求。希望证实符合本标准的组织可通过以下方式来证实：

（a）开展自我评价和声明。

（b）寻求组织的相关方（比如顾客）对其符合性进行确认。

（c）寻求组织的外部机构对其自我声明的确认。

（d）寻求外部组织对其职业健康安全管理体系进行认证或注册。

本标准的第 1 章至第 3 章阐述了适用本标准的范围、规范性引用文件及术语和定义，第 4 章至第 10 章包含了可用于评价与本标准符合性的要求。附录 A 提供了这些要求的解释性信息。附录 B 给出了本标准与 GB/T 28001-2011 之间的对应情况。第 3 章中的术语和定义按照概念的顺序进行编排。本标准索引（一）给出了按英文字母顺序排列的术语索引，索引（二）给出了按汉语拼音顺序排列的术语索引。

本标准使用以下动词：

（a）“应”（shall）表示要求。

（b）“宜”（should）表示建议。

（c）“可以”（may）表示允许。

（d）“可、可能、能够”（can）表示可能性或能力。

标记“注”的信息是理解或澄清相关要求的指南。第 3 章中的“条目注”提供了增补术语资料的补充信息，可能包括使用术语的相关规定。

1. 范围

本标准规定了对职业健康安全管理体系的要求及使用指南，旨在使组织能够提供健康安全的工作条件以预防与工作相关的伤害和健康损害，同时主动改进职业健康安全绩效。这包括考虑适用的法律法规要求和其他要求并制定和实施职业健康安全方针和目标。

本标准适用于任何有下列愿望的组织：

（a）建立、实施和保持职业健康安全管理体系，以提高职业健康安全，消除或尽可能降低职业健康安全风险（包括体系缺陷），利用职业健康安全机遇，应对与组织活动相关的职业健康安全体系不符合。

（b）持续改进组织的职业健康安全绩效和目标的实现程度。

（c）确保组织自身符合其所阐明的职业健康安全方针。

（d）证实符合本标准的要求。

本标准旨在适用于不同规模、各种类型和活动的组织，并适用于组织控制下的职业健康安全风险，该风险考虑了组织运行所处的环境及员工和其他相关方的需求和期望。

本标准未提出具体的职业健康安全绩效准则，也未规定职业健康安全管理体系的结构。

本标准使组织能够通过组织的职业健康安全管理体系，整合健康和安全的其他方面，比如员工健康／福利。

本标准未涉及除给员工及其他相关方造成的风险以外的其他问题，比如产品安全、财产损失或环境影响等风险。

本标准能够全部或部分地用于系统地改进职业健康安全管理。但是，只有本标准的所有要求都被包含在组织的职业健康安全管理体系中且全部得以满足，组织才能声明符合本标准。

注：有关本标准要求的意图的更多指南，请见附录 A。

2. 规范性引用文件

本标准无规范性引用文件。

【理解】

ISO45001 标准未提出具体的职业健康安全绩效准则，也未规定职业健康安全管理体系的结构。

ISO45001 标准未涉及除给员工及其他相关方造成的风险以外的其他问题，比如产品安全、财产损失或环境影响等风险。

ISO45001 标准体系产生的背景有以下三个：

（1）组织应对工作人员和可能受其活动影响的其他人员的职业健康安全负责，包括促进和保护他们的生理和心理健康。

（2）采用职业健康安全管理体系旨在使组织能够提供健康安全的工作场所，防止与工作相关的伤害和健康损害，并持续改进其职业健康安全绩效。

（3）在职业健康安全领域，国家专门制定了《中华人民共和国安全生产法》和《中华人民共和国职业病防治法》，以及其他一系列相关法律法规。这些法律法规所确立的安全生产制度和要求，以及职业病防治制度和要求是组织建立和保持职业健康安全管理体系所需予以特别考虑的制度、政策和技术背景。

职业健康安全管理体系的目的有以下三个：

（1）防止对工作人员造成与工作相关的伤害和健康损害，并提供健康安全的工作场所。

（2）组织通过其职业健康安全管理体系应用这些措施时，能够提高其职业健康安全绩效。

（3）实施符合 ISO45001 标准的职业健康安全管理体系，能使组织管理其职业健康安全风险并提升其职业健康安全绩效。职业健康安全管理体系有助于组织履行其法律法规要求和其他要求。

OHS（健康安全）管理体系成功的关键因素有以下几点：

（1）最高管理者的领导作用、承诺、责任和问责。

（2）最高管理者对组织内支持职业健康安全管理体系预期结果的文化的建设、引领和促进。

（3）沟通。

（4）工作人员及其代表（若有）的协商和参与。

（5）为保持职业健康安全管理体系而所需的资源配置。

（6）符合组织总体战略目标和方向的职业健康安全方针。

（7）辨识危险源、控制职业健康安全风险和利用职业健康安全机遇的有效过程。

（8）为提升职业健康安全绩效而持续开展的职业健康安全管理体系绩效评价和监视。

（9）将职业健康安全管理体系融入组织的业务过程。

（10）符合职业健康安全方针并必须考虑组织的危险源、职业健康安全风险和职业健康安全机遇的职业健康安全目标。

（11）符合法律法规要求和其他要求。

ISO45001 标准适用于任何有下列愿望的组织：

（1）建立、实施和保持职业健康安全管理体系，以提高职业健康安全，消除或尽可能降低职业健康安全风险（包括体系缺陷），利用职业健康安全机遇，应对与组织活动相关的职业健康安全体系不符合。

（2）持续改进组织的职业健康安全绩效和目标的实现程度。

（3）确保组织自身符合其所阐明的职业健康安全方针。

（4）证实符合 ISO45001 标准的要求。

【练习】

（1）ISO 在（　）开始提出职业健康安全管理体系标准化的议题。

A.1995 年

B.1996 年

C.2013 年

D.2018 年

答案：B

（2）ISO45001：2018 标准的内容包含（　）。

A. 职业健康安全管理体系要求

B. 职业健康安全管理体系指南

C. 职业健康安全管理体系要求及使用指南

D. 职业健康安全管理体系要求及审核指南

答案：C

（3）ISO45001 标准强调了将职业健康安全管理体系要求融入组织的（　）。

A. 文化

B. 环境

C. 基础

D. 业务过程

答案：D

（4）ISO45001 标准与 GB/T28001 标准在（　）方面保持了一致性。

A. 职业健康安全风险管理原理

B. 与 PDCA 相关联的标准框架结构

C. 标准条款

D. 纠正和预防措施的要求

答案：A

（5）ISO45001 标准与 GB/T28001 标准（　）。

A. 都采用了 ISOGuider83 的高阶结构

B. 都遵循了 PDCA 的过程原理

C. 都采用了 ISOGuider83 的核心主题

D. 都采用了 ISOGuider83 的通用术语核心定义

答案：B

（6）组织可以通过以下（　）方式，获得 ISO45001 标准认证证书。

A. 基于已获得的 GB/T28001 标准认证证书进行转换

B. 必须废止原有 GB/T28001 标准认证证书，重新进行认证

C. 已获得的 GB/T28001 标准认证证书可视同为 ISO45001：2018 标准认证证书

D. 依据 ISO45001：2018 标准，建立和实施职业健康安全管理体系

答案：AD

（7）ISO45001：2018 标准与 GB/T28001 标准在如下（　）方面的原理内容保持一致性。

A. 职业健康安全风险管理原理

B. 预防措施方面的原理

C. 职业健康安全管理体系包含的基本过程

D.PDCA 的管理过程原理

答案：ACD

（8）ISO45001：2018 标准结构上（　）。

A. 采用了 GB/T28001 标准相同的结构

B. 采用了 OHS（健康安全）AS18001 标准相同的结构

C. 采用了 ISOGuide83 所提供的管理体系标准的高阶结构

D. 采用了与 PDCA 相关联的标准框架

答案：CD

（9）ISO45001：2018 标准基于其标准中（　）的内容要求，取消了“预防措施”的要求。

A.10.3 持续改进

B.6.1 应对风险和机会的措施

C.4.1 理解组织及其环境

D.4.2 理解工作人员和其他相关方的需求和期望

答案：CD

（10）ISO45001 标准采用了 ISO Guide83（　）。

A. 高层面结构

B. 核心主题

C. 通用术语

D. 核心定义

答案：BCD

（11）ISO45001：2018 标准出现的（　）条款内容，是 GB/T28001 标准在文字内容表述方面不涉及的条款内容。

A.5.4 工作人员的协商和参与

B.4.1 理解组织和其环境

C.4.2 理解工作人员和其他相关方的需求和期待

D.6.1.2.1 危险源辨识

答案：BC

（12）ISO45001 标准是 ISO 继 OHS（健康安全）AS18001 标准后发布的第二项职业健康安全管理体系国际标准（　）。

A. 正确

B. 错误

答案：B

（13）IAF 对职业健康安全管理体系认证标准由 OHS（健康安全）AS18001 转换成 ISO45001 的相关事项提出了要求，组织还不能基于 GB/T28001 标准认证书，转换为 ISO45001：2018 标准认证证书（　）。

A. 正确

B. 错误

答案：B

（14）组织应依据 ISO45001 标准，从原理上改变依据 GB/T28001 标准建立的职业健康安全管理体系（　）。

A. 正确

B. 错误

答案：B

（15）ISO45001：2018 标准和 GB/T28001 标准都基于 PDCA 原理，采用了相同的标准结构（　）。

A. 正确

B. 错误

答案：B

（16）相对于 GB/T28001 标准，ISO45001 标准增加了职业健康安全管理体系其他风险管理的要求（　）。

A. 正确

B. 错误

答案：A

（17）相对于 GB/T28001 标准，ISO45001 标准增加了“组织环境”的条款要求（　）。

A. 正确

B. 错误

答案：A

（18）ISO45001：2018 标准相对于 GB/T28001 标准，核心原理是一致的，标准内容没什么变化（　）。

A. 正确

B. 错误

答案：B

（19）组织可以基于 ISO45001：2018 标准，对已建立的 OHS（健康安全）MS 进一步加以改进（　）。

A. 正确

B. 错误

答案：A

二、术语和定义

3. 术语和定义

下列术语和定义适用于本标准。

3.1

组织 organization

为实现其目标（3.16）而具有职责、权限和关系等自身职能的个人或群体。

注：组织包括但不限于个体经营者、公司、集团公司、商行、企事业单位、政府机构、合股经营的公司、公益机构、社团，或者上述单位中的一部分或其结合体，无论其是否具有法人资格、公有或私营。

【理解】

组织可能是个人或群体，不管这个组织是赢利机构还是公益机构，也包括政府部门或社会组织。

3.2

相关方 interested party

能够影响决策或活动、受决策或活动影响，或感觉自身受到决策或活动影响的个人或组织（3.1）。

注：本标准规定了与员工有关的要求，员工也属于相关方。

【理解】

相关方包括个人，也包括组织。包括主动的影响或被动的影响，比如当地政府、当地社区、周边企业、社会团体、客户，这些是我们被动受到他们的影响。主动影响是我们影响别人，比如供应商、公司员工。相关方我们要在 4.2 理解员工及其他相关方的需求和期望和 8.1.4 采购两个条款中纳入管理，首先我们识别相关方要求与期望，然后对外包方、采购方、承包方施加影响，确保满足职责健康安全体系要求。

3.3

员工 worker

在组织（3.1）控制下从事工作或与工作相关的活动的人员。

注 1：人员从事工作或与工作相关的活动有各种不同的安排方式，有偿的或无偿的，比如定期的或临时的，间歇性的或季节性的，偶然的或兼职的。

注 2：员工包括最高管理者（3.12）、管理人员和非管理人员。

注 3：在组织控制下从事工作或与工作相关的活动的可以是组织雇用的员工，或是其他人员，包括来自外部供方的员工、承包商的员工、个人，也包括组织对派遣员工有一定控制程度的情形。

【理解】

员工包括本组织员工，也包括承包方 / 采购方来到本组织工作的员工、正式工 / 临时工、高层管理人员、基层作业人员，不管这些员工是有偿工作还是无偿工作。

3.4

参与 participation

员工（3.3）参加职业健康安全管理体系的决策过程。

【理解】

参与重点放在决策上，确定某件事情如何做。以下七件事情要有员工代表参与决策：

（1）确定他们参与和协商的机制；员工及员工代表参与公司 OHS（健康安全）活动的制度，要征得员工代表同意。

（2）危险源辨识和风险评价（见 6.1、6.1.1 和 6.1.2）；危险源识别及风险评价记录，要征得员工代表同意。

（3）控制危险源和风险（见 6.1.4）的措施；危险源及风险控制方案，要征得员工代表同意。

（4）识别能力、培训和培训评价的需求（见 7.2）；人员任职资格及培训计划，要征得员工代表同意。

（5）确定需要沟通的信息及如何沟通（见 7.4）；需要公开的信息及沟通方式，要征得员工代表同意。

（6）确定控制措施及其有效应用（见 8.1、8.2 和 8.6）；OHS（健康安全）体系相关风险及控制措施，要征得员工代表同意。

（7）调查事件和不符合并确定纠正措施（见 10.1）；OHS（健康安全）相关事件或事故原因及纠正预防措施，要征得员工代表同意。

3.5

协商 consultation

组织（3.1）在决策之前向员工征求意见的过程（3.25）。

【理解】

参与重点放在决策上，确定某件事情如何做。协商重点放在征求意见上，意见征求了，决定就是参与了。所以协商在前，参与在后。员工更多还是想参与决策，而不仅是向普通员工征求意见。下列九项工作要征求员工代表或员工意见：

（1）确定相关方的需求和期望（见 4.2）；相关方的需求与期望向组织公告，征求意见。

（2）制定方针（见 5.2）；OHS（健康安全）方针向组织公告，征求意见。

（3）适用时分配组织的岗位、职责、责任和权限（见 5.3）；组织架构 / 部门职责 / 岗位职责要向组织公告，征求意见。

（4）确定如何应用法律法规要求和其他要求（见 6.1.3）；OHS（健康安全）相关法律法规要求评审结果要向组织公告，征求意见。

（5）制定职业健康安全目标（见 6.2.1）；OHS（健康安全）目标及统计结果要向组织公告，征求意见。

（6）确定外包商、采购商和分包商适用的控制方法（见 8.3、8.4 和 8.5）；外包商 / 承包商 / 外包商 OHS（健康安全）要求要公示。

（7）确定哪些需要监视、测量和评价（见 9.1.1）；OHS（健康安全）监视测量评价计划要向组织公告，征求意见。

（8）策划、建立、实施并保持一个或多个审核方案（见 9.2.2）；年度 OHS（健康安全）审核方案要向组织公告，征求意见。

（9）建立一个或多个持续改进过程（见 10.2.2）；OHS（健康安全）改善计划或纠正预防措施单要向组织公告，征求意见。

3.6

工作场所 workplace

组织（3.1）控制下的一个人需要在的或是因工作需要去的地方。

注：组织在职业健康安全管理体系（3.1）中对工作场所的职责取决于对工作场所的控制程度。

3.7

承包商 contractor

按照约定的规格、条款和条件在一个工作场所（3.6）向本组织提供服务的外部组织（3.1）。

注：服务可以包括建筑活动。

【理解】

承包商包括基础设施施工方、设备安装方、本组织物业承包商、外部的培训服务机构、食堂承包商，特点是在本组织场所活动，但属于外部组织。外包方指主要活动在本组织以外，协助本组织完成活动的单位，如垃圾及废弃物处理商、电镀加工方、仪器校准机构、产品检测机构。采购商指本组织采购产品或服务，主要活动在本组织以外，本司不提供材料，采购方完成生产或服务，如原材料提供商，公司车队的任务包括接送人员和接送货物。

3.8

要求 requirement

明示的、通常隐含的或必须履行的要求或期望。

注："通常隐含"是指与组织的职业健康安全方针（3.15）一致的惯例或一般做法。

3.9

法律法规要求和其他要求 legal requirements and other requirements

适用于组织（3.1）的法定要求（3.8），对组织有法律约束力的义务及组织应遵守的要求。

注 1：在本标准中，法律法规要求和其他要求指的是与职业健康安全管理体系（3.11）相关的要求。

注 2：有法律约束力的义务包括媒体合同中的条款。

注 3：法律法规要求和其他要求包括按照法律法规、媒体合同和实践选举员工代表（3.3）的要求。

【理解】

法律法规包括国际组织要求 / 人大的法律 / 政府的法规 / 地方政府的规章制度，相关要求包括当地社区或团体的 OHS（健康安全）要求，客户的 OHS（健康安全）要求、合同。我们先要识别最新的法律法规及要求，再识别其中与危险源相关的法律法规及要求，评价本组织是否符合要求，公示结果，让组织中的每个员工都知道。我们也要识别客户及相关团队的要求并予以落实。

3.10

管理体系 management system

组织（3.1）用于制定方针（3.14）、目标（3.15），以及实现这些目标的过程（3.25）所需的一系列相互关联或相互作用的要素。

注 1：一个管理体系可关注一个领域或多个领域。

注 2：体系要素包括组织的结构，岗位和职责，策划和运行，绩效评价和改进措施。

注 3：管理体系的范围包括整个组织、其特定的职能、其特定的部门，或者是跨组织的一个或多个职能。

3.11

职业健康安全管理体系 occupational health and safety management system

职业健康安全管理体系 OH&S management system

用于实现职业健康安全方针（3.15）的管理体系（3.10）或管理体系的一部分。

注 1：职业健康安全管理体系的预期结果是预防员工（3.3）的伤害和健康损害（3.18），提供安全和健康的工作场所（3.4）。

注 2：术语“职业健康安全”（OH&S）和“职业安全健康”（OSH）含义相同。

3.12

最高管理者 top management

在最高层指挥并控制组织（3.1）的一个人或一组人。

注 1：最高管理者有权在组织内部授权并提供资源，对职业健康安全管理体系（3.11）承担最终责任。

注 2：如果管理体系（3.10）的范围仅涵盖组织的一部分，则最高管理者是指那些指挥并控制组织该部分的人员。

3.13

有效性 effectiveness

实现策划的活动并取得策划的结果的程度。

3.14

方针 policy

由最高管理者（3.12）正式表述的组织（3.1）的意图和方向。

3.15

职业健康安全方针 occupational health and safety policy

职业健康安全方针 OH&S policy

预防员工（3.3）的与工作相关的伤害和健康损害（3.18），并提供一个安全和健康的工作场所（3.6）的方针（3.14）。

3.16

目标 objective

要实现的结果。

注 1：目标可能是战略性的、战术性的或运行层面的。

注 2：目标可能涉及不同的领域（例如财务、健康与安全以及环境目标），并能够应用于不同层面（例如战略、组织范围、项目、产品和过程）（3.25）。

注 3：目标可能以其他方式表达，例如预期结果、目的、运行准则、职业健康安全目标（3.17），或使用其他意思相近的词语（例如目的、指标）等表达。

3.17

职业健康安全目标 occupational health and safety objective

职业健康安全目标 OH&S objective

组织（3.1）为了实现具体的结果，依据职业健康安全方针（3.15）制定的目标（3.16）。

3.18

伤害和健康损害 injury and ill health

对人的身体、精神或认知状况造成的不良影响。

注：这些状况包括职业病、疾病和死亡。

3.19

危险源 hazard

可能导致伤害和健康损害（3.18）的根源或状态。

【理解】

根源（例如运转着的机械、辐射或能量源等）；状态（例如在高处进行作业等）；行为（例如手工提 / 举重物等）。

第一类危险源包括以下两点：

（1）产生能量的能量源或拥有能量的能量载体。

（2）有害物质。例如高处作业的势能、带电导体上的电能、行驶车辆的动能、噪声的声能、激光的光能、高温作业及剧烈反应工艺装置的热能。

第二类危险源是指导致约束、限制能量措施失效的各种因素，包括人的不安全行为 / 物的不安全状态 / 管理缺陷。例如高速公路上的坑，员工不按要求戴口罩，员工不按要求佩戴橡胶手套接触天那水，叉车速度超过 40km/h。

参照 GB/T13861 标准，可将危险源分为六类：物理性危险源、化学性危险源、生产性危险源、心理及生理性危险源、行为危险源、其他危险源。

识别危险源的步骤为：首先识别活动；其次识别风险；再次查找危险源；最后排查六类危险源是否完全识别，如人的不安全行为、物的不安全状态、管理因素、环境因素等四种情况是否都识别到了。

举例说明：

在 CNC 车间，识别危险源的步骤包括以下几点：

第一步：识别活动。例如办公活动、CNC 加工活动、磨刀活动、处理不良品活动、搬运活动等。

第二步：识别风险。CNC 加工的风险主要有触电、碰伤、挤伤、刮伤、尘肺病等。

第三步：查找危险源。在 CNC 车间，危险源主要包括设备线路老化，员工不按要求用专用工具装零件，设备没有关闭再装刀，员工没有按要求戴口罩，加工碎料没有采取防护措施，照明不足，设备上放零件，扒、取铁屑未用专用工具或方法不当，零件没有装紧，等等。

第四步：排查六类危险源是否完全识别。

有效性：实现策划的活动并取得策划的结果的程度。

3.20

风险 risk

不确定性的影响。

注1：影响是指偏离预期，可以是正面的或负面的。

注2：不确定性是一种对某个小件，甚至是局部的结果或可能性缺乏理解或知识方面的信息的状态。

注3：一般通过有关可能手件（GB/T23694—2013中的定义，4.5.1.3）和后果（GB/T23694—2013中的定义，4.6.1.3）或两者组合来表现风险的特性。

注4：通常风险是以某个事件的后果（包括情况的变化）及其发生的可能性（GB/T23694— 2013中的定义，4.6.1.1）的组合来表述。

3.21

职业健康安全风险 occupational health and safety risk

职业健康安全风险 OH&S risk

一种与工作相关的危险事件或暴露发生的可能性和由此事件或暴露造成的伤害及健康损害（3.18）的严重程度的组合。

【理解】

有危险源才会有风险，所以危险源与风险是组合存在的。比如气焊附近有易燃易爆危险品，风险则是火灾、爆炸。焊工作业时如果开火、关火的顺序不对，造成的风险是容器爆炸；人员从高处坠落导致的风险是身体伤害或死亡。

在OHS（健康安全）体系中，风险包括OHS（健康安全）体系导致的风险和危险源本身导致的风险两部分。OHS（健康安全）体系的风险包括过程管理风险，以及法律法规、政治、经济、社会、技术因素导致的风险。

3.22

职业健康安全机遇 occupational health and safety opportunity

职业健康安全机遇 OH&S opportunity

一种或多种可能导致职业健康安全绩效（3.28）改进的情形。

【理解】

职业健康安全机遇包括落实职业健康安全绩效带来的机遇，以及推行职业健康安全体系带来的机遇。

职业安全绩效带来的改进机会如下：

（1）检查和审核作用。

（2）工作危险源分析（工作安全分析）和相关任务评价。

（3）通过减轻单调的工作或以含有潜在危险的预定工作效率进行工作来改进职业健康安全绩效。

（4）工作许可及其他认可和控制方法。

（5）事件或不符合调查和纠正措施。

（6）人体工效学和其他伤害相关预防的评价。

推行职业健康安全体系带来的其他改进机会如下：

（1）将职业健康安全要求融入设施、设备、变更（搬迁、再设计、更换等）的生命周期的早期阶段。

（2）在策划设施搬迁、过程再设计，或者是机械和厂房更换的早期，融入职业健康安全要求。

（3）利用新技术提升职业健康安全绩效。

（4）提升职业健康安全文化，例如超越要求扩展与职业健康安全相关的能力，或者是鼓励员工及时报告事件。

（5）提升最高管理者支持职业健康安全管理体系的领导示范。

（6）强化事件调查过程。

（7）改进员工协商和参与的过程。

（8）对标管理，包括考虑组织自身过去的绩效和其他组织的绩效。

（9）通过合作举办职业健康安全专题论坛。

3.23

能力 competence

应用知识和技能实现预期结果的本领。

3.24

形成文件的信息 documented information

组织（3.1）需要控制和保持的信息及其载体。

注 1：形成文件的信息可以任何格式和载体存在，并可来自任何来源。

注 2：形成文件的信息可包括以下几点：

（a）管理体系（3.10），包括相关过程（3.25）。

（b）为组织运行产生的信息（一组文件）。

（c）结果实现的证据（记录）。

3.25

过程 process

一组将输入转换为输出的相互关联或相互作用的活动。

3.26

程序 procedure

为进行某项活动或过程（3.25）所规定的途径。

注：程序可以形成文件，也可以不形成文件。

3.27

绩效 performance

可测量的结果。

注1：绩效可能涉及定量的或定性的结果。结果可能由定性的或定量的方法确定和评价。

注2：绩效可能涉及活动、过程（3.25）、产品（包括服务）、体系或组织（3.1）的管理。

3.28

职业健康安全绩效 occupational health and safety performance

职业健康安全绩效 OH&S performance

与预防员工（3.3）伤害和健康损害，以及提供健康安全的工作场所（3.6）有效性（3.13）相关的绩效（3.25）。

3.29

外包 outsource（verb）

安排外部组织执行组织（3.1）的部分职能或过程（3.25）。

注：虽然外包的职能或过程是在组织的管理体系（3.10）覆盖范围内，但是外部组织处在覆盖范围之外。

3.30

监视 monitoring

确定体系、过程（3.25）或活动的状态。

注：确定状态可能需要检查、监督或密切观察。

3.31

测量 measurement

确定数值的过程（3.25）。

3.32

审核 audit

为获得审核证据并对其进行客观的评价，以确定满足审核准则的程度所进行的系统的、独立的并形成文件的过程（3.25）。

注1：内部审核由组织自己实施或以组织的名义由外部其他方实施。

注2：独立的过程包括对确保客观性和公正性的要求。

注 3：“审核证据”包括与审核准则相关且可验证的记录、事实陈述或其他信息，而“审核准则”则是指与审核证据进行比较时作为参照的一组方针（3.16）、程序（3.26）或要求（3.8），GB/T19011—2013 管理体系审核指南对他们进行了定义。

3.33

符合 conformity

满足要求（3.8）。

3.34

不符合 nonconformity

未满足要求（3.8）。

注：不符合与本标准要求及组织（3.1）自身规定的附加的职业健康安全管理体系（3.11）要求有关。

3.35

事件 incident

因工作或在工作过程中引发的可能或已经造成伤害和健康损害（3.18）的情况。

注 1：有些人将发生了伤害和健康损害的事件称为“事故”。

注 2：未发生但有可能造成伤害和健康损害的事件通常称为“未遂事件”，在英文中也可称为“near miss”“near-hit”“close call”。

注 3：尽管一个事件可能存在一个或多个不符合，但没有不符合（3.34）时也可能发生事件。

3.36

纠正措施 corrective action

为消除不符合（3.34）或事件（3.35）的原因并预防再次发生所采取的措施。

3.37

持续改进 continual improvement

不断提升绩效（3.27）的活动。

注 1：提升绩效是指运用职业健康安全管理体系（3.11），实现符合职业健康安全方针（3.15）和职业健康安全目标（3.17）的总体职业健康安全绩效（3.26）的改进。

注 2：持续并不意味着不间断，因此该活动不必同时发生于所有领域。

【理解】

事件产生后果，就成了事故。例如超速驾驶是事件，如超速驾驶导致追尾，就成了事故。危险源基本上可造成事件，如两人操作同一台剪床，戴手套开钻床，机床旋转位置没有包住，员工没有缩头发操作，等等。

事件包括事故、初始事件、中间事件，也包括未遂事件、损害事件等，如图 3-2 所示。

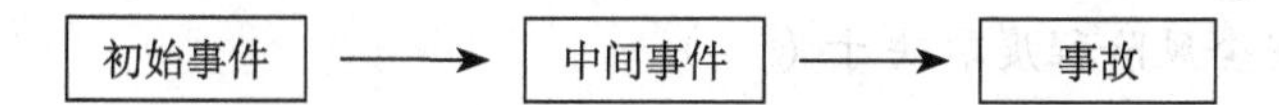

（储气罐防腐措施失效）（腐蚀、强度降低、破裂等）（爆炸损害事故）

图 3-2 储气罐爆炸事故模型

美国的海因里希调查了 5000 多起事件后发现，在 330 起类似事件中，有 300 起没有造成伤害，29 起轻微伤害，1 起严重伤害，这就是海因里希法则。

危险因素、危害因素是指可能导致事故的因素，基本与危险源含义相同。

监视指确定体系、过程或活动的状态。确定状态可能需要检查、监督或密切观察。

测量指确定数值的过程。

【练习】

（1）PDCA 与 ISO45001 标准架构之间的关系中，以下（　）条款属于“C”。

A.10 改进

B.6 策划

C.9 绩效评价

D.4 组织环境

答案：C

（2）ISO45001 标准除了包含能够被组织用于实施职业健康安全管理体系的要求外，还包含（　）。

A. 法律法规要求

B. 用于评价符合性的要求

C. 相关的危险源辨识方法

D. 相关的风险评价方法

答案：B

（3）ISO45001 标准中（　）提出了符合性要求。

A.4. 组织环境

B.2. 附录 A

C.1. 范围

D.3. 术语和定义

答案：A

（4）关于“工作场所”的概念，以下表述正确的是（　）。

A. 人员出于工作意图需要在或去的，并在组织控制下的地点

B. 人员出于工作意图需要在或去的地点

C. 在组织控制下，人员需要在或去的地点

D. 在组织控制下，人员出于工作意图需要在或去的地点

答案：D

（5）职业健康安全风险程度取决于（　）。

A. 能够被事件或暴露造成伤害和健康损害严重度

B. 事故发生的可能性和后果严重度的组合

C. 事故的后果严重度

D. 工作相关的危险事件或有害暴露发生的可能性

答案：B

（6）事故是（　）。

A. 工作导致的或工作过程中出现的、可能导致伤害和健康损害的事件

B. 产生不符合的相关事件

C. 发生伤害和健康损害的事件

D. 没有伤害和健康损害，但有可能导致伤害和健康损害的事件

答案：C

（7）根据能量意外释放理论，工作场所中可能导致事故发生的最本质的因素是（　）。

A. 可能受伤害和健康损害的人员

B. 可能导致释放意外能量的能量源

C. 诱发能量源意外释放，导致事故发生的因素

D. 可能受损害的财产

答案：C

（8）在我国安全生产管理领域，隐患排查治理是针对如下事故因果连锁链条中（　）。

A. 导致伤害和健康损害的事件

B. 接近事故发生或事故正在发生过程中需要采取应对措施的事件

C. 可以通过检查发现、采取措施整改的可能导致事故的不期待事件

D. 可能导致伤害和健康损害的事件

答案：C

（9）依据 ISO45001 标准，PDCA 的“策划”能够以如下（　）形式应用于管理体系。

A. 确定和评价职业健康安全风险、职业健康安全机会和其他风险与其他机会

B. 理解组织和其环境

C. 理解工作人员和其他相关方的需求和期望

D. 依据组织的职业健康安全方针，建立职业健康安全目标和提交结果所必需的过程

答案：AD

（10）PDCA 与 ISO45001 标准之间的关系中，以下（　）属于“D”。

A.10 改进

B.9 绩效评价

C.8 运行

D.7 支持

答案：CD

（11）关于“工作场所”的概念，以下表述正确的是（　）。

A. 工作场所一定是组织能够控制的场所

B. 工作场所的人员是在组织控制下的

C. 组织对工作场所的职责取决于控制工作场所的程度

D. 组织必须对工作场所的相关条件负责

答案：ABC

（12）工作人员包括（　）。

A. 最高管理者

B. 管理队员

C. 工人

D. 承包方人员

答案：ABCD

（13）“伤害和健康损害”包括对人的（　）状况的有害影响。

A. 身体

B. 精神

C. 认知

D. 死亡

答案：ABC

（14）根据安全工程学的事故因果连锁理论，在导致事故的事件因果链条上可能包括（　）。

A. 隐患事件

B. 紧急情况

C. 事故

D. 其他事件

答案：ABCD

（15）危险源可包括（　）。

A. 可能造成伤害或危险状态的根源

B. 伤害

C. 可能因有害暴露而导致伤害和健康损害的环境

D. 健康损害

答案：AC

（16）在我国安全生产管理领域，与危险源具有相同含义的术语概念有（　）。

A. 未遂事故

B. 危险因素

C. 紧急情况

D. 危害因素

答案：ABCD

（17）组织采纳 ISO45001 标准就能防止工作人员受到伤害和健康损害，改进职业健康安全绩效（ ）。

A. 正确

B. 错误

答案：B

（18）ISO45001：2018 标准除了针对职业健康安全管理内容，还包含其他方面（ ）。

A. 正确

B. 错误

答案：B

（19）ISO45001：2018 标准针对职业健康安全管理体系规定了要求，给出了使用指南（ ）。

A. 正确

B. 错误

答案：A

（20）ISO45001 标准阐述了评价职业健康安全绩效的要求和具体准则（ ）。

A. 正确

B. 错误

答案：B

（21）ISO45001 标准能够用于部分系统改进职业健康安全管理体系（ ）。

A. 正确

B. 错误

答案：A

（22）无报酬开展工作的人员不属于组织的工作人员（ ）。

A. 正确

B. 错误

答案：B

（23）风险管理科学是涉及解决不确定问题的理论和方法的学科（ ）。

A. 正确

B. 错误

答案：A

（24）“伤害和健康损害”指伤害和健康损害同时存在（ ）。

A. 正确

B. 错误

答案：B

（25）事件（incident）的术语含义是工作导致的或工作过程中出现的可能导致伤害和（或）健康损害的事件（ ）。

A. 正确

B. 错误

答案：B

（26）尽管会有一个或多个与事件相关的不符合，但事件在没有不符合的情况下也能发生（　）。

A. 正确

B. 错误

答案：A

（27）某个事故可能会由一个或多个因果连锁事件形成（　）。

A. 正确

B. 错误

答案：A

【差异分析】

专业术语共37个，其中ISO/IEC导则规定的通用术语21个，OHS18001（健康安全）术语11个，新增术语5个，分别是员工、参与、协商、承包商、职业健康安全机遇。删除了OHS18001（健康安全）中的七个专业术语，分别是可接受风险、文件、风险源辨识、职业健康安全、预防措施、记录、风险评价。

三、标准条款要求

4. 组织所处的环境

4.1　理解组织及其所处的环境

组织应确定与其宗旨相关并影响其实现职业健康安全管理体系预期结果的能力的外部和内部问题。

4.2　理解员工及其他相关方的需求和期望

组织应确定以下几点：

（a）除了员工以外，与职业健康安全管理体系有关的相关方。

（b）员工及这些其他相关方的有关需求和期望（即要求）。

（c）这些需求和期望中哪些将成为适用的法律法规要求和其他要求。

注：确定管理类员工和非管理类员工不同的需求和期望是很重要的。

4.3　确定职业健康安全管理体系的范围

组织应确定职业健康安全管理体系的边界和适用性，以界定其范围。

确定范围时组织应考虑以下几点：

（a）4.1 所提及的内外部问题。

（b）4.2 所提及的要求。

（c）考虑所实施的与工作相关的活动。

范围一经确定，组织控制下的或在其影响范围内的可能影响组织职业健康安全绩效的活动、产品和服务应纳入职业健康安全管理体系。

应保持范围的文件化信息，并可获取。

4.4　职业健康安全管理体系

组织应根据本标准的要求建立、实施、保持并持续改进职业健康安全管理体系，包括所需的过程及其相互作用。

【理解】

组织所处的环境包括外部环境和内部环境。外部环境包括 PESTL，即政治、经济、社会、技术、法律因素、竞争对手、供应商、承包商、外包商、新知识、新技术、相关方的价值观。内部环境包括组织架构、制度和流程、价值观、方针、目标、绩效、能力意识、新产品、新技术、新设备、新材料的引进、组织文化、工作时间和工作条件等。

政治因素是国家对安全生产特别重视，狠抓安全生产的落实，加强稽查及问责力度。所以企业必须识别到这些因素，严格按国家安全生产法律法规经营，避免导致企业倒闭或被罚款。

经济因素是指国内外大客户及行业协会对组织社会责任及安全生产的要求越来越高，客户及相关方对本组织的审核不能通过，意味着组织接不到订单，生存困难；另一方面，会导致安全生产的投入越来越大，比如加强消防管理，劳保用品消耗增加，废气处理、噪声处理成本加大，等等。如果公司利润不高，很可能在安全生产和环保两个方面的投入会导致公司无利可图，生存困难。

社会因素是中国经济处于中等发达国家水平，老百姓的生活水平普遍提高，90 后、00 后成为劳动力主体，企业员工对安全的需求越来越大，安全没做好会影响到公司的形象，导致招工困难。所以社会因素迫使企业重视安全生产，关注员工安全。

技术因素是指随着生产技术的进步，企业对技能工和富有经验的员工的需求会越来越低，物联网、智能化、安全化是后续企业经营的三大特点，任何企业的技术改造必须关注员工安全，企业要把员工安全当作头等大事来抓，因为工伤的赔偿金额越来越高，不安全的企业越来越难以生存。

法律因素是指国家对安全生产的法律规定会越来越严格，而且每年都在不断更新要求，如果没有及时识别到最新要求，按最新要求完成公司内部的改造，可能导致企业被罚款，甚至倒闭。

制度及流程对 OHS（健康安全）也会造成影响，企业的日常管理必须把安全生产融入进来，不管是设备管理还是仓库管理，都要把要求列入公司的日常管理制度，而不是只关注经济收益。

价值观是指公司高层的价值理念，高层重视安全生产，认为应该把安全生产当作公司的战略来抓，那么这家企业的社会和经济效益就好。如果公司高层唯利是图，不重视安全生产，很可能导致员工索赔，企业被罚款，甚至面临生存困境。

绩效与资源指安全生产要有基本的资源，比如安全通道、消防设施、应急设施、废气及粉尘处理设施，等等。只有具备基本的设施才能有好的安全绩效，有好的安全绩效才会有好的经营绩效，有好的经营绩效才会有足够的资金投入安全生产中，企业如果连生存都困难，营造更好的安全环境就无从谈起。

这里的相关方指员工、承包商、周边企业和居民、政府机关、客户等。员工和承包商的需求是上下班都有健康安全保障，遵守与安全相关的法律法规。周边企业和居民都希望附近企业能遵守安全和环保法律法规，不要影响到他们的生活，不发生火灾、化学品泄漏引发爆炸事故等。政府机关希望企业遵守安全法律法规，承担基本的社会责任。客户希望供应商持续经营，遵守国家安全法律法规，持续满足其要求。

体系的范围是质量管理体系范围加上相关的管理活动。比如某企业 ISO9001 的范围是五金零件的机加工，OHS（健康安全）的范围是五金零件加工及相关管理活动。

【练习】

（1）依据 ISO45001 标准“4.2 理解工作人员和其他相关方的需求和期望”的要求，以下表述最为准确的是（　）。

A. 把确定的有关相关方形成文件化信息

B. 把确定相关方有关需求和期望形成文件化信息

C. 确定相关方有关需求和期望哪些属于法律法规范围，以及确定相关方的其他要求

D. 以上全部

答案：C

（2）组织应确定与其（　）相关并影响其实现职业健康安全管理体系（　）的能力的外部和内部问题。

A. 职业健康安全方针

B. 预期结果

C. 宗旨

D. 目标

答案：CB

（3）ISO45001 标准“4.1 理解组织和其环境”的内部问题可涉及（　）。

A. 组织去执行或打算执行的活动

B. 与行业或部门相关的、对组织有影响的关键推动和趋势

C. 当地应急服务机构可为组织提供的应急资源

D. 现在的或期望的组织类型

答案：AD

（4）一家设置在中亚地区的中国企业在考虑特种设备年检时，发现当地没有符合中国法

律法规要求的特种设备检测机构。其职业健康出现的问题涉及ISO45001标准（　）条款。

A.4.4

B.4.3

C.4.2

D.4.1

答案：D

（5）依据ISO45001标准，与组织所处的环境相关的内部问题不包括（　）。

A. 文化

B. 员工能力

C. 气候

D. 战略方向

答案：C

（6）根据ISO45001标准4.2条款的要求，组织要理解如下（　）的要求和期待。

A. 访问者

B. 顾客

C. 工人

D. 最高管理者

答案：ABCD

（7）依据ISO45001标准，组织确定职业健康安全管理体系范围，必须考虑（　）。

A. 组织和其环境

B. 相关方的需求和期望

C. 计划或开展的与工作相关的活动

D. 过去曾开展的工作活动

答案：ABC

（8）组织的宗旨是指规定组织去执行或打算执行的活动，以及现在的或期望的组织（　）。

A. 类型

B. 愿景

C. 目标

D. 状况

答案：B

（9）能够影响组织职业健康安全绩效的、在组织的控制或影响内的活动、产品和服务的是（　）。

A. 承包方开展的工作活动

B. 供货商开展的工作活动

C. 组织自身开展的工作活动

D. 客户开展的工作活动

答案：ABCD

（10）下列相关方的需求和期望是或可能成为组织的职业健康安全法律法规和其他要求的是（　）。

A. 承包方对组织提出的要求

B. 工作人员对组织提出的要求

C. 安全生产监管机构的通知要求

D. 行业协会的职业健康安全标准

答案：ABCD

（11）组织策划职业健康安全管理体系时，应考虑组织的环境（　）。

A. 正确

B. 错误

答案：A

（12）ISO45001：2018 标准 4.2 条款是“理解相关方的需求和期望”（　）。

A. 正确

B. 错误

答案：B

（13）组织职业健康安全管理体系范围是对包含在组织职业健康安全管理体系边界内的运行的真实和代表性的陈述，而不应该误导相关方（　）。

A. 正确

B. 错误

答案：A

（14）相关方的需求和期待中涉及法律法规要求（　）。

A. 正确

B. 错误

答案：A

（15）职业健康安全管理体系是由若干相互独立的管理过程组成的。（　）

A. 正确

B. 错误

答案：B

（16）组织的竞争对手不应该是组织职业健康安全管理体系所要考虑的外部环境（　）。

A. 正确

B. 错误

答案：B

（17）顾客拒绝购买发生伤亡事故企业的产品，这是企业依据 ISO45001 标准 4.2 条款的要求所要考虑的（　）。

A. 正确

B. 错误

答案：B

（18）组织的工作人员并不是组织职业健康安全管理体系的相关方（　）。

A. 正确

B. 错误

答案：B

【落地】

体系开始推行时，要识别组织环境状况，包括内部环境和外部环境，环境是怎样的，然后结合本体系 6.1 条款，识别风险和机遇，并制定应对措施，每年要对组织环境、风险和机遇、应对措施进行评审，有必要时，要更新。

体系开始推行时，要识别相关方的需求和期望，并制定应对措施，每年评审相关方的需求与期望，以及应对措施，必要时要更新。

在 OHS（健康安全）手册中，要明确 OHS（健康安全）的体系范围。

在 OHS（健康安全）手册中，要明确各过程相关的程序文件，要把程序文件或三级文件引出来。

要制定《组织环境及风险和机遇控制程序》，OHS（健康安全）管理代表负责，包括第 4 章 6.1、9.1 条款内容，明确以下四项内容：

（1）组织内外部环境的识别及更新。

（2）组织相关方的需求与期望 / 更新。

（3）组织环境风险和机遇 / 更新。

（4）风险和机遇应对措施及有效性评审 / 更新。

要制定《组织环境及风险和机遇应对措施》，OHS（健康安全）管理代表负责，最高层、体系负责人、战略部门参与评审，内容包括以下三个方面：

（1）组织内外部环境识别。

（2）风险和机遇。

（3）有效性评审。

要制定《相关方的需求与期望评审表》，OHS（健康安全）管理代表负责，中层以上人员参与评审，内容包括以下四个方面：

（1）组织相关方。

（2）相关方的需求与期望。

（3）应对措施。

（4）有效性评审。

【价值】

为了提升企业的社会形象，重视安全与健康必须以组织环境及相关方的需求与期望为基础。一家企业要投资，必须先进行组织环境的论证，包括政治、经济、法律法规、技术和环境，其中环保和健康安全的需求是重要组成部分。惠州 TCL 集团在法国投资就存在组织环境（社会责任要求）论证不充分的情况，因劳工问题导致重大损失。对于一家企业的生存与发展来说，重要的不是员工有多努力，而是先要进行战略分析，方向选对了，才不会白干。

随着中国经济的快速发展，老百姓的生活水平不断提升，招工难会成为今后 10 年所有企业面临的难题。要解决招工难的问题，企业内部需要强化 OHS（健康安全）体系，树立良好的社会形象。今后中国企业比拼的不是提升了多少利润率，而是增加了多少利润额，因为所有企业今后都要加强环保、健康安全的投资，利润率可能下降，但利润额还是要增加的。

企业建立健康安全管理体系最重要的是要做到守法，满足相关方的需求与期望。满足法律法规的要求是第一位的，形成体系文件是第二位的。满足组织外部环境的要求是第一位的，因为其会影响组织生存；满足组织内部的要求是第二位的，因为这会影响组织发展的速度。

【差异分析】

ISO45001 版本条款 4.3 要求进一步细化，确定管理体系范围要考虑 a、b、c 三个部分，而 OHS18001（健康安全）没有说要考虑 a、b、c 三个部分。

ISO45001 版本取消了预防措施的概念，增加了 4.1 理解组织及其环境，以及 4.2 理解工作人员和其他相关方的需求和期望。理解组织的内外部环境状况被用于建立、实施、保持和持续改进职业健康安全管理体系。组织只有确定了与其宗旨相关并影响其实现职业健康安全管理体系预期结果的能力的外部和内部问题，才能建立有效的职业健康安全管理体系。由于工作人员和其他相关方是组织职业健康安全管理体系的影响者和利益相关者，因此建立职业健康安全管理体系要考虑工作人员的需求与期望，也要考虑相关方的需求与期望。相关方包括法律及监管机构、上级组织、供方、工作人员代表、工会、业主、股东、顾客、医疗机构、其他社区服务机构，以及媒体等。

ISO45001 版本要增加文件《组织环境及风险和机遇控制程序》，增加表格：内外环境风险和机遇应对措施表，内外环境及风险和机遇应对措施评审表，员工及相关方的需求与期望表。

【典型案例】

案例一：

中资企业在东南亚投资，要充分识别当地的法律法规及工会要求，经济文化现状，员工意识和技能，工资及福利水平，工作环境及管理模式。针对了解到的组织内外环境现状，有些中资企业制定了相应的应对措施，比如工资高于本地平均工资 300~500 元，车间环境严格按照当地法律要求执行，制订教育训练计划，对员工进行培训，公司在当地受到热烈欢迎，有效地解决了企业管理问题，同时也提升了企业的职业健康安全管理水平。这些措施是 4.1 条款落实的体现。

案例二：

2004 年 7 月，TCL 多媒体（TMT）并购法国汤姆逊公司彩电业务，双方合资成立 TCL 汤姆逊公司（TTE）。同一年，TCL 集团并购法国阿尔卡特的移动电话业务。结果前者持续亏损，后者在合资仅一年后就以失败告终。TCL 集团出现亏损的主要原因有两点：一是欧洲的运营成本高，尤其是员工工资成本很高，而彩电行业一直处于低利润时期；二是液晶电视在欧洲的销量增长快于其他地区，TCL 集团却继续大量生产普通显像管电视机，TCL 集团在欧洲市场损失了 24 亿港元。失败的主要原因是海外员工福利成本过高，职业健康安全要求高，员工工作时间短，人力成本远高于国内。出现这种现象是由于 TCL 集团没有把 4.1 条款做好。

案例三：

某地安监局人员经常到各企业检查，有一次去某工厂喷油工序检查时，发现一些员工不戴口罩，同时发现现有的口罩没有检验合格证据，没有劳保用品发放记录，现场 5S 混乱，安监局人员立即开出一张 4 万元的罚单，要求限期改进。该企业既没有充分识别员工的需求和期望，也没有落实安监部门的要求，无视法律法规，导致安监部门对其予以罚款。这属于 4.2 条款的问题。

5. 领导作用和工作人员参与

5.1 领导作用与承诺

最高管理者应通过以下方式证实其在职业健康安全管理体系方面的领导作用和承诺：

（a）对防止与工作相关的伤害和健康损害及提供健康安全的工作场所和活动全面负责，并承担全面责任。

（b）确保职业健康安全方针和相关职业健康安全目标得以建立，并与组织战略方向相一致。

（c）确保将职业健康安全管理体系要求融入组织业务过程之中。

（d）确保可获得建立、实施、保持和改进职业健康安全管理体系所需的资源。

（e）就有效的职业健康安全管理和符合职业健康安全管理体系要求的重要性进行沟通。

（f）确保职业健康安全管理体系实现其预期结果。

（g）指导并支持人们为职业健康安全管理体系的有效性做出贡献。

（h）确保并促进持续改进。

（i）支持其他相关管理人员证实其领导作用适合于其职责范围。

（j）在组织内建立、引导和促进支持职业健康安全管理体系预期结果的文化。

（k）保护工作人员不因报告事件、危险源、风险和机遇而遭受报复。

（l）确保组织建立和实施工作人员协商和参与的过程（见 5.4）。

（m）支持健康安全委员会的建立和运行［见 5.4（e）①］。

注：本标准所提及的“业务”可从广义上理解为涉及组织存在目的的核心活动。

5.2 职业健康安全方针

最高管理者应建立、实施并保持职业健康安全方针。职业健康安全方针应包含以下几点：

（a）包括为防止与工作相关的伤害和健康损害而提供安全和健康的工作条件的承诺，并适合于组织的宗旨和规模、组织所处的环境，以及组织的职业健康安全风险和职业健康安全机遇的具体性质。

（b）为制定职业健康安全目标提供框架。

（c）包括满足法律法规要求和其他要求的承诺。

（d）包括消除危险源和降低职业健康安全风险的承诺（见 8.1.2）。

（e）包括持续改进职业健康安全管理体系的承诺。

（f）包括工作人员及其代表（若有）的协商和参与的承诺。

职业健康安全方针应具备以下几点：

（a）作为成文信息而可被获取。

（b）在组织内予以沟通。

（c）在适当时可为相关方所获取。

（d）保持相关和适宜。

5.3 组织的角色、职责和权限

最高管理者应确保将职业健康安全管理体系内相关角色的职责和权限分配到组织内各层次并予以沟通，且作为成文信息予以保持。组织内每一层次的工作人员均应为其所控制部分承担职业健康安全管理体系方面的职责。

注：尽管职责和权限可以被分配，但最高管理者仍应为职业健康安全管理体系的运行承担最终问责。

最高管理者应对下列事项分配职责和权限：

（a）确保职业健康安全管理体系符合本标准的要求。

（b）向最高管理者报告职业健康安全管理体系的绩效。

【理解】

（1）5.1 条款是讲领导要做哪些事情，这里的领导指副总、总经理、管理代表级别的人员。领导作用总共 13 条，其中有三条要特别注意，一是提供资源，二是消除员工参与 OHS（健康安全）的障碍，三是建立 OHS（健康安全）企业文化。没有资源，再怎么培训、宣传、制定 OHS（健康安全）制度都没用。OHS（健康安全）主体部分是员工，知道现场有安全健康问题隐患的是员工，最终受害者也是员工，所以一定要建立内部沟通的渠道，让公司高层的 OHS（健康安全）要求能传达下去，让员工的 OHS（健康安全）诉求能传达给公司的高层。企业文化是一种氛围，一种传统，一种不成文的规定，大家都默认这样做。任何企业都要形成这种文化，这才是管理的最高境界。因为制度都会有缺陷和不足，很多要求没办法用制度来规定，即使规定了也有规定不到位的情况，所以用文化管理才是最好的管理。

（2）OHS（健康安全）方针包括以下五个承诺：

①提供安全健康的工作条件以预防与工作相关的伤害和健康损害的承诺。

②包括满足适用的法律法规要求和其他要求的承诺。

③包括利用控制层级（见 8.1.2）控制职业健康安全风险的承诺。

④持续改进职业健康安全管理体系（见 10.2）以提高职业健康安全绩效的承诺。

⑤员工及员工代表（如有）参与职业健康安全管理体系决策过程的承诺。

一个适于：组织的宗旨、规模、所处的环境及组织的职业健康安全风险和机遇的特定性质。

一个框架：为建立和评审目标建立框架。

一个沟通：可内外沟通。

定期评审：指组织应当定期对职业健康安全方针进行评审及修订，以适应不断变化的内外部条件和要求。

最高层要针对以下两件事情分配职责权限：

①确保职业健康安全管理体系符合 ISO45001 标准的要求。

②向最高管理者报告职业健康安全管理体系的绩效，注意是"报告"。

（3）要明确 OHS（健康安全）相关的职责包括组织架构、部门职责、岗位职责、ISO45001 职能分配表。模板文件参见本书第二篇第一章和第三章。

（4）最高管理者展示其领导作用的一种重要方式是鼓励员工报告事件、危险源、风险和机遇，保护他们不会因此遭到报复，例如解雇或受到惩罚的威胁。

【练习】

（1）组织的最高管理者应确保建立职业健康安全方针和目标与组织的（　）一致。

A. 业务方向

B. 文化基础

C. 预期结果

D. 战略方向

答案：D

（2）组织的职业健康安全方针应包括（　）危险源和（　）职业健康安全风险的承诺。

A. 降低

B. 控制

C. 防止

D. 消除

答案：DA

（3）依据《中华人民共和国安全生产法》，生产经营单位要建立安全生产责任制。此要求对应于 ISO45001 标准（　）条款。

A.5.3

B.5.4

C.5.2

D.5.1

答案：D

（4）依据 ISO45001 标准，组织的职业健康安全方针应包含（　）的承诺。

A. 满足法律法规和其他要求

B. 提高职业健康安全绩效

C. 消除职业健康安全风险

D. 防止工作相关的伤害和健康损害

答案：ABCD

（5）ISO45001 标准要求最高管理者应确保将职业健康安全管理体系要求融入组织的（　）。

A. 文化

B. 工作流程

C. 工作环境

D. 业务过程

答案：D

（6）ISO45001 标准要求最高管理者应建立、引导和促进（　）职业健康安全管理体系的预期结果的组织文化。

A. 实现

B. 取得

C. 提升

D. 支持

答案：A

（7）组织（　）层次的工作人员应承担他们（　）的职业健康安全管理体系方面的职责。

A. 控制

B. 所有

C. 涉及

D. 每个

答案：AB

（8）依据 ISO45001 标准，最高管理者应对（　）分配职责和权限。

A. 防止工作人员在报告事件、危险源、风险和机会时遭受报复

B. 确保职业健康安全管理体系符合 ISO45001 标准的要求

C. 向最高管理者报告职业健康安全管理体系的绩效

D. 确保和促进持续改进

答案：BC

（9）组织的最高管理者承担防止伤害和健康损害及提供安全和健康的工作场所和活动的部分职责和责任（　）。

A. 正确

B. 错误

答案：B

（10）组织的职业健康安全方针应包括工作人员的协商和参与的承诺（　）。

A. 正确

B. 错误

答案：B

（11）最高管理者可以通过分配职责和权限，把职业健康安全责任分摊到相关职能和层次（　）。

A. 正确

B. 错误

答案：B

（12）依据 ISO45001 标准，组织的职业健康安全方针必须能被相关方获取（　）。

A. 正确

B. 错误

答案：B

（13）ISO45001 标准所提及的“业务”可从广义上理解为涉及组织存在目的的核心活动（　）。

A. 正确

B. 错误

答案：A

【落地】

OHS（健康安全）方针要在公司网站、公司楼顶，以及公司管理手册和公司内部看板上做到可视化，公司要对供应商、承包商、进入工作场所的相关人员进行宣导。

OHS（健康安全）方针要纳入公司新员工培训计划，并让员工理解其含义及意义。

公司的 OHS（健康安全）目标及实现方案要体现 OHS（健康安全）方针的要求，比如 OHS（健康安全）方针是“严守安全规章，遵纪守法，关注员工身心健康，持续改善”，公司的 OHS（健康安全）目标要体现这四条，可以这样定目标：①安全标准遵守率 100%；②合规性评价符合率 100%；③轻微事故≤ 1 次；④火灾及重大安全事故为零。如图 3–3 所示。

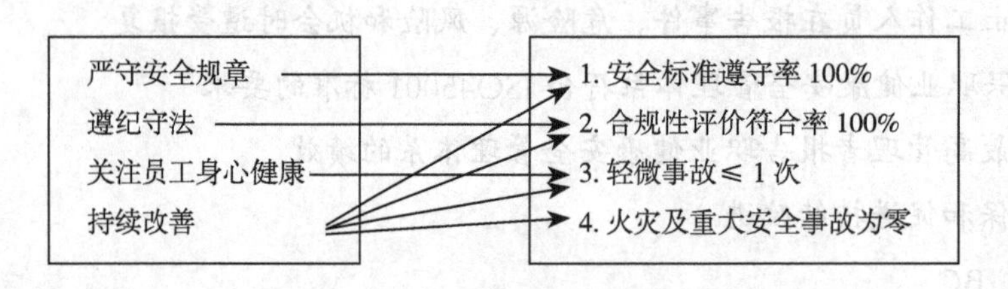

图 3–3　公司的 OHS（健康安全）目标

要制定 ISO45001 职能分布表，参见第二篇第一章管理手册。

要制定部门职责，参见第二篇第一章管理手册。

要制定岗位职责，岗位职责要和其他管理体系职责整合在一起，参见第二篇第三章管理制度。

领导作用共13条，在手册中要体现，不要有遗漏。

建立职业健康安全委员会，选举员工代表，定期对员工进行培训。

针对危险源及风险张贴告示，宣传健康安全知识。

公司要逐级签订健康安全责任书，所有员工都要知道自己的职责，承担责任。

【价值】

推行OHS（健康安全）管理体系的基本保障是领导的重视和参与，领导要知道自己在这个体系当中的重要性，自己扮演什么角色，应该做什么，向全体员工及供应商、承包商传达什么信息。领导要传递正能量，员工和相关方都在关注企业高层的一举一动，都想知道公司是否重视健康安全管理体系，是否真正关心员工健康与安全，所以领导要从语言和行动上重视OHS（健康安全）管理体系，提供资源，消除上下级沟通障碍，确保无安全事故，树立良好的社会形象。

公司的OHS（健康安全）管理方针是公司高层对OHS（健康安全）的原则和指导思想，公司的一切行动要以OHS（健康安全）管理方针为基础展开，公司高层不可能所有事情都管，中基层决策要符合公司的战略方针，中基层人员要践行公司的战略方针，中基层制定管理目标来满足公司OHS（健康安全）管理方针，并落实到行动中，这才是领导要产生的价值。

任何战略、目标、方案都要通过组织来保障，组织包括一群有共同目标的人，他们有明确的分工，这样才能提高工作效率。为了实现OHS（健康安全）方针目标，需要明确部门职责、岗位职责及各自的权限，大家在自己的责任和权限范围内做好本职工作，根据公司的战略方针灵活协调突发事件或制度没有明确规定的事件。

领导作用中有一条是确保职业健康安全管理体系融入组织的业务过程，也就是说，平时体系的要求要正常运行，不能等到要内外审时，才去补假的运行资料。

【差异分析】

关于领导作用，ISO45001版本列举了13条，OHS18001版本仅仅2条。ISO45001版本增加的新观点是：融入组织业务流程（c）、组织文化建设（j）、保护员工（k）、沟通和协商（e&l）、领导作用和承诺细化。最高管理者支持建立和发挥健康安全委员会的作用，见5.1（m），方针需包括员工及员工代表（如有）参与和协商的承诺，见5.2（f），突出了员工及员工代表参与的作用。

强调ISO45001与公司日常运行业务流程相结合，最高管理者应确保将职业健康安全管理体系的过程和要求融入组织的业务过程，见5.1。

ISO45001版本强化了保护员工的理念，最高领导者应保护员工在汇报事件、危险、风险和机遇后避免遭受报复，见5.1（k）。

ISO45001版本鼓励建设企业职业健康安全文化的理念，最高领导者应在组织内培养、引导和宣传支持职业健康安全管理体系的文化，见5.1（j）。

ISO45001 版本更加强调最高领导者的领导作用，删除任命管理代表的要求。

ISO45001 版本强调在组织每一层级的员工应承担其所控制工作范围内职业健康安全管理体系的职责，强调全员参与，有利于落实健康安全工作。

【典型案例】

案例一：

张 ××，新密市刘寨镇老寨村村民，曾在当地振东耐磨材料公司上班 3 年，染上尘肺病。由于原《职业病防治法》要求用工企业“自证其罪”的规定和职业病鉴定机构的瓶颈限制等问题，张 ×× 所在企业拒绝为其提供相关资料，郑州职业病防治所也为其做出了“合并肺结核”的诊断结论。无奈之下，张 ×× 到郑大一附院“开胸验肺”以求真相。2009 年 7 月 10 日，《东方今报》独家刊发了记者申 ×× 采写的新闻《工人为证明患职业病坚持开胸验肺》。

随后，“开胸验肺”事件在网络上疯传。在全国媒体的关注下，张 ×× 被认定为“尘肺三期”，获赔 61.5 万元，张家的低保问题也得到解决。

张 ×× 事件也引起了郑州市、河南省乃至国家有关部门的高度重视。2011 年 12 月 31 日，全国人大常委会表决通过了关于修改《职业病防治法》的决定：针对公众普遍关注的劳动者求诊无门而被迫“开胸验肺”等情况，新法明确规定，“劳动者可以在用人单位所在地、本人户籍所在地或者经常居住地依法承担职业病诊断的医疗卫生机构进行职业病诊断”“承担职业病诊断的医疗机构不得拒绝劳动者进行职业病诊断的要求”。这次“开胸验肺”事件主要还是企业领导不重视，不承担健康安全责任，不为员工提供健康安全防护装备，不对员工进行健康安全知识宣传及培训导致的恶果。

案例二：

“8 · 12 天津滨海新区爆炸事故”是一起发生在天津市滨海新区的重大安全事故。2015 年 8 月 12 日 23：30，位于天津市滨海新区天津港的瑞海公司危险品仓库发生火灾爆炸事故，造成 165 人遇难（其中参与救援处置的公安现役消防人员 24 人、天津港消防人员 75 人、公安民警 11 人，事故企业、周边企业员工和居民 55 人）、8 人失踪（其中天津消防人员 5 人，周边企业员工、天津港消防人员家属共 3 人），798 人受伤（伤情重及较重的伤员 58 人、轻伤员 740 人），304 幢建筑物、12428 辆商品汽车、7533 个集装箱受损。

截至 2015 年 12 月 10 日，依据《企业职工伤亡事故经济损失统计标准》等进行统计，已核定的直接经济损失为 68.66 亿元。经国务院调查组认定，天津港“8 · 12”瑞海公司危险品仓库火灾爆炸事故是一起特别重大生产安全责任事故。随后国家成立调查组，对事件进行调查。

调查组查明，导致事故发生的直接原因是瑞海公司危险品仓库运抵区南侧集装箱内硝化棉由于湿润剂散失出现局部干燥，在高温（天气）等因素的作用下加速分解放热，积热自燃，引起相邻集装箱内的硝化棉和其他危险化学品长时间大面积燃烧，导致堆放于运抵区的硝酸铵等危险化学品发生爆炸。

调查组认定，瑞海公司严重违反有关法律法规，是造成事故发生的主体责任单位。该公司无视安全生产主体责任，严重违反天津市城市总体规划和滨海新区控制性详细规划，违法建设危险货物堆场，违法经营、违规储存危险货物，安全管理极其混乱，安全隐患长期存在。

调查组同时认定，有关地方党委、政府和部门存在有法不依、执法不严、监管不力、履职不到位等问题。天津交通、港口、海关、安监、规划和国土、市场和质检、海事、公安，以及滨海新区环保、行政审批等部门单位未认真贯彻落实有关法律法规，未认真履行职责，违法违规进行行政许可和项目审查，日常监管严重缺失；一些负责人和工作人员贪赃枉法、滥用职权。

天津市委、市政府和滨海新区区委、区政府未全面贯彻落实有关法律法规，对有关部门、单位违反城市规划的行为和在安全生产管理方面存在的问题失察失管。

交通运输部作为港口危险货物监管主管部门，未依照法定职责对港口危险货物安全管理督促检查，对天津交通运输系统工作指导不到位。

海关总署督促指导天津海关工作不到位。有关中介及技术服务机构弄虚作假，违法违规进行安全审查、评价和验收等。

【常见不符合】

（1）未将职业健康安全体系融入组织的日常管理业务过程中，平时根本没有运行健康安全体系。

（2）工作人员在报告事件或危险源及风险时遭受报复。

（3）领导没有提供资源支持，比如设备改造。

（4）岗位职责不明确，没有逐级明确岗位职责，相关应急预案职责不全。

5.4　工作人员的协商和参与

组织应建立、实施和保持过程，让所有适用层次和职能的工作人员及其代表（若有）协商和参与职业健康安全管理体系的开发、策划、实施、绩效评价和改进。

组织应做到以下几点：

（a）为协商和参与提供必要的机制、时间、培训和资源。

注：工作人员代表可视为一种协商和参与机制。

（b）及时提供渠道，以获取清晰的、可理解的和相关的职业健康安全管理体系信息。

（c）确定和消除妨碍参与的障碍或壁垒，并尽可能减少无法消除的障碍或壁垒。

注：障碍和壁垒可包括未回应工作人员的输入和建议，语言或读写障碍，报复或威胁报复，以及不鼓励或惩罚工作人员参与的政策或惯例等。

（d）强调与非管理类工作人员在如下方面的协商：

①确定相关方的需求和期望（见 4.2）。

②建立职业健康安全方针（见 5.2）。

③适用时，分配组织的角色、职责和权限（见 5.3）。

④确定如何满足法律法规要求和其他要求（见 6.1.3）。

⑤制定职业健康安全目标并为其实现进行策划（见 6.2）。

⑥确定对外包方、采购方和承包方的适用控制（见 8.1.4）。

⑦确定所需监视、测量和评价的内容（见 9.1）。

⑧策划、建立、实施和保持审核方案（见 9.2.2）。

⑨确保持续改进（见 10.3）。

（e）强调非管理类工作人员在如下方面的参与：

①确定其协商和参与的机制。

②辨识危险源并评价风险和机遇（见 6.1.1 和 6.1.2）。

③确定消除危险源和降低职业健康安全风险的措施（见 6.1.4）。

④确定能力要求、培训需求、培训和培训效果评价（见 7.2）。

⑤确定沟通的内容和方式（见 7.4）。

⑥确定控制及其有效实施和应用（见 8.1、8.1.3 和 8.2）。

⑦调查事件和不符合并确定纠正措施（见 10.2）。

注：强调非管理类工作人员的协商和参与，旨在适用于执行工作活动的人员，但无意排除其他人员，如受组织内工作活动或其他因素影响的管理者。

注：需认识到，若可行，向工作人员免费提供培训及在工作时间内提供培训，可以消除工作人员参与的重大障碍。

【理解】

参与重点放在决策上，确定某件事情如何做。协商重点放在征求意见上，意见征求完成，决定就是参与。所以协商在前，参与在后。员工更多的还是想参与决策，而不仅仅是被征求意见。

以下工作，要协商征求员工意见：

（1）确定相关方的需求和期望（见 4.2），公示并征求意见，准备会议评审记录和会议签到表。

（2）制定方针（见 5.2），公示并征求意见，准备会议评审记录和会议签到表。

（3）适用时分配组织的岗位、职责、权限（见 5.3），公示并征求意见，准备会议评审记录和会议签到表。

（4）确定如何应用法律法规要求和其他要求（见 6.1.3），公示并征求意见，准备会议评审记录和会议签到表。

（5）制定职业健康安全目标（见 6.2.1），公示并征求意见，准备会议评审记录和会议签到表。

（6）确定外包商、采购商和分包商适用的控制方法（见 8.3、8.4 和 8.5），公示并征求意见，准备会议评审记录和会议签到表。

（7）确定哪些需要监视、测量和评价（见 9.1.1），公示并征求意见，准备会议评审记录和会议签到表。

（8）策划、建立、实施并保持一个或多个审核方案（见 9.2.2），公示并征求意见，准备会议评审记录和会议签到表。

（9）建立一个或多个持续改进过程（见 10.2.2），公示并征求意见，准备会议评审记录和会议签到表。

协商征求意见的方式有以下几种：

（1）发布在公司的网站上或微信群中。

（2）发布在公司的公告栏中。

（3）召开员工代表大会征求意见。

工作人员或员工代表要参与以下决策：

（1）确定他们参与和协商的机制；员工代表在参与和协商程序文件中签字审核。

（2）进行危险源辨识和风险评价（见 6.1、6.1.1 和 6.1.2）；列出危险源和风险清单，重要危险源需要员工代表签字。

（3）确定控制危险源和风险的措施（见 6.1.4）；危险源和风险应对措施需要员工代表签字。

（4）识别能力、培训和培训评价的需求（见 7.2）；年度培训计划需要员工代表签字。

（5）确定需要沟通的信息及如何沟通（见 7.4）；沟通方式及沟通内容清单需要员工代表签字。

（6）确定控制措施及其有效应用（见 8.1、8.2 和 8.6）；风险控制措施需要员工代表签字。

（7）调查事件和不符合并确定纠正措施（见 10.1）；纠正措施需要员工代表签字。

员工代表参与决策有以下几种方式：

（1）员工代表审核相关文件资料。

（2）员工代表与公司中高层会谈决策相关 OHS（健康安全）事项。

（3）职业健康安全委员会及员工代表参与管理。

事故调查组、合理化建议、意见箱参见管理。

【练习】

（1）工作人员参与的障碍和屏障可以包括（　）。

A. 没有对工作人员的投递信息和建议做出反应

B. 没有设立工作人员代表

C. 语言或文化障碍，报复或报复威胁

D. 不鼓励或处罚工作人员参与的政策和行为

答案：ACD

（2）ISO45001 标准强调了（　）的协商和参与。

A. 管理者

B. 工作人员

C. 非管理的工作人员

D. 承包方

答案：B

（3）ISO45001 标准要求最高管理者应防止工作人员在报告（　）时遭受报复。

A. 机会

B. 危险源

C. 风险

D. 事件

答案：ABCD

（4）依据 ISO45001 标准，强调非管理的工作人员参与（　）。

A. 建立组织文件化信息

B. 确定他们协商和参与的机制

C. 危险源辨识、风险和机会的评价

D. 调查事件和不符合

答案：BCD

（5）最高管理者应确保在组织内（　）层次分配沟通职业健康安全管理体系的相关岗位的职责和权限。

A. 相关

B. 所有

C. 关键

D. 重要

答案：B

（6）ISO45001：2018 标准强调，（　）时，与非管理的工作人员协商分配组织岗位、职责和权限。

A. 适当

B. 合适

C. 适用

D. 必要

答案：C

（7）组织必须建立工作人员代表的协商和参与机制（　）。

A. 正确

B. 错误

答案：B

（8）ISO45001 标准要求最高管理者应确保职业健康安全委员会的建立（　）。

A. 正确

B. 错误

答案：B

【落地】

企业要做到以下几点：

（1）制定员工协商与参与管理程序，明确员工如何参与 OHS（健康安全）事务，哪些内容需要员工协商和参与，文件模板参见第二篇第二章员工协商与参与管理程序。

（2）在一阶文件中，要有员工代表的任命书，明确员工代表在哪些情况下参与协商 OHS（健康安全）工作。

（3）出现工伤事故时，要有员工代表参与调查的证据，体现在工伤事故调查报告上。

（4）危险源清单要有员工代表签名。

（5）当公司发生某些变化会影响到健康安全时，要有员工代表的同意证据。

（6）最好每个部门都有一个员工代表。

（7）每年至少要召开一次员工代表会议，讨论员工健康安全问题，要有会议证据。

（8）OHS（健康安全）方针目标要有员工代表参与评审，要有会议记录。

（9）制订员工代表参与和协商计划表并公示，必要时交给当地安全生产局。模板文件参见员工协商与参与管理程序。

【价值】

OHS（健康安全）体系推行的目的就是确保员工的健康与安全，让企业遵守法律法规，员工参与直接影响到体系的绩效。如果只是由管理人员策划这套体系，在很多地方管理人员只会考虑到部门的自身利益，不会考虑到员工和相关方的需求，所以在评审危险源、制订培训计划、企业的相关变更、工伤调查等方面，必须有员工代表参与，管理人员与员工代表协商，达成一致。没有非管理人员的参与和协商，职业健康安全体系就失去了基础。

【差异分析】

（1）参与和协商的细化：员工协商（1~9 条），员工参与（1~7 条），更加突出基层员工参与和协商的重要性。

（2）强调相关方的影响，非管理人员关于确定相关方的需求和期望的协商见条款 5.4（d），针对相关方的需求与期望，比如周边企业和居民，政府部门，承包商及外协厂商的要求等，非管理人员要参与协调确定这些需求与期望。

【典型案例】

案例一：

某公司主要生产实木门，工作流程中有打磨工序，张 × 从事打磨工作近 4 年。公司推行健康安全管理体系，但他从来没有参加公司危险源识别活动，公司管理人员没有将工序危险源通过张贴公示、培训等方式宣传、教导员工。张 × 压根不知道此工序的职业危害性，当他感到身体不适去医院检查时，被诊断为尘肺病。这是典型的员工不参与协商职业健康安全管理工作。

案例二：

2018 年 12 月 26 日 9 时 34 分，北京交通大学东校区 2 号楼实验室内的学生进行垃圾渗滤液污水处理科研实验时发生爆炸。11 时，新京报记者赶到现场，闻到刺鼻气味。2018 年 12 月 26 日 15 时，经核实，事故造成 3 名参与实验的学生死亡。同日晚，北京交通大学土木建筑工程学院官方网页改为灰色底纹，首页显示“沉痛哀悼环境工程专业三名遇难学生”。事故原因是学生在2号楼实验室内进行垃圾渗滤液污水处理科研实验时发生爆炸。在使用搅拌机对镁粉和磷酸搅拌过程中，料斗内产生的氢气被搅拌机转轴处的金属摩擦，碰撞产生火花，继而引发镁粉粉尘云爆炸，爆炸引起周边镁粉和其他可燃物燃烧，造成现场3名学生被烧死。事故调查组同时认定北京交通大学有关人员违规开展实验，冒险作业，违规购买、违法储存危险化学品，对实验室和科研项目安全管理不到位。学生没有参与制定健康安全管理体系，有的学生曾向校方反映实验室存储大量化学品，存在风险，但学校管理单位不重视，导致事故发生。

【常见不符合】

（1）没有建立非管理人员参与健康安全管理体系的机制，也没有相关证据，员工不知如何参与。

（2）员工提出的健康安全的意见和建议没有人及时处理和反馈。

6. 策划

6.1　应对风险和机遇的措施

6.1.1　总则

在策划职业健康安全管理体系时，组织应考虑4.1（所处的环境）所提及的议题及4.2（相关方）和4.3（职业健康安全管理体系范围）所提及的要求，并确定所需应对的风险和机遇，做到以下几点：

（a）确保职业健康安全管理体系实现预期结果。

（b）防止或减少非预期的影响。

（c）实现持续改进。

当确定所需应对的与职业健康安全管理体系及其预期结果有关的风险和机遇时，组织应考虑以下几点：

（a）危险源（见6.1.2.1）。

（b）职业健康安全风险和其他风险（见6.1.2.2）。

（c）职业健康安全机遇和其他机遇（见6.1.2.3）。

（d）法律法规要求和其他要求（见6.1.3）。

在策划过程中，组织应结合组织及其过程或职业健康安全管理体系的变更来确定和评价与职业健康安全管理体系预期结果有关的风险和机遇。对于所策划的变更，无论是永久性的还是临时性的，这种评价均应在变更实施前进行（见8.1.3）。

组织应保持以下方面的成文信息：

（a）风险和机遇。

（b）确定和应对其风险和机遇（见6.1.2至6.1.4）所需过程和措施。其成文程度应足以让人确信这些过程和措施可按策划执行。

【理解】

识别风险和机遇要考虑的范围有三个方面：标准条款中的4.1、4.2和4.3。

风险和机遇的来源包括三个方面：危险源产生的风险和机遇，健康安全体系运行产生的风险和机遇，法律法规和其他要求导致的风险和机遇。比如车间地面积水导致员工摔倒的风险，车间线路更换带来公司财产和人身安全（机遇），未成年人保护法要求未成年人晚上不允许加班，不准上晚班，公司没有执行相关规定导致员工发育缓慢，还可能导致政府部门问责。

企业内部的变更要提前识别风险和机遇，风险评审应在变更前进行，比如车间改造、仓库搬迁、办公室装修，等等。

风险和机遇的识别评审要形成文件，比如危险源评价表、健康安全体系风险和机遇评价表。

改进职业健康安全绩效的机会包括以下几点：

（1）检查和体系审核。

（2）工作危险分析和相关任务评价。

（3）通过减轻单调的工作或以潜在危险的预定工作速率工作，来改进职业健康安全绩效。

（4）事件或不符合调查和纠正措施。

（5）人体工效学和其他伤害相关预防评价。

改善职业健康安全绩效的其他机会包括以下几点：

（1）对于设施搬迁、过程再设计，设备或厂房更换，可以将其融入职业健康安全体系要求。

（2）利用新技术提升职业健康安全绩效。

（3）提升职业健康安全文化，比如鼓励工作人员及时报告事件等。

（4）强化事件调查过程。

（5）改进工作人员协商和参与过程。

（6）标杆管理。

【练习】

依据 ISO45001：2018 标准，策划职业健康安全管理体系时，组织应考虑（ ）所提及的问题、（ ）所提及的要求。

A.4.3

B.4.1

C.4.4

D.4.2

答案：BAD

【落地】

培训老师把 ISO45001 标准培训完成后，要立即进行危险源识别和评价，组织生存环境识别和评价，相关方的需求与期望和员工需求与期望评价，法律法规识别和评价，针对危险源管理，法律法规及其他要求管理，健康安全体系运行管理的风险和机遇进行评审。流程如图 3–4 所示。

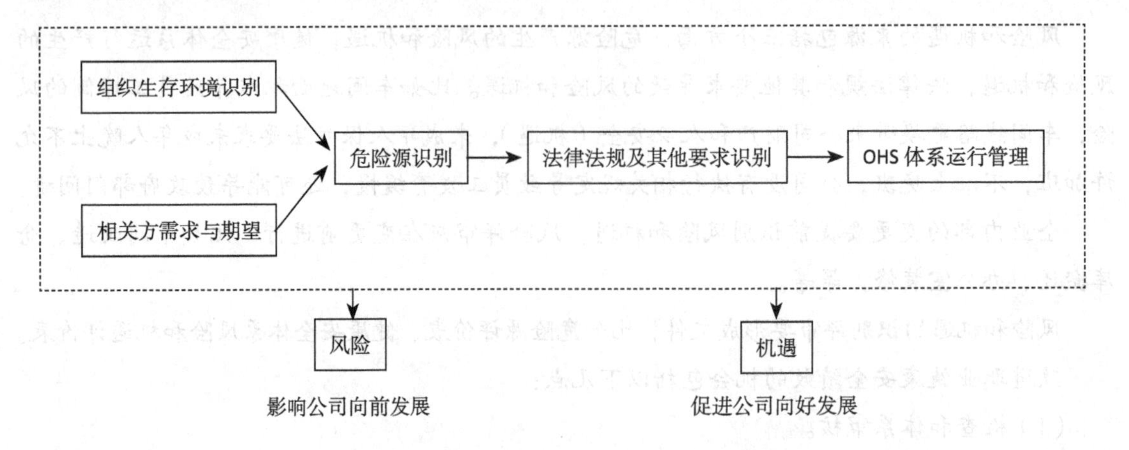

图 3-4　职业健康安全管理风险和机遇识别图

这一条款需要留下的证据有以下几点：

（1）组织生存环境风险和机遇分析。

（2）危险源风险分析。

（3）法律法规及其他要求管理风险和机遇分析。

（4）相关方的需求与期望风险和机遇分析。

（5）健康安全体系运行风险和机遇分析。

（6）制定变更控制程序，明确场地变更、产品变更、设备变更、工艺变更等变更导致健康安全风险和机遇的变化。

（7）制定风险和机遇控制程序，明确风险和机遇评审的范围、内容、带来的风险和机遇，如何应对风险和机遇的更新、措施有效性评审。

【价值】

做任何事情都有风险，也有机遇，我们要提前识别风险，看到机遇，才有利于顺利做成事情，满足预期要求。比如法律法规管理，如果法律法规识别不全，识别版本不对，识别出来的要求没有落实导致一些风险安全事故，或者是导致政府部门问责，都不利于公司的生存和发展。

没有风险和机遇意识，走一步看一步的工作方法是很危险的。如果风险意识过重，就会导致一事无成，组织要注意把握好尺度。

风险不仅是危险源带来的风险，还包括职业健康安全管理带来的风险和机遇，比如法律法规识别不全，没有进行合规性评价、内审和管理评审等，都可以带来风险和机遇。全面识别风险源可防止损失。识别机遇，就会为公司持续改进，业绩上一个新台阶找到机会。

【差异分析】

OHS18001 版本只有危险源及风险要求，而 ISO45001 版本要求识别职业健康安全管理风险和其他风险，机遇和其他机遇，法律法规带来的风险。

ISO45001 版本强调要识别健康安全管理体系带来的机遇，也就是带来的改善之处。

【典型案例】

案例一：

某化工用品经销商在2018年1月销售溴素时，专业部门及时识别出“国办函2017-120号通知”要求，溴素被纳入易制毒化学品目录，专业部门立刻向客户传递该信息，并指引客户增办公安相关手续，从而避免了政府部门问责，这就是识别了健康安全管理体系的风险和其他风险与法律法规及其他要求的风险带来的好处。

案例二：

某企业进行铁架焊接危险源识别，没有识别到铁架焊后的高温，从而把员工烫伤，同时没有考虑到普通手套不能有效保护员工，使其避免烫伤。危险源是普通手套无法保护员工，使其避免烫伤，风险是员工被烫伤。

【常见不符合】

（1）没有识别到健康安全管理的机遇。

（2）没有考虑到新产品、新材料、新设备、新工艺导致的风险变化。

（3）风险和机遇没有识别到法律法规、体系运行带来的风险和机遇。

（4）只识别风险，没有识别机遇。

6.1.2 危险源辨识及风险和机遇的评价

6.1.2.1 危险源辨识

组织应建立、实施和保持用于持续和主动的危险源辨识的过程。该过程必须考虑（但不限于）以下几点：

（a）工作如何组织，社会因素（包括工作负荷、工作时间、欺骗、骚扰和欺压），领导作用和组织的文化。

（b）常规和非常规的活动和状况，包括由以下方面所产生的危险源：

①基础设施、设备、原料、材料和工作场所的物理环境。

②产品和服务的设计、研究、开发、测试、生产、装配、施工、交付、维护或处置。

③人因。

注：人因（human factors），又称人类工效学（Ergonomics），主要是指使系统设计适于人的生理和心理特点，以确保健康、安全、高效和舒适。

④工作如何执行。

（c）组织内部或外部以往发生的相关事件（包括紧急情况）及其原因。

（d）潜在的紧急情况。

（e）以下几类人员：

① 进入工作场所的人员及其活动，包括工作人员、承包方、访问者和其他人员。

② 工作场所附近可能受组织活动影响的人员。

③ 处于不受组织直接控制的场所的工作人员。

（f）其他议题，包括以下几点：

① 工作区域、过程、装置、机器和（或）设备、操作程序和工作组织的设计，包括他们对所涉及工作人员的需求和能力的适应性。

② 由组织控制下的工作相关活动所导致的、发生在工作场所附近的状况。

③ 发生在工作场所附近、不受组织控制、可能对工作场所内的人员造成伤害和健康损害的状况。

（g）在组织、运行、过程、活动和职业健康安全管理体系中的实际或拟定的变更（见8.1.3）。

（h）危险源的知识和相关信息的变更。

【理解】

危险源是危险的根源，根源是什么？不安全的状态和不安全的行为。

根据在事故中所起的作用，危险源可分为第一类危险源和第二类危险源。

第一类危险源是物质本身就有危险，比如电能、热能、辐射能，等等。

第二类危险源是指不安全的状态，包含以下几点：

（1）设备工作不安全的状态，比如电器不绝缘，起重机限位装置失效造成重物坠落。

（2）人的不安全行为，比如不戴口罩。

（3）不安全的环境，比如温度过高或过低，噪声过大，照明不好，等等。

危险源可分为以下 7 种类型：

（1）机械能。机械能包括势能和动能。坠落、坍塌等都是势能造成的，车辆伤害、机械伤害、物体打击等是动能造成的。

（2）电能。电能事故包括火灾、爆炸、灼伤、电击等。

（3）热能。热能事故包括火灾、灼烫等。

（4）化学能。化学能事故包括皮炎、烧伤、致癌、遗传突变、畸形、中毒、窒息等。

（5）放射能。

（6）生物因素。

（7）人机工程因素。

针对能量释放导致的伤害，一般采用以下 7 种屏蔽方法：

（1）用安全的能源替代不安全的能源，比如空气能替代电能。

（2）限制能量，比如低电压替代高电压，限制设备运转速度，限制露天爆破，等等。

（3）防止能量蓄积，比如接地消除静电，避雷针放电保护重要设施，等等。

（4）缓慢释放能量，比如减振等。

（5）设置屏蔽设施，比如使用设备防护罩、安全围栏、劳保用品，等等。

（6）在时间和空间上把能量与人隔离，比如机器手等。

（7）采用信息形式屏蔽，比如设置警示标志等。

按 GB/T13861《生产过程危险和有害因素分类代码》将危险危害因素分为以下 6 种类型：

（1）物理类型，比如噪声、设备缺陷、防护缺陷、电危害、电磁辐射、明火、信号缺陷、冻伤、粉尘、高温，等等。

（2）化学类型，比如易燃易爆物质、自燃物质、有毒物质、腐蚀性物质，等等。

（3）生物类型，比如致病微生物、传染病媒介物、致害动物、致害植物，等等。

（4）心理生理类型，比如负荷超限、心理生理超限、健康状况异常、心理异常、辨识功能缺陷，等等。

（5）行为类型，比如指挥错误、操作失误、监护失误，等等。

（6）其他类型，比如20种常见事故：物体打击、车辆伤害、机械伤害、起重伤害、触电、淹溺、灼烫、火灾、高处坠落、坍塌、冒顶片帮、透水、放炮、瓦斯爆炸、火药爆炸、锅炉爆炸、容器爆炸、其他爆炸、中毒和窒息、其他伤害。

常规的危险源识别方法有以下几种：

安全检查表法SCL、预先危险分析法PHA、故障类型及影响分析FMEA、危险与可操作性研究HAZOP、事件树分析ETA、事故树分析FTA。常用的方法是作业条件危险性评价法LEC法，其中L指事故发生的可能性，E指暴露在危险环境下的频繁程度，C指事故产生的后果。

事故发生的可能性如表3-1所示。

表3-1　事故发生的可能性

分数值	事故发生的可能性
10	极为可能
6	相当可能
3	可能，但不经常
1	可能性小，完全意外
0.5	很不可能，可以设想
0.2	极不可能
0.1	实际不可能

暴露在危险环境下的频繁程度如表3-2所示。

表3-2　暴露在危险环境下的频繁程度

分数值	频繁程度
10	连续暴露
6	每天工作时间暴露
3	每周一次，或者是偶然暴露
2	每月一次暴露
1	每年几次暴露
0.5	非常罕见的暴露

事故产生的后果如表3-3所示。

表 3-3　事故产生的后果

分数值	后果
100	大灾难，许多人死亡
40	灾难，数人死亡
15	非常严重，一人死亡
7	严重，重伤
3	重大，致残
1	引人注目，不利于基本的健康要求

风险等级划分如表 3-4 所示。

表 3-4　风险等级划分

分数值	风险程度
大于 320	极其危险，不能继续作业
160~320	高度危险，需要立即整改
70~160	显著危险，需要整改
20~70	一般危险，需要注意
小于 20	稍有危险，可以接受

控制措施策划如表 3-5 所示。

表 3-5　控制措施策划

风险	措施
可忽略	不需采取措施且不必保留文件记录
可容许	不需要另外的控制措施，应考虑投资效果更佳的解决方案或不增加额外成本的改进措施，需要监测来确保控制措施得以维持
中度	应努力降低风险，但应仔细测定并限定预防成本，并应在规定时间内实施降低风险的措施 在中度风险与严重伤害后果相关的场合，必须进一步地评价，以便更准确地确定伤害的可能性，确定是否需要改进控制措施
重大	直至风险降低后才能开始工作。为降低风险有时必须配备大量资源。当风险涉及正在进行的工作时，应采取应急措施
不能容许	只有当风险已降低时，才能开始或继续工作。如果无限的资源投入也不能降低风险，就必须禁止工作

风险控制措施优先选用顺序如图 3-5 所示。

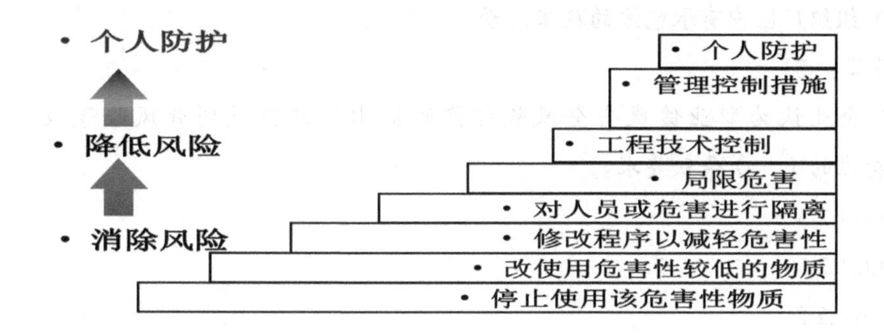

图 3-5　风险控制措施优先选用顺序

企业应该每年对风险控制措施进行评审，评审的项目包括以下几点：

（1）风险控制措施是否能使风险降低到可容许的水平。

（2）在实施风险控制措施时是否产生新的危险源和风险。

（3）计划的风险控制措施是否投资效果最佳的风险控制方案。

（4）受影响的人员采取预防措施的必要性和可行性。

（5）计划的风险控制措施是否能被应用于实际工作中。

危险源识别包括以下几个步骤：

第一步：各部门人员列出自己部门的活动，针对打印、使用电脑、配料、加料、成型、卸模、装模、设备维修、保养等活动列出清单。

第二步：先识别风险，再识别危险源，先评 C，再评 L 和 E，算总分 D。（风险包括物体打击、火灾、触电、中毒、细菌感染、刮伤、碰伤、摔伤、中暑、扭伤、烧伤、辐射等。）

第三步：相关部门交叉识别，增补危险源。

第四步：针对危险源进行会议评审，增加或删除部分危险源。

第五步：制定措施，70 分以下的列进相关制度中，70 分以上的制定改善方案。

第六步：列出重大危险源。

第七步：危险源及控制措施培训。

危险源识别与其他条款的关系如图 3-6 所示。

图 3-6　危险源识别与其他条款的关系

【练习】

（1）依据 ISO45001 标准，组织开展危险源辨识，要考虑“工作场所附近存在、不在组织控制下的能够造成工作场所内人员伤害和健康损害的状况”，下列属于这种情况的是（　）。

A. 组织在厂区边界存在一个大型液化石油气储渣区

B. 组织厂区内有机动车辆驶入

C. 组织相邻企业内部存在一些大型液氨储渣罐

D. 组织厂区内有承包方的施工活动

答案：C

（2）某企业认为职业健康安全风险评价的输出结果就是划分风险等级，这不符合ISO45001标准的（　）条款要求。

A.6.1.2.3

B.6.1.2.1

C.6.1.2.2

D.6.1.4

答案：B

（3）依据ISO45001标准，组织应建立、实施和保持（　）的危险源辨识过程。

A. 持续和主动

B. 常规和非常规

C. 连续和间隔

D. 系统和全面

答案：A

（4）依据ISO45001标准，组织开展危险源辨识要考虑“现场的不在组织直接控制下的工作人员”，下列属于这类人员的是（　）。

A. 在组织厂区内开展施工活动的承包方人员

B. 组织自己的工作人员

C. 提供设备售后维护的供应商人员

D. 组织聘用的临时工作人员

答案：AC

（5）为实现系统安全，组织要系统地开展危险源辨识工作，其体现在（　）。

A. 危险源辨识工作要重点针对生产系统的运行阶段

B. 危险源辨识工作要覆盖生产系统的全生命周期

C. 危险源辨识工作要重点针对人员开展的生产作业活动

D. 危险源辨识工作要针对其生产系统的各组成要素

答案：BD

【价值】

危险源识别是实行ISO45001标准的基础，如果没有充分完整的危险源识别，体系的策划就会失去方向，源头是控制危险源、遵守法律、保护员工及相关方人员的安全。做OHS（健康安全）体系的步骤是：危险源识别与评价培训—危险源识别及风险评价—ISO45001标准知识培训—组织环境及相关方和员工要求识别—法律法规及相关方要求识别—体系文件编写策划—体系文件编写—文件评审与发行—体系运行—职业卫生检测—合规性评价—目标统计—内审—管理评审。所以危险源识别与评价是OHS（健康安全）体系的基础工作，是突破口。重大危险源不要遗漏，不要弄错。

【落地】

企业识别危险源先要请专业老师进行危险源识别的基础培训，然后各个部门识别本部门的活动，根据活动来识别风险，再找危险源。

各部门的危险源及风险识别出来后，OHS（健康安全）小组成员深入现场，进行补充识别。

根据特殊情况，再补充识别危险源，比如紧急情况、异常情况，本组织的危险源对周边人员造成的影响，等等。

企业的危险源包括本组织人员外部活动危险源、承包方在本组织活动产生的危险源、生命周期中产生的风险和危险源。

进行风险分析，策划控制方案。控制方案主要有制定运行控制程序、目标指标方案、应急预案等。

危险源识别的流程是：区域或部门—活动—风险—危险源—风险评价—重大危险源—制定相应措施。

本章节产生的证据有危险源及风险评价表、危险源告知牌、重大危险源清单。

【案例分析】

案例一：

组织对打磨区及电焊区进行危险源识别，如图 3-7 所示。

图 3-7　识别危险源

风险主要有：火灾、触电、焊光损坏视力、割伤手、漏电、面部及颈部损伤、电源短路、爆炸。

危险源主要以下面几种形式存在：

（1）无动火作业监护人（电焊、打磨）。

（2）电焊机没有放在动火隔离区域内。

（3）电焊操作时，焊工左手没有持专门的护目装备，未佩戴专用焊工帽。

（4）电焊枪回路没有夹在工件上。

（5）打磨操作未配备专门的护目装备。

（6）打磨操作未佩戴专用手套。

（7）动火作业未配备灭火器。

（8）移动工具、手持工具等用电设备没有各自的电源开关，必须实行"一机一闸"制，严禁用同一开关电器直接控制二台或二台以上用电设备（含插座）。

（9）在必须横跨道路或有重物挤压危险的路段，未将相应线路穿硬管保护，硬管必须固定；当位于交通繁忙区域或重型设备经过的区域时，应用混凝土件对其进行保护，并设置安全警示标志。

（10）电缆被打磨发出的火花损坏。

（11）电焊线交叉，容易发生事故。

（12）喷涂料、电焊、打磨交叉作业，这几项工作须有效隔离。

组织识别危险源后，要进行风险评价，如表 3-6 所示。

表 3-6 风险评价

风险	危险源	L	E	C	D	等级	措施
火灾	无动火作业监护人（电焊、打磨）	1	6	15	90	重要	电焊安全管理制度、打磨安全管理制度
爆炸火灾	电焊机应放在动火隔离区域内	1	6	15	90	重要	电焊安全管理制度、动火使用管理制度

70 分或以上要制定相应措施。

案例二：

某餐厅使用时间较长，排油烟机风道有大量积油，但是公司没有识别到这些危险源，没有及时处理，造成某天烟管被点燃，厨房失火，工人受伤，直接损失 20 多万元。

【差异分析】

（1）强调相关方的影响，危险源辨识要考虑相关方的活动 [见 6.1.2.1（e）（f）]，比如承包商的施工、委外方的运输。

（2）危险源辨识考虑企业文化（6.1.2.1），比如劳动竞赛及企业问责机制导致员工跳楼属于危险源范畴。

（3）对未遂事件进行危险源识别。

（4）人员方面包括出差导致的危险。

（5）工作程序设计不当导致的危险源，比如单手作业、作业不方便等导致的危险。

（6）员工不适合这一活动导致的危险源，比如没有培训就参加消防学习，小学生使用灭火器演习等导致的危险。

（7）对变更或建议变更事项进行危险源识别，比如藿香正气水含有酒精，如果司机外出喝了就容易出现交通事故危险。

【常见不符合】

没有主动识别危险源，特别是使用新工艺、新设备、新材料产品时，或者是公司装修、布局调整、工厂搬迁等。

危险源识别不全，没有考虑到《生产过程危险和有害因素分类代码》中6种类型的危险和有害因素。

6.1.2.2 职业健康安全风险和其他职业健康安全管理体系风险的评价

组织应建立、实施和保持过程，以确保以下两点：

（a）评价来自已识别的危险源的职业健康安全风险，同时必须考虑现有控制的有效性。

（b）确定和评价与建立、实施、运行和保持职业健康安全管理体系相关的其他风险。

组织的职业健康安全风险评价方法和准则应在范围、性质和时机方面予以界定，以确保其是主动的而非被动的，并以系统的方式得到应用。有关方法和准则的成文信息应予以保持和保留。

【理解】

职业健康安全风险主要指危险源导致的风险，比如使用动火时没有持证上岗，没有与易燃易爆品隔离等导致火灾、爆炸。

其他职业健康安全管理风险指组织环境带来的风险，以及相关方和员工的需求与期望带来的风险，比如当地政府要求100%落实安全生产责任制，每年不定期抽查。周边环境规划变更，从纯工业区变更为工商结合区，都带来职业安全更多的风险。

职业安全的风险包括法律法规及其他要求带来的风险，比如客户要求、当地村委会要求、社会组织要求带来的风险可能导致企业产生不良社会影响。

评价风险的方法和准则应在范围、性质、时机方面界定，识别风险参见第4章和6.1条款，这是范围。性质就是要进行PDCA循环，比如策划、实施、检查、调整。策划风险控制措施，当风险有变化时，对相关风险识别与评价及控制方案要进行调整。时机是内外环境变化时要主动识别风险，制定措施。

【练习】

（1）依据ISO45001标准，组织用于评价职业健康安全风险的方法和准则应基于其（　）进行确定。

A. 等级

B. 范围

C. 性质

D. 时段

答案：BC

（2）ISO45001 标准中提出的“其他风险”，指的是（　）。

A. 危险源可能导致的职业健康安全风险之外的其他风险

B. 职业健康安全管理体系相关过程管理方面的不确定性的影响

C. 除工作人员的职业健康安全风险外，其他方面涉及安全和健康的风险

D. 环境风险、质量风险等

答案：B

（3）依据 ISO45001 标准，组织在评价已识别的危险源的职业健康安全风险时，必须考虑（　）。

A. 重大风险

B. 重大危险源

C. 不同的风险等级

D. 现有控制措施的有效性

答案：D

（4）ISO45001 标准中“职业健康安全风险”和“其他风险”的管理过程原理是不同的（　）。

A. 正确

B. 错误

答案：B

（5）依据 ISO45001 标准，危险源辨识过程包括职业健康安全风险和其他风险的识别（　）。

A. 正确

B. 错误

答案：B

【价值】

有危险源，就有风险。在我们识别危险源时，员工有时不理解为什么要控制得那么严，会感觉在浪费时间。这是因为员工不知道危险源带来的风险及风险发生的概率，所以要让员工树立安全生产健康防护意识，就必须进行风险识别及培训。

除了危险源要识别风险外，其他法律法规、运行控制、组织环境、相关方期望也要识别风险及其发生的概率，确保制定有效的措施。比如法律法规没有及时更新会带来风险，如果法律法规及时更新会带来机遇。再比如政府补助改造现场。没有操作规程或员工不遵守操作规程会带来风险。员工及相关方的需求与期望没有及时更新也会带来风险，等等。这些风险的识别有利于所有人员重视体系各过程，避免流于形式。

【落地】

体系推行时或组织内外部有相关变更时，要识别危险源，同时要识别风险及风险程度，制定危险源及风险清单。

体系推行或每年定期更新组织环境及相关方的需求与期望风险和机遇清单。

每年定期更新法律法规及相关方要求风险和机遇清单。

每年定期更新 OHS（健康安全）体系运行风险和机遇清单。

建立风险和机遇控制程序，明确风险和机遇识别、评审、应对措施、措施评审要求。

【差异分析】

OHS18001（健康安全）版本只有危险源的风险，没有法律法规、组织环境、体系运行等带来的风险。

【典型案例】

案例一：

李女士开车在高速公路上逆行，张女士为了避让李女士的车，轿车撞到了护栏。随后，张女士报警。警察问李女士是否知道逆行的风险及法律规定不准逆行。她说知道（知道危险源——逆行），但认为逆行时间短，只有十几公里，晚上也没有交警值班，自己打了双闪，认为没关系。（知道风险，但对风险评估过低，而且没有考虑其他风险，比如坐牢、拘留、赔偿全部损失，保险公司拒赔。）

案例二：

2011 年 4 月 5 日 0 时 15 分，铜铸厂 9# 炉职工王 ×、张 ×、李 × 在炉口南侧做出料前的准备工作时，突然发生炉内铜水放炮，造成三人灼烫伤。直接原因是高温铜水渗透炉底耐火材料，进而侵蚀用于冷却炉底的水冷箱，高温下冷却水汽化为水蒸气，体积急剧膨胀，导致其上方炉膛内高温铜液强烈喷溅。

间接原因包括以下几点：

（1）9# 炉设计最大功率 900KW，熔沟到水冷箱内壁耐火材料 150mm 厚，耐火材料厚度较薄，容易渗到水冷箱内壁。

（2）立式有芯感应炉在铜铸厂首次使用，在《立式有芯感应炉操作规程》中没有规定使用炉龄。

（3）生产单位开展危险源辨识不充分。

（4）安全教育培训针对性不强。

（5）对此设备的巡检、点检没有落实。

以上两个案例虽有识别危险源和风险，但没有考虑到措施失效时导致的风险及风险的严重性。

【常见不符合】

没有识别到职业健康安全管理的其他风险，并制定相应措施。

风险识别中，没有考虑到措施失效带来的风险。

6.1.2.3　职业健康安全机遇和职业健康安全管理体系的其他机遇的评价

组织应建立、实施和保持过程，应评价以下两点：

（a）有关增强职业健康安全绩效的职业健康安全机遇，同时必须考虑所策划的对组织及其方针、过程或活动的变更，以及以下两点：

①有关使工作、工作组织和工作环境适合于工作人员的机遇。

②有关消除危险源和降低职业健康安全风险的机遇。

（b）有关改进职业健康安全管理体系的其他机遇。

注：职业健康安全风险和职业健康安全机遇可能会给组织带来其他风险和机遇。

【理解】

机遇包括识别组织环境，根据内外环境要求制定健康安全管理体系，从而改善健康安全绩效，提升公司的对外形象和凝聚力，减少安全事故，降低总体运营成本，认证一次性通过也是机遇。

识别并更新法律法规要求，制定相应措施严格守法，避免政府部门问责，提升对外形象，这也是机遇。

健康安全管理体系各过程运行良好，安全事故减少，无职业病发生。公司形象良好，招工容易，总体运营成本降低，这也是机遇。

识别各种变更带来的风险，比如材料变更、工艺变更、产品变更、工厂搬迁、三旧改造等带来的风险，从而建立预防措施，防止安全事故，这也是一种机遇。

【练习】

职业健康安全风险和职业健康安全机遇能够给组织带来其他风险和机遇（ ）。

A. 正确

B. 错误

答案：A

【价值】

一个企业推行体系，主要目的一是控制风险，二是带来机遇，否则这个体系推行没有多大回报。

企业推行职业健康安全体系时要抓住机会，识别体系带来的机遇，比如设备改造降低事故，场地整改减少工伤，消防整改预防火灾，火灾发生时尽最大可能降低损失，减少伤亡。

职业健康安全体系文件是建立在危险源、风险和其他风险和机遇基础上的，所以风险和机遇是建立职业健康安全体系的基础。

【落地】

建立风险和机遇程序文件。

建立风险和机遇清单，识别职业健康安全体系运行、法律法规识别及评价、组织环境及相关方的需求与期望识别评价带来的机遇。

【差异分析】

OHS18001（健康安全）版本没有机遇相关条款和要求。ISO45001中有机遇相关条款和要求。

【典型案例】

案例一：

东莞某工业区进行三旧改造，某纸品厂通过搬迁，抓住政府补偿土地及财政补助的机遇，积极配合搬迁。通过搬迁，实现了自动化生产线，提高了生产效率，缩短了交货周期，减少了人员的使用，大量使用机械化作业，减少人员工伤事故。同时在某些岗位使用了机器人作业，从根本上解决了某些高危工序工伤事故。

案例二：

某企业面对市场压力，在某工序利用机器人作业替代人工半机械化作业，大大提高了效率，改善了员工的工作条件。但好景不长，机器人使用出现故障。在维修过程中，维修人员没有考虑到机器人维修的危险源及带来的风险，导致事故发生，死亡一名维修员。主要原因是工艺变更，企业没有重新识别危险源和风险，只看到工艺变更带来的机遇。企业对维修人员培训不到位，没有制定相应的机器人维修规程，列出注意事项。

【常见不符合】

只有识别风险，没有识别机遇。

职业健康安全体系有效运行及现场整改带来的机遇没有识别。

6.1.3　法律法规要求和其他要求的确定

组织应建立、实施和保持过程，做到以下几点：

（a）确定并获取最新的适用于组织的危险源、职业健康安全风险和职业健康安全管理体系的法律法规要求和其他要求。

（b）确定如何将这些法律法规要求和其他要求应用于组织，以及所需沟通的内容。

（c）在建立、实施、保持和持续改进其职业健康安全管理体系时，必须考虑这些法律法规要求和其他要求。

组织应保持和保留有关法律法规要求和其他要求的成文信息，并确保及时更新以反映任何变化。

注：法律法规要求和其他要求可能会给组织带来风险和机遇。

【理解】

识别的法律法规包括：危险源相关、OHS（健康安全）相关、最新的其他组织应遵守的法律法规，比如标准化法、认证认可条例等。

法律法规和其他要求管理流程如图 3-8 所示。

图 3-8　法律法规及其他要求管理流程

法律法规和其他要求包括：法律法规、法令和指令、监管机构发布的条令、许可证、法院判决或行政裁决、条约公约、集体谈判协议、合同、承诺、标准等。

法律法规及其他要求要及时更新，签订的协议合同或承诺书要及时传递给文控部门，纳入法律法规及其他要求清单。每个季度要通过当地安全生产监管部门的网站查找有无最新的法律法规。行政部门得到最新的政府要求也要及时传递给文控部门。

法律法规的传达方式：培训、会议、文件发行、共享盘等。

【练习】

确定并获取适用于组织的（　）的法律法规和其他要求。

A. 危险源

B. 职业健康安全风险

C. 职业健康安全管理体系

D. 最新

答案：ABCD

【价值】

不违法和满足相关方要求是所有组织存在的基础，充分识别法律法规和其他要求，我们编写健康安全体系文件才不会走偏方向，规范要求才不会遗漏。

识别法律法规和其他要求，才能保证组织权益，避免受到法律问责和社会谴责，公众形象受损。

【落地】

制定法律法规和其他要求程序文件，明确法律法规和其他要求的内容、识别来源、识别责任人、渠道、内部沟通方式等。

职业健康安全负责人识别完整危险源及相关风险，行政部门根据危险源及风险来识别相关法律法规和其他要求，填写法律法规和其他要求清单，同时把原稿交给文控中心，共享一份电子档到共享盘，各部门签收文件发行记录。

业务部和行政部有最新的政府要求和客户要求时要及时传递给职业健康安全部门评审，必要时要反馈给客户或政府部门，同时资料要传递给文控中心受控发行。

安全生产部门每季度要在当地安监网站或通过咨询公司、认证公司识别最新的健康安全法律法规，并评审符合性，交给文控中心受控发行。

【差异分析】

ISO45001 版本明确要求，考虑法律法规和其他要求适用性时要考虑危险源、职业健康安全风险、职业健康安全管理体系，比如标准化法、认证认可条例要列入法律法规及其他要求清单。

OHS18001 版本明确要求职业健康安全管理体系持续改进，要考虑法律法规和其他要求。

【典型案例】

案例一：

张某的电瓶车经常停在楼道内充电，大量电瓶车和儿童车堵塞通道。某一天，因线路老化，电瓶发热起火，一楼楼道发生火灾，所有电瓶车及儿童车报废，幸好火被及时扑灭，否则会酿成重大安全事故。这是没有识别相关方的要求——小区管理处和当地消防部门的要求，导致发生安全事故。

案例二：

某企业有电梯、空压机、叉车等，2017 年国家更新了《特种设备使用管理规则

（TSG08–2017）》，这家企业已经识别到，但没有更新到法律法规及相关方要求清单中，对其中的内容也没有细化到相关的管理制度中，这是法律法规和其他要求没有确定如何运用于组织。

【常见不符合】

法律法规和其他要求变更后，没有识别其中的内容并转化到内部体系文件当中。

法律法规和其他要求文件版本不对。

法律法规和其他要求识别不全，当地村委会及客户要求、与相关方签的协议没有识别。

6.1.4 措施的策划

组织应策划：

（a）措施，以：

①应对风险和机遇（见 6.1.2.2 和 6.1.2.3）。

②满足法律法规要求和其他要求（见 6.1.3）。

③对紧急情况做出准备和响应（见 8.2）。

（b）如何：

①在其职业健康安全管理体系过程中或其他业务过程中融入并实施这些措施。

②评价这些措施的有效性。

在策划措施时，组织必须考虑控制的层级（见 8.1.2）和来自职业健康安全管理体系的输出。

在策划措施时，组织还应考虑最佳实践、可选技术方案及财务、运行和经营要求。

【理解】

策划措施包括：风险和机遇应对措施、法律法规和其他要求应对措施、应急准备和响应措施。

措施的输入要求：控制层级、职业健康安全管理体系的输出、最佳实践、可选技术方案、财务运行和经营要求。

措施的管理要求：纳入职业健康安全管理体系及其他业务过程中并实施。

评审措施的有效性：措施要有可操作性，要行得通。比如只要上班就要戴安全帽，这种制度没有可操作性，因为在办公室和仓库就不一定要戴安全帽。但如果制定一个戴安全帽的管理制度，明确什么情况下，在什么地方，安全帽戴成什么样，操作性就强。

【练习】

（1）依据 ISO45001 标准，组织在策划措施时应策划（ ）。

A. 如何针对重大风险采取控制措施

B. 如何针对重要危险源采取措施

C. 如何在相关业务过程中融入并实施措施

D. 如何消除所有职业健康安全风险

答案：C

（2）依据 ISO45001：2018 标准，当确定需要针对的职业健康安全管理体系的风险和机会及其需要取得的预期结果时，组织必须考虑（ ）。

A. 危险源

B. 职业健康安全风险和其他风险

C. 职业健康安全机会和其他机会

D. 法律法规和其他要求

答案：ABCD

（3）依据 ISO45001 标准，组织应对（ ）方面保持文件化的信息。

A. 工作人员和其他相关方的需求和期待

B. 组织的外部环境信息

C. 风险和机会

D. 需要确定和应对风险和机会的过程和措施

答案：CD

【价值】

风险和机遇没有措施是没用的，知识再好不实施也产生不了生产力。所以措施是“电”，只有措施实施了，电放出去，整个体系才会“亮”起来。

出现问题并不可怕，最怕的就是没有改善措施，本条款也是关于解决措施的问题。当下是改善措施，后续就是常规动作。

措施要与组织日常管理工作相结合，不要游离在组织日常管理之外，造成体系的表面形式。

【落地】

体系负责人每年要评审更新风险和机遇，同时要更新风险和机遇应对措施，也要评审风险和机遇应对措施的有效性。

体系负责人及销售部门、行政部门要及时评审法律法规和其他相关方要求，评审与本组织相关的要求，修改相关文件。文控员要更新法律法规及其他要求清单，制定明确控制措施。更新周期可以是三个月一次。

针对紧急情况，如中毒、洪水、火灾、爆炸、地震、台风等情况，行政部门要制定应急准备和响应措施，明确各过程负责人、岗位职责等。列出紧急情况控制措施表，行政部门每年要更新应急预案、应急演习记录、应急预案评审记录。

应对风险和机遇措施的案例参见第二篇四级文件《危险源清单及应对措施》《法律法规及其他要求应对措施》《组织环境风险和机遇应对措施》，第二篇三级文件《健康安全应急预案》。

【差异分析】

措施的策划是单独条款，OHS18001（健康安全）版本没有这个单独条款，但提到要制定应对措施。说明 ISO45001 版本更重视应对措施的策划实施。

ISO45001 版本强调措施要与日常管理相结合，OHS18001（健康安全）版本没有这个要求。

【典型案例】

案例一：

某年12月7日上午，某厂在设备改造过程中，一名非起重人员使用未经检验的电动葫芦，并擅自拆除其上升限位，当吊物（重761kg）提升到顶时，钢丝绳过卷扬被拉断，导致吊物坠落。因为起重作业点位于通道上，未设围栏及警告标志，也未设专人看护，吊物将一名途经人员砸死。

事故暴露出的问题包括以下几点：

（1）使用未经检验的电动葫芦。

（2）擅自拆除电动葫芦的上升限位保护。

（3）无证操作特种设备。

（4）通道未设围栏及警告标志。

（5）起吊现场未设监护人员。

（6）针对危险源没有确定应对措施，比如非起重作业人员操作电动葫芦，擅自拆除上升限位，吊装时吊物坠落等危险源没有确定应对措施。

案例二：

某汽车运输公司制定了恶劣天气应急预案，快速路规定速度40km/h，高速公路规定60km/h，城区车速不超过30km/h，并通过GPS定位监控车速及车的位置。通过这个方案，近2年公司的交通事故次数为零，只有一些超速的情况。

【常见不符合】

因没有事故发生，未进行全面的应急演习，针对应急措施的评审流于形式。

法律法规和其他要求变更，但应对措施没有变更。

6.2　职业健康安全目标及其实现的策划

6.6.2.1　职业健康安全目标

组织应针对相关职能和层次制定职业健康安全目标，以保持和持续改进职业健康安全管理体系和职业健康安全绩效（见10.3）。

职业健康安全目标应：

（a）与职业健康安全方针一致。

（b）可测量（可行时）或能够进行绩效评价。

（c）必须考虑：

① 适用的要求。

② 风险和机遇的评价结果（见6.1.2.2和6.1.2.3）。

③ 与工作人员及其代表（若有）协商（见5.4）的结果。

（d）得到监视。

（e）予以沟通。

（f）在适当时予以更新。

【理解】

应由相关层次的职能机构制定目标，不是所有层次的部门都要制定目标，必要时要制定目标。

制定目标的输入：风险和机遇评价结果、与员工代表协商结果、适用其他要求，比如法律法规要求。

目标要监视，尽可能做到能测量，能统计，比如 2019 年通过 ISO45001 认证就能监视，可当作目标。

目标要在相关层次和职能部门沟通，通过会议、看板、文件沟通。

目标评审不适宜时，要更新。比如这个目标定得无意义，或者是目标无法达成，都要修改。

【练习】

（1）依据 ISO45001：2018 标准，下列（　）不是组织建立职业健康安全目标必须考虑的。

A. 适用的要求

B. 风险和机会的评价结果

C. 职业健康安全管理体系范围

D. 与工作人员的协商结果

答案：C

（2）组织的职业健康安全运行准则不可作为职业健康安全目标（　）。

A. 正确

B. 错误

答案：B

（3）职业健康安全管理体系预期结果是一种职业健康安全目标（　）。

A. 正确

B. 错误

答案：B

【价值】

有目标才有方向，才能让大家有成就感，才能评价职业健康安全体系的绩效。

通过目标，制订行动计划，有利于健康安全管理体系的持续改进。

有目标，经过监视和统计也能暴露问题，有利于体系的改善。

【落地】

每月要在经营例会中评审目标的达成情况，目标是否需要修改，形成会议记录、目标统计表。

目标没有达成要么修改目标，形成会议决议，要么填写纠正措施单进行改善。

每年要更新目标及目标实现方案，目标要分解到相关职能部门，比如生产部、采购部等。目标的案例参见第二篇第三章《目标及实施方案》。

【典型案例】

案例一：

某公司制定“员工零死亡，无重大职业伤害”的目标，并制定了一系列目标实现的方案。由于产品适销对路，积极开拓国外市场，公司的生意越做越大。但在越南公司就存在不少问题，只顾生产及交货，没有充分识别当地气候和生态环境，导致工伤不断，员工生病请假不断。主要原因是公司没有充分识别越南公司的危险源，没有制定风险控制措施，导致目标没有达成。

案例二：

某公司每年年初会制定评审职业健康安全的目标，并且分解到各部门、各科室，并要求各部门、各科室制定实施方案，明确相关部门该如何配合，公司要提供什么资源以达成目标。目标与方案看板张贴在各部门企业文化墙上，各部门每个月都要检查上个月的目标达成情况，没有达成的全部填写纠正措施单，并公示目标达成情况及纠正措施。公司会安排人员跟进纠正措施单的实施情况。每年年初，公司会针对内外环境的变化及上一年度的达成情况调整目标，召开专题会议。这样一来，调动了全体员工的工作积极性。近几年，职业健康安全体系运行良好，得到客户好评，同时无重大安全事故。

【差异分析】

ISO45001 版本目标形成了单独条款，其他无变化。

【常见不符合】

目标与方针不能一一对应。

目标没有分解到相关部门。

目标与重大危险源、法律法规及其他要求不符合。

企业没有与员工代表协商目标。

目标没有更新，年年不变。

6.2.2 实现职业健康安全目标的策划

在策划如何实现职业健康安全目标时，组织应确定以下几点：

（a）要做什么。

（b）需要什么资源。

（c）由谁负责。

（d）何时完成。

（e）如何评价结果，包括用于监视的参数。

（f）如何将实现职业健康安全目标的措施融入其业务过程中。

组织应保持和保留职业健康安全目标和实现职业健康安全目标的策划的成文信息。

【理解】

策划的措施要包括 6W2H，谁在什么时候要做什么事情，如何做，大概要投入多少资源，为什么要这样做，在哪里做。

策划的措施要考虑资源问题，比如财务、人员、设施等，这是基础保障。

策划的措施要形成文件，并且要定期评审有效性，比如每个月或每年评审一次。

【练习】

依据 ISO45001 标准，为实现组织的职业健康安全目标，必须针对职业健康安全目标制定具体的方案（ ）。

A. 正确

B. 错误

答案：B

【价值】

天天喊口号洗脑，没有可操作性的措施是没用的。目标定了就必须制定相应的方案，提供需要的资源，目标才有可能实现。

【落地】

每年在制定或更新目标时，相应的实施方案也要更新，年度职业健康安全目标及实现方案要重新发行。

在每年或每月评审目标时，也要评审实施方案是否落实，是否有效，要有相应的评审表。

案例参见第二篇第三章《年度职业健康安全目标及实现方案》，第四章《年度职业健康安全目标及实现方案评审表》。

【差异分析】

ISO45001 版本是单独条款，强调方案的重要性。OHS18001（健康安全）版是与目标结合在一起的条款。

ISO45001 版本强调目标实现方案要有员工代表参与，还要融入组织的正常业务过程。

【典型案例】

很多企业都建立了目标及实现方案，但方案的内容特别空洞，比如加强安全生产意识教育、按操作规程作业、根据采购控制程序进行作业等字样。这样的方案没有可操作性，意义不大，对目标的达成没有多大作用，但在体系审核时也不好开出不符合项。所以在建立目标实现方案时，要有一些可操作性的东西写进来，比如 2019 年每月进行一次集中的安全教育，2019 年年底对所有线路老化情况进行排查，2019 年 6 月前完成危险源及风险看板张贴。

年　　月　　日

【常见不符合】

（1）方案没有可操作性，都是一些假大空的字眼，比如加强安全教育、严格按操作规程作业等。

（2）没有把目标与方案纳入公司日常业务过程中，数据作假，方案没法实施。

（3）方案评审没有提供相关证据。

（4）方案措施与目标相应参数无直接关系，比如车间噪声控制在80分贝以下，但方案只要求员工戴耳塞，设备定期点检，没有其他更有效的改善方案。这种方案也是不行的，如果主要原因是车间噪声过大，必须进行实质性改善，比如更换设备，或者是加装防护罩等。

7. 支持

7.1 资源

组织应确定并提供建立、实施、保持和持续改进职业健康安全管理体系所需的资源。

7.2 能力

组织应：

（a）确定影响或可能影响其职业健康安全绩效的工作人员所必须具备的能力。

（b）基于适当的教育、培训或经历，确保工作人员具备胜任工作的能力（包括具备辨识危险源的能力）。

（c）在适用时，采取措施以获得和保持所必需的能力，并评价所采取措施的有效性。

（d）保留适当的成文信息作为能力证据。

注：适用措施可包括向所雇现有人员提供培训、指导或重新分配工作；外聘或将工作承包给能胜任工作的人员等。

7.3 意识

工作人员应知晓：

（a）职业健康安全方针和职业健康安全目标。

（b）其对职业健康安全管理体系有效性的贡献作用，包括从提升职业健康安全绩效所获益处。

（c）不符合职业健康安全管理体系要求的含义和潜在后果。

（d）与其相关的事件和调查结果。

（e）与其相关的危险源、职业健康安全风险和所确定的措施。

（f）从其所认为的急迫且严重危及自身生命和健康的工作状况中脱离，并为保护自己免遭由此产生的不当后果而做出安排的能力。

【理解】

从三个方面进行能力认证：教育、培训、经历。

当能力不足时，可采用的适用措施包括培训、指导、重新分配工作、外聘、承包给有能力的人。

员工获得的知识、信息包括以下几点：

（1）方针、目标。（通过培训、看板、内容贴在厂证后面等）

（2）其对职业健康安全管理体系贡献作用，包括从绩效中获得的益处。（培训、宣传看板）

（3）不符合要求的含义和潜在后果。（培训、宣传看板）

（4）相关事件和调查结果。（宣传看板、会议）

（5）相关危险源、风险和确定的措施。（培训、宣传看板）

（6）从其所认为的急迫且严重危及自身生命和健康的工作状况中脱离，并为保护自己免遭由此产生的不当后果而做出安排的能力。（培训、宣传看板）

【练习】

（1）下列属于职业健康安全有形资源的是（　）。

A. 职业健康安全信息

B. 职业健康安全文化

C. 职业健康安全技术

D. 职业健康安全设施

答案：D

（2）下列可以作为组织开展职业健康安全管理利用的资源有（　）。

A. 资金

B. 技术

C. 信息

D. 人力

答案：ABCD

（3）组织可以采用的使人员获得和保持所必需的能力的适用措施包括对人员的（　）。

A. 培训和指导

B. 重新委派

C. 忠告和处罚

D. 聘用、雇用

答案：ABD

（4）依据 ISO45001 标准，工作人员应意识到（　）。

A. 应急响应知识

B. 所有适用于组织的法律法规要求

C. 职业健康安全方针和目标

D. 危险源控制要求信息

答案：CD

【价值】

职业健康安全体系要借助于培训、宣传、能力提升活动才能发挥出体系的效果。只有方针与目标，天天喊口号，员工没有健康安全能力和意识，是构建不好职业健康安全体系的。

能力提升可采用招聘、培训、轮岗训练等方式进行。意识提升可通过培训、宣传、看板等方式进行。

【落地】

每年年底要制定下一年度的公司培训计划（参见第二篇第四章《年度培训计划》），其中包括职业安全的培训内容，培训计划领导审批后就要开始付诸实施，寻找培训机构和培训老师。

培训结束后，一周内要完成培训有效性的考核，考核要有证据。证据包括试卷、考核结果证明、学习报告、实操评价等。参见第二篇第四章《培训签到考核表》。

要有可视化清单，明确哪些内容要进行可视化，比如职业健康安全方针、目标、方案，主要危险源及风险，紧急情况应急流程、组织架构、小组职责、联系电话。参见第一篇第九章《职业危害告知卡》。

【差异分析】

OHS18001（健康安全）版本无资源这个条款。

ISO45001 版本人员的能力要及时定期评审，比如换岗要培训考核认定。针对有些岗位还要定期考核，比如电工、化学品仓管员、急救员、保安员、厨工等。OHS18001（健康安全）版本强调培训及培训记录。

【典型案例】

案例一：

某公司直接把含有硫化氢的危险品倒入坑中，员工侯 × 违规跳入坑中捡废品桶，中毒倒地，其他四名员工跳入坑中施救，全部倒地身亡。该事故主要原因是人员缺乏教育训练，违章作业，缺乏应急处理和急救能力。

案例二：

某商场熨斗不使用时没有拔下插头，导致高温着火烧着衣服。服务员没有使用灭火器的能力，造成大面积起火，商场损失惨重。该事故主要是商场员工不会使用灭火器，同时不了解应急流程。

【常见不符合】

（1）针对特殊岗位没有明确能力要求，不能提供能力证据，比如急救员证等。

（2）变更后，能力要求不能满足，比如设备自动化改造后。

（3）现场观察时，发现员工能力不足。

（4）现场询问时，发现员工缺少职业安全基本意识，比如戴耳塞要求等。

（5）针对进入厂区内的员工，包括临时工、供应商员工等，均缺少相关危险源及风险宣传，比如装修用电安全等。

（6）培训后，缺少对培训有效性的评价证据。

（7）培训的内容缺少以下内容：

①方针、目标。（通过培训、看板、内容贴在厂证后面等）

②其对职业健康安全管理体系贡献作用，包括从绩效中获得的益处。（培训、宣传看板）

③不符合要求的含义和潜在后果。（培训、宣传看板）

④相关事件和调查结果。（宣传看板、会议）

⑤相关危险源、风险和确定的措施。（培训、宣传看板）

⑥从其所认为的急迫且严重危及自身生命和健康的工作状况中脱离，并为保护自己免遭由此产生的不当后果而做出安排的能力。（培训、宣传看板）

7.4　沟通

7.4.1　总则

组织应建立、实施并保持与职业健康安全管理体系有关的内外部沟通所需的过程，包括确定：

（a）沟通什么。

（b）何时沟通。

（c）与谁沟通：

① 在组织内不同层次和职能之间。

② 在进入工作场所的承包方和访问者之间。

③ 在其他相关方之间。

（d）如何沟通。

在考虑沟通需求时，组织必须考虑多样性方面（比如性别、语言、文化、读写能力、残疾等）。

在建立沟通过程中，组织应确保外部相关方的观点被考虑。

在建立沟通过程时，组织应：

①必须考虑法律法规要求和其他要求。

②确保所沟通的职业健康安全信息与职业健康安全管理体系内所形成的信息一致且可靠。

组织应对有关其职业健康安全管理体系的相关沟通做出响应。

适当时，组织应保留成文信息作为其沟通的证据。

7.4.2　内部沟通

组织应：

（a）就职业健康安全管理体系的相关信息在其不同层次和职能之间进行内部沟通，适当时还包括职业健康安全管理体系的变更。

（b）确保其沟通过程能够使工作人员为持续改进做出贡献。

7.4.3　外部沟通

组织应按其所建立的沟通过程就职业健康安全管理体系的相关信息进行外部沟通，必须考虑其法律法规要求和其他要求。

【理解】

要建立沟通控制程序，明确沟通的内容、对象、方式、如何沟通、何时沟通等。

策划沟通方式及内容时，要考虑以下方面：

（1）信息接收对象及他们的需求，比如中国员工及日本员工的不同。

（2）适当的方法和媒介，比如视频、文字、图像等。

（3）当地的文化、偏爱方式和可提供的技术，比如中国人喜欢红色，外国人喜欢绿色等。

（4）组织的复杂性、结构和规模。

（5）工作场所有效沟通的障碍，比如语言障碍。

（6）法律法规要求，比如工伤事故必须立即报告给劳动监督部门。

（7）贯穿于组织全部职能和层次的沟通方式和渠道的有效性。

（8）沟通有效性的评价。

内部沟通是上下级沟通和个体之间沟通，比如危险源的告知，还有与相关方的沟通，比如向客户报告组织职业安全绩效，调查供应商职业安全绩效，进入组织内部员工沟通相关安全事项，不准私接电线，不准在某个时间段装修等。

沟通的内容包括内外绩效、安全操作规程、重大危险源、紧急情况及应对措施、健康安全工作程序、事故及导致的后果、内部整改情况等。

沟通的方式包括微信群、意见箱、电子邮件、调查表、报告书、培训、宣传看板、视频等。

与访问者沟通的内容可包括以下几点：

（1）与他们访问相关的职业健康安全要求。

（2）疏散程序及报警的响应。

（3）交通控制措施。

（4）进入的控制措施和陪同的要求。

（5）需要穿戴的个体防护设备。

与供应商沟通的内容可包括以下几点：

（1）承包商的职业健康安全管理体系信息。

（2）影响沟通的方法和范围，法律法规或规章要求。

（3）以前的职业健康安全经历。

（4）在工作现场多个承包商的存在。

（5）为完成职业健康安全活动配备人员。

（6）应急响应措施或计划。

（7）在工作现场承包方与组织及其他承包方的职业健康安全方针和惯例结合的需求。

（8）对于高风险的任务，附加协商和合同规定的需求。

（9）评价约定的职业健康安全绩效准则的符合性需求。

（10）事件调查过程，不符合和纠正措施的报告。

（11）每日信息沟通的安排。

与客户或政府相关人员的沟通内容可包括以下几点：

（1）安监检查及整改。

（2）消防检查及整改。

（3）客户审核及整改。

（4）法律法规识别及整改。

【练习】

（1）（　）时，组织应保留文件化信息，作为其沟通的证据。

A. 适用

B. 适当

C. 需要

D. 适合

答案：B

（2）依据 ISO45001 标准，工作人员应意识到（　）。

A. 对外信息交流的重要性

B. 事件和与其相关的调查结果

C. 编制文件化信息的重要性

D. 协商和参与的重要性

答案：B

（3）某组织发生了一次较为严重的伤亡事故，但组织相关工作人员表示只是听说了这件事，并不了解发生事故的原因。此事项违背（　）条款。

A.7.2

B.7.4

C.7.3

D.10.2

答案：B

（4）依据 ISO45001 标准，组织必须考虑（　）建立的与职业健康安全管理体系相关的信息进行外部沟通。

A. 基于职业健康安全实践

B. 基于事件信息公开

C. 社会责任要求

D. 法律法规和其他要求

答案：D

（5）依据 ISO45001 标准，组织在建立沟通过程时，必须考虑（　）。

A. 信息技术

B. 读写能力

C. 法律法规和其他要求

D. 文化。

答案：BCD

（6）依据 ISO45001 标准，工作人员应意识到（　）。

A. 组织的外部环境

B. 危险源、职业健康安全风险和确定的与其相关的措施

C. 事件和与其相关的调查结果

D. 工作人员和其他相关方的需求和期待

答案：BC

（7）依据 ISO45001 标准，组织应基于适当的（　），确保工作人员能够胜任。

A. 教育

B. 经历

C. 学历

D. 培训

答案：ABD

（8）知识是人们在实践中获得的（　）。

A. 认识

B. 学历

C. 资格

D. 经验

答案：AD

（9）组织只需确定影响其职业健康安全绩效的工作人员所需的能力（　）。

A. 正确

B. 错误

答案：B

（10）资源可以包括有形资源和无形资源（　）。

A. 正确

B. 错误

答案：A

（11）组织职业健康安全资源就是指其能利用的人、财、物（　）。

A. 正确

B. 错误

答案：B

（12）人员的学历证书可作为一种能力的证据（　）。

A. 正确

B. 错误

答案：A

（13）培训可以作为提升人员能力的手段，也可以作为提升人员意识的手段（　）。

A. 正确

B. 错误

答案：A

【价值】

沟通是为了宣传、培训、告知，提高安全意识，达成一致意见，知道相关要求及后果，避免安全事故。沟通是职业健康安全体系的血液，不沟通体系就无法运转。

沟通可避免主观的错误认识，彻底理解作业规程要求与工作标准，提升内部员工职业安全的意识和能力。

通过沟通，可让相关方，特别是供应商理解职业健康安全要求，提升整个供应链的职业安全能力，提高组织对外影响力。

沟通方式不对，或者沟通时机不对，都会影响沟通的结果。比如针对中国内地员工，安全操作规程或一些安全警示要用简体字醒目标示，并适当运用一些图画进行宣传，而不能采用繁体字，使用单纯的文字形式宣传；针对饮用水检测不合格的结果应立即沟通，并公告处理结果，而不是让员工知道后才发布公告，员工会误认为公司在隐瞒事实，不关注员工健康安全。

通过沟通可解决一些潜在的问题，避免发生安全事故、政府部门问责、影响公司形象。

【落地】

建立沟通控制程序，参见第二篇第二章《信息沟通控制程序》。

每年要对供应商、外协商、承包商、服务商的职业健康安全体系进行调查，不符合公司要求的相关方不能合作，或整改后才可合作。通过可视化看板方式向相关方传达职业健康安全要求，防止事故发生。参见第一篇 8.1 条款讲解。与供应商或承包商沟通，可能要留下的证据有标示牌、看板，以及《供应商环境安全调查表》《供应商健康安全告知书》《相关方施加影响清单》。

内部沟通的证据有《培训签到表》、标示牌看板、宣传栏、《职业病危害告知书》、意见处理单等。外部沟通的证据有调查表、联络书、事故报告、职业健康安全体系评审报告、整改报告等。

针对政府部门的检查，要根据发出的整改通知单填写整改报告交给政府单位，有必要时，政府单位重新验收。针对客户健康安全审核，要根据发出的不符合报告填写整改报告交给客户。企业内部出现安全事故，要立即报告给政府部门，报告的内容包括企业概况、事故发生的地点及时间、现场情况、事故经过、伤亡情况。

组织发生重大安全事故时，要及时发出情况通报，防止造谣。

《信息沟通控制程序》参见第二篇第二章行政部相关程序文件，《职业危害告知书》参见第一篇第九章成功案例，《事故报告》《整改报告》参见第二篇第四章行政部相关管理表格。

【差异分析】

ISO45001 版本细化了沟通的要求，比如和谁沟通、沟通什么、沟通对象、沟通方式、如何沟通等，所以 ISO45001 版本必须形成沟通程序。

ISO45001 版本强调在组织控制下人员相关变更要求的沟通，比如某些设备重新启用。

OHS18001 版的外部沟通只强调外部要求或信息的接收、处理、反馈，比如安全检查及整改反馈。而 ISO45001 版本要求外部沟通要符合法律法规要求，比如安全事故及时报告。

【典型案例】

案例一：

公司裁床必须 2 个开关同时按下才可裁切，安全操作规程有规定，一个员工 2 只手同时按下进行裁剪，不可多人操作。但一天晚上大家都在上晚班，一男一女同时操作开关进行作业，导致男孩手指被裁断。这起事故的主要原因是培训不到位，裁床安全警示标识不明显，导致工伤。

案例二：

2018 年 6 月 11 日，河北省安全生产监督管理局透露，2017 年河北邯郸武安市矿山镇矿山村东家沟铁矿“11·6”火灾事故调查报告近日经邯郸市人民政府批复结案。根据该报告，公安机关立案侦查 33 人，其中批准逮捕 18 人，取保候审 15 人，并对武安市政府、矿山镇、国土局、安监局、冶金局、西石门铁矿等单位的 35 人给予党纪、政纪处分及组织处理。

2017 年 10 月 30 日，东家沟铁矿井下着火后隐瞒不报，且采取压风等不当措施，至 2017 年 11 月 6 日，大量有毒有害气体涌入相邻的五矿邯邢矿业有限公司西石门铁矿（简称西石门铁矿）中采区，造成 8 人死亡、1 人受伤，直接经济损失 996 万元。这是典型的外部沟通不到位、不及时造成的后果。

【常见不符合】

（1）内部沟通效果差，比如管理人员未及时打开员工意见箱处理员工意见。员工未培训，看不懂安全操作规程。

（2）内部沟通方式单一，只有文件发行沟通，没有意见箱、培训、看板、标示等方式沟通。

（3）内外部沟通不畅，比如安全事故报告上报不及时。现场潜在的安全隐患应该及时进行标示围挡。

（4）组织对外公布信息不及时，内容不完整。

（5）政府相关部门要求没有得到及时处理和反馈。

7.5　成文信息

7.5.1　总则

组织的职业健康安全管理体系应包括以下几点：

（a）本标准要求的成文信息。

（b）组织确定的实现职业健康安全管理体系有效性所必需的成文信息。

注：不同组织的职业健康安全管理体系成文信息的复杂程度可能不同，取决于以下几点：

①组织的规模及其活动、过程、产品和服务的类型。

②证实满足法律法规要求和其他要求的需要。

③过程的复杂性及其相互作用。

④工作人员的能力。

7.5.2 创建和更新

创建和更新成文信息时，组织应确保适当的：

（a）标识和说明（如标题、日期、作者或文件编号）。

（b）形式（如语言文字、软件版本、图表）与载体（如纸质的、电子的）。

（c）评审和批准，以确保适宜性和充分性。

7.5.3 成文信息的控制

职业健康安全管理体系和本标准所要求的成文信息应予以控制，以确保：

（a）在需要的场所和时间均可获得并适用。

（b）得到充分的保护（如防止失密、不当使用或完整性受损）。

适用时，组织应针对下列有关成文信息的活动进行成文信息的控制：

①分发、访问、检索和使用。

②存储和保护，包括保持易读性。

③变更控制（如版本控制）。

④保留和处置。

组织应识别其所确定的、策划和运行职业健康安全管理体系所必需的、来自外部的成文信息，适当时应对其予以控制。

注 1："访问"可能指仅允许查阅成文信息的决定，或可能指允许并授权查阅和更改成文信息的决定。

注 2："访问"相关成文信息包括工作人员及其代表（若有）的"访问"。

【理解】

这个条款包括文件管理、记录管理，文件管理包括电子档文件和纸档文件。

文件和记录都存在格式管理问题，格式要统一、标准化，至少保证同一类型的文件格式是一样的，比如安全操作规程。

文件管理流程：文件编写—文件审核批准—文控编号—文件发放—旧版回收—副本作废。

记录管理流程：表格设计编号—表格填写—记录审核批准—记录按要求保存。

电子档文件管理流程：文件扫描—电子档文件共享—文件发行签收—旧版电子档删除—最新文件清单共享。

文件记录要归类、标示、检索，有利于有需要的人查找资料。

文件注意变更管理，变更后旧版文件要回收。

外来文件（比如法律法规）要识别在外来文件清单中，并及时更新。

ISO45001 版本各条款需要的文件和记录如表 3-7 所示。

表 3-7 ISO45001 版本各条款需要的文件和记录

ISO45001	文件	记录
4.3 确定职业健康安全管理体系范围	管理手册	无
5.2 职业健康安全方针	管理手册	无
5.3 组织的角色、职责和权限	岗位职责、责任书、管理手册中部门职责	无
6.1.1 总则	风险和机遇控制程序	组织环境风险和机遇控制措施 相关方的需求与期望 OHS（健康安全）体系风险和机遇控制措施
6.1.2.2 危险源辨识及风险和机遇的评价	危险源识别程序	危险源及风险控制措施 重要危险源
6.1.3 法律法规要求和其他要求的确定	法律法规及其他要求程序	法律法规及其他要求清单 法律法规及其他要求摘录及应对措施
6.2.2 实现职业健康安全目标的策划	目标方案控制程序 年度目标及实施方案 目标责任书	目标统计表
7.2 能力	人力资源控制程序 任职资格要求	培训计划 培训签到考核表 特殊岗位确认表
7.4.1 总则	沟通控制程序	会议记录 职业病告知书 职业健康安全告知书 事故报告 整改报告
7.5.1 总则 7.5.3 成文信息的控制	文件控制程序 记录控制程序	文件清单 记录清单 文件变更申请 文件发行回收记录 文件变更履历 电子文档备份记录 外来文件清单
8.1.1 总则	职业健康安全运行程序 安全操作规程 管理制度 相关方施加影响程序	各种设施设备点检表 重要相关方清单 职业健康安全告知书 职业健康安全调查表 劳保用品合格证明 劳保用品分发记录
8.2 应急准备和响应	应急准备和响应控制程序 应急预案（逃生图、组织架构、联络方式等）	应急演习计划 应急演习报告 应急演习评审报告

续表

ISO45001	文件	记录
9.1.1　总则	监视测量分析评价程序 监视测量项目清单	测量设备清单 测量设备校准报告 员工体检记录 饮用水检测报告 空气质量检测报告 噪声检测报告
9.1.2　合规性评价	合规性评价程序	合规性评价报告
9.2.2　内部审核方案	内审控制程序 年度内审方案	内审计划 内审检查表 内审不符合报告 内审报告
9.3　管理评审	管理评审程序	管理评审计划 管理评审输入报告 管理评审总结报告
10.2　事件、不符合和纠正措施	事件报告与调查程序	事故调查报告 事故整改报告 与员工沟通会议记录
10.3　持续改进	管理评审程序	管理评审总结报告

【练习】

（1）依据 ISO45001 标准，在创建和更新文件化信息时，组织应确保适当的形式可包括（　）。

A. 语言文字

B. 软件版本

C. 图表

D. 以上都是

答案：D

（2）适当时，组织可保留和处置文件化信息（　）。

A. 正确

B. 错误

答案：B

（3）“文件化信息”包括“文件”及“记录”（　）。

A. 正确

B. 错误

答案：B

【价值】

所有动作要通过文件来落实，文件是培训的教材，也是知识传递的载体。

文件是防错的手段，相关人员要按文件来做事，按部就班，不能投机取巧。

【落地】

文控中心要明确一、二、三、四级文件的格式，各部门根据文件格式要求编写文件与表格。

文控中心要明确文件编号、版本规则、文件要签发的部门。

文控中心要有原始文件一套，为文件正本，扫描件或复印件为副本，副本发放，并留下文件发放回收记录。

文件变更时，原文件制作部门修改文件，注明在变更履历中，提交给文控中心重新发行文件。

电子档文件上传后，只有文件中心可删除修改，其他部门只能阅读。

电子档记录和电子档文件要异地备份，防止丢失，备份要有备份记录。

要及时更新外来文件清单。

文件控制程序、记录控制程序、文件清单、记录清单、文件发行回收记录、文件变更履历、文件变更申请、电子档文件备份记录表、外来文件清单，以上资料模板全略，有需要的读者可参阅作者其他书籍模板。

【典型案例】

吐鲁番市恒泽煤化有限公司 18 万吨焦油加工项目（以下简称焦油加工项目）建设过程中，经多次环保整改、试运行，环保指标仍达不到新疆维吾尔自治区《环境影响报告书的批复》的标准，吐鲁番市恒泽煤化有限公司决定再次对焦油加工项目进行环保改造，并于 2017 年 12 月 13 日与山西海邦环保有限公司签订了《焦油加工环保改造合同》。

2017 年 12 月 14 日，焦油加工项目全面停止试运行，企业组织对焦油加工项目所有介质管线进行了蒸汽吹扫。12 月 20 日，山西海邦环保有限公司施工队（以下简称施工队）负责人靳彪根据《焦油加工环保改造合同》内容，联系焦油加工项目总经理柴建友到现场对环保改造项目的内容进行确认，并做施工前期准备工作。

2017 年 12 月 21 日至 22 日施工队进场，吐鲁番市恒泽煤化有限公司对施工队作业人员进行了安全提醒。2017 年 12 月 23 日至 2018 年 1 月 22 日，施工队先后对焦油加工项目的工业萘转鼓及储槽尾气系统、原料库区东侧尾气回收设备、原料泵房进行了改造，吐鲁番市恒泽煤化有限公司派出专人进行了现场安全监护。

当施工队作业将进入焦油加工项目一系 1# 改质沥青 1# 高位槽烟气（尾气）管道改造时，2018 年 1 月 23 日，吐鲁番市恒泽煤化有限公司按照《改质沥青烟气管道清理施工方案及应急措施》的要求，组织对焦油加工项目一系 1# 改质沥青 1# 高位槽烟气（尾气）管线等部位进行了作业施工前的吹扫。

2018 年 1 月 24 日 10 时，施工队负责人靳 ×，带班负责人吴 × 泽，工人张 × 昌、曹 × 强、王 × 明等 5 人开始对焦油加工项目一系 1# 改质沥青 1# 高位槽（以下简称高位槽）烟气（尾气）管道进行改造。吴 × 泽、张 × 昌 2 名工人在高位槽顶部上面拆卸槽顶部尾气管法兰螺丝，曹 × 强和王 × 明分别在高位槽中间操作平台和高位槽下方操作平台上协助传递施工工具和设备，靳 × 在现场地面指挥。

10 时 40 分，因高位槽顶部连接烟气（尾气）管道的法兰螺丝被沥青凝固，手动铁质扳手无法拆除，中断拆卸作业。曹 × 强、王 × 明 2 名工人从高位槽中间操作平台返回地面，找到靳 × 说明了无法拆卸的原因，需用火烘烤将凝固在法兰螺丝表面的沥青熔化，吴 × 泽、张 × 昌在高位槽顶部等候。靳 × 吩咐曹 × 强、王 × 明二人去距作业现场约 150 米的 18 万吨焦油加工项目机修库取氧气瓶、乙炔瓶等动火工具，并告诉工人他去开具动火票和采取动火安全措施，等他回来后再施工。

随后，靳 × 找到焦油加工项目总经理柴 × 友开具动火票，柴 × 友说动火票在公司的安环部办理。之后，靳 × 和柴 × 友一同来到距作业现场约 700 米的公司行政办公楼协调办理动火票事宜。当时，公司安环部部长代 × 出差，靳 × 电话联系代 × 后，代 × 授权安环部办公室安全员陈 × 明代为办理，并提醒要做好现场气体检测等工作。

11 时，曹 × 强、王 × 明二人来到焦油加工项目机修库，找机修库副主任吴 × 恩领取氧气瓶和乙炔瓶等工具，吴 × 恩在未见动火票的情况下将氧气瓶、乙炔瓶等工具发放给他们。曹 × 强、王 × 明将领到的氧气瓶、乙炔瓶分别放在高位槽下方的地面。在高位槽等候的吴 × 泽下到地面将氧气、乙炔导气管引到高位槽顶部平台。王 × 明在高位槽下方底部平台上等候动火票；曹 × 强去一系改质沥青中间槽二层平台找施工工具。

在靳 × 还在办理动火票，地公司安环部安全员陈 × 明拿到气体检测仪，还未返回作业现场开展动火前的各项准备工作时，吴 × 泽、张 × 昌已开始用火烘烤高位槽顶部连接烟气（尾气）管道的法兰螺丝。11 时 20 分，高位槽发生闪爆，造成现场作业的 4 名工人受伤。正在办理动火票审批手续的柴 × 友、靳 ×、陈 × 明听到一声巨响，看到作业区有黑烟冒起后，三人赶紧前往现场，参与伤者救援和报告工作。

这是一起典型的没有动火票就作业的安全生产事故。

【差异分析】

OHS18001 版本没有提到电子档文件记录的管理，特别是备份，ISO45001 版本中有要求。

OHS18001 版本中叫文件和记录管理，ISO45001 版本可叫成文信息管理，也可叫文件和记录管理。

【常见不符合】

电子档文件没有明确管理要求，也没有备份。

8. 运行

8.1　运行策划和控制

8.1.1　总则

组织应通过以下方面来策划、实施、控制和保持满足职业健康安全管理体系要求和实施第 6 章确定的措施所需的过程：

（a）建立过程准则。

（b）按照准则实施过程控制。

（c）保持和保留必要的成文信息，以确信过程已按策划得到实施。

（d）使工作适合于工作人员。

在多雇主的工作场所，组织应与其他组织协调职业健康安全管理体系的相关部分。

8.1.2 消除危险源和降低职业健康安全风险

组织应建立、实施和保持通过采用如下控制层级来消除危险源和降低职业健康安全风险的过程：

（a）消除危险源。

（b）用危险性低的过程、操作、材料或设备替代。

（c）采用工程控制和重新组织工作。

（d）采用管理控制，包括培训。

（e）使用适当的个体防护装备。

注：在许多国家，法律法规要求和其他要求包括了组织无偿为工作人员提供个体防护装备（PPE）的要求。

【理解】

这个条款包括动火安全，粉尘安全，化学品安全，噪音安全，焊接安全，配电安全，密封空间安全，高空作业安全，消防安全，电梯安全，设备操作安全，物品摆放安全，建筑及线路安全，其他有机气体安全，用电安全，压缩气体安全，出差安全等。

这个条款要求根据危险源及风险大小和法律法规及相关方要求，策划相应的运行控制措施，比如消防管理制度、化学品仓储管理制度、用电安全管理制度、生产设备安全操作规程、除尘设备管理制度、电气焊管理制度，等等。

针对危险源控制措施，一般是先想到消除危险源的办法，然后是工程整改，最后是管理动作及个体防错，消除风险效果最好的措施是工程整改或设备材料替代，最差的方法是个体防护。

有整改要求和管理措施没落实都是判断这个条款不符合的方法，比如没穿戴劳保用品，环保设备没有保养，消防通道堵塞，等等。

消除危险源就是彻底消除危险源的发生，比如不允许人工对外墙清洗等。

用危险性低的过程、操作、材料或设备替代，降低风险，比如用 12V 的节能灯泡替代 220V 的灯泡，用机器人清洗外墙替代人工清洗外墙。

采用工程控制和重新组织工作是指安装辅助设施来降低风险，比如安装防护罩、通风设备、隔声罩、开门连锁装置、防爆间等。重新组织工作指重新安排劳动者的工作，比如将原来在防爆间内采集数据改为在防爆间外采集数据。放射检查科医生原来上班 8 小时，现在改为上班 4 小时做检查，4 小时做别的工作，都是为了降低风险。

【练习】

（1）依据 ISO45001 标准，组织应策划实施、控制并保持满足职业健康安全管理体系要求及实施条款（　）所确定的措施所需的过程。

A.6

B.6.1.4

C.6.2.2

D.6.1

答案：A

（2）在多雇主工作场所，组织应与其他组织协调职业健康安全管理体系的相关部分的实例包括（　）。

A. 签订安全协议

B. 统一应急演练

C. 协作排除隐患

D. 以上都是

答案：B

（3）某企业发生了一起火灾事故，事故原因是车间新安装的空调机冷却水导致电气线路短路造成火灾。其职业健康安全风险控制过程不符合 ISO45001 标准的（　）条款。

A.6.1.2

B.8.1.3

C.8.1.1

D.8.1.2

答案：B

（4）依据 ISO45001 标准，以下组织应该保持和保留必要的文件化信息，以确信过程已经按照策划得到实施的例子包括（　）。

A. 资产清单

B. 操作规程

C. 运行记录

D. 作业许可

答案：BCD

（5）企业通常用于职业健康安全风险及控制规则告知的手段可包括（　）。

A. 培训

B. 规程

C. 作业许可

D. 标识

答案：ABCD

（6）依据 ISO45001 标准，消除危险源和降低职业健康安全风险应运用如下（　）层次。

A. 用低危害材料、工艺、运行或设备替代

B. 使用个体防护装备

C. 消除危险源

D. 使用管理措施

答案：ABCD

（7）法律法规和其他要求可作为运行准则（　）。

A. 正确

B. 错误

答案：A

【价值】

制定安全措施及措施的实施是最关键的。说得再多，写得再多，没人落实，也是毫无意义的。

这个条款是 PDCA 循环中的第二环，D– 实施，实施了才有后面的监视测量和改善。

【落地】

根据风险大小及法律法规要求，制定安全管理制度，并按制度严格实施。

根据安全管理制度，要进行现场整改，标示相关作业标准的颁发、劳保用品的使用。

针对消防管理，主要要求有：消防门要合格，楼房要有 2 个消防通道，应急灯要点检，消防栓要点检，消防通道内不能堆放杂物，要有逃生指示标记，要在指定地点吸烟，大门口要有逃生疏散图、应急组织架构图、应急小组职责、紧急情况联系方式，消防通道至少 1 米宽，等等。

针对粉尘管理，主要要求有：戴合格口罩，粉尘吸收装置要点检保养，及时清理吸收装置中的粉尘，在粉尘中工作的员工要进行岗前、岗中、岗后体检。

针对噪声管理，主要要求有：如果超过 85 分贝，现场整改，不允许生产。员工要佩戴耳塞，设备要有安全操作规程，要有保养点检记录表。要定期检测噪声，确保达标。

针对废气管理，主要要求有：要经过过滤高空排放，员工戴口罩作业，车间要通风，接触有害气体的员工要进行岗前、岗中、岗后体检。

针对化学品仓储管理，主要要求有：装有防爆灯，有灭火器及点检表，远离办公室及车间，防止化学品泄漏，有严禁烟火标识，有防静电装置、防燃烧线管保护线路、洗眼器，现场配有 MSDS、金属品接地、防雷要求。

针对用电管理，主要要求有：防止私接电线，线路防止老化，要有电工证，开关及电箱防止裸露，电线严禁在地上踩踏，配电房要禁止小动物进入并配备灭火器，配电设施接地并有绝缘地垫。

针对用火管理，主要要求有：要有动火证，并配有灭火设施，经过严格培训才可用动火作业，要有动火作业许可证才可作业。

针对设备管理，主要要求有：要有操作规程，要日常点检和保养，转动部位防止外露，要按要求佩戴劳保用品，要按要求操作。

针对楼梯及台阶管理，主要要求有：两边要有扶手，扶手至少 1 米高，地面减少台阶，如有台阶要贴警示标记（防止摔倒），楼梯至少 1 米宽。

针对电焊作业管理，主要要求有：穿戴防护用品，配有灭火器，非固定场所作业要有动火证，高空作业要有高空作业证，周边远离易燃易爆物品，要持证上岗，焊接电缆通过通道要穿管或埋地下，电焊机要有接地保护，电焊机要有防触电保护器，并有单独开关。在潮湿环境或金属上作业时，要穿绝缘鞋。氧气瓶与乙炔瓶保持 5 米以上距离，与明火距离至少 10 米以上，要固定，保证通风，要配备灭火设施。氧气瓶严禁全部用完，要留 0.5 个大气压。经常性电焊作业区域要进行空气质量检测。

组织内机动车作业，叉车主要要求有：持证上岗，驾驶员不可一心多用，控制车速，防止超载，严禁载人，双叉车载物时高度不应超过 0.5 米，使用前要点检等。

行车主要要求有：严禁超载、斜拉、吊物时上下站人，要由专人操作等。

各车间和办公室要有医药箱，并配有药品清单，主要应急药品包括云南白药、碘伏、创可贴、纱布、百多邦等，车间只能用小瓶化学品，并标记清楚，现场配有 MSDS。

此条款常用的文件有：职业安全运行程序，宿舍安全卫生规定，餐厅安全卫生规定，食堂安全卫生规定，配电房安全规定，密封空间安全规定，绿化安全规定，除四害安全规定，空压机及压缩气体规定，消防安全规定，废油桶及废油管理规定，劳保用品管理规定，员工健康管理规定，电焊气焊管理规定，女职工保护规定等。程序文件参见第二篇第二章行政部相关程序文件，管理规定参见第二篇第三章行政部相关管理规定。

【差异分析】

OHS18001（健康安全）版本只有 1 个条款，ISO45001 标准分成 4 个条款，分别是：8.1.1 总则，8.1.2 消除危险源和降低职业健康安全风险，8.1.3 变更管理，8.1.4 采购。强调了变更管理和供应商、外协商、承包商管理。

【典型案例】

案例一：

在审核一家工厂时，审核员发现一位员工作业时未戴安全眼镜，按照《ZAJ / 006×××工厂作业规程》要求，此作业区域要求佩戴安全眼镜，且依据风险评价的结果也是如此。审核员问该员工，该员工说他在等待制作有近视度的安全眼镜。此案例不符合 ISO45001 标准“组织应建立、实施和保持通过采用如下控制层级来消除危险源和降低职业健康安全风险的过程：（e）使用适当的个体防护装备”。

案例二：

在甲苯储槽区审核时，原料供应商 ABC 公司的槽车司机正在卸料，你发现司机未按照厂内装料程序 [ISST-012] 规定使用接地线。你问司机小赵，小赵告诉你他不知道有这项规定，而且也不知道接地线放在何处。此案例不符合 ISO45001 标准“组织应建立、实施和保持通过采用如下控制层级来消除危险源和降低职业健康安全风险的过程：（c）采用工程控制和重新组织工作”。

【常见不符合】

文件规定有要求，但没有实施。比如化学品装卸时没有接地，化学品仓库不通风，设备检修时无安全警示语等。

组织制定的控制措施虽然实施，但与风险级别不匹配，安全隐患大。比如高速冲床全部开机，车间噪声超过 85 分贝，唯一的安全控制措施是戴耳塞。

8.1.3 变更管理

组织应建立实施和控制所策划的、影响职业健康安全绩效的临时性和永久性变更的过程。这些变更包括以下几点：

（a）新的产品、服务和过程，或对现有产品、服务和过程的变更，包括以下几点：

①工作场所的位置和周边环境。

②工作组织。

③工作条件。

④设备。

⑤工作人员数量。

（b）法律法规要求和其他要求的变更。

（c）有关危险源和职业健康安全风险的知识或信息的变更。

（d）知识和技术的发展。

组织应评审非预期性变更的后果，必要时采取措施，以减轻任何不利影响。

注：变更可带来风险和机遇。

【理解】

当组织出现以下四种变更时，要评审变更导致的风险和危险源，必要时采取相应措施，减轻不利影响：

一是新产品、服务和过程，或对现有产品、服务和过程的变更。比如半自动化设备改为全自动化设备，工厂从 A 搬到 B。

二是法律法规或其他要求的变更。

三是有关危险源和职业健康安全风险的知识和信息的变更。比如车间电梯维修，没有通知相关人员，没有进行围挡，导致人员掉进电梯井。

四是知识和技术的发展。比如无人驾驶替代人工驾驶等。

变更管理可以单独形成文件，也可以把相关变更放在相应的体系文件中。比如将危险源的变更放在危险源识别及管理程序中，将法律法规和其他要求的变更放在法律法规和其他要求程序文件中。

流程如图 3–9 所示。

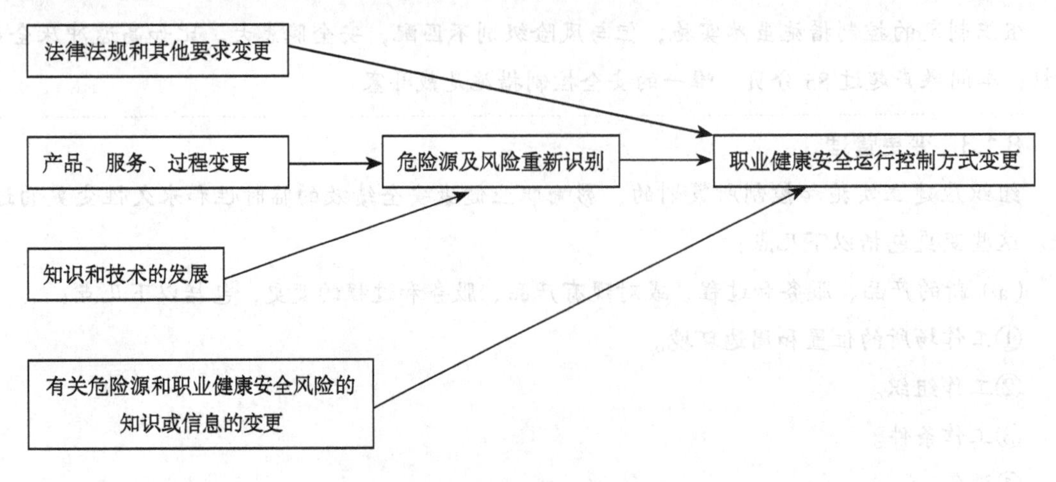

图 3-9　健康安全运行变更

【练习】

（1）产品、服务和过程的变化不包括（　）。

A. 工作场所和环境变化

B. 劳动力变化

C. 知识和技术的开发

D. 工作组织的变化

答案：B

（2）变更管理涉及如下（　）方面的职业健康安全风险控制。

A. 变更前工作场所

B. 对变更过程涉及的活动

C. 变更信息

D. 变更后工作场所

答案：BCD

（3）依据 ISO45001 标准，组织必须对非预期的变更采取措施（　）。

A. 正确

B. 错误

答案：B

【价值】

变更管理是企业职业健康安全管理的重点，也是很多企业容易忽视的地方，容易带来风险和机遇，是健康安全管理的重中之重。

职业健康安全体系是动态的，要确保体系的适宜性，就要根据变更重新识别危险源及风险，不断修正职业健康安全体系。

【落地】

行政人事部门制定危险源识别控制程序，明确当产品、服务、过程变更后危险源重新识别要求。

行政人事部门制定职业健康安全运行控制程序，明确当危险源变更后，运行控制方案要进行变更，确保控制措施与风险适宜。当有关危险源和职业健康安全风险的知识或信息变更，要有相应的控制措施，控制安全风险。

行政人事部门制定法律法规及相关方要求程序，明确如何识别最新的法律法规及其他要求，并把法律法规及其他要求中的内容与相关部门沟通，相关部门要制定新的措施满足法律法规要求。

工程部要制定新设备、新材料、新制程管理规定，参见第二篇第三章工程部相关管理规定。

危险源识别风险评价控制程序、职业健康安全运行控制程序、法律法规及相关方要求控制程序，参见第二篇第二章行政部相关程序文件。

危险源识别及风险评价表、法律法规及相关要求清单，参见第二篇第四章行政部相关管理表格。

【差异分析】

OHS18001 版本只要求在产品、服务、过程变更后，需要对危险源重新识别，进行风险评价，而 ISO45001 版本变更涉及四个方面，内容更广。有关危险源和职业健康安全风险的知识或信息的变更对职业安全运行要求的变化也要进行控制。法律法规及相关方要求的变化也要重新识别，并制定相对应的措施。

【典型案例】

案例一：

上海外滩跨年踩踏事故就是因为人员在短时间内急剧增加，而管理部门没有采取临时的风险应对措施，导致多人被踩踏死亡。

案例二：

全国各地一旦出现强台风天气，就会停课、停工、停市，这也是天气临时变更导致风险应对措施的变化。

案例三：

超市以前都是人工拖地，现在大型超市都是洗地机拖地，但有些超市拖地员工没有认真阅读操作说明，没有了解安全注意事项，导致出现拖地机撞到消费者的事故，这属于设备变更后风险应对措施没有变更。

【常见不符合】

（1）健康安全运行控制程序中，没有针对设备变更、人员变更、场地变更等情况制定应对措施。

（2）健康安全运行控制程序内容详细，但在实际运用时出现变更，没有启动变更应对措施。比如强台风天气学校没有停课，新的自动化设备启用没有进行危险源识别，没有制定应对措施。

8.1.4 采购

8.1.4.1 总则

组织应建立、实施和保持过程，用于控制产品和服务的采购，以确保其符合职业健康安全管理体系。

8.1.4.2 承包方

组织应与承包方协调其采购过程，以辨识危险源并评价和控制由下列方面所引起的职业健康安全风险：

（a）对组织造成影响的承包方的活动和运行。

（b）对承包方工作人员造成影响的组织的活动和运行。

（c）对工作场所内其他相关方造成影响的承包方的活动和运行。

组织应确保承包方及其工作人员满足组织的职业健康安全管理体系要求。组织的采购过程应规定和应用选择承包方的职业健康安全准则。

注：在合同文件中包含选择承包方的职业健康安全准则是非常有益的。

8.1.4.3 外包

组织应确保外包的职能和过程得到控制。组织应确保其外包安排符合法律法规要求和其他要求，并与实现职业健康安全管理体系的预期结果相一致。组织应在职业健康安全管理体系内确定对这些职能和过程实施控制的类型和程度。

注：与外部供方进行协调有助于组织应对外包对其职业健康安全绩效的影响。

【理解】

采购商、外包商、承包商的管理主要是对他们施加影响，使其遵守职业健康安全管理体系要求。采购的材料、采购商的过程管理要符合安全要求，外包商和承包商的过程及活动、使用的材料要符合职业健康安全要求。比如采购的锡丝和阻焊剂要环保，否则就会影响焊锡员工的安全。购买一台设备，防护罩、防护网、绝缘材料要符合安全要求。

在危险源识别及风险评价中，要识别承包商活动导致的危险源及风险。采购商、承包商、外包商的控制方法要与非管理人员进行协商。要与外来人员、承包商进行信息交流。应急准备和响应活动要求相关的承包商参与。

承包商一般在本组织内活动，比如清扫、装修、建设、安保、维修等。这些活动虽然是承包，但健康安全责任是由组织本身承担。所以组织要与承包商签订安全协议，对承包商进行过程监控，确保承包商及周边员工的安全。

在服务外包时，一定要签订安全协议，明确双方的职责和应落实的安全义务，以确保符合组织的职业健康安全方针和目标要求。

采购劳保用品时，一定要查“三证一标志”，即生产许可证、产品合格证、安全鉴定证、安全标志。招聘人员时，一定要查上岗资质、健康证。采购特种设备时，要查生产资质、出厂合格证。

要明确采购商、外包商、承包商的职业健康安全要求，达到要求才可成为合作伙伴。但不同的采购内容，控制的方式和控制的严格程度是不一样的。

【练习】

（1）趋向于“影响组织的承包方的活动和运行”的是（ ）。

A. 承包方的施工现场有组织的一条天然气管线

B. 承包方在组织的现场开展的设备维修活动

C. 组织开展的生产作业活动

D. 以上都是

答案：B

（2）在组织职业健康安全管理体系内规定对外包职能和过程实施控制的类型可以是（ ）。

A. 在组织的施工承包方现场设置项目管理部

B. 规定承包方的选择、评价准则

C. 对承包方提供的服务结果进行验收

D. 以上都是

答案：B

（3）可用于组织的采购过程包含的承包方选择的职业健康安全准则为（ ）。

A. 承包方资质

B. 承包方伤亡事故发生率

C. 承包方员工的资质

D. 承包方工人保险赔偿率

答案：ABC

（4）组织应确保其职业健康安全管理体系的全部要求被承包方和其工作人员满足（ ）。

A. 正确

B. 错误

答案：B

（5）ISO45001 标准的“8.1.4 采购”针对的是承包方的职业健康安全管理（ ）。

A. 正确

B. 错误

答案：B

【价值】

对外包商、采购商、承包商的职业健康安全管理有利于提升组织形象。控制相关方有利于保障组织员工的健康安全，比如采购安全的设备、模具工装、物料，等等。

对外包商、采购商、承包商的安全管理体现了全面安全管理的要求，避免出现安全管理漏洞，确保组织员工及相关方安全得到保障。

【落地】

制定《供应商管理制度》，明确外包商、采购商、承包商的资格要求，选择流程，年度评价的要求。比如产生年度重大事故的供方不可纳入合格供方。年度安全评价不到 80 分以上的供方不纳入合格供方。不签职业健康安全协议的供方不纳入合格供方。《供应商管理制度》参见第二篇第三章行政部相关管理规定。

供应商环境安全调查表参见第二篇第四章采购部相关管理表格。此表格在组织增加新供应商或变更供方时填写，交给采购部、品质部、体系部评审并合格，才能纳入合格供方。

供应商环境安全协议。此协议在组织增加新供应商或变更供方，或者是年度评审时签订，不签协议的供方不可纳入合格供方。

在纳入合格供方前，供方要提供相关资质或证明，比如 PPE 劳保用品的检测报告等。

供方的年度监察要做到每年至少一次，由采购部主导，体系部、品质部等部门协助对供方进行稽查，职业健康安全体系不符合要求或出现重大安全事故的，不能纳入合格供方。

并不是所有供方都要建立职业健康安全体系，这一体系只是针对重要供方，或者是安全事故比较突出的供方，比如化学品供方、建筑施工承包商等。可以对供方进行分类管理，事故频发的行业，主要材料供方必须建立职业健康安全体系，其他主要供方不允许出现重大安全事故，比如人员死亡。次要供方只要求提交环境安全调查表，并接收本组织发布的环境安全宣告书（参见第二篇第四章采购部相关管理表格）就可以了。

【差异分析】

OHS18001（健康安全）版本只有一个笼统的条款讲运行控制，其中有对供方管理的要求，没有 ISO45001 标准对供方的要求清晰明了。ISO45001 标准突出了对供应商的职业安全管理要求。

【典型案例】

案例一：

2010 年，某石化公司储油罐发生爆炸，造成 5 人死亡、5 人受伤。发生事故的主要原因是清罐作业时原油罐中的烃类可燃物达到爆炸极限，遇到非防爆照明灯产生火花，发生爆炸事故。采购照明灯时没有考虑到防爆要求，采购的是普通照明灯，违反了 8.1.4.1 总则的要求。

案例二：

某旅游公司推行 ISO45001 标准，和运输公司签订合作协议、安全协议，同时前期要调查运输公司的资质，车辆状况，司机资质和健康状况，司机违章状况，禁止使用曾发生过重大安全事故的司机。在实际服务过程中，旅游公司不定期跟车抽查，确保驾驶人员、车辆处于适合的工作状态。出于对运输服务采购过程周全的考虑，多年来该旅游公司提供给客户的旅游运输服务保持安全无事故的良好纪录。

【常见不符合】

（1）供应商没有提供相应的资质及产品合格检测报告。

（2）没有对供应商持续监控满足健康安全要求的能力，比如年度现场监察，并评价符合性。

（3）针对承包方，没有对其活动进行充分的危险源识别及风险评价。

（4）以包代管，只用一个安全协议，实际运行过程中缺少对承包方、采购方、外包方进行有效监控。

8.2　应急准备和响应

组织应建立、实施和保持对6.1.2.1中所识别的潜在紧急情况进行应急准备并做出响应所需的过程，包括以下几点：

（a）建立响应紧急情况的计划，包括提供急救。

（b）为所策划的响应措施提供培训。

（c）定期测试和演练所策划的响应能力。

（d）评价绩效，必要时（包括在测试之后，尤其是在紧急情况发生之后）修订所策划的响应措施。

（e）与所有工作人员沟通并提供与其义务和职责有关的信息。

（f）与承包方、访问者、应急响应服务机构、政府执法监管机构、当地社区（适当时）沟通相关信息。

（g）必须考虑所有相关方的需求和能力，适当时确保其参与所策划的响应措施的开发。

组织应保持和保留关于响应潜在紧急情况的过程和计划的成文信息。

【理解】

针对紧急情况，比如火灾、爆炸、化学品泄漏、中毒、重大工伤事故、天灾或其他不可抗拒事件、罢工等，要制定应急准备和响应流程。在突发事件中，通常还要与最近的医院签订一个急救协议，明确各自的职责。

组织每年至少要对参与应急响应的人员进行一次正规系统培训，人员包括指挥人员、协调人员、后勤人员、公关人员、救援人员、其他安全相关人员。注意当涉及外部机构时，外部相关人员也要参与培训，比如同一栋楼同一楼层兄弟企业人员。培训的目的是让相关人员掌握逃生急救的能力和知识。比如煤气中毒，急救人员要掌握煤气的特性及一氧化碳中毒的原理，熟悉煤气中毒应急处置基本原则和措施，能够熟练使用呼吸器和其他防毒面具、一氧化碳报警器等，同时还要掌握心肺复苏术来进行现场施救。如果不进行相关培训，可能导致被施救人员丢失性命。

培养定期实验和演练策划的响应能力。关于演练的频次，《生产安全事故应急预案管理办法》要求综合预案和专项预案每年至少进行一次演练，现场处理方案每半年进行一次。定期实验和演练的目的是验证应急预案的适宜性、有效性、充分性，对存在的问题进行完善修改，并且让急救人员掌握应急的流程、方法，以便在发生紧急情况时各就其位、各负其责。

必要时要对应急准备和响应进行修改，包括演习后、发生紧急情况后、组织安全管理体系变更后，等等。修改后要重新发行文件，文件版本要升级。

紧急情况发生后，要保证沟通顺畅。内部要沟通到救火组、疏散组、急救组及相关负责人，外部要沟通到消防队、医院、周边单位、承包方、访问者、当地环保或安监单位或村委会。

进行应急演练时，有必要请求消防队员或医院相关人员观摩，参与方案的策划。

【练习】

（1）组织做出应急响应所需要的过程应包括（　　）。

A. 确定相关的作业许可

B. 开展隐患排查治理

C. 疏散现场人员

D. 开展安全培训

答案：D

（2）组织可以利用的应急准备手段包括（　　）。

A. 应急预案

B. 岗位应急处置卡片

C. 应急演练

D. 现场伤员救治

答案：ABC

（3）组织应基于危险源辨识结果，识别其潜在紧急情况（　　）。

A. 正确

B. 错误

答案：A

（4）监测预警也是应急准备所包含的部分（　　）。

A. 正确

B. 错误

答案：A

（5）依据 ISO45001 标准，在多雇主工作场所，组织应统一协调其他组织涉及职业健康安全管理体系的相关部分（　　）。

A. 正确

B. 错误

答案：A

【价值】

安全生产以预防为主，如果发生了非意愿事件，就要启动应急预案，最大程度减少损失和伤亡。

如果没有发生紧急情况，我们要做好应急准备，当发生突发情况时可以使事态得到有效控制，减少损失。应急准备主要是消防通道保持畅通，准备可用的灭火装置，配备有能力的急救人员，组织能快速得到支援，组织内部人员各司其职，防止事态进一步恶化，同时急救人员能保护好自己的安全。

【落地】

制定应急准备和响应程序文件，明确什么情况下启动应急准备和响应流程，制定应急预案，培训应急人员，进行应急预案演习，开展应急演习后的评审，变更应急预案等。《应急准备和响应控制程序》参见第二篇第二章行政部相关程序文件。

要制定化学品泄漏、中毒、触电、火灾、爆炸、自然灾害、重大工伤应急流程，明确联系方式、组织架构、各部门职责、应急步骤等。应急预案参见第二篇第三章行政部相关管理规定。

每年要进行一次消防演习，现场要有逃生路线图、应急组织架构图、应急电话、急救箱等。要有消防演习计划、消防演习报告，参见第二篇第四章行政部相关管理表格。

现场每 80 平方米要有一个灭火器、逃生指示牌、应急灯，消防通道至少 1 米宽，现场每个车间要有应急药箱。化学品仓库要有二次容器，MSDS，排气扇，灭火沙和铁锹，洗眼器，灭火器，严禁烟火标记等。

电梯要年审，审验标签要张贴，并把紧急情况下相关部门的联系方式张贴在电梯内的显眼处。

消防门要有检测报告，消防门要关闭，但不能上锁或堵死。

要制定急救药箱管理制度，明确急救药品清单（参见第二篇第三章行政部相关管理规定），并张贴在药箱边缘。医疗废物要放进专用垃圾桶。急救药箱药品发放清单（参见第二篇第四章行政部相关管理表格）要填写。急救员证要张贴。

【差异分析】

ISO45001 标准增加了应急准备和响应培训要求，同时明确应急人员在应急过程中的职责要求，比如谁负责疏散、谁负责灭火等。在应急响应过程中，要及时与承包商沟通紧急情况，做好响应，比如组织内部的装修人员在火灾发生时如何及时逃生等。OHS18001（健康安全）标准没有对以上三点做出明确要求。

【典型案例】

案例一：

2018 年 5 月 26 日 9 时 30 分，位于大岭山大沙村的东莞市华业鞋材有限公司发生一起气体中毒事故，造成 4 人死亡。

经初步了解，事故发生时，姚 ×、黄 ×、邓 ×、吕 × 等 4 名员工先后进入厂区皮浆池后晕倒。随后，120 急救车及消防车迅速到达现场并开展救援。经医生确认 2 人当场死亡，另外 2 人被送往医院，经抢救无效死亡。事发后，大岭山镇和公安、安监、卫计等部门立即组成处置小组，认真开展事故调查和善后处置等工作。经初步分析，事故起因为气体中毒，具体原因仍待进一步调查取证。

经过检测，确定导致 4 人中毒身亡的气体为硫化氢。据大岭山安监分局执法人员叶 × 介绍，正常生产情况下，皮浆池不会产生硫化氢，车间之前因故停工了一段时间，里面残留含有碳、氢、硫、氧元素的动物蛋白皮浆液和木质纤维的纸浆液，这些有机物质在高温条件下会腐败降解，形成酵解的过程，从而产生硫化氢。

安监部门表示，进行有限空间作业要遵循一定的原则，先通风，再检测气体的含量，例如含氧量、有机气体的浓度，工作人员进行操作时必须佩戴呼吸器材。当发生有限空间事故时，现场人员不应该盲目施救，首先要做的就是报警，由专业人员进行施救。

案例二：

2019 年 3 月 28 日 15 时 30 分，东莞市天之洋有机硅材料有限公司员工吕 ×、杨 ×、田 × 在车间进行硅胶生产。田 × 在生产车间西侧操作密炼机，密炼机搅拌运行过程中产生局部高温，温度约 120 摄氏度。在生产车间南侧中间位置（该处放置叉车以及吨桶，与密炼机距离为 3 米），由吕 × 协助杨 × 将二甲二乙（二甲基二乙氧基硅烷）倒入吨桶中，杨 × 单独操作叉车，控制桶装二甲二乙倾倒的高度，吕 × 扶住引流的漏斗，确保引流平稳，在倒入二甲二乙约 70 公斤时突然发生爆燃，火势很快扩大并蔓延到东侧东莞市诚溢实业科技有限公司的厂房。看到着火后，田 ×、吕 ×、杨 × 等人迅速跑出车间，工厂其他员工立即使用灭火器灭火，因火势过大无法扑救，于是拨打了 119 报警请求救援。

该起火灾事故未造成人员伤亡，烧损房屋、机器设备、成品原料等，经具有资质的第三方评估，共造成直接经济损失 911 万元。

这次事故的原因有两个，包括直接原因和间接原因。

（1）直接原因

东莞市天之洋有机硅材料有限公司作业人员在倾倒危化品二甲二乙操作过程中未采取防高温、防静电等安全防护措施，致使二甲二乙蒸气扩散，遇到密炼机搅拌运行过程中产生的高温，从而引发爆燃事故。

（2）间接原因

东莞市天之洋有机硅材料有限公司安全生产主体责任、安全生产管理制度和安全生产隐患排查治理工作不落实，安全生产管理和安全生产培训教育不到位，主要体现在以下几点：

①未建立安全生产责任制和安全生产规章制度。

②未建立使用危险化学品的安全管理规章制度和安全操作规程，未保证危险化学品的安全使用。

③未对从业人员进行安全生产教育和培训，未保证从业人员具备必要的安全生产知识，熟悉有关的安全生产规章制度和安全操作规程，掌握本岗位的安全操作技能。

以上案例违反 ISO45001 标准 8.1.2 和 8.2 条款要求。

【常见不符合】

（1）对潜在紧急情况识别不全，比如工作人员在密闭空间内作业导致中毒。

（2）没有建立应急准备和响应流程。

（3）应急准备和响应流程不全面，比如没有上报给政府部门，没有评审应急流程的适宜性，人员的医疗救助没有纳入响应流程中。

（4）组织没有就应急准备和响应流程与相关人员沟通，比如承包商人员、协助医院、周边企业等。

（5）制定应急预案后，组织没有培训相关人员，并且安排演习，只是流于形式。

9. 绩效评价

9.1　监视、测量、分析和评价绩效

9.1.1　总则

组织应建立、实施和保持监视、测量、分析和评价绩效的过程。

组织应确定以下内容：

（a）需要监视和测量的内容，包括：

①满足法律法规要求和其他要求的程度。

②与辨识出的危险源、风险和机遇相关的活动和运行。

③实现组织职业健康安全目标的进展情况。

④运行控制和其他控制的有效性。

（b）适用时，为确保结果有效而采用的监视、测量、分析和评价绩效的方法。

（c）组织评价其职业健康安全绩效所依据的准则。

（d）何时应实施监视和测量。

（e）何时应分析、评价和沟通监视和测量的结果。

组织应评价其职业健康安全绩效并确定职业健康安全管理体系的有效性。

组织应确保适用的监视和测量设备被校准或验证，并被妥善使用和维护。

注：法律法规要求和其他要求（如国家标准或国际标准）可能涉及监视和测量设备的校准或验证。

组织应保留适当的成文信息：

①作为监视、测量、分析和评价绩效的结果的证据。

②记录有关测量设备的维护、校准或验证。

【理解】

OHS（健康安全）监视测量的内容有：法律法规和其他要求，风险和机遇相关的活动和运行控制措施，目标。证据有合规性评价表，风险和机遇应对措施评审表，安全检查表，目标统计表，职业危害检测报告，特种设备的监测，应急预案后的评价等。

OHS（健康安全）监视的准则有：目标，法律法规及其他要求，风险和机遇应对措施，程序文件及管理规定。

监视测量、分析、评价的方法有：检测、统计分析、会议评审、现场检查、给出结论。

监视测量结果的分析、评价的时机为管理评审、定期 OHS（健康安全）检讨会议。

【练习】

（1）依据 ISO45001 标准，关于“9.1 监视、测量，分析和绩效评价”，说法不正确的是（　）。

A. 组织需要确定监视和测量的内容

B. 所有监视和测量都需要取得量化的结果

C. 组织需要确定职业健康安全绩效所依据的准则

D. 组织需要确定职业健康安全管理体系的有效性

答案：B

（2）监视的实例可包括（　）。

A. 面谈

B. 文件化信息的评审

C. 对开展的工作进行观察

D. 统计运算

答案：ABC

（3）分析的实例可包括（　）。

A. 统计事故发生时间

B. 检查安全隐患

C. 统计隐患类别

D. 测量安全距离

答案：AC

（4）以下属于“监视”活动的是（　）。

A. 查找工作中的不安全行为

B. 测算危险源的安全距离

C. 统计隐患发生的趋势

D. 评审年度事故的发生率

答案：A

（5）绩效评价是为确定实现职业健康安全管理体系建立的目标主题的（　）所开展的活动。

A. 实现性

B. 适宜性

C. 充分性

D. 有效性

答案：BCD

（6）依据 ISO45001 标准，需要监视和测量的内容有（　）。

A. 与辨识出的危险源风险和机会相关的活动和运行

B. 组织职业健康安全目标实现的进展

C. 运行和其他控制措施的有效性

D. 法律法规和其他要求满足的程度

答案：ABCD

（7）测量可能包含持续的检查、监督、严格的观察或确定状态，以便识别相对于要求或期待的绩效基准的变化（　）。

A. 正确

B. 错误

答案：B

（8）绩效评价包含确定职业健康安全管理体系的有效性（　）。

A. 正确

B. 错误

答案：A

（9）监视是通过考察数据，揭示联系、模式和趋势的过程（　）。

A. 正确

B. 错误

答案：B

【价值】

监视、测量、分析、评价是OHS（健康安全）体系PDCA循环中最重要的一环，没有监视、测量、分析、评价，组织就不清楚自己做得怎么样，做到什么程度，结果怎么样，后续如何改善，整个体系就会陷入一种无序状态。

通过测量，组织可以知道相关健康安全指标是否达标。监视法律法规可保证组织遵纪守法，违法要付出沉重的代价，承担高额的罚款。政府部门每个月都会对企业进行安全生产检查，对不合格的企业做出行政处罚。

分析可以使组织找到改善的关键点，特别是涉及法律法规的部门要优先改善。

组织要对结果进行评价，不论各个部门做得好不好，组织都要给出评价，这也是对全体员工的激励。

【落地】

建立《OHS（健康安全）监视测量分析评价程序》，明确时机、准则、内容、方法等四大块内容。会使用到的表格有：合规性评价表、目标统计表、安全检查表、年度OHS（健康安全）测量计划、职业危害测试报告、风险和机遇措施评价表、事故统计表、特种设备检测报告、消防演习报告。

合规性评价表一年评价一次，参加评价的人员包括OHS（健康安全）小组成员或各部门主管。目标统计表一般是一个月评价一次，各部门主管统计本部门目标。安全检测表一般是一个月或一周检查一次，由安全负责人检查。年度OHS（健康安全）测量计划一般是年底制作，每年请专业机构检测一次，安全负责人负责。风险和机遇措施评价表一般一年评价一次，可在管理评审前评价或在管理评审会议上评价，责任人是管理代表或体系负责人。

【差异分析】

ISO45001增加了新的内容，就是分析和评价。组织通过分析可以知道问题出在哪里，通过评价找到不足之处，进行改善。OHS18001（健康安全）只强调监视和测量，没有分析和评价。

【典型案例】

案例一：

某建筑公司施工人员不按照规定穿戴安全帽和安全鞋，上级监管部门检查时，建筑公司才会安排人员去现场检查，所以这家建筑公司工伤不断，施工人员有的碰伤头，有的砸伤脚，工伤时有发生。这反映出建筑公司对安全运行没有监视，违反了 ISO45001 标准 8.1 和 9.1.1 条款要求。

案例二：

某餐厅没有对厨房油烟积垢程度进行监视。某一天，厨师炒菜过程中，火星引爆了易爆物，很快波及排烟管。由于大量油污存在，火势迅猛，无法控制，导致整个厨房被烧毁。这家餐厅对油烟积垢程度没有监视，违反了 ISO45001 标准 8.1 和 9.1.1 条款要求。

【常见不符合】

（1）监视、测量的范围没有针对承包商活动，比如对装修施工的安全进行监视。

（2）监视、测量的对象频次不具体，没有明确具体监督什么，比如检测室内空气质量需要测量哪些项目，厨房烟管积垢到什么程度需要清理等。

（3）监视和测量计划没有落实。

（4）测量设备没有校准。

9.1.2　合规性评价

组织应建立、实施和保持对法律法规要求和其他要求（见 6.1.3）的合规性进行评价的过程。

组织应做到以下几点：

（a）确定实施合规性评价的频次和方法。

（b）评价合规性，并在需要时采取措施（见 10.2）。

（c）保持其关于对法律法规要求和其他要求的合规状态的知识和理解。

（d）保留合规性评价结果的成文信息。

【理解】

要进行合规性评价，先要掌握合规情况的知识。

合规性评价的频次是一年一次或一个季度一次，新法律法规和其他要求出来时要评审。

合规性评价不符合要求时要采取措施。

合规性评价的方法包括文件记录评审、体系运行审核、对设施的检查、面谈、对项目或工作的检查评审。

【练习】

（1）关于“保持其合规情况的认识和理解”，以下说法正确的是（　）。

A. 组织需要提供一个完整的合规状况的评价报告

B. 合规性评价需要由一个权威部门来完成

C. 监视、测量、分析和绩效评价的结果可作为合规性的证据

D. 合规性评价要以年度为周期考察组织法律法规和其他要求的符合性

答案：C

（2）合规性评价的频次和时机可以基于（　）而变化。

A. 要求的重要性

B. 运行条件的变化

C. 法律法规和其他要求的变化

D. 组织过去的绩效

答案：ABD

（3）组织可以使用不同的方法保持其对合规状况的认识和理解（　）。

A. 正确

B. 错误

答案：A

【价值】

法律法规及其他要求的评审是评审本组织的守法情况，规避法律问责风险，同时通过守法评审找到企业的不足，制定改善计划，给公司的成长带来机遇。

守法是任何一家企业基本的职业道德，也是企业发展壮大的基础。如果管理者抱着侥幸心理经营企业，企业发展一定不会长久。

【落地】

负责合规性评审的人员除了需要具备相关知识，还要对法律法规有所了解，组织要对这些人员进行培训，然后召开会议，针对危险源相关的法律法规条文一条条评审，并写上本组织的状况，在会议决议中记录不符合项，列入追踪改善事项。法律法规评审完成后，要形成决议，决定是重新评审，还是把不符合项整改后通过。

【差异分析】

ISO45001 标准强调了评价后采取措施的要求，OHS18001（健康安全）标准只关注评价，没有明确要求评价后采取的措施。

ISO45001 标准强调了合规性评价，要求评价人员要懂得相关法律法规知识，了解组织的实际状况，才可进行合规性评价。

【典型案例】

2019 年 3 月 28 日 15 时 35 分，位于东莞市樟木头镇樟洋社区圣陶路的天之洋有机硅材料有限公司作业人员在作业过程中使用危险品，因防范措施不到位、操作不当引发危险品爆燃，发生火灾事故。这家企业没有识别相关法律法规要求，也没有评审法律法规的遵守情况，更没有采取相应的安全措施，导致发生火灾。该企业违反了以下几条法律条款：

《安全生产法》第四条规定：“生产经营单位必须遵守本法和其他有关安全生产的法律、法规，加强安全生产管理，建立、健全安全生产责任制和安全生产规章制度，改善安全生产条件，推进安全生产标准化建设，提高安全生产水平，确保安全生产。”

《危险化学品管理条例》第二十八条规定：“使用危险化学品的单位，其使用条件（包括工艺）应当符合法律、行政法规的规定和国家标准、行业标准的要求，并根据所使用的危险化学品的种类、危险特性以及使用量和使用方式，建立、健全使用危险化学品的安全管理规章制度和安全操作规程，保证危险化学品的安全使用。”

【常见不符合】

（1）法律法规遗漏，没有及时更新，导致合规性评价失效。

（2）在变更情况下，没有对变更后的法律法规进行评审。

（3）进行合规性评价时，缺乏支持的数据或证据。比如本公司建立危险化学品管理制度，明确要求危险化学品使用中要防高温、防静电。

（4）合规性评价不符合要求时，没有采取相应措施。

9.2　内部审核

9.2.1　总则

组织应按策划的时间间隔实施内部审核，应提供下列信息：

（a）职业健康安全管理体系是否符合：

①组织自身的职业健康安全管理体系要求，包括职业健康安全方针和职业健康安全目标。

②本标准的要求。

（b）职业健康安全管理体系是否得到有效实施和保持。

9.2.2　内部审核方案

组织应：

（a）在考虑相关过程的重要性和以往审核结果的情况下，策划、建立、实施和保持包含频次、方法、职责、协商、策划要求和报告的审核方案。

（b）规定每次审核的审核准则和范围。

（c）选择审核员并实施审核，以确保审核过程的客观性和公正性。

（d）确保向相关管理者报告审核结果；确保向工作人员及其代表（若有）以及其他有关的相关方报告相关的审核结果。

（e）采取措施，以应对不符合和持续改进其职业健康安全绩效（见第 10 章）。

（f）保留成文信息，作为审核方案实施和审核结果的证据。

注：有关审核和审核员能力的更多信息参见 GB/T 19011。

【理解】

内审的流程：年度审核方案—年度审核计划—内审员培训—审核安排—内审员编写内审检查表—首次会议—现场审核—开出不符合项—末次会议—各部门整改—审核报告—管理评审。

审核方案包括审核频次，审核方法，职责，协商，策划要求和报告。制作审核方案的输入有过程的重要性和以往的审核结果，影响组织的重要变更，绩效评价和改进结果，风险和机遇。

【练习】

审核方案的详略程度应该基于（　）。

A. 职业健康安全体系的成熟度

B. 审核员的能力

C. 组织工作人员对于职业健康安全管理体系的理解

D. 职业健康安全体系的复杂性

答案：AD

【价值】

内审的目的是提升职业健康安全管理，暴露体系的不足，有利于管理体系做得更好。

内审也是一种压力，通过内审，督促相关人员严格按管理制度要求做事，确保所有人健康安全。

内审也是一种激励，做得好的正激励，做得不好的负激励。

【落地】

建立《内审控制程序》，明确内审流程，参见第二篇第二章总经办相关程序文件。

建立年度内审方案，参见第二篇第四章总经办相关管理表格。

建立年度内审计划、内审通知单、内审检查表、内审不符合报告、内审报告，参见第二篇第四章总经办相关管理表格。

【差异分析】

ISO45001 标准要求建立审核方案，明确人员、资源、审核频率、审核方式、审核范围、审核准则等要求。OHS18001（健康安全）没有这个要求。

ISO45001 要求将审核结果通报给员工、员工代表，以及其他相关方。OHS18001（健康安全）没有要求。

【典型案例】

案例一：

2018 年 5 月 14 日，四川航空公司 3U8633 航班在成都区域巡航阶段，驾驶舱右座前挡风玻璃破裂脱落，机组实施紧急迫降，飞机于 2018 年 5 月 14 日 7：46 安全备降成都双流机场，所有乘客平安落地，有序下机并得到妥善安排。备降期间，右座副驾驶员面部被划伤、腰部扭伤，一名乘务员在飞机迫降过程中受轻伤。

事故原因有以下四种可能：

第一种可能：安装挡风玻璃时使用的螺丝不合格，或者是安装时用力过猛，产生裂纹，造成隐患。

第二种可能：玻璃材质存在问题。

第三种可能：飞机在飞行过程中，由于高空机舱外温度极低，通常前挡风玻璃需要加温以维持其强度。如果加温过程中出现短路或发热不均衡，可能导致玻璃强度发生变化，前挡风玻璃在内外压力差的作用下破裂。

第四种可能：前挡风玻璃遭到外来物撞击，导致破裂脱落。

企业在做内审时必须重点关注飞机检修过程，防患于未然。

【常见不符合】

（1）审核的条款不全面，比如目标方案、岗位职责没有审核到所有部门。

（2）审核的时间分配不合理，重要条款的审核时间不够，比如8.1和8.2条款。

（3）内审报告没有报告给员工、员工代表及其他相关方。

（4）内审后的纠正预防措施没有考虑到其他安全影响，比如材料变更导致碰到火星后易燃易爆。

9.3　管理评审

最高管理者应按策划的时间间隔对组织的职业健康安全管理体系进行评审，以确保其持续的适宜性、充分性和有效性。

管理评审应包括对下列事项的考虑：

（a）以往管理评审所采取措施的状况。

（b）与职业健康安全管理体系相关的内部和外部议题的变化，包括以下几点：

①相关方的需求和期望。

②法律法规要求和其他要求。

③风险和机遇。

（c）职业健康安全方针和职业健康安全目标的实现程度。

（d）职业健康安全绩效方面的信息，包括以下方面的趋势：

①事件、不符合、纠正措施和持续改进。

②监视和测量的结果。

③ 对法律法规要求和其他要求的合规性评价的结果。

④审核结果。

⑤工作人员的协商和参与。

⑥风险和机遇。

（e）保持有效的职业健康安全管理体系所需资源的充分性。

（f）与相关方的有关沟通。

（g）持续改进的机遇。

管理评审的输出应包括与下列事项有关的决定：

（a）职业健康安全管理体系在实现其预期结果方面的持续适宜性、充分性和有效性。

（b）持续改进的机遇。

（c）任何对职业健康安全管理体系变更的需求。

（d）所需资源。

（e）措施（若需要）。

（f）改进职业健康安全管理体系与其他业务过程融合的机遇。

（g）对组织战略方向的任何影响。

最高管理者应就相关的管理评审输出与工作人员及其代表（若有）进行沟通（见7.4）。

组织应保留成文信息，以作为管理评审结果的证据。

【理解】

管理评审一年至少要进行一次，最高管理层一定要参加评审会议。管理评审会议要与日常经营例会整合在一起召开，会议议题要涉及职业健康安全管理体系的内容。

管理评审各部门提供的工作报告要包括以下内容：

（1）以往管理评审所采取措施的状况。

（2）与职业健康安全管理体系相关的内部和外部议题的变化，包括以下几点：

①相关方的需求和期望。

②法律法规要求和其他要求。

③风险和机遇。

（3）职业健康安全方针和职业健康安全目标的实现程度。

（4）职业健康安全绩效方面的信息，包括以下方面的趋势：

①事件、不符合、纠正措施和持续改进。

②监视和测量的结果。

③对法律法规要求和其他要求的合规性评价的结果。

④审核结果。

⑤工作人员的协商和参与。

⑥风险和机遇。

（5）保持有效的职业健康安全管理体系所需资源的充分性。

（6）与相关方的有关沟通。

（7）持续改进的机遇。

输出的决议要包括以下内容：

（1）职业健康安全管理体系在实现其预期结果方面的持续适宜性、充分性和有效性。

（2）持续改进的机遇。

（3）任何对职业健康安全管理体系变更的需求。

（4）所需资源。

（5）措施（若需要）。

（6）改进职业健康安全管理体系与其他业务过程融合的机遇。

（7）对组织战略方向的任何影响。

在以下情况可能增加管理评审的频次：

（1）公司的组织架构、重大岗位职责、资源、经营战略、市场环境发生重大变化时。

（2）公司发生重大职业健康安全事故或相关方投诉，出现或可能出现不可接受风险的事件或事故。

（3）重要相关方有重大新的法律法规或其他要求变化。

（4）最高层认为必要时。

【练习】

（1）“职业健康安全管理体系的充分性”是指（ ）。

A. 职业健康安全管理体系是否充分满足要求

B. 职业健康安全管理体系是否正在取得预期结果

C. 职业健康安全管理体系如何适用于组织及其运行、文化和业务系统

D. 职业健康安全管理体系是否正确实施

（2）组织需要一次性针对所有管理评审的主题（ ）。

A. 正确

B. 错误

答案：B

答案：D

【价值】

管理评审主要是评审方向、准则、标准、资源的问题，这是职业健康安全体系的基因问题，是影响职业健康安全体系的最关键要素。

如果资源不足，流程与标准有问题，执行再好，安全事故还是会频发。

【落地】

组织要制定公司的年度会议计划，管理评审会议要纳入会议计划中。评审会议一定要评审出问题点，找到改善的机遇，否则就会流于形式。

总经办要制定《管理评审程序》(参见第二篇第二章总经办相关程序文件)，明确管理评审时机、参加人员、评审内容、决议及纠正预防措施要求。

各部门提交工作报告，参见第二篇第四章总经办相关管理表格。

会议结束后，总经办形成管理评审报告，发行给相关部门，参见第二篇第四章总经办相关管理表格。

【差异分析】

ISO45001 标准比 OHS18001 版本更关注组织环境及相关方的需求与期望评审，更关注监视、测量绩效数据。

ISO45001 标准比 OHS18001 版本更关注管理评审的输出要与组织的战略方向保持一致，职业健康安全体系要与其他业务活动进行融合。

【典型案例】

在某酒店的管理评审会议上，设备部经理报告今年年初因消防水泵设备故障隐患问题被安监部门责令整改，申请购置消防水泵，并对隐患线路进行整改，但财务部门因为预算问题一直没有同意。酒店总经理听取汇报后认为，酒店安全管理工作是酒店经营工作的前提和保障，应优先购置消防水泵，启动消防线路改造项目，于是在管理评审会议上与高管充分沟通，最后确定追加预算，购置设备。

【常见不符合】

（1）各部门的工作报告内容不全，比如组织环境状况，相关方的需求与期望，风险和机遇的情况没有报告。

（2）参加管理评审会议的各部门负责人没有提出实际问题，认为提了也没用，导致管理

评审会议流于形式。

（3）管理评审报告没有实际内容，没有有效的改善措施。

10. 改进

10.1　总则

组织应确定改进的机会（见第 9 章），并实施必要的措施，以实现其职业健康安全管理体系的预期结果。

10.2　事件、不符合和纠正措施

组织应建立、实施和保持包括报告、调查和采取措施在内的过程，以确定管理事件和不符合。

当事件或不符合发生时，组织应做到以下几点：

（a）及时对事件和不符合做出反应，并在适用时：

①采取措施予以控制和纠正。

②处置后果。

（b）在工作人员的参与（见 5.4）和其他相关方的参加下，通过下列活动评价是否采取纠正措施，以消除导致事件或不符合的根本原因，防止事件或不符合再次发生或在其他场合发生：

① 调查事件或评审不符合。

② 确定导致事件或不符合的原因。

③ 确定类似事件是否已发生过，不符合是否存在，或他们是否可能会发生。

（c）在适当时，对现有的职业健康安全风险和其他风险的评价进行评审。

（d）按照控制层级（见 8.1.2）和变更管理（见 8.1.3），确定并实施任何所需的措施，包括纠正措施。

（e）在采取措施前，评价与新的或变化的危险源相关的职业健康安全风险。

（f）评审任何所采取措施的有效性，包括纠正措施。

（g）在必要时，变更职业健康安全管理体系。

纠正措施应与事件或不符合所产生的影响或潜在影响相适应。

组织应保留成文信息作为以下方面的证据：

（a）事件或不符合的性质及随后所采取的任何措施。

（b）任何措施和纠正措施的结果，包括其有效性。

组织应就此成文信息与相关工作人员及其代表（若有）和其他有关的相关方进行沟通。

注：及时报告和调查事件可有助于消除危险源和尽快降低相关职业健康安全风险。

【理解】

事件、不符合及纠正措施工作流程如下：

（1）及时反应。（P）

（2）评价消除事件或不符合根本原因的措施需求，以防止不符合再次发生或在其他地方

发生。评价时应有员工参与（见5.4）和其他有关相关方的参加。（P）

（3）适当时，评审职业健康安全风险的评价情况（见6.1）。（P）

（4）确定并实施与控制层级（见8.1.2）和变更管理（见8.2）相一致的任何所需的措施，包括纠正措施。（D）

（5）评审所采取的任何纠正措施的有效性；（C）

（6）必要时，对职业健康安全管理体系进行变更。（A）

（7）针对事件或不符合，采取的对策是先消除危险，再降低危险，最后是个体防护。个体防护风险是比较大的，员工不一定遵守，最好的方式是消除危险。

事件或不符合发生后，第一步是做出响应，防止事态恶化，避免伤亡加重，做好人员的救治；第二步是事故原因调查及改善措施。

原因找到后，我们要评审纠正措施带来的风险，识别新的危险源。特别注意变更导致的影响，比如文件的修改、危险源控制方式的变更等。

【练习】

（1）以下不属于"评价消除事件或不符合根本原因的纠正措施需求，防止事件或不符合再次发生或在其他地方发生"工作的是（　）。

A. 确定事件或不符合的原因

B. 确定是否相似事件发生了，不符合是否存在，或者他们是否可能发生

C. 及时报告发生的事件和不符合

D. 调查事件或评审不符合

答案：B

（2）纠正措施有效性的评审是指（　）。

A. 实施的纠正措施有效降低了职业健康安全风险

B. 实施的纠正措施消除了危险源

C. 实施的纠正措施充分控制根本原因的程度

D. 实施的纠正措施消除了不符合

答案：C

（3）依据ISO45001标准，以下属于"以及时的方式对事件和不符合做出反应"的是（　）。

A. 分析事件原因

B. 消除隐患

C. 做出应急响应

D. 采取纠正措施

答案：ABD

（4）事件发生都是由于不符合的存在（　）。

A. 正确

B. 错误

答案：B

（5）组织针对事件或不符合采取措施后，应评价与新的或变化的危险源相关的职业健康安全风险（　）。

A. 正确

B. 错误

答案：A

【价值】

事件或不符合发生后，及时报告或处理有利于降低职业健康安全的风险，降低成本，减少损失，确保员工的身体健康，防止政府部门追责。

针对事件或不符合，可采用层级控制或变更来进行改善，这样可以从根本上杜绝不符合或事故的发生。如果不能杜绝，也要尽可能防止其发生。

一个管理体系是不断完善的，体系建立后，首先试运行，然后通过检测、检查、监视、分析、评价找到潜在或已发生的不符合或事故，然后不断优化体系文件，建立一套安全防错机制。

【落地】

制定《纠正措施控制程序》（参见第二篇第二章总经办相关程序文件），明确目标统计与改善对策，体系运行监视及纠正措施，职业卫生检测及改善，工伤事故及改善，目标及实施方案运行流程，以及员工代表如何参与改善、改善结果如何沟通。

体系负责人要每个月收集目标统计数据，针对未达成的项目发出《纠正措施单》，责任单位进行改善，体系负责人将改善结果与员工代表及相关人员沟通。

体系负责人每个月对体系运行状况进行检查，包括穿戴劳保设施、遵守安全操作规则等，不符合要求的，通知责任单位改善，并把改善的结果共享给相关人员和员工代表。

体系负责人每年联络外部机构对职业卫生进行检测，当不符合要求时，要发出纠正措施单，要求相关单位进行整改，整改后重新检测，并把改善的结果共享给相关人员。

当出现工伤事故时，行政部门要调查原因，形成《事件调查与处理报告》（参见第二篇第四章行政部相关管理表格），制定改善方案，并把改善结果及处理方案共享给相关人员。

每年制定年度目标时，管理代表应要求各个部门制定部门目标、实施方案，以及每个月评审目标的达成情况。如果不达标，必须检讨方案的有效性，必要时修改方案，确保实现目标。

制定《事件调查与处理控制程序》（参见第二篇第二章行政部相关文件），明确事故报告、事故调查、事故处理要求。

【差异分析】

ISO45001 标准删除了预防措施，但风险管理就是预防措施的一部分，持续改进也是预防措施的主要内容。OHS18001（健康安全）中有预防措施。

【典型案例】

案例一：

一些小区或广场的喷泉每年都会发生一些触电事故。主要原因是有关部门没有按照安全规范对喷泉进行维修保养，私自移除漏电保护装置，喷泉未设置警示标志。这个案例违反了ISO45001 标准 10.2 条款要求，需要“依据控制措施层次和变更管理，确定和实施任何所需的措施，包括纠正措施”。

案例二：

某企业在对员工进行职业卫生体检时发现员工得了职业病，但该企业没有对职业病产生的原因进行调查，包括员工历史档案、现场管控措施、现场监测数据，唯一的改善措施就是对员工调岗。这个案例违反了 ISO45001 标准 10.2 条款要求，要“依据控制措施层次和变更管理，确定和实施任何所需的措施，包括纠正措施”。

【常见不符合】

（1）制定措施与管控措施层次不一致，采取单一的措施收到的效果很差。

（2）实施措施前没有评估风险源及风险的更新。

（3）对措施的有效性没有评审。

10.3　持续改进

组织应通过下列方式持续改进职业健康安全管理体系的适宜性、充分性与有效性：

（a）提升职业健康安全绩效。

（b）建设支持职业健康安全管理体系的文化。

（c）促进工作人员在实施持续改进职业健康安全管理体系的措施方面的参与。

（d）就有关持续改进的结果与工作人员及其代表（若有）进行沟通。

（e）保持和保留成文信息作为持续改进的证据。

【理解】

持续改进过程包括纠正措施制定与评价，目标统计与改善对策，体系运行监视及纠正措施，职业卫生检测及改善，工伤事故及改善，目标及实施方案等。

改善完成后，通过电子邮件、公告栏、会议、资料会签等方式沟通改善的结果。

【练习】

以下（　）属于“改进”活动。

A. 纠正措施

B. 突破性变更

C. 创新和重组

D. 以上都是

答案：D

【价值】

管理体系一般不适宜突破性改进，只适合持续改进。持续改进是见招拆招，有问题解决问题的好方法，风险小，改善效果大家容易看得到，容易得到员工的认可。

任何体系只有持续改进才会完善，世界上没有任何可以照搬照抄的模式。

【落地】

参见10.2条款。

【差异分析】

OHS18001（健康安全）版本没有此条款，这是ISO45001标准增加的条款。

【典型案例】

案例一：

某公司原材料装卸需要由人力搬运完成，公司体检时员工发现自己腰部受伤，向管理层反馈，要求改变装卸方式。于是，公司采用液压工具代替人力搬运，对装卸的作业程序也进行了更新。这些措施提升了安全生产的绩效，也提升了工作效率，符合ISO45001标准10.2条款和10.3条款要求。

案例二：

某餐厅厨房油烟大，对员工身体健康造成影响，于是公司决定更换新式抽油烟机，把原来老式的煤球炉换成电烤炉。这样的改造符合环保部门和安监部门的要求，保障员工身体健康，符合ISO45001标准10.2条款和10.3条款要求。

【常见不符合】

（1）没有对持续改善的绩效进行监控和评价，没有数据。

（2）持续改进工作中员工参与度不高，没有人提出改善需求。

第四章　ISO45001 体系的建立流程

一、体系诊断

4.1.1　诊断流程。

诊断流程如图 4–1 所示。

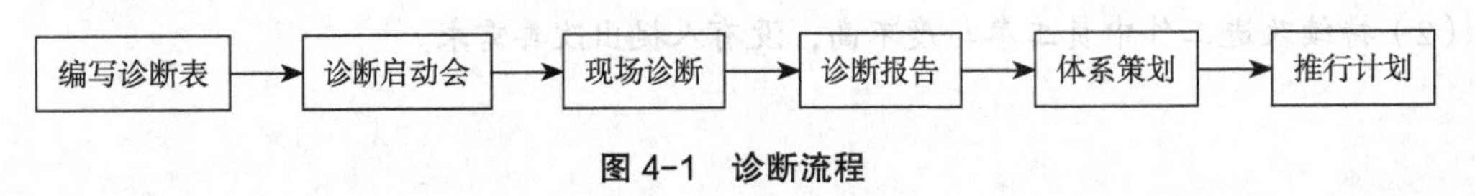

图 4–1　诊断流程

诊断表是现场诊断的大纲和线索，没有诊断表可能诊断的内容会出现遗漏。如果诊断人员对标准要求不熟，诊断表可起到提醒作用。诊断表参见第一篇第九章成功案例 9.1 诊断表。

列出各部门要提交的资料清单，现场诊断结束前交给诊断老师，主要内容如表 4–1 所示。

表 4–1　资料清单

财务部	最近一年健康安全财务投入清单 营业执照 社保记录 岗位职责
行政部	消防验收、消防门检验报告 环评报告及验收报告 劳保用品清单及合格证明 岗位职责 职业健康体检记录 食堂卫生许可证、食堂工健康证明 安全员证、司机驾照、叉车驾照、电梯工证、保安员证、电工证、焊工证、急救员证、厨工证 基础设施清单 消防设施清单及布局图 承包商清单 近一年事故记录和事故报告 政府部门消防及安全检查记录 企业平面布局图

生管部	化学品清单及 MSDS 仓库逃生路线图 委外加工方清单、合同 岗位职责
工程部	岗位职责 逃生路线图 模具及工装清单
品质部	逃生路线图 岗位职责 测量设备及实验设备清单
车间	工艺流程图 逃生路线图 设备清单 岗位职责
采购部	供应商清单、采购合同 岗位职责
业务部	岗位职责 客户清单及与客户签订的合同

诊断启动会是一个相互介绍的会议，否则企业一方不知道这几个老师是来做什么的，也很难配合，因为企业有保密要求。启动会要说明诊断的目的、时间安排、配合要求、拍照要求、诊断结果的分发等。

现场诊断一般先看现场，要看到所有区域，包括配电房，化学品仓库，楼顶，杂物间，空压机房，环保设施，宿舍，食堂，大院及垃圾池，绿化带等。边诊断边记录危险源和安全隐患，必要时拍照。在看现场时，如果发现安全隐患，要询问所在部门管理人员是否发生过事件，发生事件的经过及原因，诊断人员要做好记录，并拍下现场照片。

现场诊断还包括资料查询，查询公司是否有在运行的职业健康安全文件和记录，比如叉车安全管理制度、电梯安全管理制度。如果有，要做好记录，并收集到诊断现有文件包中。如果现有文件存在不规范、不合理的情况，要记录下来，后续进行整改。对文件和记录进行诊断时要对照诊断表，缺少的文件和记录要标明。现场诊断要找到重要危险源、需要监测的项目（比如压力、粉尘、废气，等等）。

现场诊断要特别关注违反法律法规的情况，特别是违反《安全生产法》《职业病防治法》《消防法》《劳动法》。要注意车间通风情况、噪声大小、有机气体挥发情况、化学品储存条件，查看逃生通道及楼道是否规范，宿舍与车间是否分开等。

诊断报告要综合现场找到的危险源，需要监视和测量的项目，违反法律法规的地方，各部门提供的资料。

诊断报告的内容包括：

前言

一、企业基本情况

1. 企业名称、地址和安全生产许可证取证情况

2. 企业生产储存规模、工艺技术、装置设施

（1）生产储存规模。

（2）工艺技术。

（3）装置设施。

3. 主要原材料和产品

二、企业安全设计情况

三、诊断内容及所发现的安全隐患

1. 装置布置

（1）在役装置与周边建（构）筑物之间的距离是否符合标准规范的规定。

（2）行政办公区、生产装置区、辅助生产区、公用工程设施区、储存和装卸区及厂区道路的布置等是否满足相关标准规范要求。

（3）建（构）筑物、设备间的防火间距是否满足相关标准规范的要求；消防通道、安全疏散通道、建筑物耐火等级、结构形式、防火分区、泄压面积等是否符合规范要求。

（4）电气防爆、防雷、防静电、通风、防腐等是否满足工艺安全要求。

2. 工艺技术及流程

（1）工艺技术是否成熟、可靠；采用的新技术、新工艺是否在小试、中试或工业化试验的基础上逐步放大到工业化生产；采用的生产工艺属于国内首次使用的，是否进行了安全可靠性论证。

（2）工艺流程主要包括：原料处理，中间产品及产品合成，精制，储存和装卸等环节组成，核定工艺流程中各环节的匹配性，以及每个环节的单元操作过程及相互连接是否满足工艺安全要求，并保证安全运行。

（3）操作方式、工艺参数、主要控制指标（温度、压力、流量、配比、液位等）是否符合安全操作条件要求。

（4）各类物料的使用是否安全。

（5）整个工艺技术及流程能否满足安全生产要求。

3. 主要设备和管道

（1）主要设备包括定型设备的选型、非标设备、安全附件的选用是否符合相关规范要求，特种设备是否由具有相应资质的单位生产和安装。

（2）设备、管道、管件的选材是否符合物料性质及作业环境的要求。

（3）主要工艺物料管道及其他辅助管道和阀门与法兰等管道元件的选用和连接方式是否符合相关标准要求等。

4. 自动化控制

5. 公用及辅助工程

（1）消防设施、控制室、供配电、供热、给排水、冷冻、空压等公用及辅助工程的设备布置和功能是否符合相关标准、规范的要求。

（2）储存区域、储存装置、仓库、装卸设施的设置、功能是否符合相关标准、规范的要求。

（3）各类安全设施和应急救援设施的配置是否满足安全要求。

四、现场整改计划

五、文件编写计划

六、证件需求清单

二、体系策划

体系策划主要是体系文件策划，包括一级、二级、三级、四级文件清单，文件清单参见第二篇各章节文件目录。

体系推行计划包括培训计划、文件起草评审计划、现场整改计划、证件办理计划、资源配置计划等。推行计划要按 PDCA 循环的模式来编制，模板参见第一篇第九章 9.2 体系推行计划。

三、文件编写

根据体系推行计划和诊断报告，相关责任人依据企业的实际情况、ISO45001 标准要求、咨询老师提供的模板编制本公司的相关文件。文件要保证格式统一、编号统一、不同文件风格一致。文件要有条理性，具有逻辑关系，可按时间先后顺序写，也可按不同类别写，关键是条理清晰，让本企业管理事务的人员能看懂。千万不要去复制别人的文件，复制完了你也搞不清楚这个文件写了什么内容，用自己的语言把流程要求写清楚就可以了。

一级文件特别注意体系的范围包括哪些，有无食堂和宿舍。二级文件是流程文件，要明确 5W2H，即做什么、怎样做、为什么做、什么时候做、谁做、在哪里做、做多少。三级文件是管理制度，关注的是点，比如设备安全操作规程、电梯管理制度等。四级文件是表格，可借用相似企业的表格来参考，试用后修改成适合自己企业的表格。

四、体系实施

体系实施前一定要对相关人员进行文件和表格的培训，不培训大家都不清楚流程怎么走，表格如何填写，安全规则如何遵守。在实施过程中，稽查部门、行政部门、管理人员要做好稽查工作，记录体系运行存在的问题。如果是意识和能力问题，就要加强培训和训练，使相关人员转变观念，提升能力。如果是习惯问题，就要加大稽查力度，通过稽查来改变他们的习惯。针对体系存在的问题，各部门要反馈到行政部，由行政部主导进行文件评审，必要时对体系进行修改完善。

五、体系改进

体系改进主要来源于一方、二方、三方审核，事件出现后，管理评审，体系日常稽查，监视、测量、分析、评价。不管是何种方式，都要形成纠正措施单进行改善。改善后要修改文件，内容包括提供资源，或者是培训。

写改善对策时先要考虑从根本上杜绝事情的发生，尽可能采用防错法，然后才是工程措施，最后才是培训和员工劳动保护。内审和管理评审模板参见第一篇第九章 9.3 内审和 9.4 管理评审。

第五章　ISO45001 法律法规和其他要求讲解

一、我国的法律体系

5.1.1　宪法

全国人民代表大会制定、修改并通过。

5.1.2　法律

全国人民代表大会和全国人民代表大会常务委员会制定、修改并通过。比如《安全生产法》《职业病防治法》《劳动法》等。

5.1.3　行政法规

行政法规是指由国务院制定的有关职业健康安全的各类条例、办法、规定、实施细则、决定等。比如化学危险物品安全管理条例、特别重大事故调查程序暂行规定等。

5.1.4　政府规章

政府规章是指由国务院所属部委及有关地方政府在法律规定的范围内制定、颁布的有关职业健康安全行政管理的规范性文件。比如工业企业职工听力保护规范、粉尘危害分级监察规定、职业病报告办法等。

5.1.5　地方性法规

地方性法规是指由地方各级人民代表大会及其常务委员会制定的法规，如广东省安全生产条例、广东省重大安全事故行政责任追究规定。

5.1.6　职业健康安全标准

职业健康安全标准包括国家标准和行业标准。国家标准适用于各个行业，如 GB2849 安全标志、GB12265 机械安全距离。行业标准是职业卫生行业类标准，如 TJ136 工业企业设计卫生标准、GB/T13325 机器和设备辐射噪声标准等。行业的取样、检测、分析、评价也是行业标准，如 GB13733 有毒作业场所空气采样规范、GB/T6712-1986 工伤事故经济损失统计标准，等等。

5.1.7　国际公约

国际公约是指国际有关政治、经济、文化、技术等方面的多边条约。中国政府为保护劳工状况而与其他国家签订国际公约是中国政府承担全球职业健康安全义务的承诺。目前中国已加入《作业场所安全使用化学品公约》和《三方协商促进履行国际劳工标准公约》等。

我国的职业健康安全法律法规体系如图 5-1 所示。

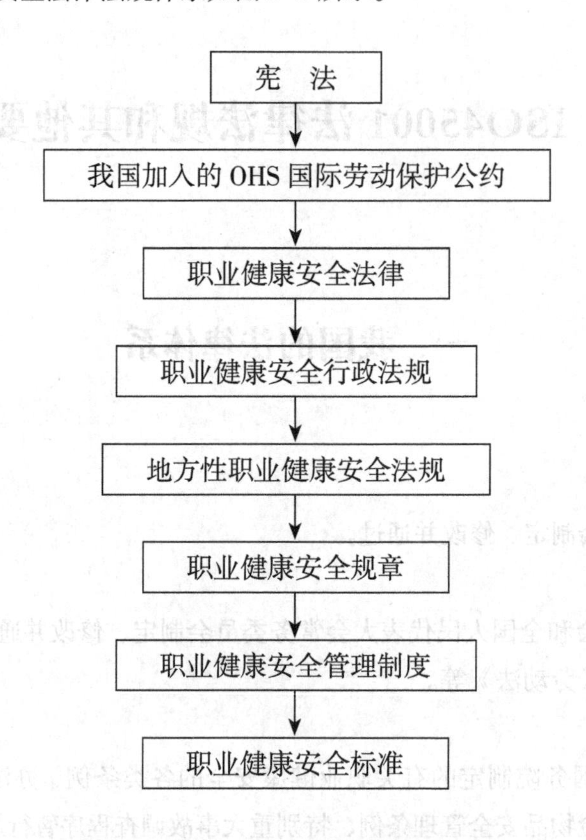

图 5-1　我国的职业健康安全法律法规体系

二、安全生产法

第十七条：

生产经营单位应当具备本法和有关法律、行政法规和国家标准或者行业标准规定的安全生产条件；不具备安全生产条件的，不得从事生产经营活动。

第十八条：

生产经营单位的主要负责人对本单位安全生产工作负有下列职责：（一）建立、健全本单位安全生产责任制；（二）组织制定本单位安全生产规章制度和操作规程；（三）组织制定并实施本单位安全生产教育和培训计划；（四）保证本单位安全生产投入的有效实施；（五）督促、检查本单位的安全生产工作，及时消除生产安全事故隐患；（六）组织制定并实施本单位的生产安全事故应急救援预案；（七）及时、如实报告生产安全事故。

第十九条：

生产经营单位的安全生产责任制应当明确各岗位的责任人员、责任范围和考核标准等内容。生产经营单位应当建立相应的机制，加强对安全生产责任制落实情况的监督考核，保证安全生产责任制的落实。

第二十条：

生产经营单位应当具备的安全生产条件所必需的资金投入，由生产经营单位的决策机构、主要负责人或者个人经营的投资人予以保证，并对由于安全生产所必需的资金投入不足导致的后果承担责任。有关生产经营单位应当按照规定提取和使用安全生产费用，专门用于改善安全生产条件。安全生产费用在成本中据实列支。安全生产费用提取、使用和监督管理的具体办法由国务院财政部门会同国务院安全生产监督管理部门征求国务院有关部门意见后制定。

第二十一条：

矿山、金属冶炼、建筑施工、道路运输单位和危险物品的生产、经营、储存单位，应当设置安全生产管理机构或者配备专职安全生产管理人员。前款规定以外的其他生产经营单位，从业人员超过一百人的，应当设置安全生产管理机构或者配备专职安全生产管理人员；从业人员在一百人以下的，应当配备专职或者兼职的安全生产管理人员。

第二十二条：

生产经营单位的安全生产管理机构以及安全生产管理人员履行下列职责：（一）组织或者参与拟订本单位安全生产规章制度、操作规程和生产安全事故应急救援预案；（二）组织或者参与本单位安全生产教育和培训，如实记录安全生产教育和培训情况；（三）督促落实本单位重大危险源的安全管理措施；（四）组织或者参与本单位应急救援演练；（五）检查本单位的安全生产状况，及时排查生产安全事故隐患，提出改进安全生产管理的建议；（六）制止和纠正违章指挥、强令冒险作业、违反操作规程的行为；（七）督促落实本单位安全生产整改措施。

第二十三条：

生产经营单位的安全生产管理机构以及安全生产管理人员应当恪尽职守，依法履行职责。生产经营单位作出涉及安全生产的经营决策，应当听取安全生产管理机构以及安全生产管理人员的意见。生产经营单位不得因安全生产管理人员依法履行职责而降低其工资、福利等待遇或者解除与其订立的劳动合同。危险物品的生产、储存单位以及矿山、金属冶炼单位的安全生产管理人员的任免，应当告知主管的负有安全生产监督管理职责的部门。

第二十四条：

生产经营单位的主要负责人和安全生产管理人员必须具备与本单位所从事的生产经营活动相应的安全生产知识和管理能力。危险物品的生产、经营、储存单位以及矿山、金属冶炼、建筑施工、道路运输单位的主要负责人和安全生产管理人员，应当由主管的负有安全生产监督管理职责的部门对其安全生产知识和管理能力考核合格。考核不得收费。危险物品的生产、储存单位以及矿山、金属冶炼单位应当有注册安全工程师从事安全生产管理工作。鼓励其他生产经营单位聘用注册安全工程师从事安全生产管理工作。注册安全工程师按专业分类管理，具体办法由国务院人力资源和社会保障部门、国务院安全生产监督管理部门会同国务院有关部门制定。

第二十五条：

生产经营单位应当对从业人员进行安全生产教育和培训，保证从业人员具备必要的安全生产知识，熟悉有关的安全生产规章制度和安全操作规程，掌握本岗位的安全操作技能，了解事故应急处理措施，知悉自身在安全生产方面的权利和义务。未经安全生产教育和培训合格的从业人员，不得上岗作业。生产经营单位使用被派遣劳动者的，应当将被派遣劳动者纳入本单位从业人员统一管理，对被派遣劳动者进行岗位安全操作规程和安全操作技能的教育和培训。劳务派遣单位应当对被派遣劳动者进行必要的安全生产教育和培训。生产经营单位接收中等职业学校、高等学校学生实习的，应当对实习学生进行相应的安全生产教育和培训，提供必要的劳动防护用品。学校应当协助生产经营单位对实习学生进行安全生产教育和培训。生产经营单位应当建立安全生产教育和培训档案，如实记录安全生产教育和培训的时间、内容、参加人员以及考核结果等情况。

第二十六条：

生产经营单位采用新工艺、新技术、新材料或者使用新设备，必须了解、掌握其安全技术特性，采取有效的安全防护措施，并对从业人员进行专门的安全生产教育和培训。

第二十七条：

生产经营单位的特种作业人员必须按照国家有关规定经专门的安全作业培训，取得相应资格，方可上岗作业。特种作业人员的范围由国务院安全生产监督管理部门会同国务院有关部门确定。

第二十八条：

生产经营单位新建、改建、扩建工程项目（以下统称建设项目）的安全设施，必须与主体工程同时设计，同时施工，同时投入生产和使用。安全设施投资应当纳入建设项目概算。

第二十九条：

矿山、金属冶炼建设项目和用于生产、储存、装卸危险物品的建设项目，应当按照国家有关规定进行安全评价。

第三十条：

建设项目安全设施的设计人、设计单位应当对安全设施设计负责。矿山、金属冶炼建设项目和用于生产、储存、装卸危险物品的建设项目的安全设施设计应当按照国家有关规定报经有关部门审查，审查部门及其负责审查的人员对审查结果负责。

第三十一条：

矿山、金属冶炼建设项目和用于生产、储存、装卸危险物品的建设项目的施工单位必须按照批准的安全设施设计施工，并对安全设施的工程质量负责。矿山、金属冶炼建设项目和用于生产、储存危险物品的建设项目竣工投入生产或者使用前，应当由建设单位负责组织对安全设施进行验收；验收合格后，方可投入生产和使用。安全生产监督管理部门应当加强对建设单位验收活动和验收结果的监督核查。

第三十二条：

生产经营单位应当在有较大危险因素的生产经营场所和有关设施、设备上设置明显的安全警示标志。

第三十三条：

安全设备的设计、制造、安装、使用、检测、维修、改造和报废应当符合国家标准或者行业标准。生产经营单位必须对安全设备进行经常性维护、保养，并定期检测，保证正常运转。维护、保养、检测应当做好记录，并由有关人员签字。

第三十四条：

生产经营单位使用的危险物品的容器、运输工具，以及涉及人身安全、危险性较大的海洋石油开采特种设备和矿山井下特种设备必须按照国家有关规定由专业生产单位生产，并经具有专业资质的检测、检验机构检测、检验合格，取得安全使用证或者安全标志，方可投入使用。检测、检验机构对检测、检验结果负责。

第三十五条：

国家对严重危及生产安全的工艺、设备实行淘汰制度，具体目录由国务院安全生产监督管理部门会同国务院有关部门制定并公布。法律、行政法规对目录的制定另有规定的，适用其规定。省、自治区、直辖市人民政府可以根据本地区实际情况制定并公布具体目录，对前款规定以外的危及生产安全的工艺、设备予以淘汰。生产经营单位不得使用应当淘汰的危及生产安全的工艺、设备。

第三十六条：

生产、经营、运输、储存、使用危险物品或者处置废弃危险物品的，由有关主管部门依照有关法律、法规的规定和国家标准或者行业标准审批并实施监督管理。生产经营单位生产、经营、运输、储存、使用危险物品或者处置废弃危险物品，必须执行有关法律、法规和国家标准或者行业标准，建立专门的安全管理制度，采取可靠的安全措施，接受有关主管部门依法实施的监督管理。

第三十七条：

生产经营单位对重大危险源应当登记建档，进行定期检测、评估、监控，并制定应急预案，告知从业人员和相关人员在紧急情况下应当采取的应急措施。生产经营单位应当按照国家有关规定将本单位重大危险源及有关安全措施、应急措施报有关地方人民政府安全生产监督管理部门和有关部门备案。

第三十八条：

生产经营单位应当建立、健全生产安全事故隐患排查治理制度，采取技术、管理措施，及时发现并消除事故隐患。事故隐患排查治理情况应当如实记录，并向从业人员通报。县级以上地方各级人民政府负有安全生产监督管理职责的部门应当建立、健全重大事故隐患治理督办制度，督促生产经营单位消除重大事故隐患。

第三十九条：

生产、经营、储存、使用危险物品的车间、商店、仓库不得与员工宿舍在同一座建筑物内，并应当与员工宿舍保持安全距离。生产经营场所和员工宿舍应当设有符合紧急疏散要求、标志明显、保持畅通的出口。禁止锁闭、封堵生产经营场所或者员工宿舍的出口。

第四十条：

生产经营单位进行爆破、吊装以及国务院安全生产监督管理部门会同国务院有关部门规定的其他危险作业，应当安排专门人员进行现场安全管理，确保操作规程的遵守和安全措施的落实。

第四十一条：

生产经营单位应当教育和督促从业人员严格执行本单位的安全生产规章制度和安全操作规程，并向从业人员如实告知作业场所和工作岗位存在的危险因素、防范措施以及事故应急措施。

第四十二条：

生产经营单位必须为从业人员提供符合国家标准或者行业标准的劳动防护用品，并监督、教育从业人员按照使用规则佩戴、使用。

第四十三条：

生产经营单位的安全生产管理人员应当根据本单位的生产经营特点，对安全生产状况进行经常性检查；对检查中发现的安全问题，应当立即处理；不能处理的，应当及时报告本单位有关负责人，有关负责人应当及时处理。检查及处理情况应当如实记录在案。生产经营单位的安全生产管理人员在检查中发现重大事故隐患，依照前款规定向本单位有关负责人报告，有关负责人不及时处理的，安全生产管理人员可以向主管的负有安全生产监督管理职责的部门报告，接到报告的部门应当依法及时处理。

第四十四条：

生产经营单位应当安排用于配备劳动防护用品、进行安全生产培训的经费。

第四十五条：

两个以上生产经营单位在同一作业区域内进行生产经营活动，可能危及对方生产安全的，应当签订安全生产管理协议，明确各自的安全生产管理职责和应当采取的安全措施，并指定专职安全生产管理人员进行安全检查与协调。

第四十六条：

生产经营单位不得将生产经营项目、场所、设备发包或者出租给不具备安全生产条件或者相应资质的单位或者个人。生产经营项目、场所发包或者出租给其他单位的，生产经营单位应当与承包单位、承租单位签订专门的安全生产管理协议，或者在承包合同、租赁合同中约定各自的安全生产管理职责；生产经营单位对承包单位、承租单位的安全生产工作统一协调、管理，定期进行安全检查，发现安全问题的，应当及时督促整改。

第四十七条：

生产经营单位发生生产安全事故时，单位的主要负责人应当立即组织抢救，并不得在事故调查处理期间擅离职守。

第四十八条：

生产经营单位必须依法参加工伤保险，为从业人员缴纳保险费。国家鼓励生产经营单位投保安全生产责任保险。

第四十九条：

生产经营单位与从业人员订立的劳动合同，应当载明有关保障从业人员劳动安全、防止职业危害的事项，以及依法为从业人员办理工伤保险的事项。生产经营单位不得以任何形式与从业人员订立协议，免除或者减轻其对从业人员因生产安全事故伤亡依法应承担的责任。

第五十条：

生产经营单位的从业人员有权了解其作业场所和工作岗位存在的危险因素、防范措施及事故应急措施，有权对本单位的安全生产工作提出建议。

第五十一条：

从业人员有权对本单位安全生产工作中存在的问题提出批评、检举、控告，有权拒绝违章指挥和强令冒险作业。生产经营单位不得因从业人员对本单位安全生产工作提出批评、检举、控告或者拒绝违章指挥、强令冒险作业而降低其工资、福利等待遇或者解除与其订立的劳动合同。

第五十二条：

从业人员发现直接危及人身安全的紧急情况时，有权停止作业或者在采取可能的应急措施后撤离作业场所。生产经营单位不得因从业人员在前款紧急情况下停止作业或者采取紧急撤离措施而降低其工资、福利等待遇或者解除与其订立的劳动合同。

第五十三条：

因生产安全事故受到损害的从业人员，除依法享有工伤保险外，依照有关民事法律尚有获得赔偿的权利的，有权向本单位提出赔偿要求。

第五十四条：

从业人员在作业过程中应当严格遵守本单位的安全生产规章制度和操作规程，服从管理，正确佩戴和使用劳动防护用品。

第五十五条：

从业人员应当接受安全生产教育和培训，掌握本职工作所需的安全生产知识，提高安全生产技能，增强事故预防和应急处理能力。

第五十六条：

从业人员发现事故隐患或者其他不安全因素，应当立即向现场安全生产管理人员或者本单位负责人报告，接到报告的人员应当及时予以处理。

第五十七条：

工会有权对建设项目的安全设施与主体工程同时设计、同时施工、同时投入生产和使用进行监督，提出意见。工会对生产经营单位违反安全生产法律、法规，侵犯从业人员合法权益的行为，有权要求纠正；发现生产经营单位违章指挥、强令冒险作业或者发现事故隐患时，有权提出解决的建议，生产经营单位应当及时研究答复；发现危及从业人员生命安全的情况时，有权向生产经营单位建议组织从业人员撤离危险场所，生产经营单位必须立即做出处理。工会有权依法参加事故调查，向有关部门提出处理意见，并要求追究有关人员的责任。

第五十八条：

生产经营单位使用被派遣劳动者的，被派遣劳动者享有本法规定的从业人员的权利，并应当履行本法规定的从业人员的义务。

三、职业病防治法

第十八条：

建设项目的职业病防护设施所需费用应当纳入建设项目工程预算，并与主体工程同时设计，同时施工，同时投入生产和使用。建设项目的职业病防护设施设计应当符合国家职业卫生标准和卫生要求；其中，医疗机构放射性职业病危害严重的建设项目的防护设施设计应当经卫生行政部门审查同意后方可施工。建设项目在竣工验收前，建设单位应当进行职业病危害控制效果评价。医疗机构可能产生放射性职业病危害的建设项目竣工验收时，其放射性职业病防护设施经卫生行政部门验收合格后，方可投入使用；其他建设项目的职业病防护设施应当由建设单位负责依法组织验收，验收合格后，方可投入生产和使用。卫生行政部门应当加强对建设单位组织的验收活动和验收结果的监督核查。

第二十条：

用人单位应当采取下列职业病防治管理措施：（一）设置或者指定职业卫生管理机构或者组织，配备专职或者兼职的职业卫生管理人员，负责本单位的职业病防治工作；（二）制定职业病防治计划和实施方案；（三）建立、健全职业卫生管理制度和操作规程；（四）建立、健全职业卫生档案和劳动者健康监护档案；（五）建立、健全工作场所职业病危害因素监测及评价制度；（六）建立、健全职业病危害事故应急救援预案。

第二十一条：

用人单位应当保障职业病防治所需的资金投入，不得挤占、挪用，并对因资金投入不足导致的后果承担责任。

第二十二条：

用人单位必须采用有效的职业病防护设施，并为劳动者提供个人使用的职业病防护用品。用人单位为劳动者个人提供的职业病防护用品必须符合防治职业病的要求；不符合要求的，不得使用。

第二十三条：

用人单位应当优先采用有利于防治职业病和保护劳动者健康的新技术、新工艺、新设备、新材料，逐步替代职业病危害严重的技术、工艺、设备、材料。

第二十四条：

产生职业病危害的用人单位，应当在醒目位置设置公告栏，公布有关职业病防治的规章制度、操作规程、职业病危害事故应急救援措施和工作场所职业病危害因素检测结果。对产生严重职业病危害的作业岗位，应当在其醒目位置设置警示标识和中文警示说明。警示说明应当载明产生职业病危害的种类、后果、预防以及应急救治措施等内容。

第二十五条：

对可能发生急性职业损伤的有毒、有害工作场所，用人单位应当设置报警装置，配置现场急救用品、冲洗设备、应急撤离通道和必要的泄险区。对放射工作场所和放射性同位素的运输、贮存，用人单位必须配置防护设备和报警装置，保证接触放射线的工作人员佩戴个人剂量计。对职业病防护设备、应急救援设施和个人使用的职业病防护用品，用人单位应当进行经常性的维护、检修，定期检测其性能和效果，确保其处于正常状态，不得擅自拆除或者停止使用。

第二十六条：

用人单位应当实施由专人负责的职业病危害因素日常监测，并确保监测系统处于正常运行状态。用人单位应当按照国务院卫生行政部门的规定，定期对工作场所进行职业病危害因素检测、评价。检测、评价结果存入用人单位职业卫生档案，定期向所在地卫生行政部门报告并向劳动者公布。职业病危害因素检测、评价由依法设立的取得国务院卫生行政部门或者设区的市级以上地方人民政府卫生行政部门按照职责分工给予资质认可的职业卫生技术服务机构进行。职业卫生技术服务机构所做检测、评价应当客观、真实。发现工作场所职业病危害因素不符合国家职业卫生标准和卫生要求时，用人单位应当立即采取相应治理措施，仍然达不到国家职业卫生标准和卫生要求的，必须停止存在职业病危害因素的作业；职业病危害因素经治理后，符合国家职业卫生标准和卫生要求的，方可重新作业。

第二十七条：

职业卫生技术服务机构依法从事职业病危害因素检测、评价工作，接受卫生行政部门的监督检查。卫生行政部门应当依法履行监督职责。

第二十八条：

向用人单位提供可能产生职业病危害的设备的，应当提供中文说明书，并在设备的醒目位置设置警示标识和中文警示说明。警示说明应当载明设备性能、可能产生的职业病危害、安全操作和维护注意事项、职业病防护以及应急救治措施等内容。

第二十九条：

向用人单位提供可能产生职业病危害的化学品、放射性同位素和含有放射性物质的材料的，应当提供中文说明书。说明书应当载明产品特性、主要成分、存在的有害因素、可能产生的危害后果、安全使用注意事项、职业病防护以及应急救治措施等内容。产品包装应当有醒目的警示标识和中文警示说明。贮存上述材料的场所应当在规定的部位设置危险物品标识或者放射性警示标识。国内首次使用或者首次进口与职业病危害有关的化学材料，使用单位或者进口单位按照国家规定经国务院有关部门批准后，应当向国务院卫生行政部门报送该化学材料的毒性鉴定以及经有关部门登记注册或者批准进口的文件等资料。进口放射性同位素、射线装置和含有放射性物质的物品的，按照国家有关规定办理。

第三十条：

任何单位和个人不得生产、经营、进口和使用国家明令禁止使用的可能产生职业病危害的设备或者材料。

第三十一条：

任何单位和个人不得将产生职业病危害的作业转移给不具备职业病防护条件的单位和个人。不具备职业病防护条件的单位和个人不得接受产生职业病危害的作业。

第三十二条：

用人单位对采用的技术、工艺、设备、材料，应当知悉其产生的职业病危害，对有职业病危害的技术、工艺、设备、材料隐瞒其危害而采用的，对所造成的职业病危害后果承担责任。

第三十三条：

用人单位与劳动者订立劳动合同（含聘用合同，下同）时，应当将工作过程中可能产生的职业病危害及其后果、职业病防护措施和待遇等如实告知劳动者，并在劳动合同中写明，不得隐瞒或者欺骗。劳动者在已订立劳动合同期间因工作岗位或者工作内容变更，从事与所订立劳动合同中未告知的存在职业病危害的作业时，用人单位应当依照前款规定，向劳动者履行如实告知的义务，并协商变更原劳动合同相关条款。用人单位违反前两款规定的，劳动者有权拒绝从事存在职业病危害的作业，用人单位不得因此解除与劳动者所订立的劳动合同。

第三十四条：

用人单位的主要负责人和职业卫生管理人员应当接受职业卫生培训，遵守职业病防治法律法规，依法组织本单位的职业病防治工作。用人单位应当对劳动者进行上岗前的职业卫生培训和在岗期间的定期职业卫生培训，普及职业卫生知识，督促劳动者遵守职业病防治法律法规、规章和操作规程，指导劳动者正确使用职业病防护设备和个人使用的职业病防护用品。劳动者应当学习和掌握相关的职业卫生知识，增强职业病防范意识，遵守职业病防治法律法规、规章和操作规程，正确使用、维护职业病防护设备和个人使用的职业病防护用品，发现职业病危害事故隐患应当及时报告。劳动者不履行前款规定义务的，用人单位应当对其进行教育。

第三十五条：

对从事接触职业病危害的作业的劳动者，用人单位应当按照国务院卫生行政部门的规定组织上岗前、在岗期间和离岗时的职业健康检查，并将检查结果书面告知劳动者。职业健康检查费用由用人单位承担。用人单位不得安排未经上岗前职业健康检查的劳动者从事接触职业病危害的作业；不得安排有职业禁忌的劳动者从事其所禁忌的作业；对在职业健康检查中发现有与所从事的职业相关的健康损害的劳动者，应当调离原工作岗位，并妥善安置；对未进行离岗前职业健康检查的劳动者不得解除或者终止与其订立的劳动合同。职业健康检查应当由取得《医疗机构执业许可证》的医疗卫生机构承担。卫生行政部门应当加强对职业健康检查工作的规范管理，具体管理办法由国务院卫生行政部门制定。

第三十六条：

用人单位应当为劳动者建立职业健康监护档案，并按照规定的期限妥善保存。职业健康监护档案应当包括劳动者的职业史、职业病危害接触史、职业健康检查结果和职业病诊疗等有关个人健康资料。劳动者离开用人单位时，有权索取本人职业健康监护档案复印件，用人单位应当如实、无偿提供，并在所提供的复印件上签章。

第三十七条：

发生或者可能发生急性职业病危害事故时，用人单位应当立即采取应急救援和控制措施，并及时报告所在地卫生行政部门和有关部门。卫生行政部门接到报告后，应当及时会同有关部门组织调查处理；必要时，可以采取临时控制措施。卫生行政部门应当组织做好医疗救治工作。对遭受或者可能遭受急性职业病危害的劳动者，用人单位应当及时组织救治，进行健康检查和医学观察，所需费用由用人单位承担。

第三十八条：

用人单位不得安排未成年工从事接触职业病危害的作业；不得安排孕期、哺乳期的女职工从事对本人和胎儿、婴儿有危害的作业。

第三十九条：

劳动者享有下列职业卫生保护权利：（一）获得职业卫生教育、培训；（二）获得职业健康检查、职业病诊疗、康复等职业病防治服务；（三）了解工作场所产生或者可能产生的职业病危害因素、危害后果和应当采取的职业病防护措施；（四）要求用人单位提供符合防治职业病要求的职业病防护设施和个人使用的职业病防护用品，改善工作条件；（五）对违反职业病防治法律法规以及危及生命健康的行为提出批评、检举和控告；（六）拒绝违章指挥和强令进行没有职业病防护措施的作业；（七）参与用人单位职业卫生工作的民主管理，对职业病防治工作提出意见和建议。用人单位应当保障劳动者行使前款所列权利。因劳动者依法行使正当权利而降低其工资、福利等待遇或者解除、终止与其订立的劳动合同的，其行为无效。

第四十条：

工会组织应当督促并协助用人单位开展职业卫生宣传教育和培训，有权对用人单位的职业病防治工作提出意见和建议，依法代表劳动者与用人单位签订劳动安全卫生专项集体合同，与用人单位就劳动者反映的有关职业病防治的问题进行协调并督促解决。工会组织对用人单位违反职业病防治法律法规，侵犯劳动者合法权益的行为，有权要求纠正；产生严重职业病危害时，有权要求采取防护措施，或者向政府有关部门建议采取强制性措施；发生职业病危害事故时，有权参与事故调查处理；发现危及劳动者生命健康的情形时，有权向用人单位建议组织劳动者撤离危险现场，用人单位应当立即作出处理。

第四十一条：

用人单位按照职业病防治要求，用于预防和治理职业病危害、工作场所卫生检测、健康监护和职业卫生培训等费用，按照国家有关规定，在生产成本中据实列支。

第四十二条：

职业卫生监督管理部门应当按照职责分工，加强对用人单位落实职业病防护管理措施情况的监督检查，依法行使职权，承担责任。

四、劳动法

第五十二条：

用人单位必须建立、健全劳动安全卫生制度，严格执行国家劳动安全卫生规程和标准，对劳动者进行劳动安全卫生教育，防止劳动过程中的事故，减少职业危害。

第五十三条：

劳动安全卫生设施必须符合国家规定的标准。新建、改建、扩建工程的劳动安全卫生设施必须与主体工程同时设计，同时施工，同时投入生产和使用。

第五十四条：

用人单位必须为劳动者提供符合国家规定的劳动安全卫生条件和必要的劳动防护用品，对从事有职业危害作业的劳动者应当定期进行健康检查。

第五十五条：

从事特种作业的劳动者必须经过专门培训并取得特种作业资格。

第五十六条：

劳动者在劳动过程中必须严格遵守安全操作规程。劳动者对用人单位管理人员违章指挥、强令冒险作业，有权拒绝执行；对危害生命安全和身体健康的行为有权提出批评、检举和控告。

第五十七条：

国家建立伤亡事故和职业病统计报告和处理制度。县级以上各级人民政府劳动行政部门、有关部门和用人单位应当依法对劳动者在劳动过程中发生的伤亡事故和劳动者的职业病状况进行统计、报告和处理。

第六章　安全生产技术

一、机械设备通用安全技术

6.1　机械设备安全技术

6.1.1　机械设备设计的基本安全要求

机械设备的通用安全设计宜采用直接安全技术措施、间接安全技术措施和指导性安全技术措施。直接安全技术措施是指设计时考虑到安全要素，间接安全技术措施是指设置安全防护装置，指导性安全技术措施是指安装、使用维护安全规定及标志。阿具体包括如下 10 种：

①外露的有防护罩，运动的有护栏。

②高速转动设计防止松脱或急停联锁装置。

③制动装置。

④高温、极低温、强辐射等屏护措施。

⑤接地线防触电。

⑥防振动、风压倾倒措施。

⑦控制超压、防止泄漏装置。

⑧离地 2m 高配置操作台、栏杆等。

⑨运动部位涂上鲜明的标志易识别。

⑩有操作的机构，比如手柄等。

6.1.2　机械设备的安全防护措施

（1）机械设备危险部位

①运动部分。

②加工区。

（2）安全防护装置

①机械设备危险区应根据机械特性和事故发生率来划定防护范围。

②安全防护装置最简单的是采用开关，最常见的是使用防护罩。当防护罩不能保证安全时，则在机器的防护罩、防护门、控制箱上安装电动、气动的联锁装置。机械设备的电气联锁是一种安全防护装置。

（3）安装维修的安全要求

①应派受过训练、有经验的人员操作，落实监护人员和安全防护措施。

②完全切断机械设备的动力源。

6.2　通用机械安全生产技术

6.2.1　冲压机械安全

冲压工艺在机械、电子、轻工等工业中广泛应用，冲压机械是具有一定规模的企业不可缺少的设备。

（1）冲压作业危险因素和多发事故

冲压作业一般分为送料、定料、操纵设备、出件、清理废料、工作点布置等工序。这些工序因为多用人工操作，用手或脚去启动设备，甚至用手直接伸进模具内进行上下料、定料作业，极易发生失误动作而造成伤手事故。其主要危险来自加工区，且冲压作业操作单调、频繁，容易引起精神疲劳而出现操作失误，导致发生伤害事故。多发事故常常表现为以下 6 种形式：

①手工送料或取件时，操作者体力消耗大，极易造成精神和身体疲劳，特别是采用脚踏开关时，更易出现失误动作而切伤人手。

②由于冲压机械本身出现故障，尤其是安全防护装置失灵，比如离合器失灵发生连冲，调整模具时滑块突然自动下滑，传动系统防护罩意外脱落等故障，从而造成意外事故。

③多人操作的大型冲压机械，因为相互配合不好，动作不协调，引发伤人事故。

④在模具的起重、安装、拆卸时易造成砸伤、挤伤事故。

⑤液压元件超负荷作业，压力超过允许值，使高压液体冲出伤人。

⑥齿轮或传动机构将人员绞伤。

（2）安全防护装置

因为冲压机械有较大的危险性，为了最大限度地保护操作人员的人身安全，冲压机械使用大量的安全防护装置，主要有以下 8 类：

①安全电钮。在压力机滑块到达前 100~200mm 处（可以根据加工件的特征选择），操作人员必须按一次安全电钮，滑块才会继续下行，否则会自动停止，从而提醒和保护操作人员。

②双手操作式安全控制装置。操作者必须双手同时操作两个按钮或开关。

③手柄与脚踏板联锁结合装置。压力机开始工作时，先用手把手柄按下，拔出插在起动杆上的销子，脚才能踩下，这样就使操作人员的手在压力机滑块下降前自然离开危险区，避免了手在危险区时脚发生误踩动作而造成的伤害事故。冲压设备的脚踏板应从上面和左右两侧加以保护，以免受外界器物撞击，使滑块意外启动，造成事故。

④防打连车装置。防止刚性离合器失灵后，操作人员的脚直接踩在踏板上，压力机滑块连续运行而发生的伤人事故，这种装置只适用于装有刚性离合器的压力机。

⑤防护罩和防护栅栏。用防护罩和防护栅栏把危险区隔离保护起来，操作人员的身体就

进不了危险区，从而避免发生事故。

⑥推手式安全装置。在模区前方安装推手板，操作时推手板往复摆动，可自动将人手推出模区，以保证操作人员的安全。

⑦光电式或红外线安全装置。在危险区安装光电或红外线发射和接收装置，当人手进入危险区时，会把光线挡住，安全装置立即制动，使滑块停止下行，保证人手部的安全。

⑧其他安全防护装置，比如感应式及急停安全装置等。

（3）冲压机械安全操作要点

①加强冲压机械的定期检修，严禁带病运转。

②冲小工件时，不得用手操作，应该使用专用工具，最好安装自动送料装置。

③操作者对脚踏开关的控制必须小心谨慎，装卸工件时，脚应离开脚踏开关。严禁其他人员在脚踏开关的周围停留。

④如果工件卡在模子里，应用专用工具取出，不准用手拿，并应先将脚从脚踏板上移开。

⑤注意模具的安装、调整与拆卸中的安全。

6.2.2 起重机械安全

（1）起重机械基本类型

按运动状态分为轻小型起重机械、桥式类型起重机械、臂架类型起重机械、升降类型起重机械。

（2）起重机械构件及安全技术

①主要构件包括钢丝绳、滑轮、卷筒。

②起重机械钢丝绳安全技术包括以下几个使用要点：

A. 钢丝绳在使用时，每月至少润滑 2 次。

B. 钢丝绳的捻距是指任意一个钢丝绳股环绕一周的轴向距离。

C. 当钢丝绳表面磨损或腐蚀量超过原直径 40% 时，应更换新绳。钢丝绳不以捻距断丝数来衡量。

D. 钢丝绳按捻绕次数可分为单绕绳、双绕绳、三绕绳。

E. 钢丝绳按断面结构可分为普通型、复合型。

由于双绕钢丝绳是先由丝捻成股，然后由股捻成绳，所以绕性较好。

（3）滑轮安全

起重机械滑轮轮槽不均匀，磨损量达 3mm，壁厚磨损量达原壁厚的 20% 时，滑轮应报废。

（4）卷筒安全

①过卷扬限位器应保证吊钩上升到极限位置时能自动切断电源，电动葫芦的极限位置应大于 0.3m。

②吊钩危险断面的磨损量不应超过原尺寸的 10%，否则应予更换。

6.2.3 金属焊接与热切割作业安全

金属焊接与热切割作业危险有害因素：在焊接过程中，焊工与各种易燃易爆气体、压力容器和电器接触，工作现场同时还会产生有毒气体、有害粉尘、弧光辐射、高频电磁场、噪声和射线等不安全、不卫生因素，所以，必须加强安全防护。

（1）氧气及氧气瓶存放安全知识

①氧气在常温和常压下是无色、无味的气体，在空气中的含量占 21%，它可以与金属、非金属、化合物等多种物质发生氧化反应，反应剧烈程度因条件不同而有所差异，可表现为缓慢氧化、燃烧、爆炸等，氧化反应过程中会放出大量的热量。

②氧气瓶是储存和运输氧气的高压容器，所以，氧气瓶仓库应设计为单层，采用轻质屋顶，属于二级耐火建筑。

建筑耐火等级分为以下四级：

一级耐火等级：钢筋混凝土结构或者砖墙与钢筋混凝土组成的混合结构。

二级耐火等级：钢结构屋架、钢筋混凝土柱或砖墙组成的混合结构。

三级耐火等级：木屋顶和砖墙组成的砖木结构。

四级耐火等级：木屋顶、难燃烧体墙壁组成的可燃结构。

按发生火灾危险性分类，可分为以下 5 类物质：

①甲类物质：闪点 < 28℃的液体，爆炸下限小于 10% 的气体和易自燃的物体等。

②乙类物质：28℃≤闪点 < 60℃的液体，爆炸下限大于 10% 的气体、助燃气体、缓慢氧化积热不散的物体等。

③丙类物质：闪点 > 60℃的液体，可燃固体。

④丁类物质：难燃物体。

⑤戊类物质：非燃物体。

（2）乙炔及乙炔瓶安全使用知识

①乙炔是易燃易爆气体，它与空气混合达到一定浓度时，遇火源就会发生爆炸。

②乙炔瓶一般在 40℃以下使用，当温度超过 40℃时，应采取有效的降温措施。

③当乙炔气瓶瓶阀冻结时，可用 40℃热水解冻，严禁火烤。

④严禁铜、银、汞等及其制品与乙炔接触，必须使用铜合金器具时，合金的含铜量应小于 70%。

⑤乙炔气瓶内气体严禁用尽，根据环境温度变化，乙炔气瓶内应留余压 0.1~0.3MPa（兆帕斯卡，即 1~3 个大气压），防止其他气体灌进气瓶内。

（3）电焊安全知识

①氧气瓶与乙炔气瓶在点火时，其间隔距离应大于 10m；氧气瓶与乙炔气瓶存放时其间隔距离应大于 5m。

②为了预防电光性眼炎，电焊工应使用符合要求的面罩。

③为了防止弧光灼伤皮肤，电焊工必须穿好工作服，戴好手套。

6.3　机械生产场所安全技术

6.3.1　机械生产场所通道要求

厂区干道路面要求：车辆双向行驶的干道，宽度不少于 5m；有单向行驶标志的主干道，宽度不少于 3m。

车间安全通道要求：通行汽车，宽度＞ 3m；通行电瓶车、铲车，宽度＞ 1.8m；通行手推车、三轮车，宽度＞ 1.5m；一般人行通道，宽度＞ 1m。

6.3.2　大、中、小型机械设备间距和操作空间的规定

设备间距：大型≥ 2m；中型≥ 1m；小型≥ 0.7m。

设备与墙、柱的距离：大型≥ 0.9m；中型≥ 0.8m；小型≥ 0.7m。

二、电气安全技术

6.1　防触电安全技术

6.4.1　电气事故种类包括触电事故、雷电事故、射频伤害、电气线路或设备故障

触电事故分为以下 6 种：

①直接接触触电。

②间接接触触电。

③跨步电压触电。

④剩余电荷压触电。

⑤感应电压触电。

⑥静电触电。

电流对人体的伤害可分为电击和电伤。电流通过人体造成的伤害称为电击。电流转化为热效能、化学能等其他能量作用于人体造成的伤害称为电伤。雷电事故是指发生雷击时，由雷电放电而造成的事故。雷电放电具有电流大、电压高、陡度高（冲击波的波首陡度可达 500~1000KA/ 分秒）、放电时间短、温度高等特点。

6.4.2　触电事故分析

发生触电事故的原因有以下几点：

（1）电气设备安装不合理。

（2）违反安全工作规程。

（3）运行维修不及时。

（4）缺乏安全用电常识。比如灼伤是由于电流的热效应或电弧的高温造成的。

6.4.3　安全电压与紧急措施

国家标准《安全电压》（GB3805-83）将“安全电压”的额定值设为 42V、36V、24V、12V、6V 等五个等级。当电气设备采用的电压超过安全电压时，必须按规定采取防止直接接触带电体的保护措施。当然，一般环境条件下允许持续接触的“安全特低电压”是 50V。

触电急救原则：迅速、就地、准确、坚持。迅速即动作要快，就地即在现场，准确即抢

救方法和动作要正确，坚持即坚持让医务人员到现场。

6.5　电气防护安全技术

6.5.1　直接触电防护技术

触电防护安全措施最常见的是绝缘、屏护、间距。

（1）绝缘

用绝缘物把带电体封闭起来，防止触电。

（2）屏护

屏护采取以下两项措施：

①屏护装置。比如开关的胶壳、闸刀柄上的胶套，还有配电房的铁门等。在一些屏护装置上还设立警示标志，如“当心触电”“高压危险”。

②遮栏是最常见的屏护装置。比如安装在室外的配电变压器就用一个铁罩罩住。

（3）间距

为了防止触电，带电体与地面之间、带电体与设备之间、带电体与带电体之间，要根据电压等情况考虑安全距离。

6.5.2　电气接地、接零安全技术

电气设备绝缘发生故障损坏时，会造成设备严重漏电，包括其外壳等都会带电，当人接触这些部位时，就会触电，这种触电称为间接触电。

防止间接触电最常见的安全措施是保护接地与保护接零。注意：该措施不是防止直接触电的措施。

（1）术语

①接地体：埋在地下的金属导体，是接地电流向土壤的散发件。

②接地线：电气设备连接接地体的导线。

③接地装置：接地体与接地线的组合。

④工作接地：根据电力系统运行需要而进行的接地。比如变压器中性点接地称为工作接地。

⑤保护接地：将电气设备正常运行情况下不带电的金属外壳和架构通过接地装置与大地连接，用来防止间接触电。

⑥保护接零：将电气设备正常运行情况下不带电的金属外壳和架构与配电系统的零线直接进行电气连接，用来防止间接触电。在保护零线系统中，用黄绿双色绝缘导线代表保护零线。

⑦重复接地：在低压三相四线制采用保护接零的系统中，为了加强接零的安全性，在零线的一处或多处通过接地装置与大地再次连接。

⑧重复接地的作用：保护接零、保护接地，双保险措施。具体地说，有以下作用：

A. 减轻零线断线时的触电危险。

B. 降低漏电设备外壳的对地电压。

C. 缩短故障持续时间。

D. 改善配电线路的防雷性能。

（2）电气设备接地、接零要求

①一般要求：

A. 可使用一个总的接地装置；

B. 设备外壳与设备接地中性点要有金属连接；

C. 用管子、扁钢等接地尽可能在地点附近等地电压分配均匀。

②共同与分开接地、接零要求：

A. 如果设备是一个系统，所有电气设备应共同接地，不允许单独接地；

B. 采用统一接零有困难时，不接零的电气设备装设漏电保护装置；

C. 定期用试验按钮检查漏电保护装置的可靠性，通常至少每月一次。

D. 工作接地和保护接地要与防雷分开，并保持一定的安全距离。

③重复接地有关要求：工作零线、保护零线应可靠接地，重复接地的接地电阻应不大于10Ω。

（3）电气设备接地范围

①应接地部分：

A. 电机、变压器、开关设备、照明器具、移动式电动设备、电动工具的金属外壳或构架。

B. 电气转动装置。

C. 电动互感器和电流互感器的二次线圈。

D. 室内外配电装置、控制台等金属构件以及靠近带电部位的金属遮栏和金属门。

E. 电缆终端盒外壳、电缆金属外皮和金属支架。

F. 安装在配电线路杆塔上的电气设备，比如避雷器、保护间隙、熔断器、电容器等金属外壳和钢筋混凝土杆塔等。

②不需要接地的部分：

A. 在不良导电地面（木质、沥青等）的干燥房间内，当交流电压为380V及以下和直流额定电压400V及以下时，电气设备金属外壳不需接地。

B. 在干燥地方，当交流额定电压为36V及以下和直流额定电压为110V及以下时，电气设备外壳不需接地，但遇有爆炸性危险的除外。

C. 电压为220V及以下的蓄电池室内的金属框架。

D. 如电气设备与机床的机座间能可靠地接地，可只将机床的机座接地。

E. 在已接地的金属构架上和配电装置上可以拆下的电器。

6.6 防雷防静电安全技术

6.6.1 雷击现象及防雷设施

（1）雷电种类与危害

①雷电种类：直击雷、静电感应雷、电磁感应雷、球雷。

A. 直击雷：带电积云接近地面与地面凸出物之间的电流强度达到空气的介电强度

（25~30kV/mm）时发生的放电现象。

B. 静电感应雷：带电积云接近地面凸出物时，在其顶部感应出大量异性电荷，在带电积云与其他部位或其他积云放电后，凸出物顶部的电荷失去束缚高速传播形成高压冲击波。该冲击波具有雷电特征，称为静电感应雷。

C. 电磁感应雷：雷电流在周围空间产生迅速变化的强磁场，在邻近的导体上感应出很高的电动势。该电动势具有雷电特征，称为电磁感应雷。

D. 球雷：雷电放电时产生的球状发光带电气体，称为球雷。球雷可能造成多种危害。

②雷电危害：其破坏性极大，不仅能击毙人畜，劈裂树木，击毁电气设备，破坏建筑物及各种工农业设施，还能引起火灾和爆炸事故。

（2）防雷等级的划分

按照防雷要求，建筑物防雷等级分为三类。

①第一类防雷建筑物，是指制造、使用或贮存炸药、火药、起爆药、火工品等大量危险物质，遇电火花会引起爆炸，从而造成巨大破坏或人身伤亡的建筑物。

②第二类防雷建筑物，是指对国家政治或国民经济有重要意义的建筑物以及制造、使用和贮存爆炸危险物质，但电火花不易引起爆炸，或者是不会造成巨大破坏和人身伤亡的建筑物。比如油漆制造车间、氧气站、易燃品仓库，等等。

③第三类防雷建筑物，是指需要防雷的除第一类、第二类防雷建筑物以外需要防雷的建筑物。

（3）接闪器

一套完整的防雷装置由接闪器或避雷器、引下线和接地装置组成。接收直接雷击的金属物体叫接闪器。接闪器是防止直击雷的有效装置。

（4）引下线和防雷接地装置

①引下线是防雷装置的中间部分。为了满足机械强度、耐腐蚀和热稳定的要求，引下线通用镀锌圆钢或扁钢制成。

A. 防雷引下线地面以上 2m 至地面以下 0.3m 的一段应加竹管或钢管保护。

B. 采用多条引下线时，第一类防雷建筑物至少应有两条引下线，其间距不得大于 12m。

C. 采用多条引下线时，第二类防雷建筑物至少应有两条引下线，其间距不得大于 18m。

D. 防雷引下线截面锈蚀达到 30% 以上时应予以更换。

E. 当用扁钢作为防雷引线时，其截面应 $\geqslant 12\text{mm} \times 4\text{mm}$。

②防雷接地装置。

在防雷接地装置中，独立避雷针的冲击接地电阻一般应不小于 10Ω。

6.6.2　防雷保护措施

防雷保护措施主要采取安装避雷针。特别注意以下几个问题：

①当建筑物超过一定高度时，应采取侧击雷防护措施。

侧击雷就是从侧面打来的雷，因为一般建筑比较高，顶避雷带并不能完全保护住楼体，所以侧面击雷就需要加设保护。在屋顶建立避雷带，围绕设备四周采取扁钢接地。

②水塔应进行防雷接地，接地电阻应不大于 30Ω。

③闪点在 45℃及以下易燃液体的开式储罐属于一级防雷设施，要求防雷接地电阻不大于 5Ω。

④闪点在 45℃及以下带有呼吸阀的易燃液体储罐、壁厚小于 5mm 的密闭金属容器和可燃气体密闭罐属于二级防雷设施，要求防雷接地电阻不大于 10Ω。

6.6.3 静电的危害及控制和消除

（1）静电的危害

静电放电时容易产生静电火花，引起爆炸、火灾和电击事故，造成人员伤亡和财产损失。

案例：

2014 年 12 月 1 日，温州市化工市场内的温州市三星乳胶有限公司在乙酸乙烯酯槽罐车卸料过程中引发火灾，造成 3 人烧伤。火灾的点火源就是静电放电火花。

（2）静电控制和消除

①可采取以下八项措施：

A. 防止形成危险性混合物。

B. 工艺控制。

C. 静电接地。

D. 增湿。

E. 化学防静电剂。

F. 静电消除器。

G. 防止人体带电。

H. 静电屏蔽。

②为了防止静电危害，在易燃环境中最好不要穿化纤制品衣物。

③增湿就是提高空气的湿度，在允许湿度的工作场所普遍采用这种方法消除静电的危害。

所以，在有静电危害的场所，增加空气中的湿度有利于消除静电。

6.7 防火防爆安全技术

6.7.1 基础知识

（1）燃烧三要素

物质燃烧三要素：可燃物、助燃物和点火源。缺少其中任何一个，燃烧便不能发生。

（2）爆炸分类

爆炸可分为化学性爆炸和物理性爆炸两种。

①物理性爆炸。通常指锅炉、压力容器或气瓶内的物质由于受热、碰撞等因素，使气体膨胀，压力急剧升高，超过了设备所能承受的机械强度而发生的爆炸。

②化学性爆炸。由于物质发生极其激烈的化学反应，产生高温、高压并释放出大量的热量而引起的爆炸。

（3）爆炸极限

可燃气体、蒸气和粉尘与空气（或氧气）的混合物在一定的浓度范围内可发生爆炸。可燃性混合物能够发生燃烧的最低浓度称为燃烧下限，能够发生燃烧的最高浓度称为燃烧上限。燃烧下限和燃烧上限之间的范围称为爆炸极限。可燃气体、蒸气的爆炸极限通常用其在混合物中的体积百分比来表示；可燃粉尘的爆炸极限用其在混合物中的体积重量比（克 / 立方米）表示，其爆炸范围为 19~500g/m^3；乙醇爆炸范围为 4.3%~19.0%，即乙醇的燃烧下限浓度为 4.3%，燃烧上限浓度为 19.0%。显然，可燃物质的爆炸下限越低，爆炸极限范围越宽，则爆炸的危险性越大。

（4）闪点

液体能发生闪燃的最低温度叫闪点。闪点是液体可以引起火灾危险的最低温度。液体闪点越低，它的火灾危险性越大。

闪燃通常发生蓝色的火花，而且一闪即灭。这是因为易燃和可燃液体在闪点时蒸发速度缓慢，蒸发出来的蒸气仅能维持一刹那的燃烧，来不及补充新的蒸气，不能继续燃烧。从消防观点来说，闪燃就是火灾的先兆，在防火规范中有关物质的危险等级划分就是以闪点为准的。

（5）燃点、自燃点

固体物质形成持续燃烧的最低温度称为燃点。在无外界火源的条件下，物质自行引发的燃烧称为自燃。自燃的最低温度称为自燃点。

6.7.2　防火、防爆基本措施

（1）厂址及厂区平面布局

厂址要考虑自然条件对企业安全生产的影响，厂区要考虑各类作业、物料的危险及其防火间距等安全布局。

（2）生产场所防火、防爆措施

针对火灾、爆炸事故产生的原因，在工艺路线、工艺设备、工艺条件控制手段和安全装置等方面采取措施。

（3）消除或控制火灾、化学性爆炸的引火源和热源

（4）防止产生爆炸性混合物

采取密闭生产装置，建立良好的通风设施，设置可燃气体浓度检测报警装置等，防止易燃气体、蒸气、粉尘泄漏，与空气混合达到爆炸极限，构成爆炸混合物。

（5）粉尘防爆

①可燃粉尘爆炸的条件：

A. 悬浮于含有足以维持燃烧的空气（氧气）的环境中。

B. 浓度在可爆范围内。

C. 有点燃的着火源，且能够引燃并维持火焰的传播。

②防止粉尘爆炸的措施：

A. 增加混合系统中的水分。

B. 添加惰性物质。

C. 降低升压速度。

D. 抑爆系统装置。

严防企业粉尘爆炸五条规定（安监总局令第 68 号）：

第一，必须确保作业场所符合标准规范要求，严禁设置在违规多层房、安全间距不达标厂房和居民区内。

第二，必须按标准规范设计、安装、使用和维护通风除尘系统，每班按规定检测和规范清理粉尘，在除尘系统停运期间和粉尘超标时严禁作业，并停产撤人。

第三，必须按规范使用防爆电气设备，落实防雷、防静电等措施，保证设备设施接地，严禁作业场所存在各类明火和违规使用作业工具。

第四，必须配备铝镁等金属粉尘生产、收集、贮存的防水防潮设施，严禁粉尘遇湿自燃。

第五，必须严格执行安全操作规程和劳动防护制度，严禁员工培训不合格和不按规定佩戴使用防尘、防静电等劳保用品上岗。

6.7.3　电气灭火知识

（1）火灾的分类

① A 类火灾：指固体物质火灾。这种物质往往具有有机物性质，一般在燃烧时能产生灼热的余烬。比如木材、棉、毛、麻、纸张火灾等。

② B 类火灾：指液体火灾和可熔化的固体物质火灾。比如汽油、煤油、柴油、原油、甲醇、乙醇、沥青、石蜡火灾等。

③ C 类火灾：指气体火灾。比如煤气、天然气、甲烷、乙烷、丙烷、氢气火灾等。

④ D 类火灾：指金属火灾。比如钾、钠、镁、钛、锆、锂、铝镁合金火灾等。

⑤ E 类火灾：电气火灾。

⑥ F 类火灾：烹饪火灾。

（2）常用灭火器及使用范围

①泡沫灭火器。主要适用于扑救 B 类火灾，即扑救各种油类火灾，也可以适用于扑救 A 类火灾，如扑救木材、纤维、橡胶等固体可燃物火灾。

②干粉灭火器。适用范围：适用于扑救 B、C 类火灾，比如各种易燃、可燃液体和气体火灾，以及电气设备初起火灾。

③二氧化碳灭火器。用来扑救 E 类火灾，比如仪器仪表、图书档案、工艺器和低压电气设备等各种油类的初起火灾。适用于扑救 B 类火灾，比如各种易燃、可燃液体及可燃气体火灾，还可以适用于扑救 A 类火灾。

（3）电气灭火知识

①采取断电措施，防止灭火人员触电。

②掌握带电灭火的安全技术要求：

A. 选择使用不带电的灭火器，采用二氧化碳、“1211”或干粉灭火器，不得使用水溶剂或泡沫器材。

B. 灭火人员应穿绝缘靴，戴绝缘手套。

C. 使用水枪灭火，喷头与 220KV 带电体之间的距离要大于 5m。

D. 架空线路着火，在空中进行灭火时，人体位置与电体之间的仰角不超过 45 度。

③充油设备灭火。充油设备灭火时，应先喷射边缘，后喷射中心，以免油火蔓延扩大。

第七章　ISO45001 体系审核指南

一、审核方案及审核计划

审核方案是一个标准性文件，包括审核目的、范围、准则、责任划分、审核内容分类、审核频次、不符合划分、审核结果判定等。ISO45001 的审核内容包括体系日常审核、体系年度审核。日常审核是体系专职人员审核，审核的内容是每天都要落地的内容，比如 8.1 和 8.2 条款内容。而体系年度审核要审核到所有条款和所有部门。审核方案是一个审核工作依据，审核计划是依据审核方案来做的。审核方案参见第一篇第九章成功案例。

二、审核实施计划

审核实施计划是根据审核方案制定的本次审核的安排，包括本次审核目的，范围，准则，责任划分，审核部门和条款，审核员，首末次会议时间及参加人员。审核计划一般在审核前一周发布给相关部门，内审员准备检查表，责任单位准备内审要的资料。审核实施计划案例参见第一篇第九章成功案例。

三、内审检查表的编写

内审检查表包括审核部门、审核日期、审核员、审核条款号、审核内容、审核方法、审核记录、结果判定等。内审检查表是审核员的作业指导书，也是后续对审核结果有异议时进行追溯的证据。内审检查表中审核方法一定要注明如何审核，否则新手内审员不知从何处下手进行审核。比如审核承包商管理，审核内容主要是标准条款的内容，主要有：（1）承包商是否进行安全调查？有无调查证据？（2）是否对承包商进行健康安全管理，比如签订安全协议。（3）承包商进行过程作业时，本组织是否对其进行监视？（4）承包商相应活动是否进行危险源评价？是否有控制措施？审核方法就是要注明如何审核，比如向行政部索要本年度的承包合同，检查合同的内容是否对承包商服务安全提出要求，查看合同签订的时间。根据合同，查到此承包商的资质，再查此承包商的安全调查表，从安全调查表评估此承包商是否合格，再查承包商的活动涉及的主要危险源，本组织的危险源清单中是否有识别，是否有控制措施，再查承包商在服务作业时本组织的监视记录。检查表中要注明是现场观察验证、查记录验证，还是评价人员的能力和意识。

四、如何开首末次会议

首次会议的主要目的是确认审核目的、审核范围、审核准则、审核时间安排。如果审核时间有冲突的一定要在会议上确认清楚，会议要留下会议签到表。

末次会议的主要内容是：宣布审核发现，责任单位确认；宣传审核结论。

五、现场审核技巧

现场审核可以先看记录与文件，确保记录与文件一致，先抽样查记录，再比对文件，最后看现场。确保证据与文件要求一致，证据与现场实际一致。比如查生产车间危险源识别与风险评价条款，可先看危险源清单、工艺流程图、车间布局图，查看危险源识别是否有遗漏，风险评价是否合理，再查危险源与风险评价程序文件，运行与文件要求是否一致。再看现场，危险源识别是否有遗漏，风险评价是否合理，现场的控制措施是否在用。

对内审员来说，内审检查表的填写也是一项比较困难的工作。检查表填写的目的是能追溯，确保后续发生争议时还原当时审核的现状。比如审核生产车间危险源识别条款，检查表上就要记录抽查拿出半成品、加料、半成品搬运三个活动，危险源识别包括拿出半成品烫伤和模具夹伤和加料时员工摔伤及地面油污摔伤等危险源 112 个。资料和现场验证危险源人员超时作业影响身心健康、化学品挥发引起身体不适有控制措施，风险大小在可控范围内，符合要求。现场验证危险源识别充分，风险大小基本符合实际。

内审是抽样性质，可按 20%~30% 比例抽样，比如危险源识别，生产车间审核危险源识别条款，生产活动及其他相关活动有 50 个，就要抽 10 个活动确认危险源识别是否有遗漏，风险评价是否合理，是否有相应的控制措施。同时要把抽样的活动名称记录在内审检查表中，各个活动的危险源写一两个在内审检查表中，不要全部写。有争议时，可以追溯证据内审员在当时查了哪些内容。

六、如何开出和关闭不符合项

审核时，要立即开出不符合项，在开末次会议时与责任方确认后，给到责任单位。不符合项的内容要包括审核证据、审核依据、审核发现三部分。比如在仓库，审核员看到叉车司机运输时边上载了一个人，不符合叉车管理规定要求，审核员立即开出不符合项：查 2019 年 12 月 16 日，叉车司机段 ×× 在搬运 ×× 材料时，边上载了员工张 ××，不符合叉车管理规定要求，同时违反了 ISO45001 标准 8.1.1 要求（b）按照准则实施过程控制。这里“2019 年 12 月 16 日，叉车司机段 ×× 在搬运 ×× 材料时，边上载了员工张 ××”是审核证据，审核依据是“叉车管理规定”，审核发现是“违反了 ISO45001 标准 8.1.1 要求（b）按照准则实施过程控制”。

关闭不符合项一定要有相应的整改措施，整改的方法依据以下顺序进行：

（1）消除危险源。

（2）用危险性低的过程、操作、材料或设备替代。

（3）采用工程控制和重新组织工作。

（4）采用管理控制，包括培训。

（5）使用适当的个体防护装备。

不管采用何种措施，都要评审危险源和风险是否有变化，体系文件是否需要修改，确定修改后的危险源及风险，对相关人员进行培训。比如注塑机的安全门损坏这个不符合项，临时对策是维修，永久对策是完善报修流程，每周进行安全例行检查，有效性跟进是检查维修是否完成有效，报修流程是否完善，文件是否发行。如果完成，就可以关闭不符合项。

只有培训的改善对策是无效的，不能关闭不符合项。

七、如何编写审核报告

审核报告包括的内容有审核目的、范围、准则、审核人员、时间安排、不符合项分布、审核结果。审核报告的编写人是审核组长或管理代表，编写时间是不符合项关闭后。审核结果要说明本次审核是否有效，是否需要二次审核，审核是否通过，不符合项的关闭方式。

第八章　新旧版本内容比对及如何应对

一、条款比对

新旧版本条款比对如表 8-1 所示。

表 8-1　新旧版本条款比对

条款号	ISO45001：2018	条款号	OHS（健康安全）AS18001：2007
1	范围	1	范围
2	规范性引用文件	2	规范性引用文件
3	术语和定义	3	术语和定义
4	组织所处的环境	4	职业健康安全管理体系
4.1	理解组织及其所处的环境	4.1	总要求
4.2	理解员工及其他相关方的需求和期望		
4.3	确定职业健康安全管理体系的范围		
4.4	职业健康安全管理体系		
5	领导作用和工作人员参与		
5.1	领导作用与承诺	4.4.1	资源、作用、职责和权限
5.2	职业健康安全方针	4.2	职业健康安全方针
5.3	组织的角色、职责和权限	4.4.1	资源、作用、职责和权限
5.4	工作人员的协商和参与	4.4.3	沟通、参与和协商
6	策划	4.3	策划
6.1	应对风险和机遇的措施		
6.1.1	总则		
6.1.2	危险源辨识及风险和机遇的评价	4.3.1	危险源辨识、风险评价和控制措施的确定
6.1.3	法律法规要求和其他要求的确定	4.3.2	法律法规和其他要求
6.1.4	措施的策划		

续表

条款号	ISO45001：2018	条款号	OHS（健康安全）AS18001：2007
6.2	职业健康安全目标及其实现的策划	4.3.3	目标和方案
6.2.1	职业健康安全目标	4.3.3	目标和方案
6.2.2	实现职业健康安全目标的策划	4.3.3	目标和方案
7	支持		
7.1	资源	4.4.1	资源、作用、职责和权限
7.2	能力	4.4.2	能力、培训和意识
7.3	意识	4.4.2	能力、培训和意识
7.4	沟通	4.4.3	沟通、参与和协商
7.4.1	总则	4.4.3	沟通、参与和协商
7.4.2	内部沟通	4.4.3	沟通、参与和协商
7.4.3	外部沟通	4.4.3	沟通、参与和协商
7.5	成文信息	4.4.4	文件
7.5.1	总则	4.4.5	文件控制
7.5.2	创建和更新	4.5.4	记录控制
7.5.3	成文信息的控制		
8	运行	4.4	实施和运行
8.1	运行策划和控制	4.4.6	运行控制
8.1.1	总则	4.4.6	运行控制
8.1.2	消除危险源和降低职业健康安全风险	4.4.6	运行控制
8.1.3	变更管理	4.4.6	运行控制
8.1.4	采购	4.4.6	运行控制
8.2	应急准备和响应	4.4.7	应急准备和响应
9	绩效评价	4.5	检查
9.1	监视、测量、分析和评价绩效	4.5.1	绩效测量和监视
9.1.1	总则		
9.1.2	合规性评价	4.5.2	合规性评价
9.2	内部审核	4.5.5	内部审核
9.2.1	总则	4.5.5	内部审核
9.2.2	内部审核方案		
9.3	管理评审	4.6	管理评审
10	改进		
10.1	总则		
10.2	事件、不合格和纠正措施	4.5.3	事件调查、不符合、纠正措施和预防措施
10.3	持续改进		

二、主要内容比对

主要内容比对如表 8-2 所示。

表 8-2　新旧版本主要内容比对

项目	ISO45001	OHS18001（健康安全）	说明
标准发布机构	ISO 组织	BSI、DNV、SGS 等 13 个组织联合发布	
标准结构差异	HLS 高级结构，共 10 个章节（范围，引用文件，术语和定义，组织环境，领导作用，策划，支持，运行，绩效评价，改进）	4 个章节（范围，引用文件，术语和定义，职业健康安全管理体系要求）	
术语差异	37 个术语，新增：员工、参与、协商、承包商、职业健康安全机遇。删除 7 个术语：可接受风险、文件、危险源辨识、职业健康安全、预防措施、记录、风险评价	23 个术语	
管理范围延伸	ISO45001：本标准使组织能够通过组织的职业健康安全管理体系，整合健康和安全的其他方面，比如员工健康、福利	OHS（健康安全）AS18001：本标准旨在规范职业健康安全而不打算涉及其他的健康与安全领域，比如员工身心健康计划、产品安全、财产损失或环境影响	ISO45001 包含整合员工身心健康、福利等
	ISO45001：组织应确定职业健康安全管理体系的边界和适用性，以界定其范围 确定范围时组织应：（a）考虑 4.1 所提及的内外部问题（b）考虑 4.2 所提及的要求（c）考虑所策划和实施的与工作相关的活动	OHS（健康安全）AS18001：组织应确定其 OH&S 管理体系覆盖的范围并形成文件	ISO45001 确定范围时要考虑组织内外问题和相关方的需求和期望，见条款 4.3
过程方法的运用	ISO45001：要求建立、实施和保持一个或者多个过程（15 个）。5.4 参与和协商；6.1.2.1 危险源辨识；6.1.2.2 风险评价；6.1.2.3 机遇评价；6.1.3 法规识别；7.4.1 信息交流；8.1.1 运行策划和控制；8.1.2 消除和降低风险；8.1.3 变更管理；8.1.4 采购过程；8.2 应急准备和响应；9.1.1 监视和测量过程；9.1.2 合规性评价；9.2.2 内部审核过程；10.2 事件不符合和纠正措施	OHS（健康安全）AS18001：要求建立、实施和保持程序（13 个）。4.3.1/4.3.2/4.4.2/4.4.3.1/4.4.3.2/4.4.5/ 4.4.6/4.4.6/4.4.7/4.5.1/4.5.2/4.5.3.1/4.5.3.2	

续表

项目	ISO45001	OHS18001（健康安全）	说明
变更管理和风险评估的思维理念	ISO45001：6.1.1 风险和机遇措施的策划总则；6.1.2.1 危险源辨识；6.1.2.3OHS（健康安全）机遇的评价；7.4 信息交流；7.5.3 文件化信息控制；8.1.3 变更管理；8.2 应急准备和响应；9.3 管理评审；10.2 事件、不符合和纠正措施	OHS（健康安全）AS18001：4.3.1 危险源辨识；4.4.3.2 参与和协商；4.4.6 运行控制；4.4.7 应急准备和响应；4.6 管理评审	
条款要求细化	4.3　体系范围确定的细化（a，b，c），5.1 领导作用与承诺的细化（a~m），5.4 参与和协商的细化：协商（1~9），参与（1~7），6.1.2.1 危险源辨识，7.3 员工意识（a~f），7.4 信息交流（7.4.1/7.4.2/7.4.3），8.1 运行策划和控制（8.1.1/8.1.2/8.1.3/8.1.4）	无	
强调“主动性”	1. 范围：主动改进职业健康安全绩效——1 2. 危险源辨识：持续主动进行危险源辨识——6.1.2.1 3. 风险评价：确保风险评价的方法和准则应是主动的而不是被动的——6.1.2.2 4. 信息交流：内部和外部交流——7.1.4	无	
突出高层的支持	领导作用——5.1：关于领导作用，ISO45001 列举了 13 条，加入新观点：融入业务流程（C）、组织文化建设（J）、保护员工（K）沟通和协商（E&L）	OHS（健康安全）AS18001 仅仅两条	
突出员工以及员工代表参与	1. 最高管理者支持建立和发挥健康安全委员会的作用 /5.1（m），方针需包括员工及员工代表（如有）参与和协商的承诺 /5.2（f），员工和代表参与（协商）建立、策划、实施、评价和改进职业健康安全管理体系 /5.4 2. 职业健康安全目标应考虑与员工及员工代表协商（见 5.4）的结果 /6.2.1，文件化信息应使员工及员工代表（如有）控制相关的文件化信息的访问途径 /7.5.3 3. 确保向工作人员及其代表（如有）及其他有关的相关方报告相关的审核结果 /9.2.2 4. 组织应向其相关的员工及员工代表（如有）沟通管理评审的相关输出 /9.3，组织应与相关的员工和员工代表（如有）及有关的相关方沟通纠正措施相关的信息 /10.2，与工作人员及其代表（如有）沟通持续改进的结果 /10.3	无	

续表

项目	ISO45001	OHS18001（健康安全）	说明
突出相关方影响	1. 理解和考虑相关方的需求和期望 /4.2/4.3（b）/6.1.1/9.3 2. 方针适当时，可为相关方获取 /5.2 3. 非管理员工关于确定相关方的需求和期望的协商 /5.4d 4. 危险源辨识考虑相关方的活动 /6.1.2.1（e&f） 5. 信息交流的对象 /7.4.1（c） 6. 采购（承包商 / 外包）/8.1.4 7. 应急准备和响应 /8.2（c&d） 8. 内部审核结果向有关相关方报告 /9.2.2（d） 9. 管理评审应包括相关方的需求和期望 /9.3（b） 10. 组织应与相关的员工和员工代表（如有）及有关的相关方沟通纠正措施相关的信息 /10.2	无	
与业务流程的融合	1. 最高管理者应确保将职业健康安全管理体系的过程和要求融入组织的业务过程 /5.1（c） 2. 组织应策划如何在其职业健康安全管理体系过程中或其他业务过程中融入并实施应对风险和机遇的措施 /6.1.4 3. 管理评审输出应包括改进 OHS（健康安全）管理体系与业务流程融合的机会	无	
保护员工的理念	1. 最高领导者应保护员工在汇报事件、危险、风险和机遇后避免遭受报复 /5.1（k） 2. 识别和消除妨碍参与的障碍或障碍物并最大限度地降低那些无法消除的；注 2：障碍和障碍物可能包括没有对员工的输入或建议作出回应，语言或读写障碍，报复或报复的威胁以及使员工丧失参与信心的或妨碍员工参与的方针或做法 /5.4 3. 可以认识到，可行的话，无偿在工作时间向员工提供培训，应能消除妨碍员工参与的重要障碍 /5.4 4. 当员工认为对他们的生命和健康存在即刻和严重的危险时，应使员工有能力从这种工作条件下撤离，并保护他们免受由此产生的不适当后果 /7.3（f） 5. 调整工作适合于员工 /8.1.1 6. 在许多国家，法律和其他要求中包含向员工无偿提供个人防护用品的要求 /8.1.2	无	
鼓励建设企业职业健康安全文化的理念	1. 最高领导者应在组织内培养、引导和宣传支持职业健康安全管理体系的文化 /5.1（j） 2. 危险源辨识应考虑企业文化（6.1.2.1） 3. 组织应持续改进职业健康安全管理体系的适宜性、充分性与有效性，以促进支持职业健康安全管理体系的文化 /10.3（b）	无	

三、如何从 OHS18001（健康安全）体系转化为 ISO45001 体系

第一步：统一认识，增强全员健康安全意识，健康安全不是形式，不会影响员工和老板赚钱，抓好安全生产能够帮助企业创造社会效益，提高影响力。要让员工和管理层从内心深处认识到安全生产的重要性，而不是走过场。

第二步：制定体系推行计划，明确关键时间节点。详见第一篇第九章成功案例：ISO45001 管理体系专案推进计划。

第三步：培训 ISO45001 标准，重点培训新增和变更部分，比如变更管理，承包商和采购商管理，风险和机遇管理，参与和协商管理，鼓励企业建立安全文化等。

第四步：制定体系文件编写和修改计划清单，各部门按计划培训和修改文件，并对体系文件进行培训。

第五步：体系文件运行，并且制定各部门 ISO45001 体系稽核表，体系推行专员每周至少稽核一次。

第六步：职业卫生检测，合规性评价。

第七步：内审和管理评审。

第八步：外审一阶段和二阶段。

第九步：取证和体系持续维护。

以下内容见其他文档，根据编号排版即可。

第九章 成功案例

一、ISO45001 职业健康安全体系诊断表

职业健康安全管理体系诊断表

标准要素	检查内容	参考文件	检查方法			结果	相关部门
			提问	查文件	看现场		
4.1 理解组织及其所处的环境	1. 组织环境SWOT 分析 2. 组织环境风险和机遇，应对措施	风险机遇控制程序	如何运用 SWOT 法识别外部环境风险机遇，内部环境优势和劣势	1.SWOT 表 2. 内外环境风险机遇应对措施表	无		
4.2 理解工作人员和其他相关方的需求和期望	1. 相关方定义 2. 相关方和工作人员的要求和期望	风险机遇控制程序	1. 相关方是否有定义 2. 通过何种方式来识别相关方的要求与期望	相关方和工作人员需要与期望应对措施表	无		
4.3 确定职业健康安全管理体系范围	1. 组织想要什么样的认证范围 2. 希望认证的范围是否合法，是否有运行证据 3. 公司实际人数 4. 购买社保人数	管理手册	1. 组织实际的运行范围包括哪些 2. 组织想要什么样的认证范围？这些范围合法吗？有运行证据吗	1. 查营业执照 2. 查环评报告和批复 3. 查安全评价报告和批复 4. 查社保人数 5. 查员工清单	查各部门现场		
4.4 职业健康安全管理体系	1. 是否建立职业健康安全过程 2. 各过程之间关系及相互联系	管理手册	是否识别职业健康安全管理过程，明确各过程之间的关系及相互联系	管理手册	无		

续表

标准要素	检查内容	参考文件	检查方法			结果	相关部门
			提问	查文件	看现场		
5.1　领导作用与承诺	最高层作用与承诺，共 13 条	管理手册，体系投入清单	最高层是否知道自己在职业健康安全方面的职责、作用	管理手册、职业健康安全投入清单	宣传栏、看板、意见箱		
5.2　职业健康安全方针	1. 方针的内容及含义 2. 方针管理	管理手册	最高层是否制定健康安全方针？方针是否包括五个承诺一个框架	管理手册	宣传栏、看板、意见箱、培训记录		
5.3　组织的角色、职责和权限	1. 组织架构 2. 部门职责 3. 岗位职责	管理手册，岗位职责	1. 是否根据公司的内外环境、健康安全方针制定组织架构，明确部门职责 2. 是否根据部门职责明确了岗位职责 3. 是否明确了向最高管理者报告职业健康安全管理体系绩效的责任人	1. 组织架构 2. 部门职责 3. 岗位职责	看板、宣传栏		
5.4　工作人员的协商和参与	1. 协商与参与的渠道 2. 非管理人员在 9 个方面可协商 3. 非管理人员在 7 个方面可参与	协商与参与控制程序	1. 为非管理人员参与协商是否提供了渠道与培训，扫除了障碍 2. 是否有 9 个方面非管理人员协商证据 3. 是否有 7 个方面非管理人员参与证据	1. 事件调查与处理报告 2. 纠正措施单 3. 健康安全会议记录 4. 员工意见处理记录	意见箱		
6.1　应对风险和机遇的措施 6.1.1　总则	1. 危险源及风险 2. 组织环境，相关方及工作人员需要与期望，体系运行的风险和机遇 3. 法律法规及其他要求的风险和机遇 4. 风险机遇应对措施	风险机遇控制程序	1. 识别了哪些方面的风险和机遇 2. 针对风险和机遇是否制定了应对措施	1. 危险源识别及风险应对措施 2. 法律法规及其他要求风险及应对措施 3. 组织环境、相关方及工作人员需求与期望应对措施 4. 过程运行风险和机遇应对措施表	无		

续表

标准要素	检查内容	参考文件	检查方法			结果	相关部门
			提问	查文件	看现场		
6.1.2　危险源辨识及风险和机遇的评价 6.1.2.1　危险源辨识	危险源识别是否包括： ①工作如何组织，社会因素（包括工作负荷、工作时间、欺骗、骚扰和欺压），领导作用和组织的文化 ②常规和非常规的活动和状况 ③组织内部或外部以往发生的相关事件（包括紧急情况）及其原因 ④潜在的紧急情况 ⑤人员 ⑥其他议题 ⑦在组织、运行、过程、活动和职业健康安全管理体系中的实际或拟定的变更（见 8.1.3） ⑧危险源的知识和相关信息的变更	危险源识别及风险控制程序	1. 危险源识别的流程是怎样的 2. 识别危险源考虑了哪些因素 3. 是否评估了危险源导致的风险 4. 针对不可接受风险是否制定了控制措施	危险源识别及风险评价表	整个公司各个区域，公司相关的外部活动，组织周边危险源及风险看板		
6.1.2.2　职业健康安全风险和职业健康安全管理体系的其他风险的评价	1. 危险源导致的风险识别 2. 管理体系运行风险识别 3. 法律法规及其他要求带来的风险识别	风险机遇控制程序	1. 组织从哪些方面识别了风险 2. 是否评价风险级别	1. 危险源识别及风险评价表 2. 过程运行风险和机遇应对措施表 3. 法律法规及其他要求应对措施	无		

续表

标准要素	检查内容	参考文件	检查方法			结果	相关部门
			提问	查文件	看现场		
6.1.2.3 职业健康安全机遇和职业健康安全管理体系的其他机遇的评价	1. 有利于改善员工健康安全机遇识别 2. 有利于提升职业健康安全管理体系运行绩效的识别	风险机遇控制程序	组织是否识别到危险源的管理、体系建立、法律法规及其他要求的遵守等带来的机遇	过程运行风险和机遇应对措施表	无		
6.1.3 法律法规要求和其他要求的确定	1. 危险源相关法律法规 2. 职业健康安全管理体系相关法律法规 3. 建立、实施、保持、改善健康安全管理体系时，要考虑法律法规及其他要求	法律法规及其他要求控制程序	1. 组织识别了哪些法律法规和其他要求 2. 组织是如何运用这些法律法规和其他要求的	法律法规及其他要求清单	无		
6.1.4 措施的策划	1. 风险机遇应对措施 2. 法律法规及其他要求应对措施 3. 应急预案	危险源识别及风险评价程序，法律法规及其他要求程序，应急准备和响应程序	1. 组织在什么情况下要策划应对措施 2. 措施如何管理其有效性	1. 危险源识别及风险评价表 2. 法律法规及其他要求清单 3. 安全生产应急预案	危险源及风险与应对措施看板		
6.2 职业健康安全目标及其实现的策划 6.2.1 职业健康安全目标	1. 目标的适宜性 2. 目标的管理	职业健康安全体系年度目标方案	1. 目标是依据什么来制定的 2. 目标是如何管理的 3. 目标没有达成会如何处理	1. 职业健康安全体系年度目标方案 2. 目标统计表	现场目标统计表		
6.2.2 实现职业健康安全目标的策划	目标实现方案要包括 6 个内容	职业健康安全体系年度目标方案	1. 方案是如何制定出来的 2. 是否有检讨方案的适宜性、有效性、可操作性	目标实现方案评审表	无		

续表

标准要素	检查内容	参考文件	检查方法			结果	相关部门
			提问	查文件	看现场		
7. 支持 7.1 资源	为建立体系提供的资源	年度资源投入清单	为建立职业健康安全体系，投入了哪些资源？资源充分吗	年度资源投入清单	无		
7.2 能力	1. 人员能力界定 2. 能力考核与证据	人力资源程序	你们有哪些岗位对能力有特殊要求？如何保证满足能力要求	1. 岗位职责 2. 急救员培训证明、电工焊工证、保安培训证明、驾驶员证、安全主任证、空压机操作证、电梯操作证	证件公示牌		
7.3 意识	需要具备的意识	人力资源程序	员工要具备哪些意识（目标、应急响应、危险源及风险、应对措施）	培训计划或宣传资料、看板	现场看板、告来访者看板		
7.4 沟通 7.4.1 总则	沟通要素	沟通控制程序	1. 组织是否有协商和交流的程序？程序中是否对协商和交流的方式、内容做出规定？程序制定过程中是否听取了员工意见 2. 程序中是否规定了与相关方的沟通和协商 3. 外部人员获取职业健康安全方针的途径和方法是否可行？是否方便	1. 告来访者看板 2. 与相关方协议 3. 与员工协议 4. 培训记录	现场看板、公告栏		

续表

标准要素	检查内容	参考文件	检查方法			结果	相关部门
			提问	查文件	看现场		
7.4.2 内部沟通	1. 内部沟通的内容 2. 将职业健康安全管理体系审核和评审结果通报组织内所有有关人员的过程 3. 通报组织职业健康安全方针和职业健康安全表现的过程	沟通控制程序	1. 员工是否参与职业健康安全方针和程序的制定、修订与评审 2. 员工是否参与商讨影响工作场所职业健康安全的任何变化？比如引入新的或改进的设备、原材料、技术、程序或工作模式等 3. 员工是否参与职业健康安全事务，包括危险源辨识、风险评价、风险控制的策划和事故的调查处理等 4. 员工是否了解谁是职业健康安全员工代表及谁是管理者代表 5. 是否将职业健康安全管理体系审核和评审结果通报给组织内所有有关人员	1. 接收和答复员工意见、建议的记录 2. 会议记录 3. 任命书	公告栏		
7.4.3 外部沟通	1. 异常、紧急情况下的信息如何交流 2. 同外部相关方的信息交流	沟通控制程序	1. 涉及重大风险的外部信息有没有适当处理和记录 2. 是否参加政府劳动保护机构组织的活动 3. 是否同供方和承包方交流职业健康安全信息	1. 培训记录 2. 宣告书 3. 外部交流处理记录	公告栏		
7.5 成文信息 7.5.1 总则	1. 文件清单 2. 外来文件清单 3. 记录清单	文件记录控制程序	公司策划文件时考虑了哪些因素	1. 文件清单 2. 记录清单 3. 相关文件	无		
7.5.2 创建和更新	文件格式、版本、编号	文件记录控制程序	文件的格式、编号、版本是如何规定的	相关文件	无		

续表

标准要素	检查内容	参考文件	检查方法			结果	相关部门
			提问	查文件	看现场		
7.5.3　成文信息的控制	1. 文件发行、回收 2. 文件版本、变更 3. 电子文件管理 4. 文件作废及保留	文件和记录控制程序	1. 文件发行回收流程是怎样的 2. 文件变更流程是怎样的 3. 电子档文件是如何管理的	1. 文件变更申请单 2. 文件变更履历 3. 文件发行回收记录 4. 文件作废记录	无		
8. 运行 8.1　运行策划和控制 8.1.1　总则 8.1.2　消除危险源和降低职业健康安全风险	对确定了的与风险有关的运行与活动是否进行了策划，是否有程序之类的规定	运行控制程序	1. 对缺乏程序指导可能偏离方针、目标的运行是否制定和保持了管理程序 2. 组织所使用的货物、设备和服务中已识别的重大职业健康安全风险是否规定了管理内容 3. 对组织活动、工作场所、过程、装置、机械、运行程序和工作组织的设计是否规定了管理内容 4. 运行程序中是否有运行准则之类的内容 5. 对关键设备和工序是否明确了须监测的内容和控制限界值，有无支持的作业文件 6. 运行控制是否充分？能否达到控制重大危险源及其风险的目的 7. 运行控制程序和作业指导书是否具备可操作性	1. 各种设备设施点检表 2. 化学品清单 3.MSDS 4. 操作指导书	1. 安全警告标志 2. 安全提示标志 3. 安全的现场 4. 劳保用品穿戴情况		

续表

标准要素	检查内容	参考文件	检查方法			结果	相关部门
			提问	查文件	看现场		
8.1.3　变更管理	1. 新的产品、服务和过程，或者是对现有产品、服务和过程的变更 2. 法律法规要求和其他要求的变更 3. 有关危险源和职业健康安全风险的知识或信息的变更 4. 知识和技术的发展	变更控制程序	1. 变更后是否重新评审危险源及风险 2. 法律法规及相关方要求变更后是否评审合规性，并做一些改善调整 3. 危险源的知识信息变更后，是否通知相关人员 4. 当技术进步后，是否重新评价危险源及风险	1. 危险源识别及风险评价表 2. 法律法规及相关方要求清单	无		
8.1.4　采购 8.1.4.1　总则 8.1.4.2　承包方 8.1.4.3　外包	1. 供应商资质 2. 对供应商施加影响 3. 供应商评价	供应商控制程序	1. 是否向供方和承包方通报了与他们所提供的产品和服务有关的职业健康安全信息 2. 有关的程序和要求是否通报给供方和承包方？采用何种方式通报 3. 是否有原材料供应的职业健康安全风险评价程序	1. 与供应商签订的协议 2. 供应商职业健康安全调查表 3. 供应商提供的检测报告和资质证明	承包方现场安全施工		
8.2 应急准备和响应	1. 应急准备 2. 应急预案	应急准备和响应程序	1. 针对哪些方面设计了应急预案 2. 是否对应急预案进行演练 3. 在出现紧急情况或应急演练后是否有评审应急预案 4. 评审应急预案后是否对相关文件进行变更	1. 应急预案 2. 消防演习计划 3. 消防演习报告 4. 消防门检验报告 5. 消防设施点检表 6. 应急药箱药品清单 7.MSDS 及消防设施操作指导书	1. 消防通道畅通 2. 两个消防门 3. 消防设施俱全并正常使用 4. 化学品二次容器 5. 药箱		

续表

标准要素	检查内容	参考文件	检查方法			结果	相关部门
			提问	查文件	看现场		
9. 绩效评价 9.1 监视、测量、分析和评价绩效 9.1.1 总则	1. 监视和测量清单 2. 监视和测量记录	监视测量分析评价程序	1. 针对哪些方面进行了监视测量 2. 监视测量不符合要求如何处理 3. 针对哪些测量设备进行校准和检定	1. 监视和测量计划 2. 饮用水检测报告 3. 空气质量检测报告 4. 电梯检测报告 5. 压力表和安全阀检测报告 6. 噪声检测报告 7. 安全检查报告 8. 目标统计表 9. 事件事故统计	无		
9.1.2 合规性评价	法律法规及其他要求评审	合规性评价程序	1. 是否每年有一次合规性评价 2. 当评价不符合时，是否进行整改	合规性评价记录	无		
9.2 内部审核 9.2.1 总则 9.2.2 内部审核方案	1. 内审方案 2. 年度内审计划 3. 内审记录 4. 内审报告	内审程序	1. 内审多长时间举行一次 2. 内审员如何取得资格 3. 内审如何进行 4. 内审如何沟通到相关人员	1. 内审方案 2. 内审计划 3. 内审检查表 4. 纠正措施单 5. 内审报告 6. 内审员清单	无		
9.3 管理评审	1. 管理评审时机 2. 管理评审输入内容 3. 管理评审报告	管理评审程序	1. 管理评审的频次是多少？在什么情况下增加管理评审 2. 管理评审要评审的内容是什么 3. 管理评审要输出的决议是什么	1. 管理评审通知 2. 管理评审各部门工作报告 3. 管理评审报告 4. 会议签到表	无		
10. 改进 10.1 总则 10.2 事件、不符合和纠正措施 10.3 持续改进	1. 事故、事件、不符合的调查和处理程序 2. 不符合类型要求纠正措施 3. 纠正和预防措施的文件化程序	事件报告与处理程序，纠正措施程序	1. 是否建立了事故、事件、不符合的调查和处理程序 2. 针对哪些不符合要求纠正措施 3. 是否建立并保持了纠正和预防措施的文件化程序	1. 事故调查及处理报告 2. 纠正措施单	无		

二、ISO45001 体系推行计划

ISO45001 管理体系专案推进计划

序号	阶段	项目（☆计划★已关闭）					资金	负责推动部门	推动负责人	备注
			1	2	3	4				
1	准备	成立体系推进小组	☆					总经理		
2		进行培训	☆					行政部		
3	策划	1. 准备营业执照副本复印件	☆					行政部		
4		2. 准备生产工艺流程图、组织结构图、地理位置示意图、厂区平面布置图	☆					行政部		
5		3. 准备适用的法律法规、标准清单（E/S 各 1 份）	☆					行政部		
6		4. 准备重大（不可接受）风险清单、职业健康安全目标 / 指标和管理方案	☆					各部门		
7		5. 污染物排放 / 作业环境监测报告（适用时）、环评 / 安评 / 职业病危害预评价批复、“三同时”验收报告（环境 / 安全）及批复与消防验收报告		☆				行政部		
8		6. 废水、废气、厂界噪声的监测，取得监测报告		☆				行政部		
9		7. 作业场所有害工位监测		☆				行政部		
10		8. 职业病体检的实施：岗前、岗中、离岗报告		☆				行政部		
11		9. 防雷监测的实施		☆				行政部		
12		10. 对建筑消防设施每年至少进行一次全面检测		☆				行政部		
13		11. 配电房、电气设备年度性检测		☆				设备部		
14		12. 特种设备：叉车、货梯、空压机（储气罐备案，安全阀 / 压力表年检），简单压力容器除外。年检报告		☆				设备部		
15		13. 可燃气体报警仪的校验		☆				管理部		

续表

序号	阶段	项目（☆计划★已关闭）					资金	负责推动部门	推动负责人	备注
16		14. 特种作业人员资格：叉车司机、电梯管理员、空压机管理/操作员、危险化学品从业人员、建构筑物消防员、安全员（责任人和管理员）培训证书		☆				行政部		
17		15. 整理文件，包括手册、程序文件、三阶文件和记录表单	☆	☆				行政部		
18		16. 各部门根据流程图再次明确部门职责	☆	☆				行政部		
19		17. 准备清单，包括化学品清单、设备清单、检测设备清单、文件清单、顾客清单、供应商清单	☆	☆				行政部		
20		18. 建立职业健康安全方针	☆	☆				总经理		
21		19. 组织危险源识别	☆	☆				行政部		
22		20. 风险评价，确定主要风险及控制措施	☆	☆				行政部		
23		21. 较大危险因素识别、评价、控制	☆	☆				行政部		
24		22. 确定适用的法律法规要求	☆	☆				行政部		
25		23. 建立职业健康安全目标，分化各部门目标	☆	☆				总经理		
26		24. 建立目标指标管理方案	☆	☆				行政部		
27		25. 建立公司各级别环安目标及考核机制	☆	☆				行政部		
28		26. 建立资源清单，补充缺失的资源（防护用品、检测仪器、外部检测报告、特种培训等）	☆	☆				总经理		
29		27. 确立各层级职责、权限	☆	☆				行政部		
30		28. 编制文案，记录、审核、会签、批准、发行，包含程序文案、监控记录	☆	☆				品保部		
31		29. 重新制定职业健康安全手册	☆	☆				行政部		
32		30. 职业健康安全管理体系范围	☆	☆				行政部		
33		31. 危险源识别与风险评价控制程序	☆	☆				行政部		
34		32. 合规性评价控制程序	☆	☆				行政部		
35		33. 人力资源管理与教育训练过程	☆	☆				行政部		
36		34. 修订《环境信息交流管理程序》	☆	☆				行政部		
37		35. 文件信息控制程序	☆	☆				行政部		

续表

序号	阶段	项目（☆计划★已关闭）					资金	负责推动部门	推动负责人	备注
38		36. 新增《发包项目管理办法》	☆	☆				行政部		
39		37. 采购过程控制程序	☆	☆				行政部		
40		38. 应急准备与回应作业程序	☆	☆				行政部		
41		39. 监视测量控制程序	☆	☆				行政部		
42		40. 事件、不符合与纠正预防措施控制程序	☆	☆				行政部		
43		41. 内部稽核与矫正作业程序	☆	☆				行政部		
44		42. 管理审查作业程序	☆	☆				行政部		
45		43. 变更控制程序	☆	☆				行政部		
46		44. 危险作业（含特种作业）控制程序	☆	☆				行政部		
47		45. 化学品作业控制程序	☆	☆				行政部		
48		46. 设立受控文件，文件控制	☆	☆				品保部		
49	实施	1. 建立公司级培训计划（含外训）			☆	☆		行政部		
50		2. 执行培训计划，保留培训记录			☆	☆		行政部		
51		3. 运行控制			☆	☆		行政部		
52		4. 运行控制（确立一般控制、危险作业控制、危险物品控制、供应商控制、承包商控制、外来人员控制过程）			☆	☆		行政部		
53		5. 跨区域、跨部门沟通			☆	☆		行政部		
54		6. 确立应急准备与回应控制措施			☆	☆		行政部		
55	检查	1. 建立绩效监视与测量制度（各部门每年定期出具绩效报告，以应对总经理管理评审）				☆		各部门		
56		2. 合规性评价，出具评价报告，针对不符合项进行改善				☆		行政部		
57		3. 事故、事件、不符合调查、分析，出具报告				☆		行政部		
58		4. 事故、事件、不符合纠正措施				☆		行政部		
59		5. 事故、事件、不符合预防措施				☆		行政部		
60		6. 内部审核：计划、会议、检查表、不符合项报告、不符合项整改单、内审总结报告				☆		行政部		
61		7. 管理评审（计划、会议、检查表、不符合项报告、不符合项整改单、管审总结报告）				☆		总经理		

续表

序号	阶段	项目（☆计划★已关闭）					资金	负责推动部门	推动负责人	备注
62	改进	持续改进内部第一方审核、第二方审核，管理评审不符合项（设立专案，年度推进）				☆		行政部		
63	二审	1. 应对客户审核（不定期）				☆		行政部		
64		2. 客户审核不符合项整改（不定期）				☆		行政部		
65	专项专案计划	1. 职业病危害现状评价	☆	☆				行政部		
66		2. 建立职业卫生管理档案	☆	☆				行政部		
67		3. 劳动防护用品发放标准的制定	☆	☆				行政部		
68		4. 建立职业病危害防治设施台账	☆	☆				行政部		
69		5. 建立公司许可证、资格证书统计台账	☆	☆				财务部		
70		6. 推进安全现状评价	☆	☆				行政部		
71		7. 推动建立特种设备档案	☆	☆				设备部		
72		8. 建立三级安全教育培训档案	☆	☆				行政部		
73		9. 建立化学品档案	☆	☆				行政部		
74		10. 完善人员资格证书台账（台账与资格证书一一对应）	☆	☆				行政部		
75		11. 建立灭火器、消火栓分布图纸	☆	☆				行政部		
76		12. 建立烟感、温感分布图	☆	☆				行政部		
77		13. 修订自动喷水灭火系统分布图	☆	☆				行政部		
78		14. 建立应急照明、疏散指示分布图	☆	☆				行政部		
79		15. 改善化学品仓库、危废仓库（标示、防渗漏、防泄漏、定位、安全标签）	☆	☆				资材部		
80		16. 进一步推进化学品使用安全（采购、申请、检查、入库、领用、使用、废弃各环节安全环保）	☆	☆				资材部、行政部、各部门		
81		17. 各部门危险废弃物的分类收集、标示、定位	☆	☆				行政部		
82		18. 环保验收	☆	☆				财务部		
83		19. 制定综合应急预案	☆	☆				行政部		
84		20. 制定突发环境事件应急预案	☆	☆				行政部		
85		21. 废水排放口标示	☆	☆				设备部		

续表

序号	阶段	项目（☆计划★已关闭）					资金	负责推动部门	推动负责人	备注
86		22. 雨水、污水总排口阀门的建立	☆	☆				设备部		
87		23. 消防台账完善及消防安全活动执行	☆	☆				行政部		
88		24. 微消防系统二维码完善	☆	☆				行政部		
89		25. 应急照明、疏散指示标志的完善	☆	☆				行政部		
90		26. 厂区应急疏散图的制定（含紧急避难区域、逃生线路、紧急集合点）、制作、发布	☆	☆				行政部		
91		27. 环保责任制、管理规章制度完善	☆	☆				行政部		
92		28. 消防安全责任制、管理制度建立	☆	☆				行政部		
93		29. 消防重点部位（泵、阀门、湿式报警阀、末端试水装置、消防水池及消防高位储罐）标示	☆	☆				行政部		
94		30. 电瓶车存放区域规划（建立车辆管理规定）	☆	☆				管理部		
95		31.SOP 制定、修订、学习、考核推进专案计划	☆	☆				行政部		
96		32. 各岗位 SOP 可视化管理（划定机台负责人、区域负责人）	☆	☆				行政部		
97		33. 生产机台防护措施推进	☆	☆				行政部		
98		34. 特种设备安全责任制、安全管理制度建立	☆	☆				行政部		
99		35. 岗位操作规程、安全检查表建立	☆	☆				行政部		
100		36. 推动特种设备日常维护点检、月度维护活动	☆	☆				行政部		
101		37. 用电安全：推动建立用电安全规程依据《用电安全导则》	☆	☆				行政部		
102		38. 推动配电房、配电柜本质安全化活动	☆	☆				行政部		
103		39. 集尘室防静电、防雷、防火、防爆措施	☆	☆				行政部		
104		40. 应急物资配备、应急台账建立、应急演练推进	☆	☆				行政部		
105	其他	认证申请			☆			行政部		
106	其他	审核整改及证书取得				☆		行政部		

三、内 审

××有限公司内部审核方案

文件编号		页码	
版本 / 修改状态	修改内容概述	发行日期	编制 / 修改人
制 定	审 核	审 批	

1. 目的

为确保公司建立实施的 ISO14001:2015 和 ISO45001:2018 职业健康安全和环境管理体系要求能充分、有效和符合地运行，通过内部审核进行评价，特制定此方案。

2. 适用范围

适用于公司展开的体系审核和对外供方进行的体系审核。

3. 职责

（1）体系专员。负责根据总公司的内部审核计划及审核方案要求，制定内部审核方案。

（2）体系总负责人。负责对内部审核方案的审批，并确定审核组长及审核员。

（3）审核组长。负责制定审核方案的实施计划。

（4）审核员。负责对实施计划的实施。

（5）各部门。负责应对审核工作，积极配合内审，确认管理体系的持续有效运行，并对审核小组工作给予支持。

4. 审核方案的分类

审核方案分为：健康安全体系审核、供应商审核、日常稽查。

5. 职业健康安全和环境体系审核方案

5.1　审核目的

对职业健康安全和环境体系进行系统、独立的检查和评价，以验证健康安全活动和有关结果是否符合计划安排的要求，以及对运行过程进行审核，使过程达到受控和有能力，以保证对安全所有要求的符合程度。

5.2　审核范围

ISO14001:2015 和 ISO45001:2018 体系标准要求；公司健康安全手册、程序文件所涉及的部门和全部要素。

5.3　审核依据

（1）ISO14001:2015 和 ISO45001:2018 职业健康安全和环境管理体系标准；

（2）公司新版健康安全手册、职业健康安全和环境体系运行程序文件、控制计划 / 作业标准等。

（3）相关产品的技术规范、法律法规。

（4）顾客和法律法规要求（特定要求）。

5.4　审核方式及说明

（1）采用条款按部门审核方式，并结合听、查、看的方式进行现场审核。

（2）任何过程、方针目标、职责权限、内部沟通、人力资源管理、基础设施、工作环境、外来文件与记录控制和持续改进都会在相关部门进行审核。

（3）各现场均会涉及危险源识别与风险评价及运行控制审核。

（4）重点关注运行控制和应急准备与响应重要过程。

5.5　审核频次及优先级

按以下评分要求进行确定：

<table>
<tr><th rowspan="2">项目</th><th colspan="2" rowspan="2">评价内容</th><th colspan="3">评分标准</th></tr>
<tr><th>3分</th><th>2分</th><th>1分</th></tr>
<tr><td rowspan="2">过程风险</td><td>1</td><td>出现过事件或事故</td><td>事故</td><td>未遂事件</td><td>未出现</td></tr>
<tr><td>2</td><td>上一年审核（一、二、三方）开过不符合项报告</td><td>被开过严重不符合或同个过程超过两个一般不符合</td><td>被开过一般不符合项</td><td>未被开过不符合项</td></tr>
<tr><td>外部绩效趋势</td><td>3</td><td>顾客或相关方对我公司的评价趋势</td><td>趋势向下</td><td>趋势平缓</td><td>趋势向上</td></tr>
<tr><td>内部绩效趋势</td><td>4</td><td>该绩效指标趋势变化</td><td>KPI 值未达到目标</td><td>KPI 值达到目标</td><td>KPI 值超过目标</td></tr>
<tr><td colspan="6">评分说明：
（1）单项得 3 分或总分大于 8 分的，每年审核一次且优先审核；总分 6~8 分的，每两年审核一次；总分小于等于 5 分的，每三年审核一次
（2）三个日历年必须全过程审核，审核应覆盖所有过程 / 场所 / 班次
（3）每年年初制定年度审核计划时，依公司上年度的情况按本表进行评价，根据评价的结果制定体系审核计划，若过程运行中出现单项得 3 分的情况，将调整审核计划</td></tr>
</table>

5.6　审核安排

具体按《年度审核计划》和《体系审核实施计划》要求执行。

6. 日常审核

6.1　审核目的

了解现场是否符合职业健康安全和环境要求，是否符合法律法规要求，过程是否受控，相关人员的能力是否满足。

6.2　审核范围

整个公司现场，审核的条款是 8.1 和 8.2。

6.3　审核依据

（1）ISO45001 和 ISO14001 职业健康安全和环境管理体系标准。

（2）体系文件（健康安全手册、程序文件、控制计划、作业指导书、健康安全记录）。

（3）客户要求、合同及相关的法律法规。

（4）安全操作指导书、管理规定等。

6.4　审核重点关注

（1）各现场是否符合 ISO45001 和 ISO14001 标准 8.1 和 8.2 要求。

（2）运行控制、应急准备和响应、操作规程、安全管理制度遵守情况。

6.5　审核频次及优先级

每周审核一次。当出现事故时，连续一周每天审核。

6.6　审核安排

每周进行审核一次。

7. 二方审核

7.1　审核目的

为供应商正常供货提供有力依据，通过对供应商进行二方审核，促使供应商能力的提升，保持与公司同步发展。

7.2　审核范围

对本公司合格供应商或新供应商的体系资源进行考察。

7.3　审核依据

（1）ISO45001 职业健康安全和环境管理体系标准要求。

（2）供应商规范文件：公司职业健康安全和环境管理手册、程序文件、控制计划、作业指导书、检验标准等指导文件。

（3）顾客的特殊要求和法律法规要求、相关方要求。

7.4　审核重点关注

委托方供应商遵守法律法规和相关要求情况、现场过程管理的有效性、符合性。

7.5　审核频次及优先级

针对有安全影响的材料供方一年审核一次。如果出现安全事故，立即增加审核一次。

7.6　审核安排

具体按《供应商年度审核计划表》执行。

8. 相关文件和表单

（1）《供应商 EHS 调查表》。

（2）《内部审核方案》。

（3）《职业安全稽查表》。

（4）《年度审核计划》。

（5）《体系审核实施计划》。

（6）《供应商年度审核计划表》。

2019 年度内审计划

部门	月份												ISO14001 涉及的标准要素	ISO45001 涉及的标准要素
	1	2	3	4	5	6	7	8	9	10	11	12		
管理层											v		4.1、4.2、4.3、4.4、5.1、5.2、5.3、6.1、6.2、7.1、7.5、9.2、9.3、10	4.1、4.2、4.3、4.4、5.1、5.2、5.3、5.4、6.1、6.2、7.1、7.5、9.2、9.3、10
行政部											v		5.2、5.3、6.1.2、6.1.3、6.1.4、6.2、7.2、7.3、7.4、8.1、8.2、9.1、10	5.2、5.3、5.4、6.1.2、6.1.3、6.1.4、6.2、7.2、7.3、7.4、8.1、8.2、9.1、10
生管部											v		5.2、5.3、6.1.2、6.1.4、6.2、7.4、8.1	5.2、5.3、5.4、6.1.2、6.1.4、6.2、7.4、8.1
工程部											v		5.2、5.3、6.1.2、6.1.4、6.2、8.1	5.2、5.3、5.4、6.1.2、6.1.4、6.2、8.1
生产部											v		5.2、5.3、6.1.2、6.1.4、6.2、8.1	5.2、5.3、5.4、6.1.2、6.1.4、6.2、8.1
采购部											v		5.2、5.3、6.1.2、6.1.4、6.2、7.4、8.1	5.2、5.3、5.4、6.1.2、6.1.4、6.2、7.4、8.1
品质部											v		5.2、5.3、6.1.2、6.1.4、6.2、8.1	5.2、5.3、5.4、6.1.2、6.1.4、6.2、8.1
业务部											v		5.2、5.3、6.1.2、6.1.4、6.2、7.4、8.1	5.2、5.3、5.4、6.1.2、6.1.4、6.2、7.4、8.1
财务部											v		5.2、5.3、6.1.2、6.1.4、6.2、7.1、8.1	5.2、5.3、5.4、6.1.2、6.1.4、6.2、7.1、8.1

编制：　　　　　　　　　　审核：

内部审核实施计划

审核目的	对公司的环境与职业健康安全管理体系进行完整的内部审核，以检查公司环境与职业健康安全管理体系的运行情况是否符合 ISO14001：2015 与 ISO45001：2018 标准的要求；是否得到了正确的实施和保持
审核范围	涉及部门：管理层、生产部、品质部、工程部、业务部、生管部、采购部、行政部、财务部

<table>
<tr><td>审核依据</td><td colspan="4">ISO14001：2015 与 ISO45001：2018 标准；环境与职业健康安全相关法律法规和其他要求；公司环境与职业健康安全管理体系文件</td></tr>
<tr><td>审核日期</td><td colspan="4">2019 年 12 月 4–5 日</td></tr>
<tr><td>审核组成员</td><td colspan="4">审核组组长：张 ××
审核组成员：A 组：张 ××/ 李 ××；B 组：杨 ××/ 孙 ××</td></tr>
<tr><td>首次会议、末次会议参加人员</td><td colspan="4">审核组成员、公司负责人、管理者代表、各部门负责人</td></tr>
<tr><td colspan="5">审核日程安排</td></tr>
<tr><td rowspan="2">时间</td><td rowspan="2">部门</td><td colspan="2">审核条款</td><td rowspan="2">审核员</td></tr>
<tr><td>E 环境</td><td>S 健康安全</td></tr>
<tr><td>4 日 9:00~9:30</td><td colspan="4">首次会议</td></tr>
<tr><td>4 日 9:30~12:00</td><td>管理层</td><td>4.1、4.2、4.3、4.4、5.1、5.2、5.3、6.1、6.2、7.1、7.5、9.2、9.3、10</td><td>4.1、4.2、4.3、4.4、5.1、5.2、5.3、5.4、6.1、6.2、7.1、7.5、9.2、9.3、10</td><td>A</td></tr>
<tr><td>4 日 9:30~12:00</td><td>行政部</td><td>5.2、5.3、6.1.2、6.1.3、6.1.4、6.2、7.2、7.3、7.4、8.1、8.2、9.1、10</td><td>5.2、5.3、5.4、6.1.2、6.1.3、6.1.4、6.2、7.2、7.3、7.4、8.1、8.2、9.1、10</td><td>B</td></tr>
<tr><td>4 日 14:00~15:30</td><td>生管部</td><td>5.2、5.3、6.1.2、6.1.4、6.2、7.4、8.1</td><td>5.2、5.3、5.4、6.1.2、6.1.4、6.2、7.4、8.1</td><td>A</td></tr>
<tr><td>4 日 14:00~15:30</td><td>工程部</td><td>5.2、5.3、6.1.2、6.1.4、6.2、8.1</td><td>5.2、5.3、5.4、6.1.2、6.1.4、6.2、8.1</td><td>B</td></tr>
<tr><td>4 日 15:30~17:00</td><td>生产部</td><td>5.2、5.3、6.1.2、6.1.4、6.2、8.1</td><td>5.2、5.3、5.4、6.1.2、6.1.4、6.2、8.1</td><td>A</td></tr>
<tr><td>4 日 15:30~17:00</td><td>采购部</td><td>5.2、5.3、6.1.2、6.1.4、6.2、7.4、8.1</td><td>5.2、5.3、5.4、6.1.2、6.1.4、6.2、7.4、8.1</td><td>B</td></tr>
<tr><td>5 日 9:00~10:30</td><td>品质部</td><td>5.2、5.3、6.1.2、6.1.4、6.2、8.1</td><td>5.2、5.3、5.4、6.1.2、6.1.4、6.2、8.1</td><td>A</td></tr>
<tr><td>5 日 9:00~10:30</td><td>业务部</td><td>5.2、5.3、6.1.2、6.1.4、6.2、7.4、8.1</td><td>5.2、5.3、5.4、6.1.2、6.1.4、6.2、7.4、8.1</td><td>B</td></tr>
<tr><td>5 日 10:30~12:00</td><td>财务部</td><td>5.2、5.3、6.1.2、6.1.4、6.2、7.1、8.1</td><td>5.2、5.3、5.4、6.1.2、6.1.4、6.2、7.1、8.1</td><td>A</td></tr>
<tr><td>5 日 14:30~15:00</td><td>末次会议</td><td></td><td></td><td></td></tr>
</table>

编写：　　　　　　　　　　　　　　　　审核：

日期：　　　　　　　　　　　　　　　　日期：

签到表

会议内容：内审首次会议　　　　2019 年 11 月 4 日

编号	部 门	姓 名	职 位	签 名
1				
2				

内审检查表

内审员：　　　　部门：财务部　　　　内审日期：

条款要求	审核要点	审核方法	审核记录	符合性
5.2　职业健康安全方针	最高管理者应建立、实施并保持职业健康安全方针。职业健康安全方针应： （a）包括为防止与工作相关的伤害和健康损害而提供安全和健康的工作条件的承诺，并适合于组织的宗旨和规模、组织所处的环境，以及组织的职业健康安全风险和职业健康安全机遇的具体性质 （b）为制定职业健康安全目标提供框架 （c）包括满足法律法规要求和其他要求的承诺 （d）包括消除危险源和降低职业健康安全风险的承诺（见 8.1.2） （e）包括持续改进职业健康安全管理体系的承诺 （f）包括工作人员及其代表（若有）的协商和参与的承诺 职业健康安全方针应： （a）作为成文信息而可被获取 （b）在组织内予以沟通 （c）在适当时可为相关方所获取 （d）保持相关和适宜	方针是否理解	查张 ××，能理解方针。参见管理手册	符合
5.3　组织的岗位、职责、责任和权限				

续表

条款要求	审核要点	审核方法	审核记录	符合性
6.1.2 危险源辨识和职业健康安全风险评价 6.1.2.1 危险源辨识	最高管理者应确保将职业健康安全管理体系内相关角色的职责和权限分配到组织内各层次并予以沟通，且作为成文信息予以保持。组织内每一层次的工作人员均应为其所控制部分承担职业健康安全管理体系方面的职责 注：尽管职责和权限可以被分配，但最高管理者仍应为职业健康安全管理体系的运行承担最终问责 最高管理者应对下列事项分配职责和权限： （a）确保职业健康安全管理体系符合本标准的要求； （b）向最高管理者报告职业健康安全管理体系的绩效	财务部职责是否明确	有财务部岗位说明书，有明确职业健康安全岗位职责	符合
6.1.2.2 职业健康安全风险和职业健康安全管理体系的其他风险的评价	组织应建立、实施和保持用于持续和主动的危险源辨识的过程。该过程必须考虑（但不限于）： （a）工作如何组织，社会因素（包括工作负荷、工作时间、欺骗、骚扰和欺压），领导作用和组织的文化 （b）常规和非常规的活动和状况，包括由以下方面所产生的危险源： ①基础设施、设备、原料、材料和工作场所的物理环境； ②产品和服务的设计、研究、开发、测试、生产、装配、施工、交付、维护或处置； ③人因 注：人因（human factors），又称人类工效学（Ergonomics），主要是指使系统设计适于人的生理和心理特点，以确保健康、安全、高效和舒适	危险源的识别是否考虑到工作如何组织、社会因素等8个方面	财务部的危险源共25个，比如宿舍火灾、食物中毒、交通事故等，考虑到工作如何组织、社会因素、人因工程、组织内部或外部以往发生的相关事件及其原因等8个方面。参见危险源清单	符合

续表

条款要求	审核要点	审核方法	审核记录	符合性
6.1.2.2　职业健康安全风险和职业健康安全管理体系的其他风险的评价	④工作如何执行 （c）组织内部或外部以往发生的相关事件（包括紧急情况）及其原因 （d）潜在的紧急情况 （e）人员，包括考虑： ①进入工作场所的人员及其活动，包括工作人员、承包方、访问者和其他人员 ②工作场所附近可能受组织活动影响的人员 ③处于不受组织直接控制的场所的工作人员 （f）其他议题，包括考虑： ①工作区域、过程、装置、机器和（或）设备、操作程序和工作组织的设计，包括他们对所涉及工作人员的需求和能力的适应性； ②由组织控制下的工作相关活动所导致的、发生在工作场所附近的状况 ③发生在工作场所附近、不受组织控制、可能对工作场所内的人员造成伤害和健康损害的状况 （g）在组织、运行、过程、活动和职业健康安全管理体系中的实际或拟定的变更（见8.1.3） （h）危险源的知识和相关信息的变更			
6.1.2.3　职业健康安全机遇和职业健康安全管理体系的其他机遇的评价	组织应建立、实施和保持过程，以： （a）评价来自已识别的危险源的职业健康安全风险，同时必须考虑现有控制的有效性 （b）确定和评价与建立、实施、运行和保持职业健康安全管理体系相关的其他风险 组织的职业健康安全风险评价方法和准则应在范围、性质和时机方面予以界定，以确保其是主动的而非被动的，并以系统的方式得到应用。有关方法和准则的成文信息应予以保持和保留	是否针对危险源进行风险评审，是否针对现有控制措施进行有效性评价如果无效，是否有改进措施？风险评价的方法是否系统	风险评价的方法为 LEC 法，危险源清单中，有对现在控制措施进行评审，效果不佳的都有制定新的控制措施。参见危险源清单	符合

续表

条款要求	审核要点	审核方法	审核记录	符合性
6.1.4 措施的策划	组织应建立、实施和保持过程，以评价： （a）有关增强职业健康安全绩效的职业健康安全机遇，同时必须考虑所策划的对组织及其方针、过程或活动的变更，以及： ①有关使工作、工作组织和工作环境适合于工作人员的机遇 ②有关消除危险源和降低职业健康安全风险的机遇 （b）有关改进职业健康安全管理体系的其他机遇 注：职业健康安全风险和职业健康安全机遇可能会给组织带来其他风险和其他机遇	是否有针对职业健康安全体系的导入，相关的机遇是否有充分的识别？是否针对机遇有制定应对措施	有针对危险源的管理、法律法规管理等识别相应的机遇，有应对措施，参见组织环境风险机遇应对措施表	符合
6.2 职业健康安全目标及其实现的策划	组织应策划： （a）措施： ①应对风险和机遇（见6.1.2.2和6.1.2.3） ②满足法律法规要求和其他要求（见6.1.3） ③对紧急情况做出准备和响应（见8.2）； （b）如何： ①在其职业健康安全管理体系过程中或其他业务过程中融入并实施这些措施 ②评价这些措施的有效性 在策划措施时，组织必须考虑控制的层级（见8.1.2）和来自职业健康安全管理体系的输出 在策划措施时，组织还应考虑最佳实践、可选技术方案及财务、运行和经营要求	是否针对危险源控制、法律法规、紧急情况制定应对措施？是否评价这些措施的有效性	有制定危险源控制措施，参见危险源清单和运行控制程序，有针对法律法规制定措施，参见运行控制程序，有针对紧急情况制定应急预案，参见中毒、火灾、交通事故等应急预案	符合
6.2.1 职业健康安全目标	组织应针对相关职能和层次制定职业健康安全目标，以保持和持续改进职业健康安全管理体系和职业健康安全绩效（见10.3） 职业健康安全目标应： （a）与职业健康安全方针一致 （b）可测量（可行时）或能够进行绩效评价 （c）必须考虑： ①适用的要求 ②风险和机遇的评价结果（见6.1.2.2和6.1.2.3） ③与工作人员及其代表（若有）协商（见5.4）的结果 （d）得到监视 （e）予以沟通 （f）在适当时予以更新	是否制定目标	查有财务部目标，目标是火灾事故伤害率为0，触电事故伤害率为0	符合

续表

条款要求	审核要点	审核方法	审核记录	符合性
6.2.2　实现职业健康安全目标的策划	在策划如何实现职业健康安全目标时，组织应确定： (a) 要做什么 (b) 需要什么资源 (c) 由谁负责 (d) 何时完成 (e) 如何评价结果，包括用于监视的参数 (f) 如何将实现职业健康安全目标的措施融入其业务过程中 组织应保持和保留职业健康安全目标和实现职业健康安全目标的策划的成文信息	是否针对目标制定目标实现方案，目标是否有统计？方案是否有评审	有目标实现方案。针对方案每季度有评审	符合
7.1　资源	组织是否为建立、实施、保持和改进职业健康安全管理体系确定所需的资源	查设备设施清单、岗位编制、测量设备清单、劳保用品清单等	查资源充足	符合
8.1　运行策划和控制 8.1.1 总则	组织应通过以下方面来策划、实施、控制和保持满足职业健康安全管理体系要求和实施第6章确定的措施所需的过程： (a) 建立过程准则 (b) 按照准则实施过程控制 (c) 保持和保留必要的成文信息，以确信过程已按策划得到实施 (d) 使工作适合于工作人员 在多雇主的工作场所，组织应与其他组织协调职业健康安全管理体系的相关部分	是否建立过程准则，确保相关人员的职业健康安全	建立运行控制程序、宿舍管理制度、员工健康管理制度等文件，确保员工的职业健康安全	符合
8.1.2　消除危险源和降低职业健康安全风险	组织应建立、实施和保持通过采用如下控制层级来消除危险源和降低职业健康安全风险的过程： (a) 消除危险源 (b) 用危险性低的过程、操作、材料或设备替代 (c) 采用工程控制和重新组织工作 (d) 采用管理控制，包括培训 (e) 使用适当的个体防护装备 注：在许多国家，法律法规要求和其他要求包括了组织无偿为工作人员提供个体防护装备（PPE）的要求	针对危险源，是否有根据层次来消防或降低风险	有危险源清单，针对重大危险源，制定目标和管理方案，进行层级控制，确保消灭或降低风险。参见危险源清单、目标及实现方案、运行控制程序	符合

内审检查表

内审员：　　　　　　　　部门：采购部　　　　　　　　内审日期：

条款要求	审核要点	审核方法	审核记录	符合性
5.2　职业健康安全方针	最高管理者应建立、实施并保持职业健康安全方针。职业健康安全方针应： （a）包括为防止与工作相关的伤害和健康损害而提供安全和健康的工作条件的承诺，并适合于组织的宗旨和规模、组织所处的环境，以及组织的职业健康安全风险和职业健康安全机遇的具体性质 （b）为制定职业健康安全目标提供框架 （c）包括满足法律法规要求和其他要求的承诺 （d）包括消除危险源和降低职业健康安全风险的承诺（见 8.1.2） （e）包括持续改进职业健康安全管理体系的承诺 （f）包括工作人员及其代表（若有）的协商和参与的承诺。 职业健康安全方针应： ——作为成文信息而可被获取 ——在组织内予以沟通 ——在适当时可为相关方所获取 ——保持相关和适宜	方针是否理解	查李 ××，能理解方针。参见管理手册	符合
5.3　组织的岗位、职责、责任和权限	最高管理者应确保将职业健康安全管理体系内相关角色的职责和权限分配到组织内各层次并予以沟通，且作为成文信息予以保持。组织内每一层次的工作人员均应为其所控制部分承担职业健康安全管理体系方面的职责 注：尽管职责和权限可以被分配，但最高管理者仍应为职业健康安全管理体系的运行承担最终问责 最高管理者应对下列事项分配职责和权限： （a）确保职业健康安全管理体系符合本标准的要求； （b）向最高管理者报告职业健康安全管理体系的绩效	采购部职责是否明确	有采购部岗位说明书，有明确职业健康安全岗位职责	符合

续表

条款要求	审核要点	审核方法	审核记录	符合性
6.1.2　危险源辨识和职业健康安全风险评价 6.1.2.1 危险源辨识	组织应建立、实施和保持用于持续和主动的危险源辨识的过程。该过程必须考虑（但不限于）： （a）工作如何组织，社会因素（包括工作负荷、工作时间、欺骗、骚扰和欺压），领导作用和组织的文化 （b）常规和非常规的活动和状况，包括由以下方面所产生的危险源： ①基础设施、设备、原料、材料和工作场所的物理环境； ②产品和服务的设计、研究、开发、测试、生产、装配、施工、交付、维护或处置； ③人因 注：人因（human factors），又称人类工效学（Ergonomics），主要是指使系统设计适于人的生理和心理特点，以确保健康、安全、高效和舒适 ④工作如何执行 （c）组织内部或外部以往发生的相关事件（包括紧急情况）及其原因 （d）潜在的紧急情况 （e）人员，包括考虑： ① 进入工作场所的人员及其活动，包括工作人员、承包方、访问者和其他人员 ②工作场所附近可能受组织活动影响的人员 ③处于不受组织直接控制的场所的工作人员 （f）其他议题，包括考虑： ①工作区域、过程、装置、机器和（或）设备、操作程序和工作组织的设计，包括他们对所涉及工作人员的需求和能力的适应性； ②由组织控制下的工作相关活动所导致的、发生在工作场所附近的状况 ③发生在工作场所附近、不受组织控制、可能对工作场所内的人员造成伤害和健康损害的状况 （g）在组织、运行、过程、活动和职业健康安全管理体系中的实际或拟定的变更（见 8.1.3） （h）危险源的知识和相关信息的变更	危险源的识别是否考虑到工作如何组织、社会因素等 8 个方面	采购部的危险源共 25 个，比如宿舍火灾、食物中毒、交通事故等，考虑到了工作如何组织、社会因素、人因工程、组织内部或外部以往发生的相关事件及其原因等 8 个方面。参见危险源清单	符合

续表

条款要求	审核要点	审核方法	审核记录	符合性
6.1.2.2 职业健康安全风险和职业健康安全管理体系的其他风险的评价	组织应建立、实施和保持过程： （a）评价来自于已识别的危险源的职业健康安全风险，同时必须考虑现有控制的有效性 （b）确定和评价与建立、实施、运行和保持职业健康安全管理体系相关的其他风险 组织的职业健康安全风险评价方法和准则应在范围、性质和时机方面予以界定，以确保其是主动的而非被动的，并以系统的方式得到应用。有关方法和准则的成文信息应予以保持和保留	是否针对危险源进行风险评审？是否针对现有控制措施进行有效性评价，如果无效，是否有改进措施？风险评价的方法是否系统	风险评价的方法为 LEC 法，危险源清单中，有对现在控制措施进行评审，效果不佳的都有制定新的控制措施。参见危险源清单	符合
6.1.2.3 职业健康安全机遇和职业健康安全管理体系的其他机遇的评价	组织应建立、实施和保持过程，以评价： （a）有关增强职业健康安全绩效的职业健康安全机遇，同时必须考虑所策划的对组织及其方针、过程或活动的变更，以及： ①有关使工作、工作组织和工作环境适合于工作人员的机遇 ②有关消除危险源和降低职业健康安全风险的机遇 （b）有关改进职业健康安全管理体系的其他机遇 注：职业健康安全风险和职业健康安全机遇可能会给组织带来其他风险和其他机遇	是否针对职业健康安全体系的导入，相关的机遇是否有充分的识别？是否针对机遇有制定应对措施	有针对危险源的管理、法律法规管理等识别相应的机遇，有应对措施，参见组织环境风险机遇应对措施表	符合
6.1.4 措施的策划	组织应策划： （a）措施： ①应对风险和机遇（见 6.1.2.2 和 6.1.2.3） ②满足法律法规要求和其他要求（见 6.1.3） ③对紧急情况做出准备和响应（见 8.2）； （b）如何： ①在其职业健康安全管理体系过程中或其他业务过程中融入并实施这些措施 ②评价这些措施的有效性 在策划措施时，组织必须考虑控制的层级（见 8.1.2）和来自职业健康安全管理体系的输出 在策划措施时，组织还应考虑最佳实践、可选技术方案以及财务、运行和经营要求	是否针对危险源控制、法律法规、紧急情况制定应对措施？是否评价这些措施的有效性	有制定危险源控制措施，参见危险源清单和运行控制程序，有针对法律法规制定措施，参见运行控制程序，有针对紧急情况制定应急预案，参见中毒、火灾、交通事故等应急预案	符合

续表

条款要求	审核要点	审核方法	审核记录	符合性
6.2　职业健康安全目标及其实现的策划 6.2.1　职业健康安全目标	组织应针对相关职能和层次制定职业健康安全目标，以保持和持续改进职业健康安全管理体系和职业健康安全绩效（见 10.3） 职业健康安全目标应： （a）与职业健康安全方针一致 （b）可测量（可行时）或能够进行绩效评价 （c）必须考虑： ①适用的要求 ② 风险和机遇的评价结果（见 6.1.2.2 和 6.1.2.3） ③与工作人员及其代表（若有）协商（见 5.4）的结果 （d）得到监视 （e）予以沟通 （f）在适当时予以更新	是否制定目标？	查有采购部目标，目标是火灾事故伤害为0，触电事故伤害为0	符合
6.2.2　实现职业健康安全目标的策划	在策划如何实现职业健康安全目标时，组织应确定： （a）要做什么 （b）需要什么资源 （c）由谁负责 （d）何时完成 （e）如何评价结果，包括用于监视的参数 （f）如何将实现职业健康安全目标的措施融入其业务过程中 组织应保持和保留职业健康安全目标和实现职业健康安全目标的策划的成文信息	是否针对目标制定目标实现方案，目标是否有统计？方案是否有评审	有目标实现方案。针对方案每季度有评审	符合
7　支持 7.4.3　外部沟通	组织应按其所建立的沟通过程就职业健康安全管理体系的相关信息进行外部沟通，并必须考虑其法律法规要求和其他要求	是否对采购商施加职业安全影响	查有职业健康安全协议，职业安全调查表	符合
8　运行 8.1　运行策划和控制 8.1.1 总则	组织应通过以下方面来策划、实施、控制和保持满足职业健康安全管理体系要求和实施第6章确定的措施所需的过程： （a）建立过程准则 （b）按照准则实施过程控制 （c）保持和保留必要的成文信息，以确信过程已按策划得到实施 （d）使工作适合于工作人员 在多雇主的工作场所，组织应与其他组织协调职业健康安全管理体系的相关部分	是否建立过程准则，确保相关人员的职业健康安全	建立运行控制程序、宿舍管理制度、员工健康管理制度等文件确保员工的职业健康安全	符合

续表

条款要求	审核要点	审核方法	审核记录	符合性
8.1.2 消除危险源和降低职业健康安全风险	组织应建立、实施和保持通过采用如下控制层级来消除危险源和降低职业健康安全风险的过程： （a）消除危险源 （b）用危险性低的过程、操作、材料或设备替代 （c）采用工程控制和重新组织工作 （d）采用管理控制，包括培训 （e）使用适当的个体防护装备 注：在许多国家，法律法规要求和其他要求包括了组织无偿为工作人员提供个体防护装备（PPE）的要求	针对危险源，是否有根据层次来消防或降低风险	有危险源清单，针对重大危险源，制定了目标和管理方案，进行了层级控制，确保消灭或降低风险。参见危险源清单、目标及实现方案、运行控制程序	符合
8.1.4 采购 8.1.4.1 总则	组织应建立、实施和保持过程，用于控制产品和服务的采购，以确保其符合职业健康安全管理体系	是否对采购商施加职业安全影响	查有职业健康安全协议，职业安全调查表	符合

内审检查表

内审员： 部门：工程部 内审日期：

条款要求	审核要点	审核方法	审核记录	符合性
5.2 职业健康安全方针	最高管理者应建立、实施并保持职业健康安全方针。职业健康安全方针应：（a）包括为防止与工作相关的伤害和健康损害而提供安全和健康的工作条件的承诺，并适合于组织的宗旨和规模、组织所处的环境，以及组织的职业健康安全风险和职业健康安全机遇的具体性质（b）为制定职业健康安全目标提供框架（c）包括满足法律法规要求和其他要求的承诺（d）包括消除危险源和降低职业健康安全风险的承诺（见 8.1.2）（e）包括持续改进职业健康安全管理体系的承诺（f）包括工作人员及其代表（若有）的协商和参与的承诺 职业健康安全方针应：——作为成文信息而可被获取；——在组织内予以沟通；——在适当时可为相关方所获取；——保持相关和适宜	方针是否理解	查张 ××，能理解方针。参见管理手册	符合

续表

条款要求	审核要点	审核方法	审核记录	符合性
5.3　组织的岗位、职责、责任和权限	最高管理者应确保将职业健康安全管理体系内相关角色的职责和权限分配到组织内各层次并予以沟通，且作为成文信息予以保持。组织内每一层次的工作人员均应为其所控制部分承担职业健康安全管理体系方面的职责。注：尽管职责和权限可以被分配，但最高管理者仍应为职业健康安全管理体系的运行承担最终问责。最高管理者应对下列事项分配职责和权限：(a）确保职业健康安全管理体系符合本标准的要求；(b）向最高管理者报告职业健康安全管理体系的绩效	行政部职责是否明确	有行政部岗位说明书，有明确职业健康安全岗位职责	符合
5.4　参与和协商	组织应建立、实施和保持过程，让所有适用层次和职能的工作人员及其代表（若有）协商和参与职业健康安全管理体系的开发、策划、实施、绩效评价和改进。组织应：(a）为协商和参与提供必要的机制、时间、培训和资源；注1：工作人员代表可视为一种协商和参与机制。(b）及时提供渠道，以获取清晰的、可理解的和相关的职业健康安全管理体系信息；(c）确定和消除妨碍参与的障碍或壁垒，并尽可能减少那些无法消除的障碍或壁垒；注2：障碍和壁垒可包括未回应工作人员的输入和建议，语言或读写障碍，报复或威胁报复，以及不鼓励或惩罚工作人员参与的政策或惯例等	是否识别员工参与的障碍？是否建立员工参与与协商的计划	有识别员工参与的障碍清单，有文件规定员工参与和协商的计划，比如确定相关方需求与期望。参见员工参与协调程序文件	符合
	(d）强调与非管理类工作人员在如下方面的协商：①确定相关方的需求和期望（见4.2）；②建立职业健康安全方针（见5.2）；③适用时，分配组织的角色、职责和权限（见5.3）；④确定如何满足法律法规要求和其他要求（见6.1.3）；⑤制定职业健康安全目标并为其实现进行策划（见6.2）；⑥确定对外包、采购和承包方的适用控制（见8.1.4）；⑦确定所需监视、测量和评价的内容（见9.1）；⑧策划、建立、实施和保持审核方案（见9.2.2）；⑨确保持续改进（见10.3）	员工代表是否参与相关方需求与期望等9条工作的协商	查员工代表李××等有参与协商安全方针的会议记录	符合

续表

条款要求	审核要点	审核方法	审核记录	符合性
5.4　参与和协商	（e）强调非管理类工作人员在如下方面的参与：①确定其协商和参与的机制；②辨识危险源并评价风险和机遇（见 6.1.1 和 6.1.2）；③确定消除危险源和降低职业健康安全风险的措施（见 6.1.4）；④确定能力要求、培训需求、培训和培训效果评价（见 7.2）；⑤确定沟通的内容和方式（见 7.4）；⑥确定控制及其有效实施和应用（见 8.1、8.1.3 和 8.2）；⑦调查事件和不符合并确定纠正措施（见 10.2）。注 3：强调非管理类工作人员的协商和参与，旨在适用于执行工作活动的人员，但无意排除其他人员，如受组织内工作活动或其他因素影响的管理者。注 4：需认识到，若可行，向工作人员免费提供培训及在工作时间内提供培训，可以消除工作人员参与的重大障碍	员工代表是否有参与识别危险源、建立协商参与机制等 7 个工作的决策	查有员工代表张 ×× 参与危险源识别等 7 项工作的会议记录	符合
6.1.2　危险源辨识和职业健康安全风险评价 6.1.2.1 危险源辨识	组织应建立、实施和保持用于持续和主动的危险源辨识的过程。该过程必须考虑（但不限于）：（a）工作如何组织，社会因素（包括工作负荷、工作时间、欺骗、骚扰和欺压），领导作用和组织的文化（b）常规和非常规的活动和状况，包括由以下方面所产生的危险源：①基础设施、设备、原料、材料和工作场所的物理环境；②产品和服务的设计、研究、开发、测试、生产、装配、施工、交付、维护或处置；③人因；注：人因（human factors），又称人类工效学（Ergonomics），主要是指使系统设计适于人的生理和心理特点，以确保健康、安全、高效和舒适；④工作如何执行（c）组织内部或外部以往发生的相关事件（包括紧急情况）及其原因；（d）潜在的紧急情况（e）人员，包括考虑：①进入工作场所的人员及其活动，包括工作人员、承包方、访问者和其他人员；②工作场所附近可能受组织活动影响的人员；③处于不受组织直接控制的场所的工作人员（f）其他议题，包括考虑：①工作区域、过程、装置、机器和（或）设备、操作程序和工作组织的设计，包括他们对所涉及工作人员的需求和能力的适应性；②由组织控制下的工作相关活动所导致的、发生在工作场所附近的状况；③发生在工作场所附近、不受组织控制、可能对工作场所内的人员造成伤害和健康损害的状况（g）在组织、运行、过程、活动和职业健康安全管理体系中的实际或拟定的变更（见 8.1.3）（h）危险源的知识和相关信息的变更	危险源的识别是否考虑到工作如何组织、社会因素等 8 个方面	行政部的危险源共 98 个，比如宿舍火灾、食物中毒、交通事故等，考虑到了工作如何组织、社会因素、人因工程、组织内部或外部以往发生的相关事件及其原因等 8 个方面。参见危险源清单	符合

续表

条款要求	审核要点	审核方法	审核记录	符合性
6.1.2.2 职业健康安全风险和职业健康安全管理体系的其他风险的评价	组织应建立、实施和保持过程，以：(a）评价来自于已识别的危险源的职业健康安全风险，同时必须考虑现有控制的有效性；(b）确定和评价与建立、实施、运行和保持职业健康安全管理体系相关的其他风险。组织的职业健康安全风险评价方法和准则应在范围、性质和时机方面予以界定，以确保其是主动的而非被动的，并以系统的方式得到应用。有关方法和准则的成文信息应予以保持和保留	是否针对危险源进行风险评审？是否针对现有控制措施进行有效性评价？如果无效，是否有改进措施？风险评价的方法是否系统	风险评价的方法为 LEC 法，危险源清单中，有对现在控制措施进行评审，效果不佳的都有制定新的控制措施。参见危险源清单	符合
6.1.2.3 职业健康安全机遇和职业健康安全管理体系的其他机遇的评价	组织应建立、实施和保持过程，以评价：(a）有关增强职业健康安全绩效的职业健康安全机遇，同时必须考虑所策划的对组织及其方针、过程或活动的变更，以及：① 有关使工作、工作组织和工作环境适合于工作人员的机遇；②有关消除危险源和降低职业健康安全风险的机遇；(b）有关改进职业健康安全管理体系的其他机遇。注：职业健康安全风险和职业健康安全机遇可能会给组织带来其他风险和其他机遇	是否有针对职业健康安全体系的导入，相关的机遇是否有充分的识别？是否针对机遇有制定应对措施	有针对危险源的管理、法律法规管理等识别相应的机遇，有应对措施，参见组织环境风险机遇应对措施表	符合
6.1.3 法律法规要求和其他要求的确定	组织应建立、实施和保持过程，以：(a）确定并获取最新的适用于组织的危险源、职业健康安全风险和职业健康安全管理体系的法律法规要求和其他要求；(b）确定如何将这些法律法规要求和其他要求应用于组织，以及所需沟通的内容；(c）在建立、实施、保持和持续改进其职业健康安全管理体系时，必须考虑这些法律法规要求和其他要求。组织应保持和保留有关法律法规要求和其他要求的成文信息，并确保及时更新以反映任何变化。注：法律法规要求和其他要求可能会给组织带来风险和机遇	是否有识别相关职业健康安全的法律法规，包括人大、政府、地方的	共识别法律法规 84 个	符合
6.1.4 措施的策划	组织应策划：(a）措施，以：①应对风险和机遇（见 6.1.2.2 和 6.1.2.3）；②满足法律法规要求和其他要求（见 6.1.3）；(b）如何：①在其职业健康安全管理体系过程中或其他业务过程中融入并实施这些措施；②评价这些措施的有效性。在策划措施时，组织必须考虑控制的层级（见 8.1.2）和来自职业健康安全管理体系的输出。在策划措施时，组织还应考虑最佳实践、可选技术方案以及财务、运行和经营要求	是否针对危险源控制、法律法规、紧急情况制定应对措施？是否评价这些措施的有效性	有制定危险源控制措施，参见危险源清单和运行控制程序，有针对法律法规制定措施，参见运行控制程序，有针对紧急情况制定应急预案，参见中毒、火灾、交通事故等应急预案	符合

续表

条款要求	审核要点	审核方法	审核记录	符合性
6.2 职业健康安全目标及其实现的策划 6.2.1 职业健康安全目标	组织应针对相关职能和层次制定职业健康安全目标，以保持和持续改进职业健康安全管理体系和职业健康安全绩效（见 10.3）。职业健康安全目标应:（a）与职业健康安全方针一致;（b）可测量（可行时）或能够进行绩效评价;（c）必须考虑：①适用的要求；②风险和机遇的评价结果（见 6.1.2.2 和 6.1.2.3）；③与工作人员及其代表（若有）协商（见 5.4）的结果;（d）得到监视;（e）予以沟通;（f）在适当时予以更新	是否制定目标	查有行政部目标	符合
6.2.2 实现职业健康安全目标的策划	在策划如何实现职业健康安全目标时，组织应确定:（a）要做什么;（b）需要什么资源;（c）由谁负责;（d）何时完成;（e）如何评价结果，包括用于监视的参数;（f）如何将实现职业健康安全目标的措施融入其业务过程中。组织应保持和保留职业健康安全目标和实现职业健康安全目标的策划的成文信息	是否针对目标制定目标实现方案，目标是否有统计？方案是否有评审	有目标实现方案。针对方案每季度有评审	符合
7.2 能力	组织应:（a）确定影响或可能影响其职业健康安全绩效的工作人员所必须具备的能力;（b）基于适当的教育、培训或经历，确保工作人员具备胜任工作的能力（包括具备辨识危险源的能力）;（c）在适用时，采取措施以获得和保持所必需的能力，并评价所采取措施的有效性;（d）保留适当的成文信息作为能力证据。注：适用措施可包括：向所雇现有人员提供培训、指导或重新分配工作；外聘或将工作承包给能胜任工作的人员等	是否确定各个岗位人员能力，特别是重大危险源相关人员能力？是如何满足能力要求的	查岗位职责中有明确各岗位能力，人力资源程序中有明确电工、内审员、急救员人员能力要求。通过教育和训练、招聘方式增强员工能力，查有培训计划表，有消防演习培训、急救知识培训等	符合
7.3 意识	工作人员应知晓:（a）职业健康安全方针和职业健康安全目标;（b）其对职业健康安全管理体系有效性的贡献作用，包括从提升职业健康安全绩效所获益处;（c）不符合职业健康安全管理体系要求的含意和潜在后果;（d）与其相关的事件和调查结果;（e）与其相关的危险源、职业健康安全风险和所确定的措施;（f）从其所认为的急迫且严重危及自身生命和健康的工作状况中脱离，并为保护自己免遭由此产生的不当后果而作出安排的能力	是否通过宣传、培训、会议等各种方式增强员工职业健康安全意识？	查现场有危险源看板、危险警示标示、穿戴劳保用品提示，有年度培训计划，有针对危险源及风险 进行培训	符合

续表

条款要求	审核要点	审核方法	审核记录	符合性
7.4　信息和沟通 7.4.1　总则	组织应建立、实施并保持与职业健康安全管理体系有关的内外部沟通所需的过程，包括确定：（a）沟通什么；（b）何时沟通；（c）与谁沟通：①在组织内不同层次和职能之间；②在进入工作场所的承包方和访问者之间；③在其他相关方之间；（d）如何沟通。在考虑沟通需求时，组织应必须考虑多样性方面（如：性别、语言、文化、读写能力、残疾等）。在建立沟通过程中，组织应确保外部相关方的观点被考虑。在建立沟通过程时，组织应：必须考虑法律法规要求和其他要求；确保所沟通的职业健康安全信息与职业健康安全管理体系内所形成的信息一致且可靠。组织应对有关其职业健康安全管理体系的相关沟通作出响应。适当时，组织应保留成文信息作为其沟通的证据	是否建立沟通程序，确保相关要求得到反馈，确保符合法律法规要求，确保体系得到有效运行	有建立沟通程序，有会议计划，法律法规条文有共享盘，有年度培训计划，有职业安全宣传看板、危险源看板、劳保用品提示标识、有文件发行记录	符合
7.4.2　内部沟通	组织应：（a）就职业健康安全管理体系的相关信息在其不同层次和职能之间进行内部沟通，适当时还包括职业健康安全管理体系的变更；（b）确保其沟通过程能够使工作人员为持续改进作出贡献	是否有内部沟通的规划？	有会议计划，法律法规条文有共享盘，有年度培训计划，有职业安全宣传看板、危险源看板、劳保用品提示标识、有文件发行记录	符合
7.4.3　外部沟通	组织应按其所建立的沟通过程就职业健康安全管理体系的相关信息进行外部沟通，并必须考虑其法律法规要求和其他要求	是否有外部沟通的规划	针对重大危险源有评审是否要外部沟通，针对政府部门检查有反馈记录，针对承包商、外包商、采购商有职业安全调查与宣导	符合
8　运行 8.1　运行策划和控制 8.1.1 总则	组织应通过以下方面来策划、实施、控制和保持满足职业健康安全管理体系要求和实施第6章确定的措施所需的过程：（a）建立过程准则；（b）按照准则实施过程控制；（c）保持和保留必要的成文信息，以确信过程已按策划得到实施；（d）使工作适合于工作人员。在多雇主的工作场所，组织应与其他组织协调职业健康安全管理体系的相关部分	是否建立过程准则，确保相关人员的职业健康安全	建立运行控制程序、宿舍管理制度、员工健康管理制度等文件确保员工的职业健康安全	符合

续表

条款要求	审核要点	审核方法	审核记录	符合性
8.1.2 消除危险源和降低职业健康安全风险	组织应建立、实施和保持通过采用如下控制层级来消除危险源和降低职业健康安全风险的过程：(a）消除危险源；(b）用危险性低的过程、操作、材料或设备替代；(c）采用工程控制和重新组织工作；(d）采用管理控制，包括培训；(e）使用适当的个体防护装备。注：在许多国家，法律法规要求和其他要求包括了组织无偿为工作人员提供个体防护装备（PPE）的要求	针对危险源，是否有根据层次来消防或降低风险	有危险源清单，针对重大危险源，制定了目标和管理方案，进行了层级控制，确保消灭或降低风险。参见危险源清单、目标及实现方案、运行控制程序	符合
8.1.3 变更管理	组织应建立实施和控制所策划的、影响职业健康安全绩效的临时性和永久性变更的过程。这些变更包括：(a）新的产品、服务和过程，或对现有产品、服务和过程的变更，包括：工作场所的位置和周边环境；工作组织；工作条件；设备；工作人员数量；(b）法律法规要求和其他要求的变更；(c）有关危险源和职业健康安全风险的知识或信息的变更；(d）知识和技术的发展。组织应评审非预期性变更的后果，必要时采取措施，以减轻任何不利影响。注：变更可带来风险和机遇	针对过程变更、法律法规及其他要求变更、知识和信息变更、知识和技术发展，是否有重新识别危险源，并制定相应措施消灭或降低风险	有建立危险源识别程序、运行控制程序，法律法规控制程序，针对变更有相应的评审，重新识别危险源，制定措施	符合
8.2 应急准备和响应	组织应建立、实施和保持对6.1.2.1中所识别的潜在紧急情况进行应急准备并作出响应所需的过程，包括：(a）建立响应紧急情况的计划，包括提供急救；(b）为所策划的响应措施提供培训；(c）定期测试和演练所策划的响应能力；(d）评价绩效，必要时（包括在测试之后，尤其是在紧急情况发生之后）修订所策划的响应措施；(e）与所有工作人员沟通并提供与其义务和职责有关的信息；(f）与承包方、访问者、应急响应服务机构、政府执法监管机构、当地社区（适当时）沟通相关信息；(g）必须考虑所有有关相关方的需求和能力，适当时确保其参与所策划的响应措施的开发。组织应保持和保留关于响应潜在紧急情况的过程和计划的成文信息	是否建立火灾、中毒、台风、交通事故、中毒等应急预案？针对主要的应急预案是否有演习，演习后是否评审应急预案的有效性	有建立消防、中毒、台风、交通事故等应急预案，2019年12月有进行消防演习，并对演习过程进行有效性评审	符合

续表

条款要求	审核要点	审核方法	审核记录	符合性
9　绩效评价	组织应建立、实施和保持监视、测量、分析和评价绩效的过程。组织应确定：(a）需要监视和测量的内容，包括：①满足法律法规要求和其他要求的程度；②与辨识出的危险源、风险和机遇相关的活动和运行；③实现组织职业健康安全目标的进展情况；④运行控制和其他控制的有效性；（b）适用时，为确保结果有效而所采用的监视、测量、分析和评价绩效的方法；(c）组织评价其职业健康安全绩效所依据的准则；(d）何时应实施监视和测量；(e）何时应分析、评价和沟通监视和测量的结果。组织应评价其职业健康安全绩效并确定职业健康安全管理体系的有效性。组织应确保适用的监视和测量设备被校准或验证，并被妥善使用和维护。注：法律法规要求和其他要求（如国家标准或国际标准）可能涉及监视和测量设备的校准或验证。组织应保留适当的成文信息：作为监视、测量、分析和评价绩效的结果的证据；记录有关测量设备的维护、校准或验证	是否建立监视和测量程序？是否明确监视和测量的项目、时间、结果判定？测量设备是否有按计划校准？监视测量结果是否有分析和评价	有建立监测程序，主要监视测量的项目有：职业健康安全目标及实现方案、职业健康安全体系运行、法律法规及其他要求、室内空气质量、噪音、饮用水、工伤事故、员工体检等。测量设备主要是温湿度计，有校准。针对工伤事故有年度总结分析报告	符合
9.1　监视、测量、分析和评价				
9.1.1　总则				
9.1.2　合规性评价	组织应建立、实施和保持对法律法规要求和其他要求（见 6.1.3）的合规性进行评价的过程。组织应：(a）确定实施合规性评价的频次和方法；(b）评价合规性，并在需要时采取措施（见 10.2）；(c）保持其关于对法律法规要求和其他要求的合规状态的知识和理解；(d）保留合规性评价结果的成文信息	是否按计划进行合规性评价？评价不符合是否有纠正措施	2019 年 12 月有进行合规性评价，评价合格	符合

续表

条款要求	审核要点	审核方法	审核记录	符合性
10　改进 10.2 事件、不符合和纠正措施	组织应建立、实施和保持包括报告、调查和采取措施在内的过程，以确定和管理事件和不符合。当事件或不符合发生时，组织应：(a) 及时对事件和不符合作出反应，并在适用时：①采取措施予以控制和纠正；②处置后果；(b) 在工作人员的参与（见 5.4）和其他相关方的参加下，通过下列活动，评价是否采取纠正措施，以消除导致事件或不符合的根本原因，防止事件或不符合再次发生或在其他场合发生：①调查事件或评审不符合；②确定导致事件或不符合的原因；③确定类似事件是否曾已发生过，不符合是否存在，或他们是否可能会发生；(c) 在适当时，对现有的职业健康安全风险和其他风险的评价进行评审；(d) 按照控制层级（见 8.1.2）和变更管理（见 8.1.3），确定并实施任何所需的措施，包括纠正措施；(e) 在采取措施前，评价与新的或变化的危险源相关的职业健康安全风险；(f) 评审任何所采取措施的有效性，包括纠正措施；(g) 在必要时，变更职业健康安全管理体系。纠正措施应与事件或不符合所产生的影响或潜在影响相适应。组织应保留成文信息作为以下方面的证据：事件或不符合的性质以及随后所采取的任何措施；任何措施和纠正措施的结果，包括其有效性。组织应就此成文信息与相关工作人员及其代表（若有）和其他有关的相关方进行沟通。注：及时报告和调查事件可有助于消除危险源和尽快降低相关职业健康安全风险	监视和测量不符合要求，是否有纠正、原因分析、纠正措施，措施是否验证	监视和测量暂无发现不符合	符合

内审检查表

内审员：　　　　　部门：行政部　　　　　内审日期：

条款要求	审核要点	审核方法	审核记录	符合性
5.2 职业健康安全方针	最高管理者应建立、实施并保持职业健康安全方针。职业健康安全方针应：(a) 包括为防止与工作相关的伤害和健康损害而提供安全和健康的工作条件的承诺，并适合于组织的宗旨和规模、组织所处的环境，以及组织的职业健康安全风险和职业健康安全机遇的具体性质；(b) 为制定职业健康安全目标提供框架；(c) 包括满足法律法规要求和其他要求的承诺；(d) 包括消除危险源和降低职业健康安全风险的承诺（见 8.1.2）；(e) 包括持续改进职业健康安全管理体系的承诺；(f) 包括工作人员及其代表（若有）的协商和参与的承诺 职业健康安全方针应：作为成文信息而可被获取；在组织内予以沟通；在适当时可为相关方所获取；保持相关和适宜	方针是否理解	查张 ××，能理解方针。参见管理手册	符合
5.3 组织的岗位、职责、责任和权限	最高管理者应确保将职业健康安全管理体系内相关角色的职责和权限分配到组织内各层次并予以沟通，且作为成文信息予以保持。组织内每一层次的工作人员均应为其所控制部分承担职业健康安全管理体系方面的职责。注：尽管职责和权限可以被分配，但最高管理者仍应为职业健康安全管理体系的运行承担最终问责。最高管理者应对下列事项分配职责和权限：(a) 确保职业健康安全管理体系符合本标准的要求；(b) 向最高管理者报告职业健康安全管理体系的绩效	行政部职责是否明确	有行政部岗位说明书，有明确职业健康安全岗位职责	符合
5.4 参与和协商	组织应建立、实施和保持过程，让所有适用层次和职能的工作人员及其代表（若有）协商和参与职业健康安全管理体系的开发、策划、实施、绩效评价和改进。组织应：(a) 为协商和参与提供必要的机制、时间、培训和资源；注 1：工作人员代表可视为一种协商和参与机制。(b) 及时提供渠道，以获取清晰的、可理解的和相关的职业健康安全管理体系信息；(c) 确定和消除妨碍参与的障碍或壁垒，并尽可能减少那些无法消除的障碍或壁垒；注 2：障碍和壁垒可包括未回应工作人员的输入和建议，语言或读写障碍，报复或威胁报复，以及不鼓励或惩罚工作人员参与的政策或惯例等	是否识别员工参与的障碍？是否建立员工参与与协商的计划	有识别员工参与的障碍清单，有文件规定员工参与和协商的计划，比如确定相关方需求与期望。参见员工参与协调程序文件	符合

续表

条款要求	审核要点	审核方法	审核记录	符合性
	（d）强调与非管理类工作人员在如下方面的协商：①确定相关方的需求和期望（见4.2）；②建立职业健康安全方针（见5.2）；③适用时，分配组织的角色、职责和权限（见5.3）；④确定如何满足法律法规要求和其他要求（见6.1.3）；⑤制定职业健康安全目标并为其实现进行策划（见6.2）；⑥确定对外包、采购和承包方的适用控制（见8.1.4）；⑦确定所需监视、测量和评价的内容（见9.1）；⑧策划、建立、实施和保持审核方案（见9.2.2）；⑨确保持续改进（见10.3）	员工代表是否参与相关方需求与期望等9条工作的协商	查员工代表李××等有参与协商安全方针的会议记录	符合
	（e）强调非管理类工作人员在如下方面的参与：①确定其协商和参与的机制；②辨识危险源并评价风险和机遇（见6.1.1和6.1.2）；③确定消除危险源和降低职业健康安全风险的措施（见6.1.4）；④确定能力要求、培训需求、培训和培训效果评价（见7.2）；⑤确定沟通的内容和方式（见7.4）；⑥确定控制及其有效实施和应用（见8.1、8.1.3和8.2）；⑦调查事件和不符合并确定纠正措施（见10.2）。注3：强调非管理类工作人员的协商和参与，旨在适用于执行工作活动的人员，但无意排除其他人员，如受组织内工作活动或其他因素影响的管理者。注4：需认识到，若可行，向工作人员免费提供培训及在工作时间内提供培训，可以消除工作人员参与的重大障碍	员工代表是否有参与识别危险源、建立协商参与机制等7个工作的决策	查有员工代表张××参与危险源识别等7项工作的会议记录	符合
6.1.2 危险源辨识和职业健康安全风险评价 6.1.2.1 危险源辨识	组织应建立、实施和保持用于持续和主动的危险源辨识的过程。该过程必须考虑（但不限于）：（a）工作如何组织，社会因素（包括工作负荷、工作时间、欺骗、骚扰和欺压），领导作用和组织的文化；（b）常规和非常规的活动和状况，包括由以下方面所产生的危险源：①基础设施、设备、原料、材料和工作场所的物理环境；②产品和服务的设计、研究、开发、测试、生产、装配、施工、交付、维护或处置；③人因；注：人因（human factors），又称人类工效学（Ergonomics），主要是指使系统设计适于人的生理和心理特点，以确保健康、安全、高效和舒适；	危险源的识别是否考虑到工作如何组织、社会因素等8个方面	行政部的危险源共98个，比如宿舍火灾、食物中毒、交通事故等，考虑到了工作如何组织、社会因素、人因工程、组织内部或外部以往发生的相关事件及其原因等8个方面。参见危险源清单	符合

续表

条款要求	审核要点	审核方法	审核记录	符合性
	④工作如何执行。(c)组织内部或外部以往发生的相关事件(包括紧急情况)及其原因;(d)潜在的紧急情况;(e)人员，包括考虑：①进入工作场所的人员及其活动，包括工作人员、承包方、访问者和其他人员;②工作场所附近可能受组织活动影响的人员;③处于不受组织直接控制的场所的工作人员;(f)其他议题，包括考虑：①工作区域、过程、装置、机器和(或)设备、操作程序和工作组织的设计，包括他们对所涉及工作人员的需求和能力的适应性;②由组织控制下的工作相关活动所导致的、发生在工作场所附近的状况;③发生在工作场所附近、不受组织控制、可能对工作场所内的人员造成伤害和健康损害的状况;(g)在组织、运行、过程、活动和职业健康安全管理体系中的实际或拟定的变更(见8.1.3);(h)危险源的知识和相关信息的变更			
6.1.2.2　职业健康安全风险和职业健康安全管理体系的其他风险的评价	组织应建立、实施和保持过程，以:(a)评价来自于已识别的危险源的职业健康安全风险，同时必须考虑现有控制的有效性;(b)确定和评价与建立、实施、运行和保持职业健康安全管理体系相关的其他风险。组织的职业健康安全风险评价方法和准则应在范围、性质和时机方面予以界定，以确保其是主动的而非被动的，并以系统的方式得到应用。有关方法和准则的成文信息应予以保持和保留	是否针对危险源进行风险评审？是否针对现有控制措施进行有效性评价？如果无效，是否有改进措施？风险评价的方法是否系统	风险评价的方法为LEC法，危险源清单中，有对现在控制措施进行评审，效果不佳的都有制定新的控制措施。参见危险源清单	符合
6.1.2.3　职业健康安全机遇和职业健康安全管理体系的其他机遇的评价	组织应建立、实施和保持过程，以评价:(a)有关增强职业健康安全绩效的职业健康安全机遇，同时必须考虑所策划的对组织及其方针、过程或活动的变更，以及：①有关使工作、工作组织和工作环境适合于工作人员的机遇;②有关消除危险源和降低职业健康安全风险的机遇;(b)有关改进职业健康安全管理体系的其他机遇。注：职业健康安全风险和职业健康安全机遇可能会给组织带来其他风险和其他机遇	是否有针对职业健康安全体系的导入，相关的机遇是否有充分的识别？是否针对机遇有制定应对措施	有针对危险源的管理、法律法规管理等识别相应的机遇，有应对措施，参见组织环境风险机遇应对措施表	符合

续表

条款要求	审核要点	审核方法	审核记录	符合性
6.1.3 法律法规要求和其他要求的确定	组织应建立、实施和保持过程，以:（a）确定并获取最新的适用于组织的危险源、职业健康安全风险和职业健康安全管理体系的法律法规要求和其他要求;（b）确定如何将这些法律法规要求和其他要求应用于组织，以及所需沟通的内容;（c）在建立、实施、保持和持续改进其职业健康安全管理体系时，必须考虑这些法律法规要求和其他要求。组织应保持和保留有关法律法规要求和其他要求的成文信息，并确保及时更新以反映任何变化。注：法律法规要求和其他要求可能会给组织带来风险和机遇	是否有识别相关职业健康安全的法律法规，包括人大、政府、地方的	共识别法律法规84个	符合
6.1.4 措施的策划	组织应策划:（a）措施，以：①应对风险和机遇（见 6.1.2.2 和 6.1.2.3）；②满足法律法规要求和其他要求（见 6.1.3）;（b）如何：①在其职业健康安全管理体系过程中或其他业务过程中融入并实施这些措施；②评价这些措施的有效性。在策划措施时，组织必须考虑控制的层级（见 8.1.2）和来自职业健康安全管理体系的输出。在策划措施时，组织还应考虑最佳实践、可选技术方案以及财务、运行和经营要求	是否针对危险源控制、法律法规、紧急情况制定应对措施？是否评价这些措施的有效性	有制定危险源控制措施，参见危险源清单和运行控制程序，有针对法律法规制定措施，参见运行控制程序，有针对紧急情况制定应急预案，参见中毒、火灾、交通事故等应急预案	符合
6.2 职业健康安全目标及其实现的策划 6.2.1 职业健康安全目标	组织应针对相关职能和层次制定职业健康安全目标，以保持和持续改进职业健康安全管理体系和职业健康安全绩效（见 10.3）。职业健康安全目标应:（a）与职业健康安全方针一致;（b）可测量（可行时）或能够进行绩效评价;（c）必须考虑：①适用的要求；②风险和机遇的评价结果（见 6.1.2.2 和 6.1.2.3）；③与工作人员及其代表（若有）协商（见 5.4）的结果;（d）得到监视;（e）予以沟通;（f）在适当时予以更新	是否制定目标	查有行政部目标	符合

续表

条款要求	审核要点	审核方法	审核记录	符合性
6.2.2 实现职业健康安全目标的策划	在策划如何实现职业健康安全目标时，组织应确定：(a) 要做什么；(b) 需要什么资源；(c) 由谁负责；(d) 何时完成；(e) 如何评价结果，包括用于监视的参数；(f) 如何将实现职业健康安全目标的措施融入其业务过程中。组织应保持和保留职业健康安全目标和实现职业健康安全目标的策划的成文信息	是否针对目标制定目标实现方案，目标是否有统计？方案是否有评审	有目标实现方案。针对方案每季度有评审	符合
7.2 能力	组织应：(a) 确定影响或可能影响其职业健康安全绩效的工作人员所必须具备的能力；(b) 基于适当的教育、培训或经历，确保工作人员具备胜任工作的能力（包括具备辨识危险源的能力）；(c) 在适用时，采取措施以获得和保持所必需的能力，并评价所采取措施的有效性；(d) 保留适当的成文信息作为能力证据。注：适用措施可包括：向所雇现有人员提供培训、指导或重新分配工作；外聘或将工作承包给能胜任工作的人员等	是否确定各个岗位人员能力，特别是重大危险源相关人员能力？是如何满足能力要求的	查岗位职责中有明确各岗位能力，人力资源程序中有明确电工、内审员、急救员人员能力要求。通过教育和训练、招聘方式增强员工能力，查有培训计划表，有消防演习培训、急救知识培训等	符合
7.3 意识	工作人员应知晓：(a) 职业健康安全方针和职业健康安全目标；(b) 其对职业健康安全管理体系有效性的贡献作用，包括从提升职业健康安全绩效所获益处；(c) 不符合职业健康安全管理体系要求的含意和潜在后果；(d) 与其相关的事件和调查结果；(e) 与其相关的危险源、职业健康安全风险和所确定的措施；(f) 从其所认为的急迫且严重危及自身生命和健康的工作状况中脱离，并为保护自己免遭由此产生的不当后果而作出安排的能力	是否通过宣传、培训、会议等各种方式增强员工职业健康安全意识	查现场有危险源看板、危险警示标示、穿戴劳保用品提示，有年度培训计划，有针对危险源及风险 进行培训	符合

续表

条款要求	审核要点	审核方法	审核记录	符合性
7.4　信息和沟通 7.4.1 总则	组织应建立、实施并保持与职业健康安全管理体系有关的内外部沟通所需的过程，包括确定：(a) 沟通什么；(b) 何时沟通；(c) 与谁沟通：①在组织内不同层次和职能之间；②在进入工作场所的承包方和访问者之间；③在其他相关方之间；(d) 如何沟通。在考虑沟通需求时，组织应必须考虑多样性方面（如：性别、语言、文化、读写能力、残疾等）。在建立沟通过程中，组织应确保外部相关方的观点被考虑。在建立沟通过程时，组织应：必须考虑法律法规要求和其他要求；确保所沟通的职业健康安全信息与职业健康安全管理体系内所形成的信息一致且可靠。组织应对有关其职业健康安全管理体系的相关沟通作出响应。适当时，组织应保留成文信息作为其沟通的证据	是否建立沟通程序，确保相关要求得到反馈，确保符合法律法规要求，确保体系得到有效运行	有建立沟通程序，有会议计划，法律法规条文有共享盘，有年度培训计划，有职业安全宣传看板、危险源看板、劳保用品提示标识、有文件发行记录	符合
7.4.2　内部沟通	组织应：(a) 就职业健康安全管理体系的相关信息在其不同层次和职能之间进行内部沟通，适当时还包括职业健康安全管理体系的变更；(b) 确保其沟通过程能够使工作人员为持续改进作出贡献	是否有内部沟通的规划	有会议计划，法律法规条文有共享盘，有年度培训计划，有职业安全宣传看板、危险源看板、劳保用品提示标识、有文件发行记录	符合
7.4.3　外部沟通	组织应按其所建立的沟通过程就职业健康安全管理体系的相关信息进行外部沟通，并必须考虑其法律法规要求和其他要求	是否有外部沟通的规划	针对重大危险源有评审是否要外部沟通，针对政府部门检查有反馈记录，针对承包商、外包商、采购商有职业安全调查与宣导	符合
8　运行 8.1　运行策划和控制 8.1.1 总则	组织应通过以下方面来策划、实施、控制和保持满足职业健康安全管理体系要求和实施第6章确定的措施所需的过程：(a) 建立过程准则；(b) 按照准则实施过程控制；(c) 保持和保留必要的成文信息，以确信过程已按策划得到实施；(d) 使工作适合于工作人员。在多雇主的工作场所，组织应与其他组织协调职业健康安全管理体系的相关部分	是否建立过程准则，确保相关人员的职业健康安全	建立运行控制程序、宿舍管理制度、员工健康管理制度等文件确保员工的职业健康安全	符合

续表

条款要求	审核要点	审核方法	审核记录	符合性
8.1.2　消除危险源和降低职业健康安全风险	组织应建立、实施和保持通过采用如下控制层级来消除危险源和降低职业健康安全风险的过程:(a)消除危险源;(b)用危险性低的过程、操作、材料或设备替代;(c)采用工程控制和重新组织工作;(d)采用管理控制,包括培训;(e)使用适当的个体防护装备。注:在许多国家,法律法规要求和其他要求包括了组织无偿为工作人员提供个体防护装备(PPE)的要求	针对危险源,是否有根据层次来消防或降低风险	有危险源清单,针对重大危险源,制定了目标和管理方案,进行了层级控制,确保消灭或降低风险。参见危险源清单、目标及实现方案、运行控制程序	符合
8.1.3　变更管理	组织应建立实施和控制所策划的、影响职业健康安全绩效的临时性和永久性变更的过程。这些变更包括:(a)新的产品、服务和过程,或对现有产品、服务和过程的变更,包括:工作场所的位置和周边环境、工作组织、工作条件、设备、工作人员数量;(b)法律法规要求和其他要求的变更;(c)有关危险源和职业健康安全风险的知识或信息的变更;(d)知识和技术的发展。组织应评审非预期性变更的后果,必要时采取措施,以减轻任何不利影响。注:变更可带来风险和机遇	针对过程变更、法律法规及其他要求变更、知识和信息变更、知识和技术发展,是否有重新识别危险源,并制定相应措施消灭或降低风险	有建立危险源识别程序、运行控制程序,法律法规控制程序,针对变更有相应的评审,重新识别危险源,制定措施	符合
8.1.4.2 承包商	组织应与承包方协调其采购过程,以辨识危险源并评价和控制由下列方面所引起的职业健康安全风险:(a)对组织造成影响的承包方的活动和运行;(b)对承包方工作人员造成影响的组织的活动和运行;(c)对工作场所内其他相关方造成影响的承包方的活动和运行。组织应确保承包方及其工作人员满足组织的职业健康安全管理体系要求。组织的采购过程应规定和应用选择承包方的职业健康安全准则。注:在合同文件中包含选择承包方的职业健康安全准则是非常有益的	是否识别相关承包商?对承包商是否施加影响以满足职业健康安全要求	查承包商一顶公司有签职业健康安全协议,公司行政部每天有安排人对其工作进行安全检查	符合

续表

条款要求	审核要点	审核方法	审核记录	符合性
8.2　应急准备和响应	组织应建立、实施和保持对 6.1.2.1 中所识别的潜在紧急情况进行应急准备并作出响应所需的过程，包括：（a）建立响应紧急情况的计划，包括提供急救；（b）为所策划的响应措施提供培训；（c）定期测试和演练所策划的响应能力；（d）评价绩效，必要时（包括在测试之后，尤其是在紧急情况发生之后）修订所策划的响应措施；（e）与所有工作人员沟通并提供与其义务和职责有关的信息；（f）与承包方、访问者、应急响应服务机构、政府执法监管机构、当地社区（适当时）沟通相关信息；（g）必须考虑所有有关相关方的需求和能力，适当时确保其参与所策划的响应措施的开发。组织应保持和保留关于响应潜在紧急情况的过程和计划的成文信息	是否建立火灾、中毒、台风、交通事故、中毒等应急预案？针对主要的应急预案是否有演习，演习后是否评审应急预案的有效性	有建立消防、中毒、台风、交通事故等应急预案，2019 年 12 月有进行消防演习，并对演习过程进行有效性评审	符合
9　绩效评价 9.1　监视、测量、分析和评价	组织应建立、实施和保持监视、测量、分析和评价绩效的过程。组织应确定：（a）需要监视和测量的内容，包括：①满足法律法规要求和其他要求的程度；②与辨识出的危险源、风险和机遇相关的活动和运行；③实现组织职业健康安全目标的进展情况；④运行控制和其他控制的有效性；（b）适用时，为确保结果有效而所采用的监视、测量、分析和评价绩效的方法；（c）组织评价其职业健康安全绩效所依据的准则；（d）何时应实施监视和测量；（e）何时应分析、评价和沟通监视和测量的结果。组织应评价其职业健康安全绩效并确定职业健康安全管理体系的有效性。组织应确保适用的监视和测量设备被校准或验证，并被妥善使用和维护。注：法律法规要求和其他要求（如国家标准或国际标准）可能涉及监视和测量设备的校准或验证。组织应保留适当的成文信息：作为监视、测量、分析和评价绩效的结果的证据；记录有关测量设备的维护、校准或验证	是否建立监视和测量程序？是否明确监视和测量的项目、时间、结果判定？测量设备是否有按计划校准？监视测量结果是否有分析和评价	有建立监测程序，主要监视测量的项目有：职业健康安全目标及实现方案、职业健康安全体系运行、法律法规及其他要求、室内空气质量、噪音、饮用水、工伤事故、员工体检等。测量设备主要是温湿度计，有校准。针对工伤事故有年度总结分析报告	符合
9.1.1　总则 9.1.2　合规性评价	组织应建立、实施和保持对法律法规要求和其他要求（见 6.1.3）的合规性进行评价的过程。组织应：（a）确定实施合规性评价的频次和方法；（b）评价合规性，并在需要时采取措施（见 10.2）；（c）保持其关于对法律法规要求和其他要求的合规状态的知识和理解；（d）保留合规性评价结果的成文信息	是否按计划进行合规性评价？评价不符合是否有纠正措施	2019 年 12 月有进行合规性评价，评价合格	符合

续表

条款要求	审核要点	审核方法	审核记录	符合性
10　改进 10.2　事件、不符合和纠正措施	组织应建立、实施和保持包括报告、调查和采取措施在内的过程，以确定和管理事件和不符合。当事件或不符合发生时，组织应：（a）及时对事件和不符合作出反应，并在适用时：①采取措施予以控制和纠正；②处置后果；（b）在工作人员的参与（见 5.4）和其他相关方的参加下，通过下列活动，评价是否采取纠正措施，以消除导致事件或不符合的根本原因，防止事件或不符合再次发生或在其他场合发生：①调查事件或评审不符合；②确定导致事件或不符合的原因；③确定类似事件是否曾已发生过，不符合是否存在，或他们是否可能会发生；（c）在适当时，对现有的职业健康安全风险和其他风险的评价进行评审；（d）按照控制层级（见 8.1.2）和变更管理（见 8.1.3），确定并实施任何所需的措施，包括纠正措施；（e）在采取措施前，评价与新的或变化的危险源相关的职业健康安全风险；（f）评审任何所采取措施的有效性，包括纠正措施；（g）在必要时，变更职业健康安全管理体系。纠正措施应与事件或不符合所产生的影响或潜在影响相适应。组织应保留成文信息作为以下方面的证据：事件或不符合的性质以及随后所采取的任何措施；任何措施和纠正措施的结果，包括其有效性。组织应就此成文信息与相关工作人员及其代表（若有）和其他有关的相关方进行沟通。注：及时报告和调查事件可有助于消除危险源和尽快降低相关职业健康安全风险	监视和测量不符合要求，是否有纠正、原因分析、纠正措施，措施是否验证	监视和测量暂无发现不符合	符合

内审检查表

内审员： 部门：品质部 内审日期：

条款要求	审核要点	审核方法	审核记录	符合性
5.2 职业健康安全方针	最高管理者应建立、实施并保持职业健康安全方针。职业健康安全方针应：(a) 包括为防止与工作相关的伤害和健康损害而提供安全和健康的工作条件的承诺，并适合于组织的宗旨和规模、组织所处的环境，以及组织的职业健康安全风险和职业健康安全机遇的具体性质；(b) 为制定职业健康安全目标提供框架；(c) 包括满足法律法规要求和其他要求的承诺；(d) 包括消除危险源和降低职业健康安全风险的承诺（见 8.1.2）；(e) 包括持续改进职业健康安全管理体系的承诺；(f) 包括工作人员及其代表（若有）的协商和参与的承诺。职业健康安全方针应：作为成文信息而可被获取；在组织内予以沟通；在适当时可为相关方所获取；保持相关和适宜	方针是否理解	查张 ××，能理解方针。参见管理手册	符合
5.2 职业健康安全方针	最高管理者应建立、实施并保持职业健康安全方针。职业健康安全方针应：(a) 包括为防止与工作相关的伤害和健康损害而提供安全和健康的工作条件的承诺，并适合于组织的宗旨和规模、组织所处的环境，以及组织的职业健康安全风险和职业健康安全机遇的具体性质；(b) 为制定职业健康安全目标提供框架；(c) 包括满足法律法规要求和其他要求的承诺；(d) 包括消除危险源和降低职业健康安全风险的承诺（见 8.1.2）；(e) 包括持续改进职业健康安全管理体系的承诺 (f) 包括工作人员及其代表（若有）的协商和参与的承诺。职业健康安全方针应：作为成文信息而可被获取；在组织内予以沟通；在适当时可为相关方所获取；保持相关和适宜	方针是否理解?	查张 ××，能理解方针。参见管理手册	符合

续表

条款要求	审核要点	审核方法	审核记录	符合性
5.3　组织的岗位、职责、责任和权限	最高管理者应确保将职业健康安全管理体系内相关角色的职责和权限分配到组织内各层次并予以沟通，且作为成文信息予以保持。组织内每一层次的工作人员均应为其所控制部分承担职业健康安全管理体系方面的职责。注：尽管职责和权限可以被分配，但最高管理者仍应为职业健康安全管理体系的运行承担最终问责。最高管理者应对下列事项分配职责和权限：（a）确保职业健康安全管理体系符合本标准的要求；（b）向最高管理者报告职业健康安全管理体系的绩效	品质部职责是否明确	有品质部岗位说明书，有明确职业健康安全岗位职责	符合
6.1.2　危险源辨识和职业健康安全风险评价 6.1.2.1 危险源辨识	组织应建立、实施和保持用于持续和主动的危险源辨识的过程。该过程必须考虑（但不限于）：（a）工作如何组织，社会因素（包括工作负荷、工作时间、欺骗、骚扰和欺压），领导作用和组织的文化；（b）常规和非常规的活动和状况，包括由以下方面所产生的危险源：①基础设施、设备、原料、材料和工作场所的物理环境；②产品和服务的设计、研究、开发、测试、生产、装配、施工、交付、维护或处置；③因；注：人因（human factors），又称人类工效学（Ergonomics），主要是指使系统设计适于人的生理和心理特点，以确保健康、安全、高效和舒适；④工作如何执行。（c）组织内部或外部以往发生的相关事件（包括紧急情况）及其原因；（d）潜在的紧急情况；（e）人员，包括考虑：①进入工作场所的人员及其活动，包括工作人员、承包方、访问者和其他人员；②工作场所附近可能受组织活动影响的人员；③处于不受组织直接控制的场所的工作人员；（f）其他议题，包括考虑：①工作区域、过程、装置、机器和（或）设备、操作程序和工作组织的设计，包括他们对所涉及工作人员的需求和能力的适应性；②由组织控制下的工作相关活动所导致的、发生在工作场所附近的状况；③发生在工作场所附近、不受组织控制、可能对工作场所内的人员造成伤害和健康损害的状况；（g）在组织、运行、过程、活动和职业健康安全管理体系中的实际或拟定的变更（见 8.1.3）；（h）危险源的知识和相关信息的变更	危险源的识别是否考虑到工作如何组织、社会因素等 8 个方面	品质部的危险源共 26 个，比如宿舍火灾、食物中毒、交通事故等，考虑到了工作如何组织、社会因素、人因工程、组织内部或外部以往发生的相关事件及其原因等 8 个方面。参见危险源清单	符合

续表

条款要求	审核要点	审核方法	审核记录	符合性
6.1.2.2　职业健康安全风险和职业健康安全管理体系的其他风险的评价	组织应建立、实施和保持过程，以：(a)评价来自于已识别的危险源的职业健康安全风险，同时必须考虑现有控制的有效性；(b)确定和评价与建立、实施、运行和保持职业健康安全管理体系相关的其他风险。组织的职业健康安全风险评价方法和准则应在范围、性质和时机方面予以界定，以确保其是主动的而非被动的，并以系统的方式得到应用。有关方法和准则的成文信息应予以保持和保留	是否针对危险源进行风险评审？是否针对现有控制措施进行有效性评价？如果无效，是否有改进措施？风险评价的方法是否系统	风险评价的方法为LEC法，危险源清单中，有对现在控制措施进行评审，效果不佳的都有制定新的控制措施。参见危险源清单	符合
6.1.2.3　职业健康安全机遇和职业健康安全管理体系的其他机遇的评价	组织应建立、实施和保持过程，以评价：(a)有关增强职业健康安全绩效的职业健康安全机遇，同时必须考虑所策划的对组织及其方针、过程或活动的变更，以及：①有关使工作、工作组织和工作环境适合于工作人员的机遇；②有关消除危险源和降低职业健康安全风险的机遇；(b)有关改进职业健康安全管理体系的其他机遇。注：职业健康安全风险和职业健康安全机遇可能会给组织带来其他风险和其他机遇	是否有针对职业健康安全体系的导入？相关的机遇是否有充分的识别？是否针对机遇有制定应对措施	有针对危险源的管理、法律法规管理等识别相应的机遇，有应对措施，参见组织环境风险机遇应对措施表	符合
6.1.4　措施的策划	组织应策划：(a)措施，以：①应对风险和机遇（见6.1.2.2和6.1.2.3）；②满足法律法规要求和其他要求（见6.1.3）；③对紧急情况做出准备和响应（见8.2）；(b)如何：①在其职业健康安全管理体系过程中或其他业务过程中融入并实施这些措施；②评价这些措施的有效性。在策划措施时，组织必须考虑控制的层级（见8.1.2）和来自职业健康安全管理体系的输出在策划措施时，组织还应考虑最佳实践、可选技术方案以及财务、运行和经营要求	是否针对危险源控制、法律法规、紧急情况制定应对措施？是否评价这些措施的有效性	有制定危险源控制措施，参见危险源清单和运行控制程序，有针对法律法规制定措施，参见运行控制程序，有针对紧急情况制定应急预案，参见中毒、火灾、交通事故等应急预案	符合

续表

条款要求	审核要点	审核方法	审核记录	符合性
6.2　职业健康安全目标及其实现的策划 6.2.1　职业健康安全目标	组织应针对相关职能和层次制定职业健康安全目标，以保持和持续改进职业健康安全管理体系和职业健康安全绩效（见10.3）。职业健康安全目标应:（a）与职业健康安全方针一致;（b）可测量（可行时）或能够进行绩效评价;（c）必须考虑：①适用的要求；②风险和机遇的评价结果（见6.1.2.2和6.1.2.3）；③与工作人员及其代表（若有）协商（见5.4）的结果;（d）得到监视;（e）予以沟通;（f）在适当时予以更新	是否制定目标	查有品质部目标，目标是火灾事故伤害率为0，触电事故伤害率为0	符合
6.2.2　实现职业健康安全目标的策划	在策划如何实现职业健康安全目标时，组织应确定:（a）要做什么;（b）需要什么资源;（c）由谁负责;（d）何时完成;（e）如何评价结果，包括用于监视的参数。（f）如何将实现职业健康安全目标的措施融入其业务过程中。组织应保持和保留职业健康安全目标和实现职业健康安全目标的策划的成文信息	是否针对目标制定目标实现方案，目标是否有统计？方案是否有评审	有目标实现方案。针对方案每季度有评审	符合
8　运行 8.1　运行策划和控制 8.1.1 总则	组织应通过以下方面来策划、实施、控制和保持满足职业健康安全管理体系要求和实施第6章确定的措施所需的过程:（a）建立过程准则;（b）按照准则实施过程控制;（c）保持和保留必要的成文信息，以确信过程已按策划得到实施;（d）使工作适合于工作人员。在多雇主的工作场所，组织应与其他组织协调职业健康安全管理体系的相关部分	是否建立过程准则，确保相关人员的职业健康安全	建立运行控制程序、宿舍管理制度、员工健康管理制度等文件确保员工的职业健康安全	符合
8.1.2　消除危险源和降低职业健康安全风险	组织应建立、实施和保持通过采用如下控制层级来消除危险源和降低职业健康安全风险的过程:（a）消除危险源;（b）用危险性低的过程、操作、材料或设备替代;（c）采用工程控制和重新组织工作;（d）采用管理控制，包括培训;（e）使用适当的个体防护装备。注：在许多国家，法律法规要求和其他要求包括了组织无偿为工作人员提供个体防护装备（PPE）的要求	针对危险源，有根据层次来消防或降低风险	有危险源清单，针对重大危险源，制定了目标和管理方案，进行了层级控制，确保消灭或降低风险。参见危险源清单、目标及实现方案、运行控制程序	符合

内审检查表

内审员：　　　　　　　　　　　　　部门：生产部　　　　　　　　　　内审日期：

条款要求	审核要点	审核方法	审核记录	符合性
5.2　职业健康安全方针	最高管理者应建立、实施并保持职业健康安全方针。职业健康安全方针应：(a）包括为防止与工作相关的伤害和健康损害而提供安全和健康的工作条件的承诺，并适合于组织的宗旨和规模、组织所处的环境，以及组织的职业健康安全风险和职业健康安全机遇的具体性质；(b）为制定职业健康安全目标提供框架；(c）包括满足法律法规要求和其他要求的承诺；(d）包括消除危险源和降低职业健康安全风险的承诺（见 8.1.2）；(e）包括持续改进职业健康安全管理体系的承诺；(f）包括工作人员及其代表（若有）的协商和参与的承诺。职业健康安全方针应：作为成文信息而可被获取；在组织内予以沟通；在适当时可为相关方所获取；保持相关和适宜	方针是否理解	查张 ××，能理解方针。参见管理手册	符合
5.3　组织的岗位、职责、责任和权限	最高管理者应确保将职业健康安全管理体系内相关角色的职责和权限分配到组织内各层次并予以沟通，且作为成文信息予以保持。组织内每一层次的工作人员均应为其所控制部分承担职业健康安全管理体系方面的职责。注：尽管职责和权限可以被分配，但最高管理者仍应为职业健康安全管理体系的运行承担最终问责。最高管理者应对下列事项分配职责和权限：(a）确保职业健康安全管理体系符合本标准的要求；(b）向最高管理者报告职业健康安全管理体系的绩效	行政部职责是否明确	有行政部岗位说明书，有明确职业健康安全岗位职责	符合

续表

条款要求	审核要点	审核方法	审核记录	符合性
6.1.2　危险源辨识和职业健康安全风险评价 6.1.2.1 危险源辨识	组织应建立、实施和保持用于持续和主动的危险源辨识的过程。该过程必须考虑（但不限于）:（a）工作如何组织，社会因素（包括工作负荷、工作时间、欺骗、骚扰和欺压），领导作用和组织的文化;（b）常规和非常规的活动和状况，包括由以下方面所产生的危险源：①基础设施、设备、原料、材料和工作场所的物理环境；②产品和服务的设计、研究、开发、测试、生产、装配、施工、交付、维护或处置；③人因；注：人因（human factors），又称人类工效学（Ergonomics），主要是指使系统设计适于人的生理和心理特点，以确保健康、安全、高效和舒适；④工作如何执行。（c）组织内部或外部以往发生的相关事件（包括紧急情况）及其原因;（d）潜在的紧急情况;（e）人员，包括考虑：①进入工作场所的人员及其活动，包括工作人员、承包方、访问者和其他人员；②工作场所附近可能受组织活动影响的人员；③处于不受组织直接控制的场所的工作人员;（f）其他议题，包括考虑：①工作区域、过程、装置、机器和（或）设备、操作程序和工作组织的设计，包括他们对所涉及工作人员的需求和能力的适应性；②由组织控制下的工作相关活动所导致的、发生在工作场所附近的状况；③发生在工作场所附近、不受组织控制、可能对工作场所内的人员造成伤害和健康损害的状况;（g）在组织、运行、过程、活动和职业健康安全管理体系中的实际或拟定的变更（见 8.1.3）;（h）危险源的知识和相关信息的变更	危险源的识别是否考虑到工作如何组织、社会因素等 8 个方面	生产部的危险源共 67 个，比如宿舍火灾、食物中毒、交通事故等，考虑到了工作如何组织、社会因素、人因工程、组织内部或外部以往发生的相关事件及其原因等 8 个方面。参见危险源清单	符合

续表

条款要求	审核要点	审核方法	审核记录	符合性
6.1.2.2 职业健康安全风险和职业健康安全管理体系的其他风险的评价	组织应建立、实施和保持过程，以：(a) 评价来自于已识别的危险源的职业健康安全风险，同时必须考虑现有控制的有效性；(b) 确定和评价与建立、实施、运行和保持职业健康安全管理体系相关的其他风险。组织的职业健康安全风险评价方法和准则应在范围、性质和时机方面予以界定，以确保其是主动的而非被动的，并以系统的方式得到应用。有关方法和准则的成文信息应予以保持和保留	是否针对危险源进行风险评审？是否针对现有控制措施进行有效性评价？如果无效，是否有改进措施、风险评价的方法是否系统	风险评价的方法为 LEC 法，危险源清单中，有对现在控制措施进行评审，效果不佳的都有制定新的控制措施。参见危险源清单	符合
6.1.2.3 职业健康安全机遇和职业健康安全管理体系的其他机遇的评价	组织应建立、实施和保持过程，以评价：(a) 有关增强职业健康安全绩效的职业健康安全机遇，同时必须考虑所策划的对组织及其方针、过程或活动的变更，以及：①有关使工作、工作组织和工作环境适合于工作人员的机遇；②有关消除危险源和降低职业健康安全风险的机遇；(b) 有关改进职业健康安全管理体系的其他机遇。注：职业健康安全风险和职业健康安全机遇可能会给组织带来其他风险和其他机遇	是否有针对职业健康安全体系的导入，相关的机遇是否有充分的识别？是否针对机遇有制定应对措施	有针对危险源的管理、法律法规管理等识别相应的机遇，有应对措施，参见组织环境风险机遇应对措施表	符合
6.1.4 措施的策划	组织应策划：(a) 措施，以：①应对风险和机遇（见 6.1.2.2 和 6.1.2.3）；②满足法律法规要求和其他要求（见 6.1.3）；③对紧急情况做出准备和响应（见 8.2）；(b) 如何：①在其职业健康安全管理体系过程中或其他业务过程中融入并实施这些措施；②评价这些措施的有效性。在策划措施时，组织必须考虑控制的层级（见 8.1.2）和来自职业健康安全管理体系的输出在策划措施时，组织还应考虑最佳实践、可选技术方案以及财务、运行和经营要求	是否针对危险源控制、法律法规、紧急情况制定应对措施？是否评价这些措施的有效性	有制定危险源控制措施，参见危险源清单和运行控制程序，有针对法律法规制定措施，参见运行控制程序，有针对紧急情况制定应急预案，参见中毒、火灾、交通事故等应急预案	符合

续表

条款要求	审核要点	审核方法	审核记录	符合性
6.2 职业健康安全目标及其实现的策划 6.2.1 职业健康安全目标	组织应针对相关职能和层次制定职业健康安全目标，以保持和持续改进职业健康安全管理体系和职业健康安全绩效（见10.3）。职业健康安全目标应:（a）与职业健康安全方针一致;（b）可测量（可行时）或能够进行绩效评价;（c）必须考虑:①适用的要求；②风险和机遇的评价结果（见6.1.2.2和6.1.2.3）；③与工作人员及其代表（若有）协商（见5.4）的结果;（d）得到监视;（e）予以沟通;（f）在适当时予以更新	是否制定目标	查有生产部目标职业病发生率为0，交通安全事故发生率为0，机械伤害事件发生率为0	符合
6.2.2 实现职业健康安全目标的策划	在策划如何实现职业健康安全目标时，组织应确定:（a）要做什么;（b）需要什么资源;（c）由谁负责;（d）何时完成;（e）如何评价结果，包括用于监视的参数。（f）如何将实现职业健康安全目标的措施融入其业务过程中。组织应保持和保留职业健康安全目标和实现职业健康安全目标的策划的成文信息	是否针对目标制定目标实现方案，目标是否有统计？方案是否有评审	有目标实现方案。针对方案每季度有评审	符合
8 运行 8.1 运行策划和控制 8.1.1 总则	组织应通过以下方面来策划、实施、控制和保持满足职业健康安全管理体系要求和实施第6章确定的措施所需的过程:（a）建立过程准则;（b）按照准则实施过程控制;（c）保持和保留必要的成文信息，以确信过程已按策划得到实施;（d）使工作适合于工作人员。在多雇主的工作场所，组织应与其他组织协调职业健康安全管理体系的相关部分	是否建立过程准则，确保相关人员的职业健康安全	建立运行控制程序、员工健康管理制度等文件确保员工的职业健康安全	符合
8.1.2 消除危险源和降低职业健康安全风险	组织应建立、实施和保持通过采用如下控制层级来消除危险源和降低职业健康安全风险的过程:（a）消除危险源;（b）用危险性低的过程、操作、材料或设备替代;（c）采用工程控制和重新组织工作;（d）采用管理控制，包括培训;（e）使用适当的个体防护装备。注：在许多国家，法律法规要求和其他要求包括了组织无偿为工作人员提供个体防护装备（PPE）的要求	针对危险源，是否有根据层次来消防或降低风险	有危险源清单，针对重大危险源，制定了目标和管理方案，进行了层级控制，确保消灭或降低风险。参见危险源清单、目标及实现方案、运行控制程序。套标机安全门失效，没有及时维修	NG

内审检查表

内审员：　　　　　　　　　部门：生管部　　　　　　　　内审日期：

条款要求	审核要点	审核方法	审核记录	符合性
5.2　职业健康安全方针	最高管理者应建立、实施并保持职业健康安全方针。职业健康安全方针应：(a）包括为防止与工作相关的伤害和健康损害而提供安全和健康的工作条件的承诺，并适合于组织的宗旨和规模、组织所处的环境，以及组织的职业健康安全风险和职业健康安全机遇的具体性质；(b）为制定职业健康安全目标提供框架；(c）包括满足法律法规要求和其他要求的承诺；(d）包括消除危险源和降低职业健康安全风险的承诺（见 8.1.2)；(e）包括持续改进职业健康安全管理体系的承诺；(f）包括工作人员及其代表（若有）的协商和参与的承诺。职业健康安全方针应：作为成文信息而可被获取；在组织内予以沟通；在适当时可为相关方所获取；保持相关和适宜	方针是否理解	查张 ××，能理解方针。参见管理手册	符合
5.3　组织的岗位、职责、责任和权限	最高管理者应确保将职业健康安全管理体系内相关角色的职责和权限分配到组织内各层次并予以沟通，且作为成文信息予以保持。组织内每一层次的工作人员均应为其所控制部分承担职业健康安全管理体系方面的职责。注：尽管职责和权限可以被分配，但最高管理者仍应为职业健康安全管理体系的运行承担最终问责。最高管理者应对下列事项分配职责和权限：(a）确保职业健康安全管理体系符合本标准的要求；(b）向最高管理者报告职业健康安全管理体系的绩效	生管部职责是否明确	有生管部岗位说明书，有明确职业健康安全岗位职责	符合

续表

条款要求	审核要点	审核方法	审核记录	符合性
6.1.2　危险源辨识和职业健康安全风险评价 6.1.2.1 危险源辨识	组织应建立、实施和保持用于持续和主动的危险源辨识的过程。该过程必须考虑（但不限于）:（a）工作如何组织，社会因素（包括工作负荷、工作时间、欺骗、骚扰和欺压），领导作用和组织的文化;（b）常规和非常规的活动和状况，包括由以下方面所产生的危险源：①基础设施、设备、原料、材料和工作场所的物理环境；②产品和服务的设计、研究、开发、测试、生产、装配、施工、交付、维护或处置；③人因；注：人因（human factors），又称人类工效学（Ergonomics），主要是指使系统设计适于人的生理和心理特点，以确保健康、安全、高效和舒适；④工作如何执行。（c）组织内部或外部以往发生的相关事件（包括紧急情况）及其原因;（d）潜在的紧急情况;（e）人员，包括考虑：①进入工作场所的人员及其活动，包括工作人员、承包方、访问者和其他人员；②工作场所附近可能受组织活动影响的人员；③处于不受组织直接控制的场所的工作人员;（f）其他议题，包括考虑：①工作区域、过程、装置、机器和（或）设备、操作程序和工作组织的设计，包括他们对所涉及工作人员的需求和能力的适应性；②由组织控制下的工作相关活动所导致的、发生在工作场所附近的状况；③生在工作场所附近、不受组织控制、可能对工作场所内的人员造成伤害和健康损害的状况;（g）在组织、运行、过程、活动和职业健康安全管理体系中的实际或拟定的变更（见 8.1.3）;（h）危险源的知识和相关信息的变更	危险源的识别是否考虑到工作如何组织、社会因素等 8 个方面	生管部的危险源共 35 个，比如宿舍火灾、食物中毒、交通事故等，考虑到了工作如何组织、社会因素、人因工程、组织内部或外部以往发生的相关事件及其原因等 8 个方面。参见危险源清单	符合
6.1.2.2　职业健康安全风险和职业健康安全管理体系的其他风险的评价	组织应建立、实施和保持过程，以:（a）评价来自于已识别的危险源的职业健康安全风险，同时必须考虑现有控制的有效性;（b）确定和评价与建立、实施、运行和保持职业健康安全管理体系相关的其他风险。组织的职业健康安全风险评价方法和准则应在范围、性质和时机方面予以界定，以确保其是主动的而非被动的，并以系统的方式得到应用。有关方法和准则的成文信息应予以保持和保留	是否针对危险源进行风险评审？是否针对现有控制措施进行有效性评价？如果无效，是否有改进措施？风险评价的方法是否系统	风险评价的方法为 LEC 法，危险源清单中，有对现在控制措施进行评审，效果不佳的都有制定新的控制措施。参见危险源清单	符合

续表

条款要求	审核要点	审核方法	审核记录	符合性
6.1.2.3 职业健康安全机遇和职业健康安全管理体系的其他机遇的评价	组织应建立、实施和保持过程，以评价：（a）有关增强职业健康安全绩效的职业健康安全机遇，同时必须考虑所策划的对组织及其方针、过程或活动的变更，以及：①有关使工作、工作组织和工作环境适合于工作人员的机遇；②有关消除危险源和降低职业健康安全风险的机遇；（b）有关改进职业健康安全管理体系的其他机遇。注：职业健康安全风险和职业健康安全机遇可能会给组织带来其他风险和其他机遇	是否有针对职业健康安全体系的导入，相关的机遇是否有充分的识别？是否针对机遇有制定应对措施	有针对危险源的管理、法律法规管理等识别相应的机遇，有应对措施，参见组织环境风险机遇应对措施表	符合
6.1.4 措施的策划	组织应策划：（a）措施，以：①应对风险和机遇（见 6.1.2.2 和 6.1.2.3）；②满足法律法规要求和其他要求（见 6.1.3）；③对紧急情况做出准备和响应（见 8.2）；（b）如何：①在其职业健康安全管理体系过程中或其他业务过程中融入并实施这些措施；②评价这些措施的有效性。在策划措施时，组织必须考虑控制的层级（见 8.1.2）和来自职业健康安全管理体系的输出在策划措施时，组织还应考虑最佳实践、可选技术方案以及财务、运行和经营要求	是否针对危险源控制、法律法规、紧急情况制定应对措施？是否评价这些措施的有效性	有制定危险源控制措施，参见危险源清单和运行控制程序，有针对法律法规制定措施，参见运行控制程序，有针对紧急情况制定应急预案，参见中毒、火灾、交通事故等应急预案	符合
6.2 职业健康安全目标及其实现的策划 6.2.1 职业健康安全目标	组织应针对相关职能和层次制定职业健康安全目标，以保持和持续改进职业健康安全管理体系和职业健康安全绩效（见 10.3）。职业健康安全目标应：（a）与职业健康安全方针一致；（b）可测量（可行时）或能够进行绩效评价；（c）必须考虑：①适用的要求；②风险和机遇的评价结果（见 6.1.2.2 和 6.1.2.3）；③与工作人员及其代表（若有）协商（见 5.4）的结果；（d）得到监视；（e）予以沟通；（f）在适当时予以更新	是否制定目标	查有生管部目标，火灾事故发生率为 0，触电事故发生率为 0	符合
6.2.2 实现职业健康安全目标的策划	在策划如何实现职业健康安全目标时，组织应确定：（a）要做什么；（b）需要什么资源；（c）由谁负责；（d）何时完成；（e）如何评价结果，包括用于监视的参数；（f）如何将实现职业健康安全目标的措施融入其业务过程中。组织应保持和保留职业健康安全目标和实现职业健康安全目标的策划的成文信息	是否针对目标制定目标实现方案，目标是否有统计？方案是否有评审	有目标实现方案。针对方案每季度有评审	符合

续表

条款要求	审核要点	审核方法	审核记录	符合性
8　运行 8.1　运行策划和控制 8.1.1　总则	组织应通过以下方面来策划、实施、控制和保持满足职业健康安全管理体系要求和实施第6章确定的措施所需的过程:（a）建立过程准则;（b）按照准则实施过程控制;（c）保持和保留必要的成文信息，以确信过程已按策划得到实施;（d）使工作适合于工作人员。在多雇主的工作场所，组织应与其他组织协调职业健康安全管理体系的相关部分	是否建立过程准则，确保相关人员的职业健康安全	建立运行控制程序、宿舍管理制度、员工健康管理制度等文件确保员工的职业健康安全。叉车司机操作时戴耳机	NG
8.1.2　消除危险源和降低职业健康安全风险	组织应建立、实施和保持通过采用如下控制层级来消除危险源和降低职业健康安全风险的过程:（a）消除危险源;（b）用危险性低的过程、操作、材料或设备替代;（c）采用工程控制和重新组织工作;（d）采用管理控制，包括培训;（e）使用适当的个体防护装备。注：在许多国家，法律法规要求和其他要求包括了组织无偿为工作人员提供个体防护装备（PPE）的要求	针对危险源，是否有根据层次来消防或降低风险	有危险源清单，针对重大危险源，制定了目标和管理方案，进行了层级控制，确保消灭或降低风险。参见危险源清单、目标及实现方案、运行控制程序	符合
8.1.4.3　外包	组织应确保外包的职能和过程得到控制。组织应确保其外包安排符合法律法规要求和其他要求，并与实现职业健康安全管理体系的预期结果相一致。组织应在职业健康安全管理体系内确定对这些职能和过程实施控制的类型和程度。注：与外部供方进行协调可助于组织应对外包对其职业健康安全绩效的任何影响	是否针对外包商进行健康安全调查	对委外厂商有健康安全调查，签订健康安全协议	符合

内审检查表

内审员：　　　　　　　　部门：业务部　　　　　　　　内审日期：

条款要求	审核要点	审核方法	审核记录	符合性
5.2　职业健康安全方针	最高管理者应建立、实施并保持职业健康安全方针。职业健康安全方针应：(a）包括为防止与工作相关的伤害和健康损害而提供安全和健康的工作条件的承诺，并适合于组织的宗旨和规模、组织所处的环境，以及组织的职业健康安全风险和职业健康安全机遇的具体性质；(b）为制定职业健康安全目标提供框架；(c）包括满足法律法规要求和其他要求的承诺；(d）包括消除危险源和降低职业健康安全风险的承诺（见 8.1.2）；(e）包括持续改进职业健康安全管理体系的承诺；(f）包括工作人员及其代表（若有）的协商和参与的承诺。职业健康安全方针应：作为成文信息而可被获取；在组织内予以沟通；在适当时可为相关方所获取；保持相关和适宜	方针是否理解？	查张 ××，能理解方针。参见管理手册	符合
5.3　组织的岗位、职责、责任和权限	最高管理者应确保将职业健康安全管理体系内相关角色的职责和权限分配到组织内各层次并予以沟通，且作为成文信息予以保持。组织内每一层次的工作人员均应为其所控制部分承担职业健康安全管理体系方面的职责。注：尽管职责和权限可以被分配，但最高管理者仍应为职业健康安全管理体系的运行承担最终问责。最高管理者应对下列事项分配职责和权限：(a）确保职业健康安全管理体系符合本标准的要求；(b）向最高管理者报告职业健康安全管理体系的绩效	业务部职责是否明确	有业务部岗位说明书，有明确职业健康安全岗位职责	符合

续表

条款要求	审核要点	审核方法	审核记录	符合性
6.1.2　危险源辨识和职业健康安全风险评价 6.1.2.1 危险源辨识	组织应建立、实施和保持用于持续和主动的危险源辨识的过程。该过程必须考虑（但不限于）：（a）工作如何组织，社会因素（包括工作负荷、工作时间、欺骗、骚扰和欺压），领导作用和组织的文化；（b）常规和非常规的活动和状况，包括由以下方面所产生的危险源：①基础设施、设备、原料、材料和工作场所的物理环境；②产品和服务的设计、研究、开发、测试、生产、装配、施工、交付、维护或处置；③人因；注：人因（human factors），又称人类工效学（Ergonomics），主要是指使系统设计适于人的生理和心理特点，以确保健康、安全、高效和舒适；④工作如何执行。（c）组织内部或外部以往发生的相关事件（包括紧急情况）及其原因；（d）潜在的紧急情况；（e）人员，包括考虑：①进入工作场所的人员及其活动，包括工作人员、承包方、访问者和其他人员；②工作场所附近可能受组织活动影响的人员；③处于不受组织直接控制的场所的工作人员；（f）其他议题，包括考虑：①工作区域、过程、装置、机器和（或）设备、操作程序和工作组织的设计，包括他们对所涉及工作人员的需求和能力的适应性；②由组织控制下的工作相关活动所导致的、发生在工作场所附近的状况；③发生在工作场所附近、不受组织控制、可能对工作场所内的人员造成伤害和健康损害的状况；（g）在组织、运行、过程、活动和职业健康安全管理体系中的实际或拟定的变更（见8.1.3）；（h）危险源的知识和相关信息的变更	危险源的识别是否考虑到工作如何组织、社会因素等8个方面	业务部的危险源共25个，比如宿舍火灾、食物中毒、交通事故等，考虑到了工作如何组织、社会因素、人因工程、组织内部或外部以往发生的相关事件及其原因等8个方面。参见危险源清单	符合

续表

条款要求	审核要点	审核方法	审核记录	符合性
6.1.2.2 职业健康安全风险和职业健康安全管理体系的其他风险的评价	组织应建立、实施和保持过程，以:（a）评价来自于已识别的危险源的职业健康安全风险，同时必须考虑现有控制的有效性;（b）确定和评价与建立、实施、运行和保持职业健康安全管理体系相关的其他风险。组织的职业健康安全风险评价方法和准则应在范围、性质和时机方面予以界定，以确保其是主动的而非被动的，并以系统的方式得到应用。有关方法和准则的成文信息应予以保持和保留	是否针对危险源进行风险评审？是否针对现有控制措施进行有效性评价？如果无效，是否有改进措施。风险评价的方法是否系统	风险评价的方法为 LEC 法，危险源清单中，有对现在控制措施进行评审，效果不佳的都有制定新的控制措施。参见危险源清单	符合
6.1.2.3 职业健康安全机遇和职业健康安全管理体系的其他机遇的评价	组织应建立、实施和保持过程，以评价:（a）有关增强职业健康安全绩效的职业健康安全机遇，同时必须考虑所策划的对组织及其方针、过程或活动的变更，以及：①有关使工作、工作组织和工作环境适合于工作人员的机遇；②有关消除危险源和降低职业健康安全风险的机遇;（b）有关改进职业健康安全管理体系的其他机遇。注：职业健康安全风险和职业健康安全机遇可能会给组织带来其他风险和其他机遇	是否有针对职业健康安全体系的导入，相关的机遇是否有充分的识别？是否针对机遇有制定应对措施	有针对危险源的管理、法律法规管理等识别相应的机遇，有应对措施，参见组织环境风险机遇应对措施表	符合
6.1.4 措施的策划	组织应策划:（a）措施，以：①应对风险和机遇（见 6.1.2.2 和 6.1.2.3）；②满足法律法规要求和其他要求（见 6.1.3）；③对紧急情况做出准备和响应（见 8.2）;（b）如何：①在其职业健康安全管理体系过程中或其他业务过程中融入并实施这些措施；②评价这些措施的有效性。在策划措施时，组织必须考虑控制的层级（见 8.1.2）和来自职业健康安全管理体系的输出在策划措施时，组织还应考虑最佳实践、可选技术方案以及财务、运行和经营要求	是否针对危险源控制、法律法规、紧急情况制定应对措施？是否评价这些措施的有效性	有制定危险源控制措施，参见危险源清单和运行控制程序，有针对法律法规制定措施，参见运行控制程序，有针对紧急情况制定应急预案，参见中毒、火灾、交通事故等应急预案	符合

续表

条款要求	审核要点	审核方法	审核记录	符合性
6.2 职业健康安全目标及其实现的策划	组织应针对相关职能和层次制定职业健康安全目标，以保持和持续改进职业健康安全管理体系和职业健康安全绩效（见 10.3）。职业健康安全目标应：（a）与职业健康安全方针一致；（b）可测量（可行时）或能够进行绩效评价；（c）必须考虑：①适用的要求；②风险和机遇的评价结果（见 6.1.2.2 和 6.1.2.3）；③与工作人员及其代表（若有）协商（见 5.4）的结果；（d）得到监视；（e）予以沟通；（f）在适当时予以更新	是否制定目标	查有业务部目标，火灾事故发生率为 0。触电事故发生率为 0	符合
6.2.1 职业健康安全目标				
6.2.2 实现职业健康安全目标的策划	在策划如何实现职业健康安全目标时，组织应确定：（a）要做什么；（b）需要什么资源；（c）由谁负责；（d）何时完成；（e）如何评价结果，包括用于监视的参数；（f）如何将实现职业健康安全目标的措施融入其业务过程中。组织应保持和保留职业健康安全目标和实现职业健康安全目标的策划的成文信息	是否针对目标制定目标实现方案，目标是否有统计？方案是否有评审	有目标实现方案。针对方案每季度有评审	符合
7 支持 7.1 资源	组织是否为建立、实施、保持和改进职业健康安全管理体系确定所需的资源	查设备设施清单、岗位编制、测量设备清单、劳保用品清单等	查资源充足	符合
8 运行 8.1 运行策划和控制 8.1.1 总则	组织应通过以下方面来策划、实施、控制和保持满足职业健康安全管理体系要求和实施第 6 章确定的措施所需的过程：（a）建立过程准则；（b）按照准则实施过程控制；（c）保持和保留必要的成文信息，以确信过程已按策划得到实施；（d）使工作适合于工作人员。在多雇主的工作场所，组织应与其他组织协调职业健康安全管理体系的相关部分	是否建立过程准则，确保相关人员的职业健康安全	建立运行控制程序、宿舍管理制度、员工健康管理制度等文件确保员工的职业健康安全	符合

续表

条款要求	审核要点	审核方法	审核记录	符合性
8.1.2　消除危险源和降低职业健康安全风险	组织应建立、实施和保持通过采用如下控制层级来消除危险源和降低职业健康安全风险的过程：（a）消除危险源；（b）用危险性低的过程、操作、材料或设备替代；（c）采用工程控制和重新组织工作；（d）采用管理控制，包括培训；（e）使用适当的个体防护装备。注：在许多国家，法律法规要求和其他要求包括了组织无偿为工作人员提供个体防护装备（PPE）的要求	针对危险源，是否有根据层次来消防或降低风险	有危险源清单，针对重大危险源，制定了目标和管理方案，进行了层级控制，确保消灭或降低风险。参见危险源清单、目标及实现方案、运行控制程序	符合

内审检查表

内审员：　　　　　　　　部门：总经办　　　　　　　　内审日期：

条款要求	审核要点	审核方法	审核记录	符合性
4.1　理解组织及其所处的环境	组织应确定与其宗旨相关并影响其实现职业健康安全管理体系预期结果的能力的内外部议题	查组织内外环境是否识别	组织环境风险机遇应对措施	符合
4.2　理解员工及其他相关方的需求和期望	组织应确定：（a）工作人员以外的、与职业健康安全管理体系有关的其他相关方；（b）工作人员及其他相关方的有关需求和期望（即要求）；（c）这些需求和期望中哪些是或将可能成为法律法规要求和其他要求	包括员工在内的相关方需求与期望是否识别	相关方需求与期望应对措施	符合
4.3　确定职业健康安全管理体系范围	组织应界定职业健康安全管理体系的边界和适用性，以确定其范围。在确定范围时，组织应：（a）考虑4.1中所提及的内外部议题；（b）必须考虑4.2中所提及的要求；（c）必须考虑计划的或实施的与工作相关的活动。职业健康安全管理体系应包括在组织控制下或在其影响范围内可能影响组织职业健康安全绩效的活动、产品和服务。范围应作为成文信息而可被获取	体系的范围是否确定并形成文件	体系范围：手机五金件的加工及、相关职业健康安全管理活动。参见管理手册	符合
		在评审认证范围时是否考虑4.1、4.2和工作相关活动	体系范围：手机五金件的加工及、相关职业健康安全管理活动。参见管理手册	符合
4.4　职业健康安全管理体系	组织应按照本标准的要求建立、实施、保持和持续改进职业健康安全管理体系，包括所需的过程及其相互作用	策划了多少个程序	17个程序文件	符合
		策划了多少管理制度	管理制度10个	符合

续表

条款要求	审核要点	审核方法	审核记录	符合性
5 领导作用与员工参与 5.1 领导作用与承诺	最高管理者应通过以下方式证实其在职业健康安全管理体系方面的领导作用和承诺：(a)对防止与工作相关的伤害和健康损害及提供健康安全的工作场所和活动全面负责，并承担全面问责；(b)确保职业健康安全方针和相关职业健康安全目标得以建立，并与组织战略方向相一致；(c)确保将职业健康安全管理体系要求融入组织业务过程之中；(d)确保可获得建立、实施、保持和改进职业健康安全管理体系所需的资源；(e)就有效的职业健康安全管理和符合职业健康安全管理体系要求的重要性进行沟通；(f)确保职业健康安全管理体系实现其预期结果；(g)指导并支持人们为职业健康安全管理体系的有效性作出贡献；(h)确保并促进持续改进；(i)支持其他相关管理人员证实其领导作用适合于其职责范围；(j)在组织内建立、引导和促进支持职业健康安全管理体系预期结果的文化；(k)保护工作人员不因报告事件、危险源、风险和机遇而遭受报复；①确保组织建立和实施工作人员协商和参与的过程(见5.4)；(m)支持健康安全委员会的建立和运行[见5.4(e)①]。注：本标准所提及的"业务"可从广义上理解为涉及组织存在目的的那些核心活动	领导是否理解自己的职责	会议记录	符合
		领导是否建立健康安全文化	宣传看板	符合
		领导是否有宣传健康安全的重要性	培训计划及签到表	符合
5.2 职业健康安全方针	最高管理者应建立、实施并保持职业健康安全方针。职业健康安全方针应：(a)包括为防止与工作相关的伤害和健康损害而提供安全和健康的工作条件的承诺，并适合于组织的宗旨和规模、组织所处的环境，以及组织的职业健康安全风险和职业健康安全机遇的具体性质；(b)为制定职业健康安全目标提供框架；(c)包括满足法律法规要求和其他要求的承诺；(d)包括消除危险源和降低职业健康安全风险的承诺(见8.1.2)；(e)包括持续改进职业健康安全管理体系的承诺；(f)包括工作人员及其代表(若有)的协商和参与的承诺	是否确定方针	安全方针是：安全第一、关注健康、预防为主、持续改进	符合
		方针是否与各层次员工协商	会议记录	符合
		方针是否符合五个承诺一个适合的要求	安全方针是：安全第一、关注健康、预防为主、持续改进	符合
	职业健康安全方针应：——作为成文信息而可被获取；——在组织内予以沟通；——在适当时可为相关方所获取；——保持相关和适宜	方针是否在员工内部沟通，必要时向相关方提供	职业健康安全告知书	符合

续表

<table>
<tr><th>条款要求</th><th>审核要点</th><th>审核方法</th><th>审核记录</th><th>符合性</th></tr>
<tr><td rowspan="3">5.3　组织的岗位、职责、责任和权限</td><td rowspan="3">最高管理者应确保将职业健康安全管理体系内相关角色的职责和权限分配到组织内各层次并予以沟通，且作为成文信息予以保持。组织内每一层次的工作人员均应为其所控制部分承担职业健康安全管理体系方面的职责。注：尽管职责和权限可以被分配，但最高管理者仍应为职业健康安全管理体系的运行承担最终问责。最高管理者应对下列事项分配职责和权限：(a)确保职业健康安全管理体系符合本标准的要求；(b)向最高管理者报告职业健康安全管理体系的绩效</td><td>是否确定组织架构、部门职责、岗位职责</td><td>管理手册有明确，有岗位职责</td><td>符合</td></tr>
<tr><td>组织架构、部门职责、岗位职责是否可沟通？</td><td>查员工李 ××，能理解自己的职责</td><td>符合</td></tr>
<tr><td>最高管理者应对下列事项分配职责和权限：(a)确保职业健康安全管理体系符合本标准的要求；(b)向最高管理者报告职业健康安全管理体系的绩效</td><td>各部门主管报告管理体系绩效，有岗位职责</td><td>符合</td></tr>
<tr><td>5.4　协商与参与</td><td>组织应建立、实施和保持过程，让所有适用层次和职能的工作人员及其代表（若有）协商和参与职业健康安全管理体系的开发、策划、实施、绩效评价和改进。组织应：(a)为协商和参与提供必要的机制、时间、培训和资源；注1：工作人员代表可视为一种协商和参与机制。(b)及时提供渠道，以获取清晰的、可理解的和相关的职业健康安全管理体系信息；(c)确定和消除妨碍参与的障碍或壁垒，并尽可能减少那些无法消除的障碍或壁垒；注2：障碍和壁垒可包括未回应工作人员的输入和建议，语言或读写障碍，报复或威胁报复，以及不鼓励或惩罚工作人员参与的政策或惯例等。(d)强调与非管理类工作人员在如下方面的协商：①确定相关方的需求和期望（见4.2）；②建立职业健康安全方针（见5.2）；③适用时，分配组织的角色、职责和权限（见5.3）；④确定如何满足法律法规要求和其他要求（见6.1.3）；⑤制定职业健康安全目标并为其实现进行策划（见6.2）</td><td>是否有任命员工代表？是否明确员工代表参与健康安全活动的计划？是否识别员工代表参与职业健康安全活动的障碍，是否有相应措施应对？员工代表参与协商是否有证据？</td><td>员工代表张 ××、李 ×× 等有任命书。有员工代表参与健康安全活动障碍清单，清单中有应对措施。危险源识别、OHS 方针等评审有员工代表参加，有会议记录</td><td>符合</td></tr>
</table>

续表

<table>
<tr><th>条款要求</th><th>审核要点</th><th>审核方法</th><th>审核记录</th><th>符合性</th></tr>
<tr><td rowspan="2">5.4　协商与参与</td><td>⑥确定对外包、采购和承包方的适用控制（见8.1.4）；⑦确定所需监视、测量和评价的内容（见9.1）；⑧策划、建立、实施和保持审核方案（见9.2.2）；⑨确保持续改进（见10.3）</td><td></td><td></td><td>符合</td></tr>
<tr><td>（e）强调非管理类工作人员在如下方面的参与：①确定其协商和参与的机制；②辨识危险源并评价风险和机遇（见6.1.1和6.1.2）；③确定消除危险源和降低职业健康安全风险的措施（见6.1.4）；④确定能力要求、培训需求、培训和培训效果评价（见7.2）；⑤确定沟通的内容和方式（见7.4）；⑥确定控制及其有效实施和应用（见8.1、8.1.3和8.2）；⑦调查事件和不符合并确定纠正措施（见10.2）。注3：强调非管理类工作人员的协商和参与，旨在适用于执行工作活动的人员，但无意排除其他人员，如受组织内工作活动或其他因素影响的管理者。注4：需认识到，若可行，向工作人员免费提供培训及在工作时间内提供培训，可以消除工作人员参与的重大障碍</td><td>员工是否有参与识别危险源及风险机遇评价等相关活动的机制？是否有证据</td><td>有员工代表参与OHS活动清单，制订培训计划、能力要求等相关活动有员工代表参加</td><td></td></tr>
<tr><td>6　策划</td><td rowspan="4">在策划职业健康安全管理体系时，组织应考虑4.1（所处的环境）所提及的议题以及4.2（相关方）和4.3（职业健康安全管理体系范围）所提及的要求，并确定所需应对的风险和机遇，以：（a）确保职业健康安全管理体系实现预期结果；（b）防止或减少非预期的影响；（c）实现持续改进。当确定所需应对的与职业健康安全管理体系及其预期结果有关的风险和机遇时，组织应必须考虑：——危险源（见6.1.2.1）；——职业健康安全风险和其他风险（见6.1.2.2）；——职业健康安全机遇和其他机遇（见6.1.2.3）；——法律法规要求和其他要求（见6.1.3）。在策划过程中，组织应结合组织及其过程或职业健康安全管理体系的变更来确定和评价与职业健康安全管理体系预期结果有关的风险和机遇。对于所策划的变更，无论是永久性的还是临时性的，这种评价均应在变更实施前进行（见8.1.3）。组织应保持以下方面的成文信息：——风险和机遇；——确定和应对其风险和机遇（见6.1.2至6.1.4）所需过程和措施。其成文程度应足以让人确信这些过程和措施可按策划执行</td><td></td><td>组织环境风险机遇应对措施、危险源清单</td><td>符合</td></tr>
<tr><td>6.1　应对风险和机遇的措施</td><td>查：组织是否为应对风险和机遇制定相关措施及实施方案</td><td>会议记录</td><td>符合</td></tr>
<tr><td rowspan="2">6.1.1　总则</td><td></td><td>组织环境风险机遇应对措施、危险源清单</td><td>符合</td></tr>
<tr><td>是否从组织环境、相关方需求与期望、危险源、职业健康安全活动、法律法规及其他要求识别风险和机遇？是否制定相应措施</td><td>有组织环境风险机遇应对措施表、相关方需求与期望识别表、法律法规清单等，有识别风险和机遇，有应对措施</td><td>符合</td></tr>
</table>

续表

条款要求	审核要点	审核方法	审核记录	符合性
6.1.2 危险源辨识和职业健康安全风险评价	6.1.2.1 危险源辨识组织应建立、实施和保持用于持续和主动的危险源辨识的过程。该过程必须考虑（但不限于）：（a）工作如何组织，社会因素（包括工作负荷、工作时间、欺骗、骚扰和欺压），领导作用和组织的文化；（b）常规和非常规的活动和状况，包括由以下方面所产生的危险源：①基础设施、设备、原料、材料和工作场所的物理环境；②产品和服务的设计、研究、开发、测试、生产、装配、施工、交付、维护或处置；③人因；注：人因（human factors），又称人类工效学（Ergonomics），主要是指使系统设计适于人的生理和心理特点，以确保健康、安全、高效和舒适。④工作如何执行。（c）组织内部或外部以往发生的相关事件（包括紧急情况）及其原因；（d）潜在的紧急情况；（e）人员，包括考虑：①进入工作场所的人员及其活动，包括工作人员、承包方、访问者和其他人员；②工作场所附近可能受组织活动影响的人员；③处于不受组织直接控制的场所的工作人员；（f）其他议题，包括考虑：①工作区域、过程、装置、机器和（或）设备、操作程序和工作组织的设计，包括他们对所涉及工作人员的需求和能力的适应性； ②由组织控制下的工作相关活动所导致的、发生在工作场所附近的状况；③发生在工作场所附近、不受组织控制、可能对工作场所内的人员造成伤害和健康损害的状况；（g）在组织、运行、过程、活动和职业健康安全管理体系中的实际或拟定的变更（见 8.1.3）；（h）危险源的知识和相关信息的变更	危险源识别是否形成过程？是否从工作如何组织，社会因素，领导作用和组织文化等 8 个方面来识别危险源	有危险源辨识风险评价程序，有危险源清单，总共危险源 123 个，有从 8 个方面来识别	符合
6.1.2.2 职业健康安全风险和职业健康安全管理体系的其他风险的评价	组织应建立、实施和保持过程，以：（a）评价来自于已识别的危险源的职业健康安全风险，同时必须考虑现有控制的有效性；（b）确定和评价与建立、实施、运行和保持职业健康安全管理体系相关的其他风险。组织的职业健康安全风险评价方法和准则应在范围、性质和时机方面予以界定，以确保其是主动的而非被动的，并以系统的方式得到应用。有关方法和准则的成文信息应予以保持和保留	是否识别危险源带来的风险？风险评价标准是否定义？健康安全其他风险是否有识别，比如危险源管理、法律法规管理等带来的风险	有危险源和风险清单、组织环境风险机遇应对措施	符合

续表

条款要求	审核要点	审核方法	审核记录	符合性
6.1.2.3 职业健康安全机遇和职业健康安全管理体系的其他机遇的评价	组织应建立、实施和保持过程，以评价：(a) 有关增强职业健康安全绩效的职业健康安全机遇，同时必须考虑所策划的对组织及其方针、过程或活动的变更，以及：①有关使工作、工作组织和工作环境适合于工作人员的机遇；②有关消除危险源和降低职业健康安全风险的机遇；(b) 有关改进职业健康安全管理体系的其他机遇。注：职业健康安全风险和职业健康安全机遇可能会给组织带来其他风险和其他机遇	是否识别危险源改善、法律法规、内外组织环境管理等带来的机遇	组织环境风险机遇应对措施	
6.1.3 确定适用的法律法规要求和其他要求	组织应建立、实施和保持过程，以：(a) 确定并获取最新的适用于组织的危险源、职业健康安全风险和职业健康安全管理体系的法律法规要求和其他要求；(b) 确定如何将这些法律法规要求和其他要求应用于组织，以及所需沟通的内容；(c) 在建立、实施、保持和持续改进其职业健康安全管理体系时，必须考虑这些法律法规要求和其他要求。组织应保持和保留有关法律法规要求和其他要求的成文信息，并确保及时更新以反映任何变化。注：法律法规要求和其他要求可能会给组织带来风险和机遇	是否有识别国际、国家、地方、相关方的法律法规及其他要求？是否最新版本？建立职业健康安全体系时，是否有考虑法律法规要求	有法律法规清单，共68个，识别到国际的、国家的、广东省的、惠州市的法律法规。都是最新版本。查健康安全运行控制相关文件，符合法律法规要求	符合
6.1.4 措施的策划	组织应策划：(a) 措施，以：①应对风险和机遇（见6.1.2.2和6.1.2.3）；②满足法律法规要求和其他要求（见6.1.3）；③对紧急情况做出准备和响应（见8.2）；(b) 如何：①在其职业健康安全管理体系过程中或其他业务过程中融入并实施这些措施；②评价这些措施的有效性。在策划措施时，组织必须考虑控制的层级（见8.1.2）和来自职业健康安全管理体系的输出。在策划措施时，组织还应考虑最佳实践、可选技术方案以及财务、运行和经营要求	是否针对紧急情况制定应急预案？是否针对风险机遇制定应对措施？是否针对法律法规及其他要求制定应对措施	有制定火灾、中毒等应急预案5个，有组织环境风险机遇应对措施，有危险源清单，有法律法规及其他要求清单，有运行控制程序等。都有应对措施	符合
6.2 职业健康安全目标及其实现的策划 6.2.1 职业健康安全目标	组织是否建立职业健康安全并根据不同层级进行目标分解，组织应针对相关职能和层次制定职业健康安全目标，以保持和持续改进职业健康安全管理体系和职业健康安全绩效（见10.3）。职业健康安全目标应：(a) 与职业健康安全方针一致；(b) 可测量（可行时）或能够进行绩效评价；(c) 必须考虑：①适用的要求；②风险和机遇的评价结果（见6.1.2.2和6.1.2.3）；③与工作人员及其代表（若有）协商（见5.4）的结果；(d) 得到监视；(e) 予以沟通；(f) 在适当时予以更新	是否根据方针风险机遇制定目标？目标是否得到沟通？目标是否统计？有必要时是否有更新	有目标及实现方案，有统计2019年10–12月的目标。目标有纳入年度培训计划培训，目标有装贴，目标每个月有评审，没有修改过	符合

续表

条款要求	审核要点	审核方法	审核记录	符合性
6.2.2　实现职业健康安全目标的策划	在策划如何实现职业健康安全目标时，组织应确定：（a）要做什么；（b）需要什么资源；（c）由谁负责；（d）何时完成；（e）如何评价结果，包括用于监视的参数。（f）如何将实现职业健康安全目标的措施融入其业务过程中。组织应保持和保留职业健康安全目标和实现职业健康安全目标的策划的成文信息	是否有制定目标实现方案？相关文件是否体现目标实现方案要求	有制定2019年目标实现方案，方案明确责任人、完成时间、资源等要求。查运行控制程序，有体现目标实现方案的内容	符合
7　支持 7.1　资源	组织是否为建立、实施、保持和改进职业健康安全管理体系确定所需的资源	为建立体系，投入了哪些资源	财务部有提供体系投入资源清单，共计82000元	符合
7.4　信息和沟通 7.4.1 总则	组织应建立、实施并保持与职业健康安全管理体系有关的内外部沟通所需的过程，包括确定：（a）沟通什么；（b）何时沟通；（c）与谁沟通：①在组织内不同层次和职能之间；②在进入工作场所的承包方和访问者之间；③在其他相关方之间；（d）如何沟通。在考虑沟通需求时，组织应必须考虑多样性方面（如：性别、语言、文化、读写能力、残疾等）。在建立沟通过程中，组织应确保外部相关方的观点被考虑。在建立沟通过程时，组织应：—必须考虑法律法规要求和其他要求；——确保所沟通的职业健康安全信息与职业健康安全管理体系内所形成的信息一致且可靠。组织应对有关其职业健康安全管理体系的相关沟通作出响应。适当时，组织应保留成文信息作为其沟通的证据	是否建立信息沟通程序？有些信息是否进行反应处理	有信息沟通程序。内部沟通主要有文件发行、方针与目标装贴、危险源标识、劳动用品使用标识 等方式进行沟通。外部村委、安全办、消防检查或发文时，都有外部沟通反馈记录，都有及时对应	符合
7.4.2　内部沟通	组织应：（a）就职业健康安全管理体系的相关信息在其不同层次和职能之间进行内部沟通，适当时还包括职业健康安全管理体系的变更；（b）确保其沟通过程能够使工作人员为持续改进作出贡献	相关信息，特别是异常和变更是否有在内部沟通	有纠正措施单、方针与目标公告、危险源公告、员工代表公告、劳保用品使用提示、危险提示、来访者提示等方式沟通	符合
7.4.3　外部沟通	组织应按其所建立的沟通过程就职业健康安全管理体系的相关信息进行外部沟通，并必须考虑其法律法规要求和其他要求	重大危险源及相关部门检查、工作要求是否在内部形成对应机制	当地村委、安全办、消防部门检查时，有应对记录	符合

续表

条款要求	审核要点	审核方法	审核记录	符合性
7.5　文件化信息 7.5.1 总则	组织的职业健康安全管理体系应包括：（a）本标准要求的成文信息；（b）组织确定的实现职业健康安全管理体系有效性所必需的成文信息；注：不同组织的职业健康安全管理体系成文信息的复杂程度可能不同，取决于：组织的规模及其活动、过程、产品和服务的类型；证实满足法律法规要求和其他要求的需要；过程的复杂性及其相互作用；工作人员的能力	是否制定管理手册、程序文件、管理制度？文件是否适宜、充分	管理手册 1 份，程序文件 17 份，管理制度及应急预案 29 份	符合
7.5.2　创建和更新	创建和更新成文信息时，组织应确保适当的：（a）标识和说明（如：标题、日期、作者或文件编号）；（b）形式（如：语言文字、软件版本、图表）与载体（如：纸质的、电子的）；（c）评审和批准，以确保适宜性和充分性	各级文件是否有固定格式？是否有电子档文件？文件的审核与批准是如何确定的	手册、程序文件、管理制度、表格都有固定格式。电子档文件主要是法律法规。文件的审核与批准在文件管理程序中有明确	符合
7.5.3　成文信息的控制	职业健康安全管理体系和本标准所要求的成文信息应予以控制，以确保：（a）在需要的场所和时间均可获得并适用；（b）得到充分的保护（如：防止失密、不当使用或完整性受损）。适用时，组织应针对下列有关成文信息的活动进行成文信息的控制：——分发、访问、检索和使用；——存储和保护，包括保持易读性；——变更控制（如：版本控制）；——保留和处置。组织应识别其所确定的、策划和运行职业健康安全管理体系所必需的、来自外部的成文信息，适当时应对其予以控制。注 1：“访问”可能指仅允许查阅成文信息的决定，或可能指允许并授权查阅和更改成文信息的决定。注 2：“访问”相关成文信息，包括工作人员及其代表（若有）的“访问”	电子档文件和记录如何保存？文件如何发行？文件如何变更？纸档记录如何保存？保存多久？文件如何检索	电子档文件都有异地备份。所有文件都有发行记录。文件变更要提出变更申请，版本同时升级。纸档文件按日期和部门分类保存，保存时间是三年。文件和记录按部门和顺序号存放，容易检索	符合

续表

条款要求	审核要点	审核方法	审核记录	符合性
9　绩效评价 9.1　监视、测量、分析和评价 9.1.1　总则	组织应建立、实施和保持监视、测量、分析和评价绩效的过程。组织应确定：（a）需要监视和测量的内容，包括：①满足法律法规要求和其他要求的程度；②与辨识出的危险源、风险和机遇相关的活动和运行；③实现组织职业健康安全目标的进展情况；④运行控制和其他控制的有效性；（b）适用时，为确保结果有效而所采用的监视、测量、分析和评价绩效的方法；（c）组织评价其职业健康安全绩效所依据的准则；（d）何时应实施监视和测量；（e）何时应分析、评价和沟通监视和测量的结果。组织应评价其职业健康安全绩效并确定职业健康安全管理体系的有效性。组织应确保适用的监视和测量设备被校准或验证，并被妥善使用和维护。注：法律法规要求和其他要求（如国家标准或国际标准）可能涉及监视和测量设备的校准或验证。组织应保留适当的成文信息：作为监视、测量、分析和评价绩效的结果的证据；记录有关测量设备的维护、校准或验证	是否针对以下进行监视与测量？法律法规的符合性、职业健康安全运行、目标与指标、风险机遇应对措施。是否明确如何、谁、什么时候监视与测量	制定监视与测量控制程序。合规性评价每年年底，评价人是各部主管和管代。职业健康安全运行检查是一个月一次，行政部负责。目标与指标统计是每个月统计，各部门统计，风险机遇应对措施每年底评审一次	符合
9.1.2　合规性评价	组织应建立、实施和保持对法律法规要求和其他要求（见 6.1.3）的合规性进行评价的过程。组织应：a）确定实施合规性评价的频次和方法；b）评价合规性，并在需要时采取措施（见 10.2）；c）保持其关于对法律法规要求和其他要求的合规状态的知识和理解；d）保留合规性评价结果的成文信息	是否制定合规性评价过程？合规性评价多长时间一次，谁来评价？合规性人员是否有相关的合规状态知识？是否根据评价结果制定应对措施	制定了合规性评审程序，每年年底合规性评审，合规评审人员有参加职业安全法律法规培训，评审结果符合要求	符合
9.2　内部审核 9.2.1　总则	组织应按策划的时间间隔实施内部审核，以提供下列信息：（a）职业健康安全管理体系是否符合：①组织自身的职业健康安全管理体系要求，包括职业健康安全方针和职业健康安全目标；②本标准的要求；（b）职业健康安全管理体系是否得到有效实施和保持	是否策划内审的频次	一年至少内审一次	符合

续表

条款要求	审核要点	审核方法	审核记录	符合性
9.2.2　内部审核方案	组织应：（a）在考虑相关过程的重要性和以往审核结果的情况下，策划、建立、实施和保持包含频次、方法、职责、协商、策划要求和报告的审核方案；（b）规定每次审核的审核准则和范围；（c）选择审核员并实施审核，以确保审核过程的客观性和公正性；（d）确保向相关管理者报告审核结果；确保向工作人员及其代表（若有）以及其他有关的相关方报告相关的审核结果。（e）采取措施，以应对不符合和持续改进其职业健康安全绩效（见第10章）；（f）保留成文信息，作为审核方案实施和审核结果的证据。注：有关审核和审核员能力的更多信息参见 GB/T 19011	是否制定内审方案？内审方案是否明确内审频次、准则、方法、职责、协商、报告等内容	制定了2020年内审方案，内审在每年12月份，内审准则是法律法规及公司体系文件，内审为抽样性质，有安排内审组长，并分组内审，确保审核的独立性，内审报告在内审不符合关闭二天内完成，并分发相关部门	符合
9.3　管理评审	最高管理者应按策划的时间间隔对组织的职业健康安全管理体系进行评审，以确保其持续的适宜性、充分性和有效性。管理评审应包括对下列事项的考虑：（a）以往管理评审所采取措施的状况；（b）与职业健康安全管理体系相关的内部和外部议题的变化，包括：①相关方的需求和期望；②法律法规要求和其他要求；③风险和机遇；（c）职业健康安全方针和职业健康安全目标的实现程度；（d）职业健康安全绩效方面的信息，包括以下方面的趋势：①事件、不符合、纠正措施和持续改进；②监视和测量的结果；③对法律法规要求和其他要求的合规性评价的结果；④审核结果；⑤工作人员的协商和参与；⑥风险和机遇	是否建立管理评审程序？是否策划时间间隔管理评审？管理评审的输入是否充分	管理评审预计2020年1月	符合
	（e）保持有效的职业健康安全管理体系所需资源的充分性；（f）与相关方的有关沟通；（g）持续改进的机遇。管理评审的输出应包括与下列事项有关的决定：——职业健康安全管理体系在实现其预期结果方面的持续适宜性、充分性和有效性；——持续改进的机遇；——任何对职业健康安全管理体系变更的需求；——所需资源；——措施（若需要）；——改进职业健康安全管理体系与其他业务过程融合的机遇；——对组织战略方向的任何影响。最高管理者应就相关的管理评审输出与工作人员及其代表（若有）进行沟通（见7.4）。组织应保留成文信息，以作为管理评审结果的证据	管理评审的输出是否充分	管理评审输出四项，符合要求	符合
10　改进 10.1　总则	组织应确定改进的机会（见第9章），并实施必要的措施，以实现其职业健康安全管理体系的预期结果			

续表

条款要求	审核要点	审核方法	审核记录	符合性
10.2 事件、不符合和纠正措施	组织应建立、实施和保持包括报告、调查和采取措施在内的过程，以确定和管理事件和不符合。当事件或不符合发生时，组织应：（a）及时对事件和不符合做 出反应，并在适用时：①采取措施予以控制和纠正；②处置后果；（b）在工作人员的参与（见 5.4）和其他相关方的参加下，通过下列活动，评价是否采取纠正措施，以消除导致事件或不符合的根本原因，防止事件或不符合再次发生或在其他场合发生：①调查事件或评审不符合；②确定导致事件或不符合的原因；③确定类似事件是否曾发生过，不符合是否存在，或他们是否可能会发生；（c）在适当时，对现有的职业健康安全风险和其他风险的评价进行评审；（d）按照控制层级（见 8.1.2）和变更管理（见 8.1.3），确定并实施任何所需的措施，包括纠正措施；（e）在采取措施前，评价与新的或变化的危险源相关的职业健康安全风险；（f）评审任何所采取措施的有效性，包括纠正措施；（h）在必要时，变更职业健康安全管理体系	是否建立事件不符合纠正措施程序？是否针对事件、不符合开出纠正措施单	最近三个月没有发生事故，每个月针对职业安全有检查，没有发现不符合。职业健康安全目标全部达成，职业卫生检测全部达成。纠正措施只有内审发现二个符合项，开出了纠正措施单，有原因分析、对策，并有关闭	符合
	纠正措施应与事件或不符合所产生的影响或潜在影响相适应。组织应保留成文信息作为以下方面的证据：——事件或不符合的性质以及随后所采取的任何措施；——任何措施和纠正措施的结果，包括其有效性。组织应就此成文信息与相关工作人员及其代表（若有）和其他有关的相关方进行沟通。注：及时报告和调查事件可有助于消除危险源和尽快降低相关职业健康安全风险			
10.3 持续改进	组织应通过下列方式持续改进职业健康安全管理体系的适宜性、充分性与有效性：（a）提升职业健康安全绩效；（b）建设支持职业健康安全管理体系的文化；（c）促进工作人员在实施持续改进职业健康安全管理体系的措施方面的参与；（d）就有关持续改进的结果与工作人员及其代表（若有）进行沟通；（e）保持和保留成文信息作为持续改进的证据	公司是否有持续改进的过程，提升职业健康安全绩效、建立健康安全文化	公司通过企业文化打造、纠正措施、内审、数据分析、管理评审、员工代表会议等方式持续改进职业健康安全绩效	符合

内部审核不合格报告

责任部门	仓库	责任人	
发出日期	2019.11.5	完成日期	2019.11.6
不符合描述	抽查现场叉车司机，符合要求，但没有戴耳机。不符合 ISO45001:2018 条款中“8.1.1 总则 组织应通过以下方面来策划、实施、控制和保持满足职业健康安全管理体系要求和实施第 6 章确定的措施所需的过程： 按照准则实施过程控制；” 审核员 / 日期：		
不符合原因分析	责任部门 / 日期：		
纠正预防措施	责任部门 / 日期：		
跟踪验证	审核员 / 日期：		

审核员：　　　　　　　　　　审核组长：

日　期：　　　　　　　　　　日　期：

内部审核不合格报告

责任部门	生产	责任人	
发出日期	2019.11.4	完成日期	2019.11.6
不符合描述	套标机安全门失效。不符合 ISO45001:2018 条款中“8.1.2 组织应建立、实施和保持通过采用如下控制层级来消除危险源和降低职业健康安全风险的过程： （a）消除危险源； （b）用危险性低的过程、操作、材料或设备替代； （c）采用工程控制和重新组织工作； （d）采用管理控制，包括培训； （e）使用适当的个体防护装备。” 审核员 / 日期：		
不符合原因分析	责任部门 / 日期：		

纠正预防措施	责任部门 / 日期：
跟踪验证	审核员 / 日期：

审核员：　　　　　　　　　　　　　　审核组长：

日　期：　　　　　　　　　　　　　　日　期：

签到表

会议内容：内审末次会议　　　　　　　　　　　　2019 年 11 月 5 日

编 号	部 门	姓 名	职 位	签 名
1				
2				
3				
4				
5				
6				
7				
8				
9				
10				
12				
13				

编号：QR–19

内部审核报告

审核目的	对公司的环境 / 职业健康安全管理体系进行完整的内部审核，以检查公司的环境 / 职业健康安全管理体系的运行情况是否符合 ISO14001：2015 与 ISO45001：2018 标准的要求；是否得到正确的实施和保持
审核范围	涉及部门：生产部、品质部、工程部、业务部、采购部、生管部、行政部和管理层 涉及标准条款：ISO14001：2015 标准与 ISO45001：2018 标准

审核依据	ISO14001：2015 标准；ISO45001：2018 标准；环境与职业健康安全相关法律法规和其他要求；公司环境与职业健康安全管理体系文件
审核组成员	审核组组长： 审核组成员：

审核综述

为检查公司环境与职业健康安全管理体系建立以来的运行情况，确认体系的有效性及符合性，公司于 2019 年 11 月 4—5 日进行了环境与职业健康安全管理体系内审。现将审核发现汇总分析如下：

1. 体系策划方面（P）

（1）环境因素 / 危险源的识别评价方面：公司充分识别了饮料生产相关的环境因素与风险源，并按照科学合理的评价模型进行环境因素和风险源的评估，确定的重要环境因素和重大风险源合理充分，新增的项目环境因素和风险源得到重新评估，个别部门风险源未能及时识别

（2）环境与职业健康安全法律法规及其他要求的收集识别传达：环境与职业健康安全法律法规及其他要求的收集识别全面，涵盖公司的环境因素、风险源与相关环境与职业健康安全管理要求

（3）环境与职业健康安全方针目标指标方案：公司依据重要环境因素、重大风险源、环境与职业健康安全法律法规及其他要求制定切合实际的环境与职业健康安全方针目标指标方案，可有效提升环境和安全绩效。但管理方案的内容与实施现状一致，应及时进行更新

2. 体系实施方面（D）

（1）公司环境管理的职责分解明确，没有责任的盲点，各部门各行其责

（2）能力、意识与培训：公司对重要环境与职业健康安全岗位的上岗能力培训有效，但在全员环保与职业健康安全意识的宣传方面力度还有空间可以提升

（3）信息交流：公司在内外部环境信息交流方面顺畅；

（4）体系文件的策划：公司建立环境与职业健康安全手册、程序文件、作业文件及记录表格，文件体系充分适宜，文件体系存放于公共网络盘，公司员工可以阅读环境与职业健康安全相关体系文件

（5）文件控制方面：在体系文件发放方面，一些部门有使用未受控文件，有些部门的内部环境与职业健康安全管理文件没有相关文件清单，对文件控制管理可能会遗漏

（6）运行控制：重要环境因素的控制有效，在节能减排、员工安全工作环境、环境与职业健康安全事故预防方面效果显著；未发生过违法、超标、投诉等环境问题；部门内的日常自查、环境与职业健康安全管理的日常监督检查方面

（7）应急准备与响应：公司建立应急响应组织，配备应急器材，制定应急预案，并组织应急演习，同时杜绝环境事故的发生，但在应急演练方面还有不足

3. 体系监控方面（C）

（1）环境监测：定期进行三废的监测，并确保结果达标；但是需要根据年度计划来进行相关检测

（2）职业危害因素监测：定期委托进行噪声、高温、放射源等危害因素的监测

（3）合规性评价：公司环境与职业健康安全管理达到环境法律法规及其他要求，合规

（4）记录控制：公司体系记录在填写时不够规范

4. 体系改进方面（D）

公司建立日常监控，环境与职业健康安全监测，合规性评价，内审等自我监督机制，可有效控制环境体系的运行，并提升公司的环境绩效

审核结论 审核组认为，公司管理的环安管理体系运行状况基本符合 ISO14001：2015 和 ISO45001:2018 标准，环境与职业健康安全相关的法律法规与其他要求及公司环安管理体系文件的要求，体系充分、有效 通过审核，发现很多不足。本次内审，共开出不合格项 2 项，主要在运行控制方面存在缺失；各部门基本都能保持体系的顺畅运作，但都存在一些轻微的不合格现象，这是体系运行中不断改善的表现，属于正常现象。不合格的详细情况见附件《内部审核不合格报告》 全厂应进一步加强对环安体系文件的学习，提高环安意识；针对内审发现的不符合，举一反三，在规定的期限内进行全面整改。			
编制人		审批人	
日 期		日 期	

四、管理评审

东莞 ×× 有限公司

环境与职业健康安全管理体系管理评审计划

1. 评审目的

对公司环境与职业健康安全管理体系运行情况进行评价；确保体系运行的适宜性、充分性和有效性，使其得到持续改进；寻找改进环境管理体系运行绩效的机会和途径。

2. 范围

公司环境与职业健康管理体系涉及的所有活动与作业。

3. 评审时间、评审地点、评审方式

评审时间：2019 年 12 月 15 日 13:30~16:00

评审地点：

评审形式：会 议

4. 参会人员

最高管理者 / 管理者代表	
部门经理、主管	
内审员	

5. 管理评审的输入资料要求与议程

顺序	部门	内容要求	时间
1	生管部	（1）本部门目标指标管理方案的达成情况 （2）本部门的环境与职业健康安全管理职责与履行情况，本部门的资源配置情况 （3）环境与职业健康安全管理体系在本部门的宣贯情况，人员的持证上岗情况 （4）本部门环境因素的控制情况 （5）本部门风险源的控制情况 （6）本部门环境与职业健康安全潜在事故的控制情况 （7）本部门内审不符合的整改情况 （8）委外厂商环境与安全管理情况 （9）对环境与职业健康安全管理体系的改进建议	5 分钟

续表

顺序	部门	内容要求	时间
2	采购部	(1) 本部门目标指标管理方案的达成情况 (2) 本部门的环境与职业健康安全管理职责与履行情况，本部门的资源配置情况 (3) 环境与职业健康安全管理体系在本部门的宣贯情况，人员的持证上岗情况 (4) 本部门环境因素的控制情况 (5) 本部门风险源的控制情况 (6) 本部门环境与职业健康安全潜在事故的控制情况 (7) 本部门内审不符合的整改情况 (8) 采购厂商环境与安全管理情况 (9) 对环境与职业健康安全管理体系的改进建议	5 分钟
3	财务部	(1) 本部门目标指标管理方案的达成情况 (2) 本部门的环境与职业健康安全管理职责与履行情况，本部门的资源配置情况 (3) 环境与职业健康安全管理体系在本部门的宣贯情况，人员的持证上岗情况 (4) 本部门环境因素的控制情况 (5) 本部门风险源的控制情况 (6) 本部门环境与职业健康安全潜在事故的控制情况 (7) 本部门内审不符合的整改情况 (8) 环境与职业安全资源投入情况 (9) 对环境与职业健康安全管理体系的改进建议	5 分钟
4	生产部	(1) 本部门目标指标管理方案的达成情况 (2) 本部门的环境与职业健康安全管理职责与履行情况，本部门的资源配置情况 (3) 环境与职业健康安全管理体系在本部门的宣贯情况，人员的持证上岗情况 (4) 本部门环境因素的控制情况 (5) 本部门风险源的控制情况 (6) 本部门环境与职业健康安全潜在事故的控制情况 (7) 本部门内审不符合的整改情况 (8) 对环境与职业健康安全管理体系的改进建议	5 分钟

续表

顺序	部门	内容要求	时间
5	业务部	（1）本部门目标指标管理方案的达成情况 （2）本部门的环境与职业健康安全管理职责与履行情况，本部门的资源配置情况 （3）环境与职业健康安全管理体系在本部门的宣贯情况，人员的持证上岗情况 （4）本部门环境因素的控制情况 （5）本部门风险源的控制情况 （6）本部门环境与职业健康安全潜在事故的控制情况 （7）本部门内审不符合的整改情况 （8）客户环境与职业安全要求情况 （9）对环境与职业健康安全管理体系的改进建议	5分钟
6	工程部	（1）本部门目标指标管理方案的达成情况 （2）本部门的环境与职业健康安全管理职责与履行情况，本部门的资源配置情况 （3）环境与职业健康安全管理体系在本部门的宣贯情况，人员的持证上岗情况 （4）本部门环境因素的控制情况 （5）本部门风险源的控制情况 （6）本部门环境与职业健康安全潜在事故的控制情况 （7）本部门内审不符合的整改情况 （8）对环境与职业健康安全管理体系的改进建议	5分钟
7	品质部	（1）本部门目标指标管理方案的达成情况 （2）本部门的环境与职业健康安全管理职责与履行情况，本部门的资源配置情况 （3）环境与职业健康安全管理体系在本部门的宣贯情况，人员的持证上岗情况 （4）本部门环境因素的控制情况 （5）本部门风险源的控制情况 （6）本部门环境与职业健康安全潜在事故的控制情况 （7）本部门内审不符合的整改情况 （8）对环境与职业健康安全管理体系的改进建议	5分钟

续表

顺序	部门	内容要求	时间
8	行政部	（1）公司环境与职业健康安全方针的宣贯情况与适宜性 （2）公司目标指标管理方案的达成情况 （3）公司环保与职业健康安全人力资源情况 （4）公司环境与职业健康安全管理信息交流的有效性，环境投诉与处理情况 （5）公司环境与职业健康安全体系文件的充分性、实用性 （6）公司环境因素的控制情况 （7）公司风险源的控制情况 （8）环境与职业健康安全监测结果与合规性评价 （9）公司环境与职业健康安全潜在事故的控制情况 （10）公司内审报告，内审不符合的整改情况 （11）公司内部和外部环境变化可能对环境与职业健康安全管理体系的影响 （12）对环境管理体系的改进建议	10分钟
9	总经理	小结，对体系改进项目做出决议	5分钟

6. 管理评审输出

（1）《管理评审报告》由安全组编制、管理者代表审核、最高管理者批准发布。

（2）对管理评审中发现的问题，由各相关部门编制“纠正措施报告”，安全组汇总，报管理者代表审核，最高管理者批准后交责任部门实施，安全组对措施实施效果进行验证和评价。

编制：　　　　审核：　　　　批准：

签到表

会议内容：管理评审会议　　　　2019年12月15日

编号	部门	姓名	职位	签名
1				
2				
3				
4				
5				
6				
7				
8				
9				

管理评审报告

评审目的	对公司环境与职业健康安全管理体系运行情况进行总体评价；确保体系运行的适宜性、充分性和有效性，使其得到持续改进；寻找改进环境与职业健康安全管理体系运行绩效的机会和途径
评审时间	2019 年 12 月 15 日　13:30~16:00
评审依据	依据 ISO14001:2015 与 ISO45001:2018 标准、公司环境与职业健康安全体系文件、相关环境与职业健康安全法律法规和其他要求
参加人员	
评审范围	公司环境、职业健康安全管理体系涉及的所有活动与作业
评审内容	
（1）公司总经理主持本次管理评审会议，说明此次管理评审的目的、范围及会议议程要求 （2）推行小组组长向与会人员报告公司环境与职业健康安全管理体系的总体运行状况，报告中阐述了公司 2019 年环境与职业健康安全管理体系运行情况，包括体系运行以来公司所做的各项主要工作，如环境与职业健康安全方针目标的达成情况，环境与职业健康安全管理方案实施情况、环境与职业健康安全方针目标的适宜性、环境与职业健康安全体系文件的适宜性和实施情况、内部审核结果及不合格的整改情况，合规性评价结果，体系推行过程中出现的问题，下一阶段工作安排及改进建议等向厂长进行汇报 （3）公司生产部、品质部、行政部、生管部、采购部、财务部、业务部、工程部、总经理出席会议，并提出部门现存问题及改进建议 （4）总经理对公司环境与职业健康安全管理体系做出总体评价并提出改进要求	

环境与职业健康安全管理体系运行状况报告

1. 环境与职业健康安全方针和目标的适宜性及达成情况

公司环境与职业健康安全方针针对目前环境与职业健康安全管理现状制定，并体现环境与职业健康安全法律法规和相关方环境与职业健康安全要求，也体现本公司的社会责任及承诺。

公司环境与职业健康安全目标分解落实到相关部门，并制定了切实可行的环境与职业健康安全管理方案。经统计，公司环境与职业健康安全目标达成情况如下：

序号	目标	指标	实绩
1	节约用水	同期每吨产品用水量比去年同期下降 5%	4.867
2	节约能源	同期每吨产品用电量比去年同期下降 3%	2.972
3	污水合规性排放	排放污水达到 DB44/26-2001 三级标准	监测达标
4	废弃物合规处理	危废 100% 合规处理	危废定期交资质公司处理
5	职业病发生率为 0	0	0
6	交通安全事故发生率为 0	0	0

续表

序号	目标	指标	实绩
7	机械伤害事件发生率为 0	0	0
8	火灾事故发生率为 0	0	0
9	触电事故发生率为 0	0	0

以上各项指标达到公司规定的环境与职业健康安全目标，保障公司环境与职业健康安全方针的实现，并充分证明公司方针目标的适宜性、管理的有效性。

2. 环境与职业健康安全管理方案的实施情况

公司针对环境与职业健康安全目标，制定环境与职业健康安全管理方案，明确实现环境与职业健康安全目标的措施、责任部门、责任人、完成时间，并对环境与职业健康安全管理方案的实施情况进行跟踪检查。具体情况如下：

序号	目标	方案内容	实施情况
1	节约用水	成立水利用率管理小组，定期分析和跟踪水利用率状况，出现异常及时制定和采取解决措施	月度会议定期进行
		实施水回收循环利用，减少自来水的使用	完成
		增加处理水、消防水等监控水表并每日监控各个用水状况	完成
2	节约能源	成立能耗管理小组，定期分析和跟踪能耗使用状况	月度会议定期进行
		组织节能竞赛，提高灌注温度，减少用电制冷量，出现异常及时制定解决措施	完成
		资源回收利用，减少资源用量	完成
3	合规性排放	定期保养维护，年度大修，预防设备故障	完成
		在线监控，月度定期维护	定期完成
		年度全面评估公司危废种类	年度评估两次完成
		定期委托有资质公司处理	定期进行
4	火灾事故发生率为 0	（1）建立应急预案，定期检查，定期维护相关办公设备设施	按制度执行
		（2）制定应急预案并交底，定期组织消防演练	完成
		（3）加强员工消防知识培训，熟练掌握各种消防器材的使用，提高员工的安全意识	完成
		（4）办公区域禁止吸烟	每日执行
		（5）配备充足和有效的消防设施，并定期进行点检	每日执行

续表

序号	目标	方案内容	实施情况
5	触电事故发生率为 0	（1）制定安全用电管理制度	完成
		（2）指定专人定期对用电安全进行监督检查	进行中
		（3）建立触电事故应急预案	完成
		（4）对办公室人员开展安全用电的培训	完成
6	职业病发生率为 0	（1）做好防护用品佩戴	进行中
		（2）建立应急预案	完成
		（3）进行专项检查	进行中
		（4）定期检测等	完成
7	交通安全事故发生率为 0	（1）做好现场人员的安全交底	进行中
		（2）现场做好警示标示	完成
		（3）建立应急预案进行控制	完成
		（4）进行专项检查	进行中
8	机械伤害事件发生率为 0	（1）建立防护用品、用具佩戴的机制	进行中
		（2）刀具设置罩子防止伤害	执行中
		（3）进行安全交底	进行中
		（4）建立应急预案进行控制	完成

公司在体系建立以来，增加了环保与职业健康安全投入，以确保环境与职业健康安全管理方案的实现。环境与职业健康管理方案，均已得到落实和执行，并达到预期目标。

3. 环境与职业健康安全管理体系的建立和实施情况

3.1 环境与职业健康安全管理体系建立情况

（1）公司组织机构的适宜性：公司组织架构及部门职责覆盖 ISO14001:2015 与 ISO45001:2018 标准的要求，并且满足公司运作的需要，目前是充分、适宜的。

（2）环境与职业健康安全管理体系文件的适宜性：公司环境与职业健康安全管理体系文件覆盖 ISO14001:2015 与 ISO45001:2018 标准的要求，并且满足公司运作的需要，目前是充分、适宜的。

3.2 环境与职业健康安全管理体系运行情况与绩效

（1）体系宣贯情况：文件发布实施以来，各部门开展了内部学习，并且按文件要求改善环境与职业健康安全绩效，按规定填写相关环境与职业健康安全记录。

（2）环境与职业健康安全绩效：2019 年公司整体环境与职业健康安全绩效均达到预期目标。

4. 内部审核结果及不合格的整改情况

公司于12月4—5日进行了环境与职业健康安全管理体系内审，对环境与职业健康安全管理体系运行的符合性、充分性和有效性进行了全面的审核，涉及厂务处、制造二处、制造三处、采购科、仓储管理处、物流科、安全组、财会部、人资处、生产管理处等，共发现不合格项2个。

审核组针对内部审核发现的问题，发出不符合报告，要求各部门加强对环境与职业健康安全管理体系文件的学习和理解，各项工作严格按程序规定执行，对不适宜的文件进行修订，防止不合格的再次发生。

公司各部门针对已发现的问题逐项分析了其产生的原因，制定了消除原因的纠正措施计划，已于12月14日前实施完成，并经内审员现场验证合格。具体整改情况如下：

不符合项目	整改结果
套标机安全门失效	已完成维修，安全有效
抽查现场叉车司机，符合要求，但有戴耳机	已完成，无戴耳机现象

5. 外部环境与职业健康安全变化、相关方要求与合规性评价

在环境与职业健康安全日益得到社会各方关注的今天，公司通过跟踪环境与职业健康安全法律法规和相关方的环境与职业健康安全要求，力争达到并超越这些要求，持续提升环境与职业健康安全绩效。

公司每年进行一次合规性评价，以持续满足环境与职业健康安全法律法规和相关方的环境与职业健康安全要求。

本年度合规性评价结果未发现不符合。

6. 环境与职业健康安全投诉处理的情况

公司体系运行以来，未接到过环境与职业健康安全投诉。

7. 纠正预防措施有效性

公司通过日常监控、环境与职业健康安全监测、合规性评价、内审等自我监督机制，进行自查自纠。如果发现不合格或潜在不合格，公司采取纠正预防措施进行改善，并按期完成改善项目，纠正预防措施机制有效。

公司鼓励员工上报安全未遂事件和微小医疗事件。部门对相关事件分析和采取预防行动

计划，并通报管理人员。

8. 对公司环境与职业健康安全管理体系改进的建议

对公司组织结构、环境与职业健康安全管理体系文件、资源需求等方面的意见和建议如下：

项目	改善建议
体系	持续监督实施环境健康管理系统

9. 体系运行总体评价

通过推行环境与职业健康安全管理体系，公司的环境与职业健康安全绩效不断提升，员工的环保与安全意识不断提升。各级管理人员要充分理解和执行环境与职业健康安全管理体系文件要求，将环保与安全管理渗透到日常工作中。

评审结论：

（1）公司环境与职业健康安全管理体系持续适宜、充分和有效。

（2）公司的环境与职业健康安全方针适宜。

（3）环境与职业健康安全目标的达成情况满足要求。

（4）公司的组织结构、资源配备合理，人员能力及意识达到要求。

（5）员工的培训效果达到要求。

（6）环境与职业健康安全绩效持续改进机制符合要求。

持续改进项目

决议事项：

项目	改善建议
体系	持续监督实施环境健康管理系统

编写人：　　　　　　　　　　　　　　　　批准人：

日期：　　　　　　　　　　　　　　　　　日期：

五、职业危害告知卡

电焊机风险点告知卡

单位名称：××××

风险点名称	电焊机	主要危险因素概述	一次线绝缘破损，二次线接头过多或搭接在可燃气体管道上，导致人员触电和可燃气体爆炸
风险点编号	01		
风险等级	三级风险		
安全标志 禁止烟火 当心触电 Danger! High voltage		主要风险控制措施	1. 一次线绝缘无破损，二次回路宜直接与被焊工件连接或压接 2. 焊机在有接地装置的焊件上进行操作，应避免焊机和工件的双重接地 3. 禁止搭接或利用厂房金属结构、管道、轨道、设备可移动部位，以及 PE 线作为焊接二次回路 4. 制定并执行操作规程
责任部门		主要事故类型	触电、其他爆炸
责任人 联系电话		应急处置措施	1. 立即疏散厂房及周边人群，对事故现场实施隔离和警戒 2. 对受伤人员进行及时抢救，并拨打 120、110 电话求救 3. 现场发现事故人员立即根据企业制定的《生产安全事故应急救援预案》规定的流程向企业相关管理人员进行事故报告

氩弧焊机风险点告知卡

单位名称：××××

风险点名称	氩弧焊机	主要危险因素概述	一次线绝缘破损，二次线接头过多或搭接在可燃气体管道上，导致人员触电和可燃气体爆炸
风险点编号	02		
风险等级	三级风险		

安全标志 禁止烟火 当心触电 Danger! High voltage		主要风险控制措施	1. 一次线绝缘无破损，二次回路宜与被焊工件直接连接或压接 2. 焊机在有接地装置的焊件上进行操作，应避免焊机和工件的双重接地 3. 禁止搭接或利用厂房金属结构、管道、轨道、设备可移动部位，以及PE线作为焊接二次回路 4. 制定并执行操作规程
责任部门		主要事故类型	触电、其他爆炸
责任人联系电话		应急处置措施	1. 立即疏散厂房及周边人群，对事故现场实施隔离和警戒 2. 对受伤人员进行及时抢救，并拨打120、110电话求救 3. 现场发现事故人员立即根据企业制定的《生产安全事故应急救援预案》规定的流程向企业相关管理人员进行事故报告

切割机风险点告知卡

单位名称：××××

风险点名称	切割机	主要危险因素概述	由于人员误操作、设备缺陷、外力因素等导致消防水泵故障，易发生机械伤害等事故
风险点编号	03		
风险等级	三级风险		
安全标志 当心机械伤人		主要风险控制措施	1. 禁止在设备上摆放物品 2. 按标准佩戴劳保用品，用专用工具及时清理铁屑 3. 及时清理地面油污、水渍，保持地面卫生 4. 严格按加工工艺参数进行加工 5. 禁止非专业资质人员操作设备 6. 严格按设备操作规程进行作业
责任部门		主要事故类型	机械伤害等
责任人联系电话		应急处置措施	1. 立即疏散厂房及周边人群，对事故现场实施隔离和警戒 2. 对受伤人员进行及时抢救，并拨打120、110电话求救 3. 现场发现事故人员立即根据企业制定的《生产安全事故应急救援预案》规定的流程向企业相关管理人员进行事故报告

气瓶风险点告知卡

单位名称：××××

<table>
<tr><td>风险点名称</td><td>气瓶</td><td rowspan="3">主要危险因素概述</td><td rowspan="3">由于人员误操作、设备缺陷、外力因素等导致液氨泄漏，遇明火或静电火花会发生火灾、爆炸等事故</td></tr>
<tr><td>风险点编号</td><td>04</td></tr>
<tr><td>风险等级</td><td>三级风险</td></tr>
<tr><td colspan="2">安全标志
必须戴防毒口罩
MUST WEAR GAS DEFENCE MASK
禁止烟火
当心爆炸</td><td>主要风险控制措施</td><td>1. 容器、管道的设计压力应当不小于在操作中可能遇到的最高的压力与温度组合工况的压力。容器、管道不应超压运行
2. 应按规定设置安全阀、爆破片、紧急切断装置、压力表、液面计等
3. 按操作规程执行</td></tr>
<tr><td>责任部门</td><td></td><td>主要事故类型</td><td>火灾、爆炸、中毒窒息</td></tr>
<tr><td>责任人
联系电话</td><td></td><td>应急处置措施</td><td>1. 立即疏散厂房及周边人群，对事故现场实施隔离和警戒
2. 对受伤人员进行及时抢救，并拨打 120、110 电话求救
3. 现场发现事故人员立即根据企业制定的《生产安全事故应急救援预案》规定的流程向企业相关管理人员进行事故报告</td></tr>
</table>

手持电钻风险点告知卡

单位名称：××××

<table>
<tr><td>风险点名称</td><td>手持电钻</td><td rowspan="3">主要危险因素概述</td><td rowspan="3">由于人员误操作、设备缺陷、外力因素等导致设备故障，易发生机械伤害等事故</td></tr>
<tr><td>风险点编号</td><td>05</td></tr>
<tr><td>风险等级</td><td>三级风险</td></tr>
<tr><td colspan="2">安全标志
当心触电
Danger! High voltage
当心机械伤人</td><td>主要风险控制措施</td><td>1. 做好设备预防性维修
2. 设备护罩、护栏可靠齐备
3. 完善设备急停开关、连锁装置
4. 严格执行维修时的上锁挂牌程序
5. 运行时不得检查擦拭设备
6. 加强安全教育
7. 员工配发相应劳保用品，并经常组织检查员工佩戴情况
8. 危险区张贴警示标志、悬挂危害告知牌</td></tr>
</table>

责任部门		主要事故类型	触电、机械伤害等
责任人 联系电话		应急处置措施	1. 立即停车疏散周边人群，对事故现场实施隔离和警戒 2. 对受伤人员进行及时抢救，并拨打 120、110 电话求救 3. 现场发现事故人员立即根据企业制定的《生产安全事故应急救援预案》规定的流程向企业相关管理人员进行事故报告

冲击钻风险点告知卡

单位名称：××××

风险点名称	冲击钻	主要危险因素概述	由于人员误操作、设备缺陷、外力因素等导致设备故障，易发生机械伤害等事故
风险点编号	06		
风险等级	三级风险		
安全标志 当心触电 Danger! High voltage 当心机械伤人		主要风险控制措施	1. 做好设备预防性维修 2. 设备护罩、护栏可靠齐备 3. 完善设备急停开关、连锁装置 4. 严格执行维修时的上锁挂牌程序 5. 运行时不得检查擦拭设备 6. 加强安全教育 7. 员工配发相应劳保用品，并经常组织检查员工佩戴情况 8. 危险区张贴警示标志、悬挂危害告知牌
责任部门		主要事故类型	触电、机械伤害等
责任人 联系电话		应急处置措施	1. 立即停车疏散周边人群，对事故现场实施隔离和警戒 2. 对受伤人员进行及时抢救，并拨打 120、110 电话求救 3. 现场发现事故人员立即根据企业制定的《生产安全事故应急救援预案》规定的流程向企业相关管理人员进行事故报告

压缩机风险点告知卡

单位名称：××××

<table>
<tr><td>风险点名称</td><td>压缩机</td><td rowspan="3">主要危险因素概述</td><td rowspan="3">由于人员误操作、设备缺陷、外力因素等导致压缩机故障，易发生触电、机械伤害等事故</td></tr>
<tr><td>风险点编号</td><td>07</td></tr>
<tr><td>风险等级</td><td>四级风险</td></tr>
<tr><td colspan="2">安全标志
当心触电
Danger! High voltage
当心机械伤人</td><td>主要风险控制措施</td><td>1. 做好设备预防性维修
2. 设备护罩、护栏可靠齐备
3. 完善设备急停开关、连锁装置
4. 严格执行维修时的上锁挂牌程序
5. 运行时不得检查擦拭设备
6. 加强安全教育
7. 员工配发相应劳保用品，并经常组织检查员工佩戴情况
8. 危险区张贴警示标志、悬挂危害告知牌</td></tr>
<tr><td>责任部门</td><td></td><td>主要事故类型</td><td>触电、机械伤害等</td></tr>
<tr><td>责任人
联系电话</td><td></td><td>应急处置措施</td><td>1. 立即疏散厂房及周边人群，对事故现场实施隔离和警戒
2. 对受伤人员进行及时抢救，并拨打 120、110 电话求救
3. 现场发现事故人员立即根据企业制定的《生产安全事故应急救援预案》规定的流程向企业相关管理人员进行事故报告</td></tr>
</table>

贮液器风险点告知卡

单位名称：××××

<table>
<tr><td>风险点名称</td><td>贮液器</td><td rowspan="3">主要危险因素概述</td><td rowspan="3">由于人员误操作、设备缺陷、外力因素等导致泄漏，遇明火或静电火花会发生火灾、爆炸等事故</td></tr>
<tr><td>风险点编号</td><td>08</td></tr>
<tr><td>风险等级</td><td>三级风险</td></tr>
<tr><td colspan="2">安全标志
禁止烟火
当心爆炸</td><td>主要风险控制措施</td><td>1. 定期进行放油操作
2. 定期进行放空气操作
3. 做好设备运行记录
4. 制定并执行操作规程</td></tr>
<tr><td>责任部门</td><td></td><td>主要事故类型</td><td>火灾、爆炸、中毒窒息</td></tr>
</table>

责任人 联系电话		应急处置 措施	1. 立即疏散厂房及周边人群，对事故现场实施隔离和警戒 2. 对受伤人员进行及时抢救，并拨打 120、110 电话求救 3. 现场发现事故人员立即根据企业制定的《生产安全事故应急救援预案》规定的流程向企业相关管理人员进行事故报告

压力容器、压力管道风险点告知卡

单位名称：××××

风险点名称	压力容器、压力管道	主要危险因素概述	由于人员误操作、设备缺陷、外力因素等导致泄漏，遇明火或静电火花会发生火灾、爆炸等事故
风险点编号	09		
风险等级	三级风险		
安全标志 必须戴防毒口罩 MUST WEAR GAS DEFENCE MASK 禁止烟火 当心爆炸		主要风险控制措施	1. 容器、管道的设计压力应当不小于在操作中可能遇到的最高的压力与温度组合工况的压力。容器、管道不应超压运行 2. 应按规定设置安全阀、爆破片、紧急切断装置、压力表、液面计等 3. 按操作规程执行
责任部门		主要事故类型	火灾、爆炸、中毒窒息
责任人 联系电话		应急处置 措施	1. 立即疏散厂房及周边人群，对事故现场实施隔离和警戒 2. 对受伤人员进行及时抢救，并拨打 120、110 电话求救 3. 现场发现事故人员立即根据企业制定的《生产安全事故应急救援预案》规定的流程向企业相关管理人员进行事故报告

叉车风险点告知卡

单位名称：××××

风险点名称	叉车	主要危险因素概述	由于人员误操作、设备缺陷、外力因素等导致叉车故障，易发生火灾、触电、车辆伤害等事故
风险点编号	10		
风险等级	三级风险		
安全标志 禁止烟火 当心车辆 当心触电 Danger! High voltage		主要风险控制措施	1. 叉车充电区域保证通风 2. 发生人员触电，区域急救人员先断电，再对呼吸、心跳停止的触电人员进行心肺复苏的抢救治疗 3. 每月对叉车进行点检，发现异常及时进行维修 4. 对于叉车进行限速行驶的速度为 7 公里以下，货物超出本身视线，要进行倒车行驶 5. 叉车速度限速 5 公里 6. 张贴警示标志及操作规程 7. 严格按照操作规程操作
责任部门		主要事故类型	火灾、触电、车辆伤害、物体打击等
责任人联系电话		应急处置措施	1. 立即疏散厂房及周边人群，对事故现场实施隔离和警戒 2. 对受伤人员进行及时抢救，并拨打 120、110 电话求救 3. 现场发现事故人员立即根据企业制定的《生产安全事故应急救援预案》规定的流程向企业相关管理人员进行事故报告

消防水泵风险点告知卡

单位名称：××××

风险点名称	消防水泵	主要危险因素概述	由于人员误操作、设备缺陷、外力因素等导致消防水泵故障，易发生机械伤害等事故
风险点编号	11		
风险等级	四级风险		

安全标志 当心机械伤人		主要风险控制措施	设备维修严格按照操作规程挂牌、上锁
责任部门		主要事故类型	机械伤害等
责任人 联系电话		应急处置措施	1. 立即疏散厂房及周边人群，对事故现场实施隔离和警戒 2. 对受伤人员进行及时抢救，并拨打 120、110 电话求救 3. 现场发现事故人员立即根据企业制定的《生产安全事故应急救援预案》规定的流程向企业相关管理人员进行事故报告

变压器风险点告知卡

单位名称：××××

风险点名称	变压器	主要危险因素概述	由于人员误操作、设备缺陷、外力因素等导致变压器故障，易发生火灾、触电等事故
风险点编号	12		
风险等级	三级风险		
安全标志 当心触电 Danger! High voltage 禁止烟火		主要风险控制措施	1. 电容内部有泄压装置，外部断路器保护 2. 配电工每小时巡视一次 3. 上级断路器保护，设备安全门隔离电弧 4. 严格按照操作规程要求佩戴劳动防护用品 5. 监护人监督作业人员必须按照倒闸操作制度进行操作，监护人监护，两人同时进行操作
责任部门		主要事故类型	火灾、触电等
责任人 联系电话		应急处置措施	1. 立即疏散厂房及周边人群，对事故现场实施隔离和警戒 2. 对受伤人员进行及时抢救，并拨打 120、110 电话求救 3. 现场发现事故人员立即根据企业制定的《生产安全事故应急救援预案》规定的流程向企业相关管理人员进行事故报告

低压配电柜风险点告知卡

单位名称：××××

<table>
<tr><td>风险点名称</td><td>低压配电柜</td><td rowspan="3">主要危险
因素概述</td><td rowspan="3">由于人员误操作、设备缺陷、外力因素等导致配电柜故障，易发生火灾、触电等事故</td></tr>
<tr><td>风险点编号</td><td>13</td></tr>
<tr><td>风险等级</td><td>四级风险</td></tr>
<tr><td colspan="2">安全标志
当心触电
Danger! High voltage
禁止烟火</td><td>主要风险
控制措施</td><td>1. 配电工定期巡视
2. 上级断路器保护，设备安全门隔离电弧
3. 严格按照操作规程要求佩戴劳动防护用品
4. 监护人监督作业人员必须按照倒闸操作制度进行操作，监护人监护，两人同时进行操作</td></tr>
<tr><td>责任部门</td><td></td><td>主要事故
类型</td><td>火灾、触电等</td></tr>
<tr><td>责任人
联系电话</td><td></td><td>应急处置
措施</td><td>1. 立即疏散厂房及周边人群，对事故现场实施隔离和警戒
2. 对受伤人员进行及时抢救，并拨打 120、110 电话求救
3. 现场发现事故人员立即根据企业制定的《生产安全事故应急救援预案》规定的流程向企业相关管理人员进行事故报告</td></tr>
</table>

车间电气线路风险点告知卡

单位名称：××××

<table>
<tr><td>风险点名称</td><td>车间电气线路</td><td rowspan="3">主要危险
因素概述</td><td rowspan="3">由于人员误操作、设备缺陷、外力因素等导致电气线路故障，易发生火灾、触电等事故</td></tr>
<tr><td>风险点编号</td><td>14</td></tr>
<tr><td>风险等级</td><td>三级风险</td></tr>
<tr><td colspan="2">安全标志
当心触电
Danger! High voltage
禁止烟火</td><td>主要风险
控制措施</td><td>1. 防爆场所应配用防爆电器
2. 每层厂房应设独立电源箱，使用断路保护器
3. 临时线路应安装总开关控制和漏电保护装置
4. 临时用电设备 PE（保护接地）连接可靠</td></tr>
<tr><td>责任部门</td><td></td><td>主要事故
类型</td><td>火灾、触电等</td></tr>
</table>

责任人 联系电话		应急处置 措施	1. 立即疏散厂房及周边人群，对事故现场实施隔离和警戒 2. 对受伤人员进行及时抢救，并拨打 120、110 电话求救 3. 现场发现事故人员立即根据企业制定的《生产安全事故应急救援预案》规定的流程向企业相关管理人员进行事故报告

冷库作业风险点告知卡

单位名称：××××

风险点名称	冷库作业	主要危险因素概述	由于人员误操作、设备缺陷、外力因素等导致设备故障，易发生火灾等事故
风险点编号	15		
风险等级	三级风险		
安全标志 必须穿防护服　必须戴防护手套 禁止烟火		主要风险控制措施	1. 每个冷库设有一个专用安全疏散通道，并安装应急照明灯及疏散指示标识 2. 每个冷库门安装蜂鸣报警装置，紧急情况时按响蜂鸣报警装置求救，从外部打开冷库门
责任部门		主要事故类型	火灾等
责任人 联系电话		应急处置 措施	1. 立即疏散厂房及周边人群，对事故现场实施隔离和警戒 2. 对受伤人员进行及时抢救，并拨打 120、110 电话求救 3. 现场发现事故人员立即根据企业制定的《生产安全事故应急救援预案》规定的流程向企业相关管理人员进行事故报告

污水处理作业风险点告知卡

单位名称：××××

风险点名称	污水处理作业	主要危险因素概述	1. 由于人员误操作、设备缺陷、外力因素等产生易燃蒸气，遇明火或静电火花会发生火灾、爆炸等事故 2. 由于人员误操作、设备缺陷、外力因素等产生硫化氢，易发生中毒窒息事故
风险点编号	16		
风险等级	三级风险		
安全标志 必须戴防毒口罩 MUST WEAR GAS DEFENCE MASK 禁止烟火 当心爆炸		主要风险控制措施	1. 必须严格执行危险作业审批手续，办理有限空间作业票 2. 作业前，应先通风，现场作业人员应佩戴好防毒面具，系安全带 3. 进入自然通风换气效果不良的有限空间，应采用机械通风 4. 作业超过 30min 时，必须重新进行池内气体检测
责任部门		主要事故类型	火灾、爆炸、中毒窒息、机械伤害、触电等
责任人 联系电话		应急处置措施	1. 立即疏散厂房及周边人群，对事故现场实施隔离和警戒 2. 对受伤人员进行及时抢救，并拨打 120、110 电话求救 3. 现场发现事故人员立即根据企业制定的《生产安全事故应急救援预案》规定的流程向企业相关管理人员进行事故报告

机械设备维修作业风险点告知卡

单位名称：××××

风险点名称	机械设备维修作业	主要危险因素概述	由于人员误操作、设备缺陷、外力因素等导致设备故障，易发生触电、机械伤害等事故
风险点编号	17		
风险等级	四级风险		

<table>
<tr><td colspan="2">安全标志
当心触电
Danger! High voltage
当心机械伤人</td><td>主要风险控制措施</td><td>1. 拆卸前进行检查，穿三防鞋
2. 设备停电，配电柜上锁，悬挂正在维修标识牌，戴防护手套
3. 制定完善的安全操作规程，并严格执行</td></tr>
<tr><td>责任部门</td><td></td><td>主要事故类型</td><td>触电、机械伤害等</td></tr>
<tr><td>责任人
联系电话</td><td></td><td>应急处置措施</td><td>1. 立即疏散厂房及周边人群，对事故现场实施隔离和警戒
2. 对受伤人员进行及时抢救，并拨打 120、110 电话求救
3. 现场发现事故人员立即根据企业制定的《生产安全事故应急救援预案》规定的流程向企业相关管理人员进行事故报告</td></tr>
</table>

冷凝器维修保养作业风险点告知卡

单位名称：××××

<table>
<tr><td>风险点名称</td><td>冷凝器维修保养作业</td><td rowspan="3">主要危险因素概述</td><td rowspan="3">由于人员误操作、设备缺陷、外力因素等导致设备故障，易造成机械伤害等事故</td></tr>
<tr><td>风险点编号</td><td>18</td></tr>
<tr><td>风险等级</td><td>四级风险</td></tr>
<tr><td colspan="2">安全标志
当心机械伤人
当心坠落</td><td>主要风险控制措施</td><td>1. 控制柜上悬挂“正在检修　禁止合闸”标识
2. 作业人员佩戴安全带</td></tr>
<tr><td>责任部门</td><td></td><td>主要事故类型</td><td>机械伤害、中毒、高处坠落</td></tr>
<tr><td>责任人
联系电话</td><td></td><td>应急处置措施</td><td>1. 立即疏散厂房及周边人群，对事故现场实施隔离和警戒
2. 对受伤人员进行及时抢救，并拨打 120、110 电话求救
3. 现场发现事故人员立即根据企业制定的《生产安全事故应急救援预案》规定的流程向企业相关管理人员进行事故报告</td></tr>
</table>

泵类维修保养作业风险点告知卡

单位名称：××××

风险点名称	泵类维修保养作业	主要危险因素概述	由于人员误操作、设备缺陷、外力因素等导致设备故障，易发生机械伤害等事故
风险点编号	19		
风险等级	四级风险		
安全标志 当心触电 Danger! High voltage 当心机械伤人		主要风险控制措施	1. 设备维修严格按照操作规程挂牌、上锁 2. 控制柜上悬挂“正在检修　禁止合闸”标识
责任部门		主要事故类型	机械伤害等
责任人联系电话		应急处置措施	1. 立即疏散厂房及周边人群，对事故现场实施隔离和警戒 2. 对受伤人员进行及时抢救，并拨打 120、110 电话求救 3. 现场发现事故人员立即根据企业制定的《生产安全事故应急救援预案》规定的流程向企业相关管理人员进行事故报告

线路维修作业风险点告知卡

单位名称：××××

风险点名称	线路维修作业	主要危险因素概述	由于人员误操作、设备缺陷、外力因素等导致设备故障，易发生触电、机械伤害等事故
风险点编号	20		
风险等级	四级风险		

<table>
<tr><td colspan="2">安全标志
当心坠落
当心触电
Danger! High voltage
当心机械伤人</td><td>主要风险控制措施</td><td>1. 严格按照岗位安全操作规程作业，佩戴安全带、安全帽
2. 执行作业票一人作业一人监护，悬挂“禁止合闸　有人工作”标识牌
3. 严格按照岗位操作规程中的要求佩戴安全帽
4. 定期检查护目镜的完好性，严格岗位操作规程中要求切割必须佩戴护目镜的规定
5. 严格按照岗位操作规程停电作业，禁止带电作业</td></tr>
<tr><td>责任部门</td><td></td><td>主要事故类型</td><td>触电、机械伤害、高处坠落等</td></tr>
<tr><td>责任人
联系电话</td><td></td><td>应急处置措施</td><td>1. 立即疏散厂房及周边人群，对事故现场实施隔离和警戒
2. 对受伤人员进行及时抢救，并拨打 120、110 电话求救
3. 现场发现事故人员立即根据企业制定的《生产安全事故应急救援预案》规定的流程向企业相关管理人员进行事故报告</td></tr>
</table>

动火作业风险点告知卡

单位名称：××××

<table>
<tr><td>风险点名称</td><td>动火作业</td><td rowspan="3">主要危险因素概述</td><td rowspan="3">由于人员误操作、设备缺陷、外力因素等存在易燃物质，遇明火易发生火灾、爆炸等事故</td></tr>
<tr><td>风险点编号</td><td>21</td></tr>
<tr><td>风险等级</td><td>四级风险</td></tr>
<tr><td colspan="2">安全标志
禁止烟火
当心爆炸</td><td>主要风险控制措施</td><td>1. 依法建立动火作业管理制度
2. 在动火作业管理制度中规定选用有资质的单位、人员
3. 动火作业许可部门现场确认是否满足动火条件
4. 严格遵守动火作业管理制度监护人职责，监护人不能擅自离开作业场所。如果监护人必须离开时，动火作业停止。监护人由经过培训考核合格的员工担任
5. 作业许可人对劳动防护用品配备情况进行确认，作业监护人监督防护用品使用情况，制止不使用劳动防护用品的行为
6. 作业前办理动火作业许可证，对作业人员进行技术交底
7. 严格执行动火作业管理制度，作业部门清理现场易燃易爆物质，作业许可人确认现场可燃物清理干净</td></tr>
</table>

责任部门		主要事故类型	火灾、爆炸等
责任人 联系电话		应急处置措施	1. 立即疏散厂房及周边人群，对事故现场实施隔离和警戒 2. 对受伤人员进行及时抢救，并拨打 120、110 电话求救 3. 现场发现事故人员立即根据企业制定的《生产安全事故应急救援预案》规定的流程向企业相关管理人员进行事故报告

吊装作业风险点告知卡

单位名称：××××

风险点名称	吊装作业	主要危险因素概述	由于人员误操作、设备缺陷、外力因素等导致吊装设备或吊装物品坠落，易发生起重伤害等事故
风险点编号	22		
风险等级	四级风险		
安全标志 当心起重作业 Be careful lifting operation		主要风险控制措施	1. 依法建立吊装作业管理制度 2. 识别到新的法规要求及时修订 3. 吊装作业管理制度规定吊装作业必须指定监护人现场监护 4. 作业许可时对监护人到岗情况进行检查 5. 吊装作业必须对作业区域进行隔离，无关人员禁止进入 6. 吊装作业必须现场确认满足吊装条件 7. 作业前进行技术交底，选择合适的吊装设备
责任部门		主要事故类型	起重伤害等
责任人 联系电话		应急处置措施	1. 立即疏散厂房及周边人群，对事故现场实施隔离和警戒 2. 对受伤人员进行及时抢救，并拨打 120、110 电话求救 3. 现场发现事故人员立即根据企业制定的《生产安全事故应急救援预案》规定的流程向企业相关管理人员进行事故报告

有限空间作业风险点告知卡

单位名称：××××

<table>
<tr><td>风险点名称</td><td>有限空间作业</td><td rowspan="3">主要危险因素概述</td><td rowspan="3">由于人员误操作、设备缺陷、外力因素等导致有毒物质进入人体，发生中毒窒息等事故</td></tr>
<tr><td>风险点编号</td><td>23</td></tr>
<tr><td>风险等级</td><td>四级风险</td></tr>
<tr><td colspan="2">安全标志
禁止烟火
必须戴防毒面具
必须戴防护手套</td><td>主要风险控制措施</td><td>1. 依法建立有限空间作业管理制度
2. 识别到新的法规要求及时修订
3. 作业许可人现场确认满足作业条件
4. 有限空间作业管理制度规定有限空间作业必须指定监护人现场监护，作业许可时对监护人到岗情况进行检查
5. 有限空间管理制度规定下罐检修必须提前通知中控关闭检修设备
6. 作业人员关闭现场隔离开关并挂牌、上锁
7. 作业许可人对挂牌上锁落实情况进行确认</td></tr>
<tr><td>责任部门</td><td></td><td>主要事故类型</td><td>中毒窒息等</td></tr>
<tr><td>责任人
联系电话</td><td></td><td>应急处置措施</td><td>1. 立即疏散厂房及周边人群，对事故现场实施隔离和警戒
2. 对受伤人员进行及时抢救，并拨打120、110电话求救
3. 现场发现事故人员立即根据企业制定的《生产安全事故应急救援预案》规定的流程向企业相关管理人员进行事故报告</td></tr>
</table>

临时用电作业风险点告知卡

单位名称：××××

风险点名称	临时用电作业	主要危险因素概述	由于人员误操作、设备缺陷、外力因素等导致设备故障，易发生触电等事故
风险点编号	24		
风险等级	四级风险		
安全标志 当心触电 Danger! High voltage 当心机械伤人		主要风险控制措施	1. 依法建立临时用电作业管理制度 2. 作业许可人现场确认满足作业条件 3. 严格遵守临时用电管理制度监护人职责 4. 监护人由经过培训考核合格的员工担任 5. 电气改造作业选择有资质的单位和个人，临时取电由公司电工在临时取电点进行接线，避免私拉乱接，作业许可时对作业人员资质进行审查 6. 作业许可人对临时用电设施进行检查，确认满足作业条件方可进行临时用电作业。临时用电作业必须安装漏电保护器，每次作业前由监护人检查漏电保护器，确保性能可靠
责任部门		主要事故类型	触电等
责任人 联系电话		应急处置措施	1. 立即疏散厂房及周边人群，对事故现场实施隔离和警戒 2. 对受伤人员进行及时抢救，并拨打 120、110 电话求救 3. 现场发现事故人员立即根据企业制定的《生产安全事故应急救援预案》规定的流程向企业相关管理人员进行事故报告

动土作业风险点告知卡

单位名称：××××

风险点名称	动土作业	主要危险因素概述	由于人员误操作、设备缺陷、外力因素等导致设备故障，易发生机械伤害等事故
风险点编号	25		
风险等级	四级风险		

安全标志 当心触电 Danger! High voltage 当心机械伤人 防止物体打击		主要风险控制措施	1. 依法建立动土作业管理制度 2. 识别到新的法规要求及时修订 3. 动土作业管理制度规定动土作业前由动力部门对底线能源管线进行确认 4. 作业许可人对动力部门确认的情况进行确认
责任部门		主要事故类型	机械伤害等
责任人 联系电话		应急处置措施	1. 立即疏散厂房及周边人群，对事故现场实施隔离和警戒 2. 对受伤人员进行及时抢救，并拨打 120、110 电话求救 3. 现场发现事故人员立即根据企业制定的《生产安全事故应急救援预案》规定的流程向企业相关管理人员进行事故报告

高处作业风险点告知卡

单位名称：××××

风险点名称	高处作业	主要危险因素概述	由于人员误操作、设备缺陷、外力因素等导致设备故障，易发生高处坠落等事故
风险点编号	26		
风险等级	四级风险		
安全标志 当心坠落		主要风险控制措施	1. 依法建立高处作业管理制度 2. 作业许可人现场确认满足作业条件 3. 严格遵守高处作业管理制度监护人职责，监护人不能擅自离开作业场所。如果监护人必须离开时，高处作业停止 4. 监护人由经过培训考核合格的员工担任 5. 选择有资质的单位和个人，作业许可时对作业人员的资质进行审查 6. 配备安全带、安全帽等防护用品并每月进行检查，监护人对防护用品的使用情况进行监护
责任部门		主要事故类型	高处坠落等

责任人 联系电话		应急处置 措施	1. 立即疏散厂房及周边人群，对事故现场实施隔离和警戒 2. 对受伤人员进行及时抢救，并拨打 120、110 电话求救 3. 现场发现事故人员立即根据企业制定的《生产安全事故应急救援预案》规定的流程向企业相关管理人员进行事故报告

生产车间风险点告知卡

单位名称：××××

风险点名称	生产车间	主要危险因素概述	由于人员误操作、设备缺陷、外力因素等导致噪声、机械伤害、高处坠落等事故
风险点编号	27		
风险等级	三级风险		
安全标志 必须戴防毒口罩 MUST WEAR GAS DEFENCE MASK 禁止烟火 当心爆炸		主要风险控制措施	1. 定期对作业场所进行噪声检测，告知检测结果，超出 80 分贝，作业场所的人员必须佩戴护耳器 2. 现场张贴“当心噪声”“必须佩戴耳塞”标识 3. 定期组织人员进行职业健康体检，发现职业禁忌症或听力异常者及时调离
责任部门		主要事故类型	噪声伤害、机械伤害、高空坠落等
责任人 联系电话		应急处置 措施	1. 立即疏散厂房及周边人群，对事故现场实施隔离和警戒 2. 对受伤人员进行及时抢救，并拨打 120、110 电话求救 3. 现场发现事故人员立即根据企业制定的《生产安全事故应急救援预案》规定的流程向企业相关管理人员进行事故报告

库房风险点告知卡

单位名称：××××

<table>
<tr><td>风险点名称</td><td>仓库</td><td rowspan="3">主要危险因素概述</td><td rowspan="3">由于人员误操作、外力因素等，导致易燃物质遇明火或静电火花会发生火灾、爆炸等事故</td></tr>
<tr><td>风险点编号</td><td>28</td></tr>
<tr><td>风险等级</td><td>三级风险</td></tr>
<tr><td colspan="2">安全标志
禁止烟火　当心爆炸</td><td>主要风险控制措施</td><td>1. 进库人员进行登记，交出火种
2. 禁止违章吸烟和动火作业
3. 禁止运输用机动车辆进入库房，禁止在库房内停放或修理机动车辆
4. 货物堆放应按照规定存放</td></tr>
<tr><td>责任部门</td><td></td><td>主要事故类型</td><td>火灾、爆炸、机械伤害等</td></tr>
<tr><td>责任人
联系电话</td><td></td><td>应急处置措施</td><td>1. 立即疏散厂房及周边人群，对事故现场实施隔离和警戒
2. 对受伤人员进行及时抢救，并拨打120、110电话求救
3. 现场发现事故人员立即根据企业制定的《生产安全事故应急救援预案》规定的流程向企业相关管理人员进行事故报告</td></tr>
</table>

污水处理池风险点告知卡

单位名称：××××

<table>
<tr><td>风险点名称</td><td>污水处理池</td><td rowspan="3">主要危险因素概述</td><td rowspan="3">由于人员误操作、设备缺陷、外力因素等，易发生淹溺、中毒窒息等事故</td></tr>
<tr><td>风险点编号</td><td>29</td></tr>
<tr><td>风险等级</td><td>二级风险</td></tr>
<tr><td colspan="2">安全标志
必须戴防毒口罩
MUST WEAR GAS DEFENCE MASK
禁止烟火
当心爆炸</td><td>主要风险控制措施</td><td>1. 各功能池设置不锈钢护栏 1.2m
2. 配置救生圈，应急物资柜配置救生衣、救生杆、救生绳
3. 设置“当心溺水”警示标志，两人巡视作业
4. 定期巡检验证护栏的安全性
5. 行走路径远离护栏
6. 各功能池观察口设置不锈钢护栏
7. 通过培训告知硫化氢的特性及危害
8. 采用超声波液位传感器自动上传液位，减少员工观察液位次数</td></tr>
<tr><td>责任部门</td><td></td><td>主要事故类型</td><td>淹溺、高处坠落、中毒窒息等</td></tr>
<tr><td>责任人
联系电话</td><td></td><td>应急处置措施</td><td>1. 立即疏散厂房及周边人群，对事故现场实施隔离和警戒
2. 对受伤人员进行及时抢救，并拨打 120、110 电话求救
3. 现场发现事故人员立即根据企业制定的《生产安全事故应急救援预案》规定的流程向企业相关管理人员进行事故报告</td></tr>
</table>

污水处理间风险点告知卡

单位名称：××××

风险点名称	污水处理间	主要危险因素概述	由于人员误操作、设备缺陷、外力因素等导致人员硫化氢中毒，易发生中毒窒息等事故
风险点编号	30		
风险等级	三级风险		
安全标志 必须戴防毒口罩 MUST WEAR GAS DEFENCE MASK 禁止烟火 当心爆炸		主要风险控制措施	1. 必须严格执行危险作业审批手续，办理有限空间作业票 2. 作业前应先通风，现场作业人员应佩戴防毒面具、安全带 3. 进入自然通风换气效果不良的有限空间，应采用机械通风 4. 作业超过 30min 时，必须重新进行池内气体检测
责任部门		主要事故类型	火灾、爆炸、中毒窒息、机械伤害、触电等
责任人 联系电话		应急处置措施	1. 立即疏散厂房及周边人群，对事故现场实施隔离和警戒 2. 对受伤人员进行及时抢救，并拨打 120、110 电话求救 3. 现场发现事故人员立即根据企业制定的《生产安全事故应急救援预案》规定的流程向企业相关管理人员进行事故报告

餐厅风险点告知卡

单位名称：××××

<table>
<tr><td>风险点名称</td><td>餐厅</td><td rowspan="3">主要危险因素概述</td><td rowspan="3">由于人员误操作、设备缺陷、外力因素等导致液化气泄漏，遇明火或静电火花发生火灾、爆炸等事故</td></tr>
<tr><td>风险点编号</td><td>31</td></tr>
<tr><td>风险等级</td><td>三级风险</td></tr>
<tr><td colspan="2">安全标志
禁止烟火　当心爆炸</td><td>主要风险控制措施</td><td>1. 设专人负责管理，其他人不得随意乱动
2. 燃气存放处，除负责管理人员外，其他人禁止入内
3. 在使用燃气、关闭燃气阀时，必须严格按照先总阀后分阀的操作规程进行
4. 工作场所应定时开启排风设施，确保室内空气流通</td></tr>
<tr><td>责任部门</td><td></td><td>主要事故类型</td><td>火灾、爆炸等</td></tr>
<tr><td>责任人
联系电话</td><td></td><td>应急处置措施</td><td>1. 立即疏散厂房及周边人群，对事故现场实施隔离和警戒
2. 对受伤人员进行及时抢救，并拨打 120、110 电话求救
3. 现场发现事故人员立即根据企业制定的《生产安全事故应急救援预案》规定的流程向企业相关管理人员进行事故报告</td></tr>
</table>

第二篇

案例文件汇编

第一章　ISO45001 管理手册

职业健康安全管理手册

依据 ISO45001：2018 要求编制

注意：①内部资料，对外保密；
②禁止擅自转载、借出、复制。

文 件 编 号：ZO-OHS-01
版本 / 版 次：A/0
制 / 改 部 门：总经办
制 / 改 日 期：2019 年 9 月 1 日

制订 / 修订 履行

项次	更 改 内 容	修订人 / 日期	审核人 / 日期	生效日期

发布令

为了提高公司职业健康安全管理水平，更好地遵守国家有关职业健康安全的政策、法律法规、标准及其他要求，依据 ISO45001:2018 职业健康安全管理体系要求，结合本公司的实际情况编制了职业健康安全管理手册，并在其中阐述了公司职业健康安全方针、目标，明确了各部门的职责，对公司职业健康安全管理体系做了具体描述，是指导公司实施职业健康安全管理体系的纲领性文件，同时为第三方认证提供依据。现予以发布实施，公司全体员工必须严格遵照执行。

本手册 2019 年 9 月 1 日发布，2019 年 9 月 1 日开始执行。

总经理：

2019 年 9 月 1 日

管理者代表任命书和安全事务代表授权书

管理者代表

为建立公司的职业健康安全管理体系并确保体系有效运行，特任命<u> × × </u>先生为我公司的职业健康安全管理者代表。管理者代表具有以下职责：

（1）全面负责公司职业健康安全管理体系的建立、实施和保持。

（2）向总经理汇报职业健康安全管理体系运行情况及改进需求。

（3）组织职业健康安全管理体系内部审核，准备管理评审资料。

（4）对内负责体系协调运行，对外负责有关职业健康安全体系事宜的各种联络。

安全事务代表

经公司全体员工选举推荐，兹任命<u> × × </u>先生担任公司职业健康安全管理体系安全事务代表，其职责主要是：

（1）适当参与危险源和风险辨识、风险评价和控制措施的确定。

（2）适当参与事件的调查。

（3）参与职业健康安全方针和目标的制定和评审。

（4）对影响职业健康安全的任何变更进行协商。

（5）对职业健康安全事务发表意见。

总经理：______________

年　　月　　日

职业健康安全方针目标

一、管理方针

安全第一，关注健康；预防为主，持续改进。

本公司将职业健康安全管理视为己任，遵守相关法律法规和其他要求，坚持“安全第一，预防为主”，以人为本，维护员工的安全与健康权益，持续改进，追求无安全事件、无伤害、无损失。为此，公司承诺遵守如下准则：

（1）遵守国际、国家、行业、地方法律法规和其他要求，并采用适用的标准。

（2）倡导安全预防并制定一系列有效程序，以改善安全和健康管理，控制风险，预防安全事件与职业病，避免伤害，保护员工的安全与健康。

（3）将职业健康安全观念融入企业管理的控制活动全过程，提倡开放式的职业健康安全管理，鼓励企业员工和供应商方及其他相关方参与。

（4）确保与员工及其代表进行协商，鼓励他们参与本体系所有要素的活动，并通过宣传与培训提高员工的安全与健康意识。

（5）持续改进安全绩效，为经济的发展进一步做出贡献。

二、职业健康安全目标

（1）火灾及重大伤亡事故为零。

（2）工伤事故为零。

（3）职业病伤害事故为零。

总经理：________________

年　　月　　日

公司简介

××精密技术有限公司（以下简称××精密）成立于2002年，是一个专门从事精密五金件和注塑件加工的专业厂家。××精密目前共有五金、注塑、喷涂三个分公司。其中，惠州××精密惠阳分公司位于惠州市惠阳区镇隆镇井龙村井龙工业区，占地面积16929平方米，公司资金充足，员工福利待遇优厚，拥有专业的技术和生产团队。

作为精密五金产品的专业生产服务商，××精密能够快速响应并满足各种不同类型的客户及产品需求，在设备先进、质量优良、管理专业的基础上为客户提供更优质、更便捷的结构件一体化解决方案和服务。

××精密是一家集生产、销售、服务为一体的现代化企业，本着高起点、高技术、高水平的原则，公司拥有模具制作、冲压、CNC、高光、喷砂、注塑、点胶等相关设备，为客户提供设计加工一条龙服务，公司以生产精密五金件为主，力争在此行业做出“××特色”的业绩。

厂址：惠州市惠阳区镇隆镇井龙村井龙工业区硕翊工业园

邮政编码：

电话总机：

传真：

电子邮箱：

目　录

10.3　持续改进

附录 1：职业健康安全管理体系部门组织结构图

附录 2：职业健康安全管理体系要素职能分配表

附录 3：职业健康安全管理体系程序文件清单

附录 4：职业健康安全管理目标

1.《职业健康安全管理手册》的管理

1.1　编写和实施

《职业健康安全管理手册》由职业健康安全管理者代表组织有关部门编写，经职业健康安全管理者代表审核，总经理批准后发布实施。《职业健康安全管理手册》的解释权归行政部。

1.2　管理和职责

《职业健康安全管理手册》由行政部负责管理，其主要职责是组织编制、修改、换版和收发控制，对手册的保管和使用情况实施监督。

1.3　发放和保管

《职业健康安全管理手册》在公司内部由行政部负责打印、装订、发放。其修改、换版和发放控制执行《文件控制程序》相关规定。

1.4《职业健康安全管理手册》的使用

1.4.1　各级领导应认真学习和了解《职业健康安全管理手册》内容，并在一切职业健康安全管理活动中贯彻始终。

1.4.2《职业健康安全管理手册》不得私自转借外单位和个人。

1.4.3《职业健康安全管理手册》在执行过程中发生的问题由行政部协调解决，重大原则性问题请示公司主管领导批准后处理。

2. 目的、适用范围及规范性引用文件

2.1　目的

建立并保持职业健康安全管理体系，确定文件化的职业健康安全方针、目标，通过危险源和风险的辨识与评价制定职业健康安全管理方案及运行控制程序并有效实施，以达到不断提高绩效的目的。

2.2　适用范围

本手册是公司职业健康安全管理体系运行的依据，是职业健康安全管理体系内部审核与管理评审及第三方对职业健康安全管理体系认证的体系文件。适用于位于惠州市惠阳区镇隆镇 ×× 工业园的 ×× 精密技术有限公司所从事的手机五金件的加工及相关职业健康安全管理活动。

2.3　规范性引用文件

本手册的编制依据是《ISO45001：2018 职业健康安全管理体系要求》。

3. 术语和定义

本手册除引用 ISO45001：2018 中的定义外，还采用如下定义：

3.1　四不放过

安全事件原因未查清不放过；安全事件责任人与周围群众未受到教育不放过；未采取防范措施不放过；责任人未得到处理不放过。

3.2　三级安全教育

公司级安全教育、部门安全教育、车间班组安全教育。

3.3　轻伤安全事件

因公受伤损失工作日在 1 个工作日以上 105 个工作日以下，但不够重伤的安全事件。

3.4　重伤安全事件

因公受伤损失工作日在等于或超过 105 个工作日的失能安全事件。

3.5　死亡安全事件

发生安全事件当时死亡或负伤后一个月内死亡的安全事件。死亡安全事件是指一次安全事件死亡 1~2 人的安全事件；重特大死亡安全事件是指一次死亡 3 人或 3 人以上的安全事件。

3.6　职业病

劳动者在生产劳动及其他职业活动中接触职业因素引起的疾病。

4. 组织所处的环境

4.1　理解组织及其所处的环境

总经理应确定与其宗旨相关并影响其实现职业健康安全管理体系预期结果的能力的内外部议题。

参考文件：风险机遇控制程序

4.2　理解工作人员和其他相关方的需求和期望

总经理应确定：

（1）工作人员以外的与职业健康安全管理体系有关的其他相关方。

（2）工作人员及其他相关方的有关需求和期望（即要求）。

（3）这些需求和期望中哪些是或将可能成为法律法规要求和其他要求。

参考文件：风险机遇控制程序。

4.3　确定职业健康安全管理体系的范围

总经理应界定职业健康安全管理体系的边界和适用性，以确定其范围。

在确定范围时，组织应：

（1）考虑4.1中所提及的内外部议题。

（2）必须考虑4.2中所提及的要求。

（3）必须考虑计划的或实施的与工作相关的活动。

职业健康安全管理体系应包括在组织控制下或在其影响范围内可能影响组织职业健康安全绩效的活动、产品和服务。

范围应作为成文信息而可以被获取。

4.4　职业健康安全管理体系

总经理应按照本标准的要求建立、实施、保持和持续改进职业健康安全管理体系，包括所需的过程及其相互作用。

5. 领导作用和工作人员参与

5.1　领导作用与承诺

最高管理者应通过以下方式证实其在职业健康安全管理体系方面的领导作用与承诺：

（1）对防止与工作相关的伤害和健康损害及提供健康安全的工作场所和活动全面负责，并承担全面问责。

（2）确保职业健康安全方针和相关职业健康安全目标得以建立，并与组织战略方向相一致。

（3）确保将职业健康安全管理体系要求融入组织业务过程之中。

（4）确保可获得建立、实施、保持和改进职业健康安全管理体系所需的资源。

（5）就有效的职业健康安全管理和符合职业健康安全管理体系要求的重要性进行沟通。

（6）确保职业健康安全管理体系实现其预期结果。

（7）指导并支持人们为职业健康安全管理体系的有效性做出贡献。

（8）确保并促进持续改进。

（9）支持其他相关管理人员证实其领导作用适合于其职责范围。

（10）在组织内建立、引导和促进支持职业健康安全管理体系预期结果的文化。

（11）保护工作人员不因报告事件、危险源、风险和机遇而遭受报复。

（12）确保组织建立和实施工作人员协商和参与的过程（见5.4）。

（13）支持健康安全委员会的建立和运行[见5.4（5）①]。

注：本标准所提及的“业务”可从广义上理解为涉及组织存在目的的核心活动。

5.2　职业健康安全方针

最高管理者应建立、实施并保持职业健康安全方针。职业健康安全方针应：

（1）包括为防止与工作相关的伤害和健康损害而提供安全和健康的工作条件的承诺，并适合于组织的宗旨和规模、组织所处的环境，以及组织的职业健康安全风险和职业健康安全机遇的具体性质。

（2）为制定职业健康安全目标提供框架。

（3）包括满足法律法规要求和其他要求的承诺。

（4）包括消除危险源和降低职业健康安全风险的承诺（见 8.1.2）。

（5）包括持续改进职业健康安全管理体系的承诺。

（6）包括工作人员及其代表（若有）的协商和参与的承诺。

职业健康安全方针应：

（1）作为成文信息而可被获取。

（2）在组织内予以沟通。

（3）在适当时可为相关方所获取。

（4）保持相关和适宜。

5.3　组织的角色、职责和权限

最高管理者应确保将职业健康安全管理体系内相关角色的职责和权限分配到组织内各层次并予以沟通，且作为成文信息予以保持。组织内每一层次的工作人员均应为其所控制部分承担职业健康安全管理体系方面的职责。

注：尽管职责和权限可以被分配，但最高管理者仍应为职业健康安全管理体系的运行承担最终问责。

最高管理者应对下列事项分配职责和权限：

（1）确保职业健康安全管理体系符合本标准的要求。

（2）向最高管理者报告职业健康安全管理体系的绩效。

参考文件：部门职责、岗位职责。

5.4　工作人员的协商和参与

行政部应建立、实施和保持过程，让所有适用层次和职能的工作人员及其代表（若有）协商和参与职业健康安全管理体系的开发、策划、实施、绩效评价和改进。

行政部应：

（1）为协商和参与提供必要的机制、时间、培训和资源。

注：工作人员代表可视为一种协商和参与机制。

（2）及时提供渠道，以获取清晰的、可理解的和相关的职业健康安全管理体系信息。

（3）确定和消除妨碍参与的障碍或壁垒，并尽可能减少那些无法消除的障碍或壁垒。

注：障碍和壁垒可包括未回应工作人员的输入和建议、语言或读写障碍、报复或威胁报复，以及不鼓励或惩罚工作人员参与的政策或惯例等。

（4）强调与非管理类工作人员在如下方面的协商：

①确定相关方的需求和期望（见 4.2）。

②建立职业健康安全方针（见 5.2）。

③适用时，分配组织的角色、职责和权限（见 5.3）。

④确定如何满足法律法规要求和其他要求（见 6.1.3）。

⑤制定职业健康安全目标并为其实现进行策划（见 6.2）。

⑥确定对外包方、采购方和承包方的适用控制（见 8.1.4）。

⑦确定所需监视、测量和评价的内容（见 9.1）。

⑧策划、建立、实施和保持审核方案（见 9.2.2）。

⑨确保持续改进（见 10.3）。

（5）强调非管理类工作人员在如下方面的参与：

①确定其协商和参与的机制。

②辨识危险源并评价风险和机遇（见 6.1.1 和 6.1.2）。

③确定消除危险源和降低职业健康安全风险的措施（见 6.1.4）。

④确定能力要求、培训需求、培训和培训效果评价（见 7.2）。

⑤确定沟通的内容和方式（见 7.4）。

⑥确定控制及其有效实施和应用（见 8.1、8.1.3 和 8.2）。

⑦调查事件和不符合并确定纠正措施（见 10.2）。

注：强调非管理类工作人员的协商和参与，旨在适用于执行工作活动的人员，但无意排除其他人员，比如受组织内工作活动或其他因素影响的管理者。

注：需认识到，若可行，向工作人员免费提供培训及在工作时间内提供培训，可以消除工作人员参与的重大障碍。

参考文件：参与协商控制程序。

6. 策划

6.1　应对风险和机遇的措施

6.1.1　总则。

在策划职业健康安全管理体系时，组织应考虑 4.1（所处的环境）所提及的议题及 4.2 （相关方）和 4.3（职业健康安全管理体系范围）所提及的要求，并确定所需应对的风险和机遇，以：

（1）确保职业健康安全管理体系实现预期结果。

（2）防止或减少非预期的影响。

（3）实现持续改进。

当确定所需应对的与职业健康安全管理体系及其预期结果有关的风险和机遇时，组织必须考虑：

（1）危险源（见 6.1.2.1）。

（2）职业健康安全风险和其他风险（见 6.1.2.2）。

（3）职业健康安全机遇和其他机遇（见 6.1.2.3）。

（4）法律法规要求和其他要求（见 6.1.3）。

在策划过程中，组织应结合组织及其过程或职业健康安全管理体系的变更来确定和评价与职业健康安全管理体系预期结果有关的风险和机遇。对于所策划的变更，无论是永久性的还是临时性的，这种评价均应在变更实施前进行（见 8.1.3）。

组织应保持以下方面的成文信息：

（1）风险和机遇。

（2）确定和应对其风险和机遇（见 6.1.2~6.1.4）所需过程和措施。其成文程度应足以让人确信这些过程和措施可按策划执行。

6.1.2　危险源辨识及风险和机遇的评价。

6.1.2.1　危险源辨识。

行政部及各部门应建立、实施和保持用于持续和主动的危险源辨识的过程。该过程必须考虑（但不限于）：

（1）工作如何组织，社会因素（包括工作负荷、工作时间、欺骗、骚扰和欺压），领导作用和组织的文化。

（2）常规和非常规的活动和状况，包括由以下方面所产生的危险源：

①基础设施、设备、原料、材料和工作场所的物理环境。

②产品和服务的设计、研究、开发、测试、生产、装配、施工、交付、维护或处置。

③人因。

注：人因（human factors），又称人类工效学（Ergonomics），主要是指使系统设计适于人的生理和心理特点，以确保健康、安全、高效和舒适。

④工作如何执行。

（3）组织内部或外部以往发生的相关事件（包括紧急情况）及其原因。

（4）潜在的紧急情况。

（5）人员，包括考虑：

①进入工作场所的人员及其活动，包括工作人员、承包方、访问者和其他人员。

②工作场所附近可能受组织活动影响的人员。

③处于不受组织直接控制的场所的工作人员。

（6）其他议题，包括考虑：

①工作区域、过程、装置、机器和（或）设备、操作程序和工作组织的设计，包括他们对所涉及工作人员的需求和能力的适应性。

② 由组织控制下的工作相关活动所导致的、发生在工作场所附近的状况。

③发生在工作场所附近、不受组织控制、可能对工作场所内的人员造成伤害和健康损害的状况。

（7）在组织、运行、过程、活动和职业健康安全管理体系中的实际或拟定的变更（见 8.1.3）。

（8）危险源的知识和相关信息的变更。

参考文件：危险源辨识控制程序。

6.1.2.2　职业健康安全风险和职业健康安全管理体系的其他风险的评价。

总经理应建立、实施和保持过程，以：

（1）评价来自已识别的危险源的职业健康安全风险，同时必须考虑现有控制的有效性。

（2）确定和评价与建立、实施、运行和保持职业健康安全管理体系相关的其他风险。

组织的职业健康安全风险评价方法和准则应在范围、性质和时机方面予以界定，以确保其是主动的而非被动的，并以系统的方式得到应用。有关方法和准则的成文信息应予以保持和保留。

6.1.2.3　职业健康安全机遇和职业健康安全管理体系的其他机遇的评价。

行政部应建立、实施和保持过程，以评价：

（1）有关增强职业健康安全绩效的职业健康安全机遇，同时必须考虑所策划的对组织及其方针、过程或活动的变更，以及：

① 有关使工作、工作组织和工作环境适合于工作人员的机遇。

②有关消除危险源和降低职业健康安全风险的机遇。

（2）有关改进职业健康安全管理体系的其他机遇。

注：职业健康安全风险和职业健康安全机遇可能会给组织带来其他风险和机遇。

参考文件：风险机遇控制程序。

6.1.3　法律法规要求和其他要求的确定。

行政部应建立、实施和保持过程，以：

（1）确定并获取最新的适用于组织的危险源、职业健康安全风险和职业健康安全管理体系的法律法规要求和其他要求。

（2）确定如何将这些法律法规要求和其他要求应用于组织，以及所需沟通的内容。

（3）在建立、实施、保持和持续改进其职业健康安全管理体系时，必须考虑这些法律法规要求和其他要求。

组织应保持和保留有关法律法规要求和其他要求的成文信息，并确保及时更新以反映任何变化。

注：法律法规要求和其他要求可能会给组织带来风险和机遇。

参考文件：合规性评价程序。

6.1.4　措施的策划。

行政部及各部门应策划：

（1）措施，以：

①应对风险和机遇（见 6.1.2.2 和 6.1.2.3）。

②满足法律法规要求和其他要求（见 6.1.3）。

③对紧急情况做出准备和响应（见 8.2）。

（2）如何：

①在其职业健康安全管理体系过程中或其他业务过程中融入并实施这些措施；

②评价这些措施的有效性。

在策划措施时，组织必须考虑控制的层级（见 8.1.2）和来自职业健康安全管理体系的输出。

在策划措施时，组织还应考虑最佳实践、可选技术方案及财务、运行和经营要求。

参考文件：风险机遇控制程序、危险源辨识控制程序、应急准备和响应控制程序。

6.2　职业健康安全目标及其实现的策划

6.2.1　职业健康安全目标。

总经理应针对相关职能和层次制定职业健康安全目标，以保持和持续改进职业健康安全管理体系和职业健康安全绩效（见 10.3）。

职业健康安全目标应：

（1）与职业健康安全方针一致。

（2）可测量（可行时）或能够进行绩效评价。

（3）必须考虑：

① 适用的要求。

②风险和机遇的评价结果（见 6.1.2.2 和 6.1.2.3）。

③ 与工作人员及其代表（若有）协商（见 5.4）的结果。

（4）得到监视。

（5）予以沟通。

（6）在适当时予以更新。

6.2.2　实现职业健康安全目标的策划。

在策划如何实现职业健康安全目标时，总经理应确定：

（1）要做什么。

（2）需要什么资源。

（3）由谁负责。

（4）何时完成。

（5）如何评价结果，包括用于监视的参数。

（6）如何将实现职业健康安全目标的措施融入其业务过程中。

各部门应保持和保留职业健康安全目标和实现职业健康安全目标的策划的成文信息。

参考文件：职业健康案例目标及实现方案

7. 支持

7.1　资源

总经理应确定并提供建立、实施、保持和持续改进职业健康安全管理体系所需的资源。

7.2　能力

行政部应：

（1）确定影响或可能影响其职业健康安全绩效的工作人员所必须具备的能力。

（2）基于适当的教育、培训或经历，确保工作人员具备胜任工作的能力（包括具备辨识危险源的能力）。

（3）在适用时，采取措施以获得和保持所必需的能力，并评价所采取措施的有效性。

（4）保留适当的成文信息作为能力证据。

注：适用措施可包括向所雇现有人员提供培训、指导或重新分配工作，外聘或将工作承包给能胜任工作的人员等。

7.3　意识

工作人员应知晓：

（1）职业健康安全方针和职业健康安全目标。

（2）其对职业健康安全管理体系有效性的贡献作用，包括从提升职业健康安全绩效所获益处。

（3）不符合职业健康安全管理体系要求的含义和潜在后果。

（4）与其相关的事件和调查结果。

（5）与其相关的危险源、职业健康安全风险和所确定的措施。

（6）从其所认为的急迫且严重危及自身生命和健康的工作状况中脱离，并为保护自己免遭由此产生的不当后果而做出安排的能力。

参考文件：人力资源控制程序。

7.4　沟通

7.4.1　总则。

行政部应建立、实施并保持与职业健康安全管理体系有关的内外部沟通所需的过程，包括确定：

（1）沟通什么。

（2）何时沟通。

（3）与谁沟通，包括：

① 在组织内不同层次和职能之间沟通。

② 在进入工作场所的承包方和访问者之间沟通。

③ 在其他相关方之间沟通。

（4）如何沟通。

在考虑沟通需求时，组织必须考虑多样性方面（比如性别、语言、文化、读写能力、残疾，等等）。

在建立沟通过程中，组织应确保外部相关方的观点被考虑。

在建立沟通过程时，组织应：

（1）必须考虑法律法规要求和其他要求。

（2）确保所沟通的职业健康安全信息与职业健康安全管理体系内所形成的信息一致且可靠。

组织应对有关职业健康安全管理体系的相关沟通做出响应。

适当时，组织应保留成文信息作为其沟通的证据。

7.4.2　内部沟通。

行政部应：

（1）就职业健康安全管理体系的相关信息在不同层次和职能之间进行内部沟通，适当时还包括职业健康安全管理体系的变更。

（2）确保其沟通过程能够使工作人员为持续改进做出贡献。

7.4.3　外部沟通。

行政部、业务部、采购部应按其所建立的沟通过程就职业健康安全管理体系的相关信息进行外部沟通，并必须考虑其法律法规要求和其他要求。

参考文件：信息交流控制程序。

7.5　成文信息

7.5.1　总则。

组织的职业健康安全管理体系应包括：

（1）本标准要求的成文信息。

（2）组织确定的实现职业健康安全管理体系有效性所必需的成文信息。

注：不同组织的职业健康安全管理体系成文信息的复杂程度可能不同，取决于：

（1）组织的规模及其活动、过程、产品和服务的类型。

（2）证实满足法律法规要求和其他要求的需要。

（3）过程的复杂性及其相互作用。

（4）工作人员的能力。

7.5.2　创建和更新。

创建和更新成文信息时，组织应确保适当的：

（1）标识和说明（比如标题、日期、作者或文件编号）。

（2）形式（比如语言文字、软件版本、图表）与载体（比如纸质的、电子的）。

（3）评审和批准，以确保适宜性和充分性。

7.5.3　成文信息的控制。

职业健康安全管理体系和本标准所要求的成文信息应予以控制，以确保：

（1）在需要的场所和时间均可获得并适用。

（2）得到充分的保护（比如防止失密、不当使用或完整性受损）。

适用时，组织应针对下列有关成文信息的活动进行成文信息的控制：

（1）分发、访问、检索和使用。

（2）存储和保护，包括保持易读性。

（3）变更控制（比如版本控制）。

（4）保留和处置。

组织应识别其所确定的、策划和运行职业健康安全管理体系所必需的、来自外部的成文信息，适当时应对其予以控制。

注1：“访问”指仅允许查阅成文信息的决定，或者是允许并授权查阅和更改成文信息的决定。

注2：“访问”相关成文信息包括工作人员及其代表（若有）的“访问”。

参考文件：文件控制程序、记录控制程序。

8. 运行

8.1　运行策划和控制

8.1.1　总则。

组织应通过以下方面来策划、实施、控制和保持满足职业健康安全管理体系要求和实施第 6 章确定的措施所需的过程：

（1）建立过程准则。

（2）按照准则实施过程控制。

（3）保持和保留必要的成文信息，以确信过程已按策划得到实施。

（4）使工作适合于工作人员。

在多雇主的工作场所，组织应与其他组织协调职业健康安全管理体系的相关部分。

8.1.2　消除危险源和降低职业健康安全风险。

组织应建立、实施和保持通过采用如下控制层级来消除危险源和降低职业健康安全风险的过程：

（1）消除危险源。

（2）用危险性低的过程、操作、材料或设备替代。

（3）采用工程控制和重新组织工作。

（4）采用管理控制，包括培训。

（5）使用适当的个体防护装备。

注：在许多国家，法律法规要求和其他要求包括组织无偿为工作人员提供个体防护装备（PPE）的要求。

8.1.3　变更管理。

组织应建立实施和控制所策划的、影响职业健康安全绩效的临时性和永久性变更的过程。这些变更包括：

（1）新的产品、服务和过程，或对现有产品、服务和过程的变更，包括：

①工作场所的位置和周边环境。

②工作组织。

③工作条件。

④设备。

⑤工作人员数量。

（2）法律法规要求和其他要求的变更。

（3）有关危险源和职业健康安全风险的知识或信息的变更。

（4）知识和技术的发展。

组织应评审非预期性变更的后果，必要时采取措施，以减轻任何不利影响。

注：变更可带来风险和机遇。

参考文件：安全运行控制程序。

8.1.4　采购。

8.1.4.1　总则。

组织应建立、实施和保持过程，用于控制产品和服务的采购，以确保其符合职业健康安全管理体系。

8.1.4.2　承包方。

组织应与承包方协调其采购过程，以辨识危险源并评价和控制由下列方面所引起的职业健康安全风险：

（1）对组织造成影响的承包方的活动和运行。

（2）对承包方工作人员造成影响的组织的活动和运行。

（3）对工作场所内其他相关方造成影响的承包方的活动和运行。

组织应确保承包方及其工作人员满足组织的职业健康安全管理体系要求。组织的采购过程应规定和应用选择承包方的职业健康安全准则。

注：在合同文件中包含选择承包方的职业健康安全准则是非常有益的。

8.1.4.3　外包。

组织应确保外包的职能和过程得到控制。组织应确保其外包安排符合法律法规要求和其他要求，并与实现职业健康安全管理体系的预期结果相一致。组织应在职业健康安全管理体系内确定对这些职能和过程实施控制的类型和程度。

注：与外部供方进行协调有助于组织应对外包对其职业健康安全绩效的任何影响。

参考文件：相关方施加影响控制程序。

8.2　应急准备和响应

组织应建立、实施和保持对 6.1.2.1 中所识别的潜在紧急情况进行应急准备并做出响应所需的过程，包括：

（1）建立响应紧急情况的计划，包括提供急救。

（2）为所策划的响应措施提供培训。

（3）定期测试和演练所策划的响应能力。

（4）评价绩效，必要时（包括在测试之后，尤其是在紧急情况发生之后）修订所策划的响应措施。

（5）与所有工作人员沟通并提供与其义务和职责有关的信息。

（6）与承包方、访问者、应急响应服务机构、政府执法监管机构、当地社区（适当时）沟通相关信息。

（7）必须考虑所有有关相关方的需求和能力，适当时确保其参与所策划的响应措施的开发。

组织应保持和保留关于响应潜在紧急情况的过程和计划的成文信息。

参考文件：应急准备和响应控制程序。

9. 绩效评价

9.1 监视、测量、分析和评价绩效

9.1.1 总则。

组织应建立、实施和保持监视、测量、分析和评价绩效的过程。

组织应确定：

（1）需要监视和测量的内容，包括：

①满足法律法规要求和其他要求的程度。

② 与辨识出的危险源、风险和机遇相关的活动和运行。

③ 实现组织职业健康安全目标的进展情况。

④ 运行控制和其他控制的有效性。

（2）适用时，为确保结果有效而采用的监视、测量、分析和评价绩效的方法。

（3）组织评价其职业健康安全绩效所依据的准则。

（4）何时应实施监视和测量。

（5）何时应分析、评价和沟通监视和测量的结果。

组织应评价其职业健康安全绩效并确定职业健康安全管理体系的有效性。

组织应确保适用的监视和测量设备被校准或验证，并被妥善使用和维护。

注：法律法规要求和其他要求（比如国家标准或国际标准）可能涉及监视和测量设备的校准或验证。

组织应保留适当的成文信息：

（1）作为监视、测量、分析和评价绩效的结果的证据。

（2）记录有关测量设备的维护、校准或验证。

参考文件：职业健康安全监视与测量控制程序

9.1.2 合规性评价。

组织应建立、实施和保持对法律法规要求和其他要求（见 6.1.3）的合规性进行评价的过程。

组织应：

（1）确定实施合规性评价的频次和方法。

（2）评价合规性，并在需要时采取措施（见 10.2）。

（3）保持其关于对法律法规要求和其他要求的合规性状态的支持和理解。

（4）保留合规性评价结果的成文信息。

参考文件：合规性评价程序。

9.2 内部审核

9.2.1 总则。

组织应按策划的时间间隔实施内部审核，以提供下列信息：

（1）职业健康安全管理体系是否符合：

① 组织自身的职业健康安全管理体系要求，包括职业健康安全方针和职业健康安全目标。

② 标准的要求。

（2）职业健康安全管理体系是否得到有效实施和保持。

9.2.2　内部审核方案。

组织应：

（1）在考虑相关过程的重要性和以往审核结果的情况下，策划、建立、实施和保持包含频次、方法、职责、协商、策划要求和报告的审核方案。

（2）规定每次审核的审核准则和范围。

（3）选择审核员并实施审核，以确保审核过程的客观性和公正性。

（4）确保向相关管理者报告审核结果；确保向工作人员及其代表（若有）及其他有关的相关方报告相关的审核结果。

（5）采取措施，以应对不符合和持续改进其职业健康安全绩效（见第 10 章）。

（6）保留成文信息，作为审核方案实施和审核结果的证据。

注：有关审核和审核员能力的更多信息参见 GB/T 19011。

参考文件：内审控制程序。

9.3　管理评审

最高管理者应按策划的时间间隔对组织的职业健康安全管理体系进行评审，以确保其持续的适宜性、充分性和有效性。

管理评审应包括对下列事项的考虑：

（1）以往管理评审所采取措施的状况。

（2）与职业健康安全管理体系相关的内部和外部议题的变化，包括：

① 相关方的需求和期望。

② 法律法规要求和其他要求。

③ 风险和机遇。

（3）职业健康安全方针和职业健康安全目标的实现程度。

（4）职业健康安全绩效方面的信息，包括以下方面的趋势：

① 事件、不符合、纠正措施和持续改进。

② 监视和测量的结果。

③ 对法律法规要求和其他要求的合规性评价的结果。

④ 审核结果。

⑤ 工作人员的协商和参与。

⑥ 风险和机遇。

（5）保持有效的职业健康安全管理体系所需资源的充分性。

（6）与相关方的有关沟通。

（7）持续改进的机遇。

管理评审的输出应包括与下列事项有关的决定：

（1）职业健康安全管理体系在实现其预期结果方面的持续适宜性、充分性和有效性。

（2）持续改进的机遇。

（3）任何对职业健康安全管理体系变更的需求。

（4）所需资源。

（5）措施（若需要）。

（6）改进职业健康安全管理体系与其他业务过程融合的机遇。

（7）对组织战略方向的任何影响。

最高管理者应就相关的管理评审输出与工作人员及其代表（若有）进行沟通（见 7.4）。

组织应保留成文信息，以作为管理评审结果的证据。

参考文件：管理评审控制程序。

10. 改进

10.1　总则

组织应确定改进的机会（见第 9 章），并实施必要的措施，以实现其职业健康安全管理体系的预期结果。

10.2　事件、不符合和纠正措施

组织应建立、实施和保持包括报告、调查和采取措施在内的过程，以确定管理事件和不符合。

当事件或不符合发生时，组织应：

（1）及时对事件和不符合做出反应，并在适用时：

①采取措施予以控制和纠正。

②处置后果。

（2）在工作人员的参与（见 5.4）和其他相关方的参加下，通过下列活动评价是否采取纠正措施，以消除导致事件或不符合的根本原因，防止事件或不符合再次发生或在其他场合发生：

① 调查事件或评审不符合。

② 确定导致事件或不符合的原因。

③ 确定类似事件是否已经发生，不符合是否存在，或者是否可能会发生。

（3）在适当时，对现有的职业健康安全风险和其他风险的评价进行评审。

（4）按照控制层级（见 8.1.2）和变更管理（见 8.1.3），确定并实施任何所需的措施，包括纠正措施。

（5）在采取措施前，评价与新的或变化的危险源相关的职业健康安全风险。

（6）评审任何所采取措施的有效性，包括纠正措施。

（7）在必要时，变更职业健康安全管理体系。

纠正措施应与事件或不符合所产生的影响或潜在影响相适应。

组织应保留成文信息作为以下方面的证据：

（1）事件或不符合的性质及随后所采取的任何措施。

（2）任何措施和纠正措施的结果，包括其有效性。

组织应就此成文信息与相关工作人员及其代表（若有）和其他有关的相关方进行沟通。

注：及时报告和调查事件有助于消除危险源和尽快降低相关职业健康安全风险。

10.3　持续改进

组织应通过下列方式持续改进职业健康安全管理体系的适宜性、充分性与有效性：

（1）提升职业健康安全绩效。

（2）建设支持职业健康安全管理体系的文化。

（3）促进工作人员在实施持续改进职业健康安全管理体系的措施方面的参与。

（4）就有关持续改进的结果与工作人员及其代表（若有）进行沟通。

（5）保持和保留成文信息作为持续改进的证据。

参考文件：事件调查与处理程序、纠正措施程序。

附录1　职业健康安全管理体系部门组织结构图

- 总经理
  - 管理代表
    - 生产部
    - 行政部
      - 保安
      - 污水
      - 食堂宿舍
      - 清洁绿化
      - 人事
    - 生管部
      - 生管组
      - 仓库组
    - 采购部
    - 工程部
      - 技术组
      - 开发组
      - 资料组
    - 品质部
      - QA
      - IQC
      - OQC
      - FQC
    - 业务部
    - 财务部

附录 2 职业健康安全管理体系要素职能分配表

ISO45001		责任部门								
章条号	章条标题	总经理	行政部	品质部	生产部	工程部	业务部	财务部	采购部	生管部
4	组织所处的环境									
4.1	理解组织及其所处的环境	◎								
4.2	理解工作人员和其他相关方的需求和期望	◎								
4.3	确定职业健康安全管理体系的范围	◎								
4.4	职业健康安全管理体系	◎								
5	领导作用和工作人员参与									
5.1	领导作用与承诺	◎								
5.2	职业健康安全方针	◎								
5.3	组织的角色、职责和权限	◎								
5.4	工作人员的协商和参与		◎							
6	策划									
6.1	应对风险和机遇的措施									
6.1.1	总则	◎								
6.1.2	危险源辨识及风险和机遇的评价		◎							
6.1.3	法律法规要求和其他要求的确定		◎							
6.1.4	措施的策划		◎							
6.2	职业健康安全目标及其实现的策划		◎							
6.2.1	职业健康安全目标		◎							
6.2.2	实现职业健康安全目标的策划		◎							
7	支持									
7.1	资源	◎								
7.2	能力		◎							
7.3	意识		◎							
7.4	沟通		◎							
7.4.1	总则		◎							
7.4.2	内部沟通		◎							
7.4.3	外部沟通		◎							
7.5	成文信息									
7.5.1	总则	◎								

续表

ISO45001		责任部门								
章条号	章条标题	总经理	行政部	品质部	生产部	工程部	业务部	财务部	采购部	生管部
7.5.2	创建和更新	◎								
7.5.3	成文信息的控制	◎								
8	运行									
8.1	运行策划和控制		◎							
8.1.1	总则		◎							
8.1.2	消除危险源和降低职业健康安全风险		◎							
8.1.3	变更管理		◎							
8.1.4	采购		◎						◎	
8.2	应急准备和响应		◎							
9	绩效评价									
9.1	监视、测量、分析和评价绩效		◎							
9.1.1	总则		◎							
9.1.2	合规性评价		◎							
9.2	内部审核	◎								
9.2.1	总则	◎								
9.2.2	内部审核方案	◎								
9.3	管理评审	◎								
10	改进	◎								
10.1	总则	◎								
10.2	事件、不符合和纠正措施		◎							
10.3	持续改进		◎							

说明：“◎”表示重要职责，“空白”表示一般职责。

附录 3　职业健康安全管理体系程序文件清单

序号	文件编号	文件名称	版本	对应责任部门
1	ZO-OHS2-01	《危险源辨别评价控制程序》	A/0	行政部及所有部门
2	ZO-OHS2-02	《法律法规及其他要求控制程序》	A/0	行政部
3	ZO-QES2-03	《目标指标和管理方案控制程序》	A/0	行政部及所有部门
4	ZO-QES2-04	《人力资源控制程序》	A/0	行政部
5	ZO-QES2-05	《信息交流控制程序》	A/0	行政部
6	ZO-QES2-06	《文件控制程序》	A/0	行政部
7	ZO-OHS2-07	《职业健康安全运行控制程序》	A/0	行政部及所有部门
8	ZO-ES2-08	《应急准备和响应控制程序》	A/0	行政部
9	ZO-OHS2-09	《职业健康安全监视和测量控制程序》	A/0	行政部

续表

序号	文件编号	文 件 名 称	版本	对应责任部门
10	ZO-ES2-10	《合规性评价控制程序》	A/0	行政部
11	ZO-QES2-11	《事件调查与处理控制程序》	A/0	行政部
12	ZO-QES2-12	《纠正措施控制程序》	A/0	行政部
13	ZO-QES2-13	《记录控制程序》	A/0	行政部
14	ZO-QES2-14	《内部审核控制程序》	A/0	总经理
15	ZO-QES2-15	《管理评审控制程序》	A/0	总经理
16	ZO-QES2-16	《风险机遇控制程序》	A/0	总经理
17	ZO-OHS2-17	《员工参与协商控制程序》	A/0	行政部
18	ZO-ES2-18	《相关方施加影响控制程序》	A/0	采购部

附录 4　职业健康安全管理目标

序号	不可接受风险	目标	指标	职业健康安全管理方案					
				控制措施	责任部门	责任人	完成时间	资源保证	检查部门
1	火灾事故伤害	杜绝火灾事故发生	火灾事故发生率为零	1. 建立应急预案，定期检查、维护相关办公设施 2. 制定应急预案并交底，定期组织消防演练 3. 加强员工消防知识培训，熟练掌握各种消防器材的使用，提高员工的安全意识 4. 办公区域禁止吸烟 5. 配备充足和有效的消防设施，并定期进行点检	各部门	各办公区域部门	长期	1000 元	行政部
2	触电事故伤害	杜绝触电事故发生	触电事故发生率为零	1. 制定安全用电管理制度 2. 指定专人定期对用电安全进行监督检查 3. 建立触电事故应急预案 4. 对办公室人员开展安全用电培训	各部门	各办公区域部门	长期	1000 元	行政部

第二章　程序文件

程序文件总览表

NO.	程序名	文件编号	版本 / 版次	发行日期	编写部门	备注
1	危险源辨别评价控制程序	ZO-OHS2-01	A/0	2019 年 9 月 1 日	行政部	
2	法律法规及其他要求控制程序	ZO-OHS2-02	A/0	2019 年 9 月 1 日	行政部	
3	目标指标和管理方案控制程序	ZO-OHS2-03	A/0	2019 年 9 月 1 日	总经办	
4	人力资源控制程序	ZO-QES2-04	A/0	2019 年 9 月 1 日	行政部	
5	信息交流控制程序	ZO-QES2-05	A/0	2019 年 9 月 1 日	行政部	
6	文件控制程序	ZO-QES2-06	A/0	2019 年 9 月 1 日	总经办	
7	职业健康安全运行控制程序	ZO-OHS2-07	A/0	2019 年 9 月 1 日	行政部	
8	应急准备和响应控制程序	ZO-OHS2-08	A/0	2019 年 9 月 1 日	行政部	
9	职业健康安全监视和测量控制程序	ZO-OHS2-9	A/0	2019 年 9 月 1 日	行政部	
10	合规性评价控制程序	ZO-OHS2-10	A/0	2019 年 9 月 1 日	行政部	
11	事件调查与处理控制程序	ZO-OHS2-11	A/0	2019 年 9 月 1 日	行政部	
12	不符合纠正措施控制程序	ZO-QES2-12	A/0	2019 年 9 月 1 日	总经办	
13	记录控制程序	ZO-QES2-13	A/0	2019 年 9 月 1 日	总经办	
14	内部审核控制程序	ZO-QES-14	A/0	2019 年 9 月 1 日	总经办	
15	管理评审控制程序	ZO-QES2-15	A/0	2019 年 9 月 1 日	总经办	
16	风险机遇控制程序	ZO-QES2-16	A/0	2019 年 9 月 1 日	总经办	
17	员工参与与协商控制程序	ZO-OHS2-17	A/0	2019 年 9 月 1 日	行政部	

核准：　　　　审核：　　　　制表：

一、行政部相关程序文件

程序文件

Program files

文件名称：危险源辨别评价控制程序

文件编号：ZO-OHS2-01

制 / 改部门：行政部

制 / 改日期：2019 年 9 月 1 日

修改状况：

	制 / 改日期	版本	版次	页次	修改情况记录
修改履历					

部门	业务部	财务部	行政部	采购部	工程部	生管部	品质部	生产部	总经办
份数									

制 / 改人	审查	批准

1. 目的

为明确规定危险源辨识评价方法、职责和要求，对本公司作业活动内的危害因素进行充分识别，并对业务全范围和全过程采取恰当方法进行评价，以确保对风险控制的针对性和有效性。

2. 适用范围

适用于本公司危险源、风险的识别和评价。

3. 职责

（1）行政部负责公司办公区危险源、风险辨识和环境影响、风险评价。

（2）各部门负责辨识所属范围内危险源、风险。

（3）行政部负责全公司重大风险的汇总、登记。

（4）行政部负责主持召开危险源、风险评价小组会议，对所找出的危险源、风险进行环境影响、风险评价，确定重大风险，并填写《危险源辨识评价表》。

（5）管理者代表负责危险源、风险辨识及危险源风险评价结果的确认，以及制定的相应措施的审批。

4. 工作程序

4.1 危险源的识别和评价

4.1.1 危险源的分类：

（1）第一类危险源：服务过程中存在的、可能发生意外释放的能量或危险物质。

（2）第二类危险源：导致第一类危险源的约束或限制措施破坏或失效的各种因素，包括物的故障、人的失误和环境因素。

（3）危险源识别的首要任务是识别第一类危险源，再识别第二类危险源。

4.1.2 危险源识别的范围：

（1）常规和非常规的活动可能导致的危险源。

（2）进入作业场所的所有人员的活动可能导致的危险源。

（3）人员的行为、能力及其他人为因素可能导致的危险源。

（4）来自工作场所外部会对工作场所内公司控制之下的人员造成的危险源。

（5）来自工作场所周边、由公司控制之下的与工作有关的活动产生的危险源。

（6）工作场所中的基础设施、设备和材料可能导致的危险源。

4.1.3 危险源辨识、风险评价和风险控制策划的时机：

（1）公司进行初始状态评审时，要做好危险源辨识、风险评价和风险控制策划。

（2）以全体部门为对象，每年管理评审后在设定第二年的目标前进行。

（3）在相关法律法规、职业健康安全管理体系变更，公司的生产活动、服务、运行条件，以及相关方的要求等情况发生变化时，可适时进行危险源辨识、风险评价和风险控制策划。

4.1.4 危险源的识别方法：

4.1.4.1 安全检查表法。行政部组织、相关部门人员参加组成编制小组，编写安全检查表并进行检查。

（1）收集生产系统的功能、结构、工艺条件和曾发生过的事故及其原因、后果资料，以及系统的说明书、布置图、条件等技术资料。

（2）收集与生产系统有关的国家标准、法规及公认的安全要求。

（3）列出可能影响的安全因素清单。

（4）对照相关的法规、标准等安全技术文件，编写检查表。检查表应简明、可操作。

（5）记录检查结果。

4.1.4.2 危险与可操作性研究法。相关部门人员对本部门范围内的工艺过程进行检查，对每一部分进行提问，以发现是否有偏离原预计的现象发生的过程，并确定其是否上升为危险源并记录。

4.1.5 风险评价：

4.1.5.1 风险评价的方法：

（1）直接判断法

存在下列情况之一的，并结合现场实际情况可确定为重要危险源：

① 不符合法律、法规、标准、规范且可能造成人员伤亡事故的。

② 存在事故隐患且未采取预防措施的。

③ 与以往事故具有相同或相似的危险、危害因素。

（2）打分法

影响危险性的因素有以下三个方面：

① 发生事故或危险事件的可能性（用 L 值表示）。

② 暴露于潜在危险环境的频次（用 E 值表示）。

③ 可能出现结果的分数值（用 C 值表示）。

用上述三个值的积来表示作业条件的危险性（用 D 值来表示）大小。

发生事故或危险事件的可能性 L 值：

分数值（L）	事故或危险情况发生可能性
10	完全被预料到
6	相当可能

续表

分数值（L）	事故或危险情况发生可能性
3	不经常，但可能
1	完全意外，极少可能
0.5	可以设想，但绝少可能
0.2	极不可能
0.1	实际上不可能

暴露于潜在危险环境的频次 E 值：

分数值（E）	出现于危险环境的情况
10	连续暴露于潜在危险环境
6	逐日在工作时间内暴露
3	每周一次或偶然地暴露
2	每月暴露一次
1	每年几次出现在潜在危险环境
0.5	非常罕见地暴露

可能出现结果的分数值 C 值：

分数值（C）	可能出现结果	
	经济损失 X（万元）	伤亡人数
100	$1000 \leqslant X$	死亡 10 人以上
40	$500 \leqslant X < 1000$	死亡 3~10 人
15	$100 \leqslant X < 500$	死亡 1 人
7	$50 \leqslant X < 100$	多人中毒或重伤
3	$10 \leqslant X < 50$	至少 1 人致残
1	$1 \leqslant X < 10$	轻伤

危险性分值 D 值：$D=L \times E \times C$

分数值（D）	危险程度
$D > 320$	极其危险
$160 \leqslant D < 320$	高度危险

续表

分数值（D）	危险程度
$70 \leqslant D < 160$	显著危险
$20 \leqslant D < 70$	可能危险，需要注意
$D > 20$	稍有危险或许可，能接受

4.1.5.2　确定危险级别：

（1）行政部结合公司的实际情况，对公司范围内的危险源进行确定和评价。根据公司实际情况把 $D \geqslant 160$ 的风险规定为一级风险，把 $70 \leqslant D < 160$ 的风险规定为二级风险，把 $20 \leqslant D < 70$ 的风险规定为三级风险。具有一级风险的危险源为一级危险源（二级危险源、三级危险源依次类推）。一级危险源和二级危险源为重要危险源（本程序文件所指的重要危险源均系公司级重要危险源）。重要风险是公司和区域制定职业健康安全目标、指标和管理方案的重要参考依据。

（2）行政部确定的危险源清单由管理者代表审批后发布。

4.1.6　风险控制。行政部针对《重大风险清单》策划风险控制措施，先评审，后实施。评审内容包括：

（1）控制措施是否使风险降低到容许水平。

（2）是否产生新的危险源。

（3）是否已选定了投资效果最佳的解决方案。

（4）受影响人员如何评价计划的预防措施的必要性和可行性。

（5）计划的控制措施是否被应用于实际工作中。

4.1.7　公司每年应至少进行一次危险源辨识和风险评价，确认是否更新重大风险。经管理者代表批准后，将《重大风险清单》下发各部门。

4.1.8　不安全因素的控制方法：

（1）制定安全管理的详细目标。

（2）进行安全意识与安全操作的培训。

（3）针对不安全因素制定控制方法和预防措施。

（4）定期对不安全因素控制方法与预防措施的执行进行检查。

4.2　变更管理

行政部应建立实施和控制所策划的、影响职业健康安全绩效的临时性和永久性变更的过程。这些变更包括：

（1）新的产品、服务和过程，或对现有产品、服务和过程的变更，包括：

①工作场所的位置和周边环境。

②工作组织。

③工作条件。

④设备。

⑤工作人员数量。

（2）法律法规要求和其他要求的变更。

（3）有关危险源和职业健康安全风险的知识或信息的变更。

（4）知识和技术的发展。

行政部应评审非预期性变更的后果，必要时采取措施，以减轻任何不利影响。

注：变更可带来风险和机遇。

5. 相关文件

无。

6. 相关记录

（1）《危险源清单》。

（2）《重大风险清单》。

（3）《危险源辨识评价表》。

程序文件

Program files

文件名称：法律法规及其他要求控制程序

文件编号：ZO-OHS2-02

制 / 改部门：行政部

制 / 改日期：2019 年 9 月 1 日

修改状况：

	制 / 改日期	版本	版次	页次	修改情况记录
修改履历					

部门	业务部	财务部	行政部	采购部	工程部	生管部	品质部	生产部	总经办
份数									

制 / 改人	审查	批准

1. 目的

为本公司能够识别和获取适用于本公司活动和服务的职业健康安全法律、法规和其他要求，并能及时掌握这些信息的变更或新增情况，用于指导本公司职业健康安全管理工作，确保本公司持续地符合有关的要求。

2. 适用范围

识别、获取、登录、管理、更新职业健康安全法规和其他要求。

3. 职责

（1）行政部负责识别、获取、更新、登录、宣告适用的法律、法规和其他要求。

（2）行政部负责审查本公司的各种有关职业健康安全行为与适用的法律法规及其他要求的符合性。

（3）职业健康安全管理代表负责不符合职业健康安全法规的改善措施的督导。

4. 工作程序

4.1　法规的识别、获取与登录

4.1.1　识别和获取：

（1）由行政部通过向有关政府部门（如消防局、环卫局、劳动局、卫生局、立法机构等）问询、查阅相关职业健康安全法规资料，向职业健康安全专业组织（如咨询公司）以咨询、网络搜索等方式获取与本公司的活动或服务中的职业健康安全因素、危险源有关的法律、法规及其他要求的信息。

（2）通过购买、网上下载等方式获得适用于本公司产品、活动或服务中的职业健康安全因素、危险源的法律、法规及其他要求的文本后，由行政部统一存档保管。

4.1.2　法规登录：

由行政部将本公司收集的适用的法律法规及其他要求制成《法律、法规及其他要求清单》。

4.2　查询

由行政部将适用于本公司的法律、法规及其他要求事项与本公司产品、活动或服务中的各种有关环境、职业健康安全的行为进行对比，符合要求时应制定相应的文件程序予以保持，若经查核不符合时，应立即报告环境职业健康安全管理代表，由环境职业健康安全管理代表责令相关部门制定出相应的职业健康安全目标、指标和方案实施改善，以达成本公司符合相关法律、法规和其他要求的承诺。

4.3　法规的变更、新增

4.3.1　为使本公司能够及时掌握适用法律、法规及其他要求的变更、新增情况，并能够保存最新发行和最新版本的适用法规，由行政部每年度进行一次法规的查询，依本程序4.1~4.2 项的程序办理。当取得新的法律、法规及其他要求时，原保存的旧版法律、法规及其他要求必须同时予以作废明确标示，以免误用。

4.3.2 更新的法规，由行政部、各相关部门宣告或教育训练。

5. 相关文件

《文件控制程序》。

6. 相关记录

（1）《法律法规和其他要求清单》。

程序文件

Program files

文件名称：人力资源控制程序

文件编号：ZO-QES2-04

制 / 改部门：行政部

制 / 改日期：2019 年 9 月 1 日

修改状况：

	制 / 改日期	版本	版次	页数	修改情况记录
修改履历					

部门	业务部	财务部	行政部	采购部	工程部	生管部	品质部	生产部	总经办
份数									

修订	审查	批准

1. 目的

为建立人力资源管理系统，明确对各岗位人员录用、培训和考核的控制要求，以确保给各岗位委派合适的人员。

2. 适用范围

适用于公司所有人员。

3. 职责

（1）行政部。负责根据各部门的《人员需求申请表》进行人员的招聘及入职的基础培训；负责各部门年度培训计划的制定及监督；行政负责人审核各部门的《人员需求申请表》，总经理负责批准《人员需求申请表》。

（2）各部门。负责本部门的岗位基础培训及部门相关年度培训的实施。

4. 工作程序

4.1　人力资源配备

4.1.1　岗位入职条件规定：

4.1.1.1　人事编制各部门的岗位入职条件规定，明确各岗位对从业人员的学历、培训、工作经历和资格的具体要求。岗位入职条件规定交由行政部负责人批准。

4.1.1.2　批准后的岗位入职条件规定交于人事，作为人员选择和安排的主要依据。

4.1.2　人事配合各部门负责人为各岗位配备与之相适应的人员。人员的招聘、录用和解雇见《员工手册》相关规定。

4.1.3　各部门负责人随时对本部门员工进行现场考核。对不能胜任本职工作的人员，需及时安排培训并考核，或转换工作岗位，使其具备的能力与承担的工作相适应。

4.1.4　人员招聘原则及待遇：

4.1.4.1　严格遵守国家规定，不得招聘未成年员工（16 周岁以下）。

4.1.4.2　员工入厂不允许向员工收取押金和员工身份证。

4.1.4.3　招聘员工不能因民族、国籍、残疾、性别等因素在福利待遇、职务等级上存在歧视。

4.1.4.4　入厂员工按照五天八小时工作制；加班按劳动法支付加班工资，并按劳动法购买社保。

4.1.4.5　公司鼓励员工通过沟通谈判等合法途径加强与公司交流，并允许成立合法社团。

4.2　培训计划

4.2.1　年度培训计划：

每年 12 月，人事根据公司发展的需要及基础培训、岗位基础培训的要求（见 4.3），在征询各部门负责人意见的基础上，制定下一年度的培训工作。

4.2.2　临时培训计划：

如某部门需对其工作人员进行岗位基础培训（见 4.3.2）以外的培训，而这些培训又没有列入年度培训计划时，其部门负责人应填写《培训需求申请表》，经管理者代表批准后交人事部。人事据此制定临时培训计划并组织实施。

4.2.3 培训计划包括培训内容、培训方式、培训讲师、培训时间、培训教材、培训地点、培训对象和考核方式等。培训计划经行政部负责人审核，管理者代表批准后实施。

4.3 培训内容

公司的全体成员都要接受基础培训和岗位基础培训，并根据需要参加在职提高培训。

4.3.1 基础培训：

基础培训包括公司概况、厂纪厂规、公司方针目标、质量意识、环境意识、重大环境因素、ISO9001 知识、ISO14001 知识、ISO45001 知识、相关法律知识和安全作业基本知识等内容。基础培训内容的深度，可视不同的岗位而定，在培训计划中说明。

4.3.2 岗位基础培训：

岗位基础培训通常包括相关作业规范、运作程序、技能、劳动保护和注意事项及出现紧急情况时应变的措施等培训内容。

在以上培训内容的基础上，各岗位需加强以下内容的培训：

（1）中高级管理人员（主管级以上人员）：

①质量管理与环境保护管理的基本知识培训。

②公司的手册、程序文件的培训。

（2）基层管理人员（组长）：

①质量管理和环境保护管理的基本知识培训。

②有关的程序文件和工作规范的培训。

③所在部门重大环境因素和有关的防范措施。

④专业知识和基本管理知识培训。

（3）质检员：

◆岗位职责、工作规范和检验要求培训。

◆质量管理和统计技术基础知识培训。

◆检验工作中的环境保护、安全事项。

◆检测仪器的使用与保养培训。

（4）计量员：

①岗位职责和工作规范培训。

②计量管理基础知识培训。

（5）内审员：

① ISO9001、ISO14001、ISO45001 标准和审核知识培训。

②手册和程序文件的培训。

（6）采购人员培训：

①岗位职责和工作规范培训。

②采购物资技术要求（含环境要求）和采购基础知识培训。

（7）业务人员培训：

①岗位职责、工作规范培训。

②产品相关知识和业务基础知识培训。

（8）仓管人员培训：

①岗位职责和工作规范培训。

②库存品质量、安全特性及仓管基础知识培训。

（9）设备维护人员：

①岗位职责、工作规范和岗位技能培训。

②设备维护中的环境保护和安全事项。

③设备管理基础知识培训。

（10）技术人员：

①岗位职责培训。

②工作规范和工作要求培训。

③技术管理知识培训。

（11）工人（包括特殊工序和关键工序人员）：

①岗位职责培训。

②工作规范培训。

③岗位技能培训。

④工作中的环境保护和安全事项。

4.3.3　在职提高培训：

在职提高培训旨在提高岗位技能、管理水平、质量及环境意识，根据需要适时进行。

4.4　培训方式

4.4.1　外出进修、学习、考察和参加学习班及学术会议等。

4.4.2　公司内组织学习、案例讨论和技术操作示教，在岗培训、自学和面谈交流等。

4.5　培训实施

4.5.1　新员工培训：

4.5.1.1　人事应在新员工入厂 1 周内，对新员工进行基础培训（见 4.3.1）。

4.5.1.2　新员工所在部门负责人在新员工正式上岗前，应对新员工进行岗位基础培训（见 4.3.2）。新员工见习时未有相关工作经验不得独立从事特殊工序、关键工序的作业。

4.5.2　员工转岗时，所在部门负责人应及时对转岗员工进行新岗位基础培训（见 4.3.2）。

4.5.3　ISO9001 质量体系、ISO14001 环境管理体系、ISO45001 健康安全正式运作前，品质部负责人对全体员工做一次全面的基础培训（见 4.3.1），各部门负责人组织对本部门全体员工做一次全面的岗位基础培训（见 4.3.2）。

4.5.4　人事监督年度培训计划和临时培训计划的实施，并及时解决实施中的问题。

4.6　培训考核与资格认可

4.6.1　基础培训由人事考核，岗位基础培训由部门负责人考核，其他内部实施的培训由实施部门组织必要的考核。考核的方式有问卷、问答和技术演示等。

4.6.2　内审员须经持有内审证书人员培训有效或第三方机构培训。

4.6.3　对于基础培训、岗位基础培训，考核成绩≥ 70分者判为合格，考核成绩不合格，需要重新培训并补考。

4.6.4　关键工序和特殊工序人员，上岗前必须经过培训、考核合格后发上岗证并持证上岗。

4.6.5　司机、计量员、电工、电焊工等特殊工种需要取得国家权威机构的相应合格证书。

4.6.6　人事每年就基础培训和岗位基础培训的内容组织1次以上的抽样考核。

4.7　培训记录

4.7.1　每次培训时，参加培训的人必须在《员工培训记录签到表》上签到。培训后，由培训讲师将《培训签到表》、试卷和《考核成绩汇总表》等送交人事。

4.7.2　人事将每个员工参加培训的情况记录在《员工培训记录签到表》（内含职位、工作变动情况）上。员工培训的记录应连同学力证明、资格证书和工作简历等相关资料归入员工的档案内。

4.8　外部培训管理

4.8.1　参加外部培训，应填写《培训申请表》，经管理者代表审核，总经理批准后，交人事统一安排做好保存。

4.8.2　外部培训考核合格的证书（如有的话）应提交复印件给人事，归入个人培训档案。

4.9　对相关方的培训

对本公司的有关相关方进行环境知识培训，以确保他们理解和认可本公司的环境方针、目标、指标，以及本公司对他们的环境要求。培训可参照内部培训的方式进行。

5. 相关文件

（1）《文件控制程序》。

（2）《记录控制程序》。

6. 相关记录

（1）《年度培训计划》。

（2）《员工培训记录签到表》。

（3）《教育训练报告书》。

（4）《培训申请表》。

（5）《上岗证签发记录》。

（6）《人员需求申请表》。

（7）《应聘申请表》。

（8）《面试评价表》。

（9）《入职测验表》。

7. 附件

（1）《人力资源控制程序流程图：人员聘用》。

（2）《人力资源控制程序流程图：职员培训》。

附表一：人员聘用

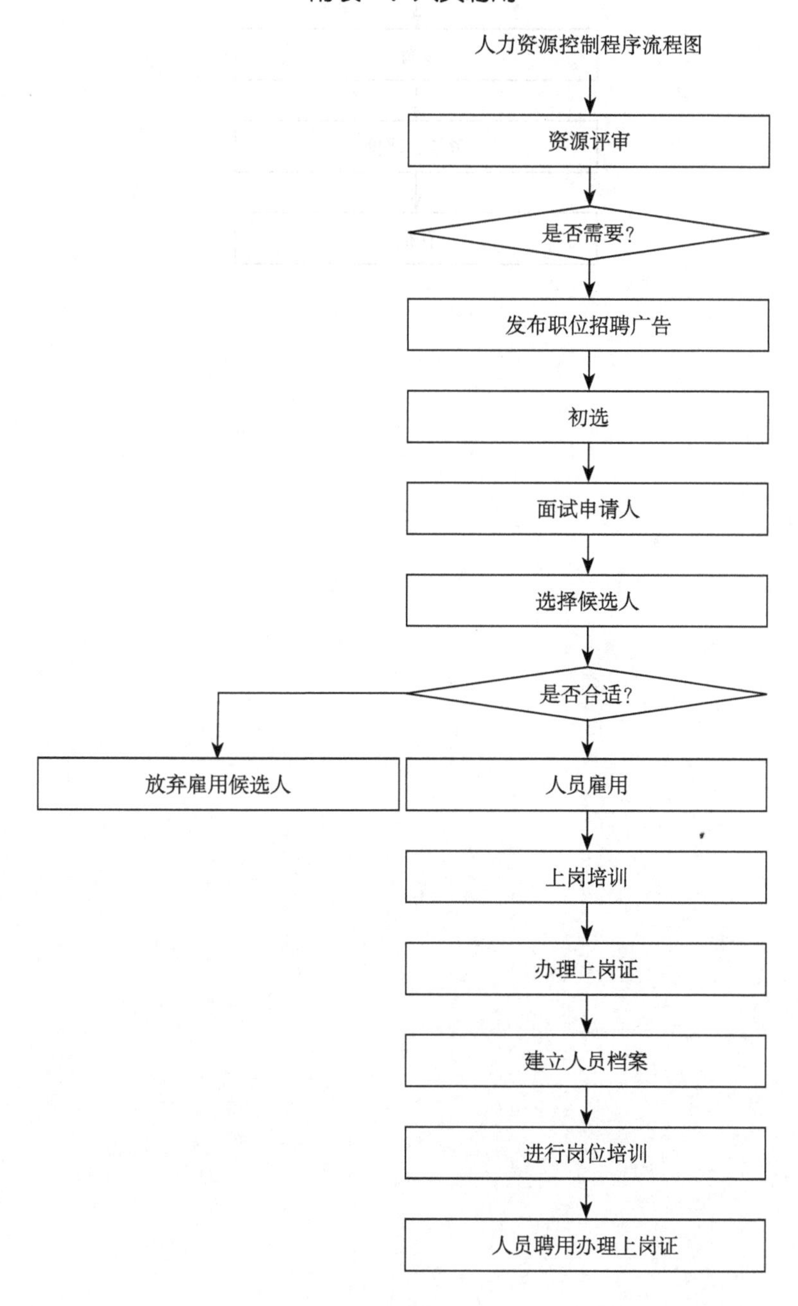

附表二：职员培训

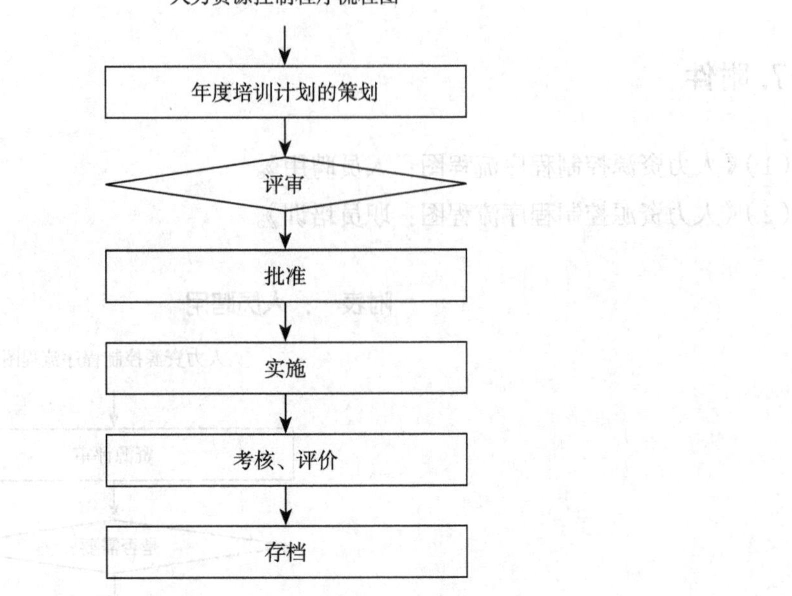

程序文件

Program files

文件名称：信息交流控制程序

文件编号：ZO-OHS2-05

制 / 改部门：行政部

制 / 改日期：2019 年 9 月 1 日

修改状况：

	制 / 改日期	版本	版次	页次	修改情况记录
修改履历					

部门	业务部	财务部	行政部	采购部	工程部	生管部	品质部	生产部	总经办
份数									

制 / 改人	审查	批准

1. 目的

为使公司的内外部职业健康安全信息能迅速、有效地进行交流，特制定本程序。

2. 适用范围

适用于公司所有内部职业健康安全信息和来自外部相关方的职业健康安全信息交流与处理。

3. 定义

外部相关方：是指顾客、合作方、周边单位和居民、政府部门等。

4. 职责

（1）行政部　负责公司内部职业健康安全信息的收集、传递工作和外部职业健康安全信息的记录、处理及回应工作。

（2）业务部　负责向工程部提供相应的市场质量信息及传递顾客对产品的质量和环保要求或投诉。

（3）采购部　负责向供应商传递职业健康安全管理方面的相关信息和要求。

（4）各部门　及时向相关部门和本部门员工传达有关的职业健康安全信息。

5. 程序

5.1　内部信息交流

5.1.1　内部信息交流的内容，至少但不限于：

（1）各区域重大危险源及风险。

（2）来到公司的相关人员。

（3）OHS 方针、目标。

（4）OHS 职责、责任、权限。

（5）OHS 员工代表。

（6）化学品 MSDS。

（7）不符合纠正措施。

（8）事件、事故报告。

（9）室内卫生检测结果。

（10）紧急情况报告。

（11）内审管理评审。

（12）员工参与公司 OHS 决策情况。

5.1.2　内部信息的交流方式：会议、公告、教育培训、日常报表、汇总报告、内部电脑网络、电话、报警铃等。

5.2　外部信息交流

5.2.1　外部信息的内容：

（1）行政部负责组织将管理体系的有关信息与为公司服务的合作方、周边单位、非政府组织及应急服务机构等进行交流。

（2）采购部负责对供应商、外包商进行管理方针的宣传，并根据《相关方施加影响控制程序》的规定对其供应的产品（服务）提出安全、环保要求，并按规定对其施加影响，使其遵守法律法规及公司的安全、环保要求。

（3）业务部负责向客户传达相关信息。

5.2.2　外部信息的接收和处理：

（1）外部职业健康安全信息由各对口部门接收，并及时将职业健康安全方面的信息传递给行政部，由行政部进行记录。如果某一信息涉及重要环境因素、重大危险，则由行政部提出处理意见，必要时报管理者代表批准后回应对方。

（2）外部质量信息由各对口部门接收、记录，并及时将质量方面的信息传递给品质部，由品质部进行记录和调查并提出处理意见，必要时报管理者代表批准后回应对方。

6. 支持性文件

《相关方施加影响程序》。

7. 记录

《相关方联络书》。

程序文件

Program files

文件名称：职业健康安全运行控制程序

文件编号：ZO-OHS2-07

制 / 改部门：行政部

制 / 改日期：2019 年 9 月 1 日

修改状况：

	制 / 改日期	版本	版次	页次	修改情况记录
修改履历					

部门	业务部	财务部	行政部	采购部	工程部	生管部	品质部	生产部	总经办
份数									

制 / 改人	审查	批准

1. 目的

为对全公司的重大危险源的运行与活动进行有效管理和控制，确保其符合职业健康安全方针、目标与指标的要求，以实现职业健康安全的不断改进。

2. 范围

适用于全公司职业健康安全运行过程的管理和控制。

3. 职责

（1）行政部负责宣传贯彻并监督各部门执行有关职业健康安全、环境保护的方针；负责职业健康安全控制点，组织制定安全管理制度；检查各部门职业健康安全的执行情况，督促整改不安全因素和事故隐患；负责组织制定环保、安全生产技术措施，审核重大危险源控制涉及技术上的可行性和可靠性。

（2）行政部负责组织安全教育、环境教育和特种作业人员的安全技术培训与上岗证的管理；负责参加伤亡事故、环境事故调查、处理；组织开展群众性安全活动。

（3）各部门负责本部门日常安全、环境管理工作，并负责各项安全管理制度的贯彻落实。

4. 程序

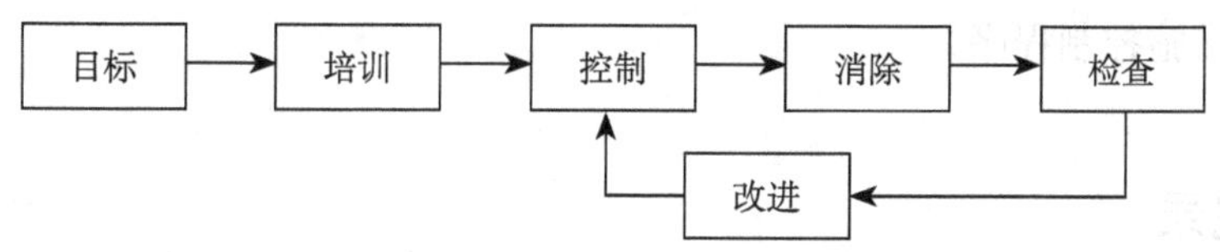

4.1　职业健康安全管理的控制

4.1.1　公司制定年度目标，各职能部门逐级分解到部门，具体执行《目标指标和管理方案控制程序》。

4.1.2　对公司可能造成重大环境、安全影响（含人身重伤及以上事故）的设备、设施、场所应采取相关措施进行管理，对涉及重要环境因素和重大危险源相关的运行与活动进行重点控制，明确控制的要求。在设有安全警示牌附近工作时，遵守其安全规定。

4.1.3　公司各级领导、各职能部门及员工必须认真履行其环境、安全生产职责，严格执行环境与安全生产责任制度，做好全公司安全环境管理运行控制工作，安全主任组织对公司安全环境管理运行控制情况进行检查，具体执行《职业健康安全监视和测量控制程序》。对查出的事故隐患由安全主任及时下发《不合格报告》，纠正与预防措施的制定、实施、验证，执行《不符合纠正和预防措施控制程序》。

4.1.4　行政部应组织实施安全、环保宣传、教育、培训。具体执行参照《人力资源控制程序》。

4.1.5　行政部负责建立安全、环境管理的基础资料。结合每年的内部审核，对各单位的安全和环境管理的有效性进行评价。

4.2　安全环保设施与个人防护用品的管理

4.2.1　特殊防护用品在使用前应通过检测验证合格后方能使用，消防器材须到公安部门认可的供应商处购买。

4.2.2　个人防护用品由仓库统一管理发放，并负责定期验证产品质量情况；作业人员应正确使用个人防护用品。

4.3　对相关方的管理

供货商的评价、选择与管理：

（1）采购部负责要求供货商提供与产品有关的环保和安全信息。

（2）采购部向供货商发放公司环境和职业健康安全信息资料。具体内容见《供应商选择与评价程序》。

（3）对供应商提供的产品包装物或报废品尽量要求由原供应商回收利用。

5. 相关文件

（1）《节约能源、资源管理规定》。

（2）《目标指标和管理方案控制程序》。

（3）《职业健康安全监视和测量控制程序》。

（4）《纠正措施控制程序》。

6. 相关记录

《劳保用品发放记录》。

程序文件

Program files

文件名称：应急准备和响应控制程序

文件编号：ZO-OHS2-08

制 / 改部门：行政部

制 / 改日期：2019 年 9 月 1 日

修改状况：

	制 / 改日期	版本	版次	页次	修改情况记录
修改履历					

部门	业务部	财务部	行政部	采购部	工程部	生管部	品质部	生产部	总经办
份数									

制 / 改人	审查	批准

1. 目的

为确定本公司潜在的职业健康安全事故或紧急情况，对于可能发生的安全事故制定防患于未然的处理方案，对于可能出现的环境污染事故或相关方投诉，确定应急和响应措施，预防或减少可能伴随产生的职业健康安全影响。

2. 适用范围

适用于本公司内有可能发生的各类职业健康安全事故、事件和自然灾害等紧急情况的应急方案和措施的制定及实施控制。

3. 用语定义

紧急事故是指不可预见而实际有可能发生的对环境、健康安全造成重大影响的事故，如火灾、食物中毒、机械事故等。

4. 职责

（1）行政部负责公司办公区域日常的消防安全管理和应急响应工作。

（2）生产部负责对生产过程中可能发生的各类安全事故编制及时反应和做出应对的措施。

5. 程序

5.1　要求

公司行政部和生产部应成立应急小组，对生产过程中一旦出现的各类重大事故进行紧急处理。

5.2　应急预案

5.2.1　公司行政部和生产部对经识别的重大危险因素中可能出现的意外和紧急情况编制应对和处理的方案。

5.2.2　需编制预案的意外和紧急情况包括：

（1）因机械伤害、触电而造成人员伤害。

（2）火灾、爆炸事故。

（3）集体食物中毒。

（4）公司行政部和生产部认为应编制预案的其他可能情况。

5.2.3　应急预案可选择采用以下方式编制并按受控文件进行管理：

编制专门的方案、规定、作业指导书。

5.2.4　应急预案应包括以下内容：

（1）发生事故时的报告和反馈的程序及路径规定。

（2）报告和处理各类事故的责任人员。

（3）救援或补救措施及采取相关措施的时限和必要的经济补偿措施。

5.3　应急准备

5.3.1　公司行政部均应对所编制的应急预案做好资源和程序设计等准备，包括以书面形式指定事故或意外发生时的报告人、事故或意外处理的负责人和其他责任人、救援队伍的组成等。

5.3.2　公司还应做出以下物资和设施的准备：

（1）足够的消防器材、必要的卫生防护用品和救援设施。

（2）足够的防暑降温物资和御寒防冻物资。

（3）必要的资金和其他防护物资。

5.3.3　地处居民稠集区和医院、疗养院附近的工地，如果噪声长时间或大范围超标，还应采取噪声隔离设施。

5.4　意外事故和紧急情况的处理

5.4.1　当发生各类重大的意外事故和紧急情况时，公司行政部应在第一时间向公司或地方有关部门报告，同时应立即组织对受害人员的救助，或意外事故可能会造成的对环境的破坏和对其他相关方的危害的补救。

5.4.2　对各类事故的进一步处理按相关的预案和规定执行。

5.4.3　严格保护好现场，为进行事故调查和处理提供物证和分析依据。要求现场各种物品的位置和状态尽可能保持原样。必须采取一切可能的措施，防止人为或自然因素对事故现场的破坏。

5.4.4　清理现场必须在事故调查组确认取证完毕，并完整记录在案后方可进行。在此之前，不得借口恢复施工，擅自清理现场。

5.5　相关应急准备措施

5.5.1　火灾的预防和响应：

5.5.1.1　预防工作：

（1）消防组织

公司行政部负责组织成立本公司的义务消防队，其人数不少于员工总人数的百分之十，并对队员进行分组，以明确职责。

（2）消防训练

公司行政部每年根据《消防演习计划》组织义务消防队员进行一次训练，包括报警、消防器材使用、灭火、抢救、组织疏散等项目的训练，以提高队员的实战水平。同时，每半年组织全体员工进行一次消防疏散演练。

（3）消防设施的管理

公司按国家规定的标准在工作现场（办公楼和车间）配备消防设施和器材，应派专人负责管理，定期进行检查（每月一次），发现丢失、损坏、过期或其他不适用情况时应及时进行修复或更换。

（4）消防安全检查

公司行政部组织人员，每月进行一次消防安全检查，发现问题，要求由责任部门及时整改。工地由项目安全员每天进行一次检查。

5.5.1.2 火灾响应：

发生火灾时，在场发现的员工首先应大声呼喊，并立即用消防器材灭火，消防队长获悉后及时到场指挥灭火（当消防队长未在场时，由在场职务最高的人员指挥），分组进行报警、灭火、抢救和疏散工作，把损失尽量降低到最低限度。

5.5.1.3 善后处理：

由公司行政部负责火灾事故的调查和善后工作，对发生事故的原因进行分析，填写《不合格报告》，交事故发生部门备案一份，并对其实施效果进行监督验证。

5.5.2 工伤事故的预防和响应：

5.5.2.1 工伤事故的预防：

（1）收集公司附近的急救电话（如消防、医院等）。

（2）应配备一些常用外伤止血药品（如创口贴、纱布等），以便发生轻微擦伤时得到及时处理。

5.5.2.2 工伤事故的响应：

发生工伤事故时，应立即报告行政部，并进行简单的处理，行政部视严重程度联络相关外界急救医院进行救治。

5.5.3 危险化学品泄漏事故的应急响应：

5.5.3.1 当化学品在储存和使用过程中发生意外泄漏时，应严格按照有关要求，立即进行围堵、拖布擦拭等处理，尽量减少污染的扩散，收集的废液应按法规要求处理。

5.5.3.2 发生化学品伤害事故时，应按照化学品物质安全资料（MSDS）中的相关知识，采取用大量水冲洗等自救措施，严重时必须送医院救治。

5.6 预案演习

5.6.1 每年公司行政部应报请公司定期组织消防演习，并对相应的活动进行记录。

5.6.2 预案演习完之后，行政部应就其制定的合理性、适用性和可操作性进行评价，必要时对相关程序文件予以修正和改进，确保紧急情况一旦发生可以从容面对。

6. 相关文件

（1）《火灾应急预案》。

（2）《触电应急预案》。

（3）《高空坠物应急预案》。

7. 相关记录

（1）《消防演习计划及预案》。

（2）《消防演习报告》。

（3）《化学品应急演习计划及预案》。

（4）《化学品应急演习报告》。

程序文件

Program files

文件名称：职业健康安全监视和测量控制程序

文件编号：ZO-OHS2-09

制 / 改部门：行政部

制 / 改日期：2019 年 9 月 1 日

修改状况：

	制 / 改日期	版本	版次	页次	修改情况记录
修改履历					

部门	业务部	财务部	行政部	采购部	工程部	生管部	品质部	生产部	总经办
份数									

制 / 改人	审查	批准

1. 目的

对本公司职业健康安全管理体系的运行情况及重大危险因素和重要环境因素进行例行监测，确保职业健康安全管理体系的有效运行。

2. 适用范围

适用于本公司职业健康安全管理体系的日常监测、目标指标的跟踪检查和法律法规遵循情况的评价。

3. 职责

（1）行政部定期对劳保用品使用、消防安全、职业健康安全执行情况进行监测。

（2）行政部负责定期对公司法律法规遵循情况进行监控检查；负责办公资源能源消耗、消防设施、废弃物的排放、水电设施等方面的监督检查；负责定期组织职工进行体检。

（3）行政部负责对全公司职业健康安全运行情况进行检查，对出现的不符合情况进行原因分析，制定并完成纠正预防措施。

4. 程序

4.1　职业健康安全监测

4.1.1　行政部每月组织对车间的环境（包括作业垃圾、噪声、水电使用及工作环境等）和职业健康安全（包括消防安全检查、设备安全使用、劳保用品使用情况等）情况进行检查，填写《职业健康安全检查表》。如发现不合格项，负责人应填写《不合格报告》，管理处按《不符合及纠正预防措施控制程序》进行纠正和预防。

4.1.2　行政部：每月组织对办公资源能源消耗、废弃物的排放、消防设施、水电设施、卫生等情况进行一次检查，填写《办公室环境安全卫生检查表》。

4.1.3　当公司发生相关的事故、疾病、事件和其他不良职业健康安全情况时，本公司将按《事故报告调查与处理程序》规定进行处理，行政部应对事故、疾病、事件和其他不良职业健康安全绩效的历史数据进行统计监视。

4.2　目标指标和管理方案完成情况的检查

公司行政部每年对公司职业健康安全目标指标和管理方案完成情况进行一次检查，同时对重要环境因素和重大危险因素进行检查监控。

4.3　组织体检

公司行政部负责组织职工每年一次体检（从事有害作业岗位人员每年做一次体检），对不适宜继续从事原工作的人员应当调离原岗位，并妥善安置。

4.4　法律法规遵循情况的评价

4.4.1　行政部对公司法律法规遵循情况（包括其适用性、有效性）每年度进行一次评价，将评价结果记录在《法律法规符合性评价表》中。

4.4.2　评价依据：

（1）职业健康安全事故报告（包括未造成事故损失的事件）。

（2）职业相关病症，包括体检结果。

（3）劳保用品的配备和使用情况。

（4）污染物排放控制情况。

（5）其他职业健康安全绩效。

4.5　不符合的纠正

4.5.1　行政部在检查中发现的不符合情况由相关部门制定解决措施并采取预防措施。

4.5.2　由行政部对目标指标和管理方案的检查和行政部对法律、法规遵循情况的检查时发现的不符合，按《纠正预防措施控制程序》执行，由行政部向责任部门开具整改报告，并责成责任部门采取纠正预防措施。

5. 相关文件

《纠正预防措施控制程序》。

6. 相关记录

（1）《职业健康安全目标达成统计表》。

（2）《生产现场职业健康安全检查表》。

（3）《办公区域职业健康安全检查表》。

（4）《法律、法规和其他要求合规性评价表》。

（5）《目标指标管理方案执行情况检查表》。

（6）《灭火器日常点检表》。

（7）《消防栓点检表》。

（8）《电梯维修履历表》。

（9）《×××设备维护记录表》。

（10）《员工体检报告》。

程序文件

Program files

文件名称：合规性评价控制程序

文件编号：ZO-OHS2-10

制 / 改部门：行政部

制 / 改日期：2019 年 9 月 1 日

修改状况：

	制 / 改日期	版本	版次	页次	修改情况记录
修改履历					

部门	业务部	财务部	行政部	采购部	工程部	生管部	品质部	生产部	总经办
份数									

作成	审查	批准

1. 目的

为履行对合规性的承诺，本程序规定了遵守职业健康安全法律、法规及其他要求评价的职责、时机和方法，以确保合规的一致性。

2. 适用范围

本程序适用于本公司安全合规性评价的管理。

3. 职责

（1）管理者代表指导，行政部负责组织职业健康安全法律、法规及其他要求的遵循情况的评价。

（2）各部门参与职业健康安全法律、法规及其他要求遵循情况的评价，并制定本部门合规性的相关措施。

（3）总经理审批合规性评价报告。

4. 工作程序

4.1 评价的内容

（1）公司定期组织评价适用职业健康安全法律、法规及其他要求遵循情况。其内容：

① 适用法律法规。

② 国家的或国际性的法律要求。

③省部级及地方性的法律要求。

（2）其他要求：

①与有关机构达成的协定。

②和顾客的协议。

③行业标准、规则、规范及要求。

④非法规性指南。

⑤自愿性原则或业务规范。

⑥自愿性职业健康安全标准或物业维护承诺。

⑦行业协会的要求。

⑧公司及上级组织对公众的承诺。

⑨本单位的要求。

（3）有关的许可和执照：

①职业健康安全许可证。

②营业执照。

4.2 组织评价

行政部组织本公司对职业健康安全法律、法规及其他要求遵循情况的评价。

4.3　评价记录

每年 12 月中旬根据本部门平时收集的资料的合规情况检查记录。对照适用法律、法规及其他要求，审查本部门合规性情况并进行初步评估，形成记录报告行政部。

4.4　评价报告

行政部根据各部门的评价记录，结合公司年度的内审和管理评审，编写本公司年度适用职业健康安全法律、法规及其他要求遵循情况的评价报告，并报总经理审批。

4.5　法律、法规及其他应用于组织的环境因素

4.5.1　行政部负责对法律、法规及相关要求的适用条款进行识别，与本公司的实际环境因素进行对照。确定该法规与本司环境因素的应用关系。

4.5.2　行政部将适用法律、法规及相关要求的适用条款与本司的环境因素进行比照，必要时与各单位进行沟通评审后，做出合规与否的判定。

4.5.3　如判定为不合规的环境因素，行政部应向总经理汇报并负责组织相关单位整改，整改后重新评价合规性。具体依据《纠正预防措施控制程序》进行纠正，以实现持续改进的目标。

4.6　归档保存

评价的报告和记录由行政部归档保存。

5. 相关文件

《职业健康安全法规控制程序》。

6. 相关记录

《法律法规及其他要求合规性评价表》。

程序文件

Program files

文件名称：事件调查与处理控制程序

文件编号：ZO-OHS2-11

制 / 改部门：行政部

制 / 改日期：2019 年 9 月 1 日

修改状况：

	制 / 改日期	版本	版次	页次	修改情况记录
修改履历					

部门	业务部	财务部	行政部	采购部	工程部	生管部	品质部	生产部	总经办
份数									

制 / 改人	审查	批准

1. 目的

为建立一个有效的事故处理机制，对已经发生和正在发生的健康安全事故，尽可能快地开始做好调查，做好事故报告和处理工作，并采取有效预防措施，防止事故扩大和减少事故损失，特制定本程序。

2. 适用范围

本程序适用于公司范围内的健康安全事故报告、调查与处理。

3. 职责

（1）行政部负责各类事故的统计，并协调或监督各类事故的调查报告和处理工作，确保该程序的有效运行。

（2）事故部门对已经和正在发生的事故，要根据本程序要求尽可能快地进行事故报告、调查和处理工作，并确保工作有效。

4. 工作程序

4.1　事故报告

安全事故报告内容包括：事故发生的时间、地点、部门、简要经过、伤亡人数和采取的补救措施等。

4.1.1　事故发生后，环境损失、负伤者或事故现场有关人员应当直接或逐级报告副总经理、总经理。

4.1.2　发生轻伤事故，应立即报告班组长、部门主管、行政部；发生重伤事故除立即报告公司副总外，应急指挥中心在 24 小时内报告总经理；发生伤亡事故，除按上述要求进行报告外，应在 48 小时内向当地消防、环保局、劳动部门、安监部门报告。

4.1.3　重、特大事故发生后，在报告的同时，应按《应急准备和响应控制程序》要求，开展救援工作，防止事故扩大。

4.1.4　发生火灾事故后，应立即向公司义务消防队报警；发生生产设备、交通事故等应立即向公司职能部门报告，并尽快通知公司行政部和其他相关部门。

4.1.5　当公司员工确认患有职业病后，行政部应填写职业病报告卡，并按有关规定上报公司总经理。

4.2　事故调查

4.2.1　轻伤事故、一般事故由行政部负责调查，组织有关人员进行，并于三日内将调查报告上报公司、相关职能部门。

4.2.2　重伤事故由公司管理代表或指定人员组织各部门及应急指挥中心组成事故调查小组进行调查。

4.2.3　死亡事故由公司、公司主管部门会同劳动部门、环保部门、消防部门、公安部、安监部门组成的调查组进行调查。重大伤亡事故，应按《企业职工伤亡事故报告和处理规定》

进行调查。

4.2.4　非伤亡的重大、特大事故由管理代表组织有关部门及应急指挥中心组成事故调查组进行调查，并在 10 天内写出《事故调查与处理报告》。

4.2.5　行政部负责职业病原因的调查工作，必要时成立调查组，对职业病的原因、病情、防范或应急措施等提出书面报告，上报管理者代表、副总或上级主管部门。

4.2.6　事故调查组成员应符合下列条件：

4.2.6.1　组长由管理代表或其指定人员担任。

4.2.6.2　具有事故调查所需要的某一方面的专长。

4.2.6.3　范围尽可能满足事故调查的需要。

4.2.7　事故调查组的职责：

4.2.7.1　查明事故发生的原因、过程、人员伤亡、经济损失情况。

4.2.7.2　确定事故责任者。

4.2.7.3　提出事故处理意见和预防措施建议。

4.2.7.4　写出事故调查报告。

4.2.8　事故部门尽可能地为事故调查组提供方便，不得干涉事故调查组的正常工作。

4.3　事故处理

4.3.1　事故调查组提出的事故处理意见和防范措施建议，应先由事故部门负责处理，并将处理意见上报公司行政部或其他职能部门。

4.3.2　对于重大污染、重伤、死亡或非伤亡的重、特大事故，管理代表应组织、主持召开事故现场会，与会人员应包括事故部门、相关部门人员及应急指挥中心等有关负责人。

4.3.3　事故处理应以防止类似事故再发生为原则。

4.3.4　公司及生产、设备等职能部门，对已经结束的事故处理结果，以通报形式，下发至环保及职业卫生安全管理体系所覆盖的各部门，以达到事故预防的目的。

4.3.5　对职业病患者的处理方法：

4.3.5.1　患有职业病职工应享受的待遇，《按企业职工工伤保险试行办法》执行。

4.3.5.2　行政部应根据禁忌症的要求，对职业病患者安排合适的工作岗位，并办理相应手续。

5. 相关文件

（1）《应急准备和响应控制程序》。

（2）《企业职工工伤保险试行办法》。

6. 相关记录

（1）《事件调查与处理报告》。

（2）《事故 / 事件登记表》。

程序文件

Program files

文件名称：员工参与与协商控制程序

文件编号：ZO-OHS2-17

制 / 改部门：行政部

制 / 改日期：2019 年 9 月 1 日

修改状况：

	制 / 改日期	版本	版次	页次	修改情况记录
修改履历					

部门	业务部	财务部	行政部	采购部	工程部	生管部	品质部	生产部	总经办
份数									

制 / 改人	审查	批准

1. 目的

为建立和规范员工的参与和协商行为，确保及时、准确地收集、传递及反馈有关职业健康安全管理信息，保证 EHS 管理体系的有效运行。

2. 范围

本程序适用于公司内外部有关 EHS 管理体系信息员工的参与、协商管理。

3. 定义

沟通：为达目的使相关方意见统一的行为。

4. 职责

（1）经理负责公司重大事项的组织和审批。

（2）管理者代表对员工的参与、协商有效性进行负责。

（3）行政部负责员工的参与、协商环境的优化及资源配置、制度的建立及沟通协调工作。

（4）各部门负责组织本部门职能范围内的职业健康安全信息员工的参与、协商。

5. 流程图

无。

6. 内容

6.1　协商的内容

（1）EHS 管理体系运行信息，包括方针、目标、管理实施方案、培训、测量、内外部审核和管理评审等信息。

（2）监测、测量的结果。

（3）公司内部有关管理制度，员工提出的有关 EHS 的建议和沟通的信息。

（4）事件、不符合与处理情况。

（5）应急准备与响应情况。

（6）质量、环境、职业健康安全管理体系运行控制程序的执行情况。

（7）各部门或单位之间日常联络、常规报表及其他信息。

（8）了解谁是员工代表和员工的建议等。

6.2　协商的渠道

6.2.1　协商渠道可分为正式协商渠道和非正式协商渠道。

6.2.2　正式协商渠道主要包括：

（1）联络单。

（2）看板。

（3）会议（包括决策会、研讨会、业务会、EHS 会议等）。

6.2.3 非正式协商渠道包括在岗交谈、随时随地交谈、便条、电子邮件、公告、OA 交流、电话及各类非正式社交活动等。

6.3 协商的理念和原则

6.3.1 公司奉行“沟通创造价值”的理念。通过适时、适地、适当范围的沟通协商，消除个人、组织、相关方之间存在的信息传递障碍。

6.3.2 行政部负责创造良好的沟通协商环境和机制，引导公司建立重视沟通的企业文化。

6.3.3 充分利用信息化手段，在做好保密工作的前提下，将相关信息通过信息系统共享，以方便信息的利用，发挥信息增值效应。

6.4 协商的实施

6.4.1 联络单协商：

6.4.1.1 联络单指部门的要求或通知通过这种特定的书面形式对所需部门的信息传递，内容主要是指具体的业务事项，或者信息通知等非长期性的信息。“联络单”一般不是受控文件，它不能作为系统性或跨部门的规范文件，也不适宜作为纯技术性的文件。

6.4.1.2 通过会议而产生的决议可通过“联络单”来传递会议决议。

6.4.1.3 各部门发出的联络单，执行部门必须立即处理，有技术性内容的联络书必须在有效期内转换成标准或其他指导性文件。

6.4.1.4 联络单须由主管部门编制部长审批，如跨部门操作须经相关的主管经理审批。

6.4.1.5 联络单一般都有使用期限，主管部门在该文件失效时可根据需要做保留或报废处理。

6.4.2 看板沟通：

6.4.2.1 看板是指部门在公司指定的、公众流通较大的区域，通过“白板”“板报”“张贴告示”等方法而把部门的信息传递给其他部门的一种手段，其目的在于通过公告的形式使所需部门得到充分的、带强迫性的认知。

6.4.2.2 看板的内容可包括 EHS 信息、质量信息、技术信息、订单信息、生产信息、物料信息、行政公告等，由主管部门在规定的范围内用较正规的、醒目的方式进行信息公布，信息内容必须真实、简明扼要。

6.4.2.3 看板的内容一般有一定的期限，EHS 信息、质量信息、技术信息等的保留期一般为 7 天，其余信息一般为 5 天，尚未解决的问题允许继续保留，已经处理完成的信息可提前消除，由主管部门进行对内容的维护。

6.4.2.4 看板对每个部门均有信息通知效用，各部门有责任通过“看板”获得知情权，不得推卸责任，对看板中涉及自身未完成或相关的督促，必须知照并执行。

6.4.2.5 看板是目视管理的主要活动之一，为了提高工作效率和降低管理成本，公司规定看板内容与书面文件内容等效，任何部门或个人在没有征得允许下不能擅自涂改看板内容。

6.4.2.6 看板沟通部门应将看板作为日常工作，定时或及时更换看板上所示内容（尤其要注明填写日期），否则被视为工作失职。

6.4.2.7 各部门相关人员随时对看板内容进行关注，否则被视为工作失职。

6.4.2.8 企业文化或公司通知等把公司现阶段的重要任务告诉员工，并向员工提出配合任务的行动要求，或表彰好人好事，可用看板形式进行宣传。

6.4.3 会议协商：

6.4.3.1 会议是内部协商的重要方法，目的在于需要协商的部门、人员在一个共同的现场处理事务，而且通过充分的讨论和协商，使事务的处理效率得以提高。会议类型及相关事项参见附件一。

6.4.3.2 组织开会负责人确定会议主题及会议安排（包括会议时间、地点、与会人员等），同时注意不得与会议参加人员的其他会议安排冲突，由部长签名确认，需要副总或副总以上级别参加的会议一般须由组织开会方主管经理批准。

6.4.3.3 会议通知由组织开会负责人提前1天于公司内部OA系统发出。会议参与方会前必须围绕会议主题提前做好准备工作，需要沟通协调的会前先做好。

6.4.3.4 一般会议均需要参会者填写《会议签到表》。

6.4.3.5 会议召开：

（1）会议要求主题鲜明，不得混杂，以提高会议的效率。如果会议上须经会后商讨再定的，则会后再定，以节约时间。

（2）有正式会议必须有明确的会议目的，会议结束后不能没有结果。

（3）各类会议的时间原则上不超过2小时，会议主持人应根据会议安排严格控制时间。

（4）会议内容要与会方讨论决定的才提到会议议题上，严禁把会议开成“大杂会”。

（5）会议方法可利用头脑风暴法和水平对比法进行。

（6）会议方法决议允许写在白板上，然后相关部门主管领导直接在白板上签名确认，再通过数码相机拍摄形成书面文件后为会议记录，但要求字迹清晰、主题鲜明、决议明确。

（7）会议组织重点工作分解、落实到相关部门或个人，并有专人进行跟进。

（8）会议期间，与会人员应严格遵守会议的各项纪律要求。

（9）会议结束时，会议主持人必须根据会议议程及结果进行会议总结，对本次会议成果进行评价、总结会议达成的决议或共识。

6.4.3.6 会议记录及审核发放：

（1）会议记录应反映出会议提出的主要问题、针对相关问题的决议、整体目标达成情况等。

（2）组织开会部门负责做“会议记录”，并把最后得出的决议书面归纳好，交由部门负责人审批。如果会议决议涉及跨部门的要求的，须由相关部门的主管经理审核会签，主管经理批准（必要时总经理批准）才能发放。

（3）会议记录在会后2个工作日内整理、批准并以OA电子信息或纸质文档发放相关部门和与会人员。

（4）会议记录只能作为业务文件使用，不能直接作为受控文件使用。如有需要，须经过必要的版面调整和内容整理，并按受控文件形式发放。

6.4.4　所有员工都可利用合理化建议方式进行协商，各种建议或意见书以意见的形式经行政部收集，交管理者代表审核后，对可行性意见 / 建议提交会议讨论，确定其工作方法进行执行。

6.4.5　要与员工协商内容包括：

（1）确定相关方的需求和期望。

（2）建立职业健康安全方针。

（3）适用时，分配组织的角色、职责和权限。

（4）确定如何满足法律法规要求和其他要求。

（5）制定职业健康安全目标并为其实现进行策划。

（6）确定对外包、采购和承包方的适用控制。

（7）确定所需监视方、测量方和评价的内容。

（8）策划、建立、实施和保持审核方案。

（9）确保持续改进。

6.5　员工参与

6.5.1　公司建立员工参与机制，员工代表组织员工充分参与公司质量、环境和职业建立安全管理活动，如合理化建议活动、对公司的管理工作进行评价的活动、自主管理活动等。

6.5.2　环境和职业健康安全管理方面，员工的参与和协商活动应形成具体文件，并使员工和其他方了解这些文件的规定。

6.5.3　员工应参与：

（1）确定其协商和参与的机制。

（2）辨识危险源并评价风险和机遇。

（3）确定消除危险源和降低职业健康安全风险的措施。

（4）确定能力要求、培训需求、培训和培训效果评价。

（5）确定沟通的内容和方式。

（6）确定控制及其有效实施和应用。

（7）调查事件和不符合，并确定纠正措施。

6.5.4. 达到预期的合理化建议，给予完善，提报人按公司之奖惩条例给予嘉奖。

6.6　执行

沟通、参与和协商中产生的所有记录按照《记录控制程序》执行，涉及应采取改进措施的按照《改进控制程序》执行。

7. 相关文件

（1）《记录控制程序》。
（2）《不符合纠正措施控制程序》。

8. 相关记录

（1）《会议记录》。
（2）《会议签到表》。
（3）《会议通知》。
（4）《联络单》。

9. 附件

附件一：

会议名称	会议频率	参加人员	主持人	会议内容
公司年度计划、总结大会	每年一次	全公司员工	总经理	每年年末，以正式会议形式，总结一年来的成绩、存在的问题，部署下年度发展计划，统一认识，制定下一年发展目标及实现目的的决策和措施
总经理办公会	每周一次	公司中高层	总经理	总结上周工作，启示下周工作
生产协调会议	每月一次	生产、技术、品保、采购等部门相关负责人	副总经理	总结上月、启示本月新任务、纠误、生产调度
技术质量会	不定期	生产、技术、品保、采购等部门相关人员	品质 / 工程	有关产品技术、工艺攻关重大质量问题处理
早会制度	每日	一线操作员工	生产部 / 品质人员	布置每日工作任务、传达公司重大决策
汇报、培训、交流会议	不定期	相关人员	指定人员	由指定人员、讲师对相关人员汇报工作、进行培训、开展交流活动
临时会议	不定期	指定人员	指定人员	急务、决策、分工、行动

附件二：

障碍	对策	责任人
员工参与过多，了解到公司有些健康安全方面不守法	确保公司所有过程 100% 守法，员工代表按计划参与活动	总经理
员工不知自己如何举报公司健康安全不守法	公司在宿舍、食堂有员工意见箱，有不守法的地方可私下举报，行政部每周开一次意见箱，直接交给总经理	总经理、行政部
管理人员不愿让员工参与，浪费时间，影响公司绩效	按员工参与制度，强制执行。公司高层在会议上要加强宣导，强调员工参与的好处和重要性	总经理、中层管理人员

二、总经办相关程序文件

程序文件

Program files

文件名称：目标指标和管理方案控制程序

文件编号：ZO-OHS2-03

制 / 改部门：总经办

制 / 改日期：2019 年 9 月 1 日

修改状况：

	制 / 改日期	版本	版次	页次	修改情况记录
修改履历					

部门	业务部	财务部	行政部	采购部	工程部	生管部	品质部	生产部	总经办
份数									

制 / 改人	审查	批准

1. 目的

为建立、实施与改进公司的职业健康安全管理体系，实现对职业健康安全方针、目标和指标，以及为确保实现目标和指标而制定的管理方案的管理，改进公司的职业健康安全行为。

2. 适用范围

适用于公司职业健康安全方针、目标和指标、管理方案的制定、更改与实施。

3. 职责

（1）总经理制定职业健康安全方针，并负责方针、目标、指标、管理方案的批准。

（2）职业健康安全管理者代表负责组织目标、指标与职业健康安全管理方案的制定，负责目标、指标、职业健康安全管理方案的审核，并负责监督方针、目标、指标与管理方案的实施。

（3）各部门负责职业健康安全方针、目标、指标与管理方案的具体实施。

4. 工作程序

4.1　职业健康安全方针

4.1.1　职业健康安全方针的制定：

总经理以保护员工健康和人身安全为目的，针对公司的实际情况，适当考虑相关方的要求，制定职业健康安全方针并形成文件，传达到全体员工。

4.1.2　职业健康安全方针应确保：

（1）适合于公司的经营性质和规模，以及职业健康安全影响。

（2）对持续改进健康安全预防做出承诺。

（3）对遵守有关职业健康安全法律、法规和其他要求做出承诺。

（4）为建立和评审职业健康安全目标和指标提供框架和基础。

（5）与公司的其他方针一致。

职业健康安全方针为组织的职业健康安全职责和职业健康安全表现水准设定了总体目标，以此作为评判一切后续活动的依据。

4.1.3　职业健康安全方针的更改：

每次管理评审，需对职业健康安全方针予以重新评价。职业健康安全方针需要更改时，须经总经理批准，形成文件后重新传达。

4.1.4　职业健康安全方针的宣贯：

（1）通过职业健康安全手册的分发，通过宣传栏宣传等方式对公司各级管理者、专业技术人员及操作人员进行方针的宣贯。

（2）行政部负责对全体员工进行职业健康安全方针的培训，以确保对方针的充分理解。

4.1.5　职业健康安全方针的公开：

总经理应考虑相关方或公众的要求，以适当的方式公开职业健康安全方针。

4.2　职业健康安全目标与指标

4.2.1　目标与指标的制定

（1）职业健康安全管理者代表于每年 2 月份组织各部门根据职业健康安全方针、本年度职业健康安全影响评价结果及其他外界因素的变更，制定新的职业健康安全目标与指标，编制《职业健康安全目标指标一览表》，由职业健康安全管理者代表审核后，报总经理批准后生效。

（2）体系建立之初的职业健康安全目标与指标，由职业健康安全管理者代表根据初始职业健康安全评审结果，组织制定并审核，报总经理批准后予以传达和实施。

4.2.2　目标与指标的制定应考虑以下几个方面：

（1）职业健康安全方针的内容。

（2）有关法律、法规及其他要求。

（3）公司的重要职业健康安全影响因素、重大危险源。

（4）来自相关方的信息与要求。

（5）职业健康安全行为的持续改进，以及健康安全预防的承诺。

（6）可选择的最佳职业健康安全技术，以及经济、运作上的可行性。

（7）实施的进度，以及可调整性的要求。

（8）体现方针的逐层分解，量化后纳入各相关职能部门，即目标明确、指标具体可测量。

4.2.3　目标与指标的更改：

（1）在职业健康安全方针、法律法规及其他要求、职业健康安全管理方案的进度状况，以及相关外界因素等发生变更时，目标与指标应重新评审和修订。

（2）目标与指标由行政部进行更改，经职业健康安全管理者代表审核后报总经理批准生效。

4.2.4　目标与指标的宣贯：

（1）通过宣传栏宣传等方式对公司各级管理者、专业技术人员，以及操作人员进行目标、指标的宣贯。

（2）由行政部组织各部门对所属员工进行目标与指标的培训，确保全体员工清楚公司及本部门的目标和指标，并付诸实施。

4.2.5　目标与指标的公开：

相关方或公众要求公开公司的职业健康安全目标与指标时，需经过总经理核准。

4.3　健康安全管理方案

4.3.1　职业健康安全管理方案的编制：

（1）《职业健康安全管理方案》由职业健康安全管理代表组织各部门于每年年初依据目标

与指标编制，经职业健康安全管理者代表审核后，报总经理批准后生效。

（2）职业健康安全管理方案应涉及与实现职业健康安全目标和指标有关的全部可能的活动（如材料、使用、销售及处置等）、资源及具体措施。

4.3.2　职业健康安全管理方案主要包括以下内容：

（1）依据的职业健康安全目标与指标。

（2）方法措施、技术手段。

（3）执行部门与负责人。

（4）完成期限等。

4.3.3　职业健康安全管理方案的更改：

当因措施（或手段）发生变更、目标指标变化或涉及新的开发和新的或修改的活动、产品、服务等情况需更改方案时，由更改申请者以《文件更改申请单》的形式交职业健康安全管理代表审议，经总经理批准后，公司行政部执行更改。

4.3.4　职业健康安全管理方案的实施与监督验证：

职业健康安全管理方案以受控文件的形式发至各相关职能部门具体实施，由行政部每三个月负责对方案实施的进度与效果等进行监督验证。

5. 相关文件

《文件控制程序》。

6. 相关记录

（1）《目标指标管理方案执行情况检查表》。

（2）《职业健康安全目标指标及管理方案》。

（3）《职业健康安全目标达成统计表》。

（4）《职业健康安全目标一览表》。

程序文件

Program files

文件名称：不符合纠正措施控制程序

文件编号：ZO-QES2-06

制 / 改部门：总经办

修 / 改日期：2019 年 9 月 1 日

修改状况：

	制 / 改日期	版本	版次	页次	修改情况记录
修改履历					

部门	业务部	财务部	行政部	采购部	工程部	生管部	品质部	生产部	总经办
份数									

修订	审查	批准

1. 目的

为采取有效的纠正和改进措施，以防止类似不合格现象再发生，实现体系的持续改进。

2. 适用范围

适用于品质、环境、安全体系纠正和改进措施的制定、实施与验证。

3. 定义

（1）纠正措施：为消除已发现的不合格或其他不良情况的原因所采取的措施。

（2）标准化：将要求以书面的形式规定。

4. 职责

（1）品质部负责日常质量监督，行政部负责环境、安全监督，在出现问题时发出《品质、环境、安全改善对策书》，并跟踪验证。

（2）当品质、环境、安全内部体系审核出现不合格时，由审核员发出《不合格报告》并实行跟踪验证。

（3）当品质、环境、安全管理评审或其他情况出现不符合时，由管理者代表或指定品质部发出《纠正措施报告》，并进行跟踪验证。

（4）各部门接到《纠正措施报告》应及时制定并实施相应的纠正措施和改进措施。

（5）管理者代表在纠正措施的实施过程中起监督、协调作用。

5. 工作程序

5.1　采取纠正措施的时机

5.1.1　产品于进料接收、制程检验及最终检验时，发现质量、环保不符合要求或不合格时。

5.1.2　经客诉反映或投诉的质量不合格现象。

5.1.3　品质、环境、安全内部审核出现不符合时。

5.1.4　品质、环境、安全相关方投诉时。

5.1.5　环境污染物排放监测结果超出标准或超出公司规定值时。

5.1.6　品质、环境、安全管理评审出现不符合时。

5.1.7　造成环境污染和环境事故。

5.1.8　其他不符合品质、环境、安全方针、目标（指标）或体系文件要求的情况。

5.2　不符合事实填写

5.2.1　当出现 5.1.1 的情况时，由品质部填写《纠正措施报告》中的异常描述，传递给相关部门，要求相关部门依紧急程度在 8~48 小时进行原因分析，确定纠正措施后回应，并将结果报告给管理者代表。

5.2.2　当出现 5.1.2 的情况时，由品质工程师填写《纠正措施报告》中抱怨内容描述栏，定出责任部门，再由责任部门填写《纠正措施报告》并实施纠正，品质部负责跟踪验证并将结果反馈到投诉接收部门。

5.2.3　当出现 5.1.3 的情况时，由审核组发出《不合格项报告》，记录不符合事实，由责任部门进行原因分析并定出纠正措施，审核员确认后负责跟踪验证。详见《内部审核控制程序》。

5.2.4　当出现 5.1.4~5.1.8 内容的不合格情况时，由管理者代表填写《纠正措施报告》中的“不合格事实描述”栏，传递给相关部门，要求相关部门在指定的工作日（一般为 2 个工作日）内进行原因分析，确定纠正措施后传回，由管理者代表跟踪验证。

5.3　不符合事实的原因分析

5.3.1　原因分析：

5.3.1.1　品质部及时分析如下质量记录：

客户稽查、各环节的质量检验记录和不合格处理、客户投诉等记录，以便及时了解品质、环境、安全体系运行的有效性及趋势，并且在日常对体系运作的检查和监督过程中，也要及时收集和分析从各方面反馈的信息。

5.3.1.2　品质部及时分析以下相应的质量记录：

本公司或供应商提供的有害物质成分测试报告、MSDS、物料材质报告、产品图纸及主辅料的清单与本公司环境物质管理标准的符合性体系运行的记录。

5.3.1.3　采购部及时分析以下相应的环境记录：

供应商执行本公司环境物质管理标准的状况、材料 / 部件风险评价资料、供应商评估、评价、考核的资料、物料 / 部件的采购资料。

5.3.1.4　行政部及时分析如下环境记录：

相关方调查表、卫生检测、污染物排放监测表、环境和安全管理方案执行等与环境相关的记录，以便及时了解体系运行的有效性，环境、卫生变化趋势，以及相关方的满意度和要求，并且在日常对体系运作的检查和监督过程中，也要及时收集和分析从各方面反馈的信息。

5.3.1.5　品质部及时分析以下相应的质量记录：

客户对本公司产品、服务反馈的情况、客户产品及有害物质管理标准的变化、订单生产及交付的状况、客户满意度要求等相关资料。

5.3.1.6　原因分析按上述要求进行资料和数据的分析，并采用适当的统计技术。

5.3.2　针对客户的投诉或退货，应由品质部会同工程部进行专项的评估和检讨，并且针对退货产品进行试验 / 分析，以找出全部的原因并制定全面的对策。退货产品试验 / 分析的记录必须保留，如客户需要时予以提供。

5.4　提出对策

5.4.1　对策目标：对策提出单位必须依原因分析提出矫正、防止再发或预防措施。

5.4.2　纠正措施的对策目标：

纠正措施的目标在于能够立即消除异常现象。

5.4.2.1 防止再发措施的对策目标：

防止再发措施的对策目标在于针对异常产生的根本原因，评估对策的效果及潜在因素，以便能减小问题的程度与规模或能够解决问题的根本原因。

5.4.2.1.1 防止再发：对问题的根本原因，提出防止再发措施及对策。

5.4.2.1.2 防止流出：对问题的根本原因，若因技术或对原因判定无法掌握等因素的限制或防止再发措施不能完全消除根本原因时，需制定防止不合格产品流出的对策。

5.4.3 预防措施的对策目标：

预防措施的对策目标在于通过对对策的实施，能够避免异常的出现。

5.4.4 对策提出单位在制定对策时，应采用适当的防错技术，并考虑将适用的防错技术标准化，写进相应的作业指导书中。

5.4.5 明确对策内容：

对策提出单位根据对策目标把对策内容填写于纠正措施报告相应栏，对策内容须包括：对策的执行项目、负责人与完成时间。如果对策的项目是“加强检验”或“加强训练”，此类叙述是不被接受的，应叙述加强的具体方式。

5.4.6 对策提出单位应在预定期限内提出对策内容。当不能按时回复时，应提前通知提出单位，当对策提出部门未按时回复时，描述审查部门应进行跟催。

5.5 对策审查

5.5.1 品质、环保异常由品质部经理做对策审查。

5.5.2 不合格项报告由内部审核员或外部审核机构做对策审查。

5.5.3 客户投诉处理由客户负责人审查。

5.5.4 对策审查的内容包括：

5.5.4.1 对策内容是否明确。对策应该是可执行和可量化的，不允许待协商、待验证等。

5.5.4.2 对策是否标准化。若对策的内容涉及修改相关文件或资料时，对策提出单位应安排对策标准化的计划。

5.5.4.3 对策经过审查不能满足要求时，应退回对策制定者，重新拟定对策。

5.5.4.4 当品质部为对策提出审查单位，则由总经理进行对策审查。

5.6 对策执行

5.6.1 对策经审查后，正本留对策效果审查单位便于追踪落实，同时向对策执行单位派发副本，便于以此执行。

5.6.2 对策执行单位应在预定期限内完成对策内容。

5.7 效果确认

对策执行单位完成对策后，责权人员应按期对对策执行效果给予确认。

5.7.1 对策实施确认。依对策内容取得客观凭证，确认对策内容已确实实施，并记录所执行的对策内容。

5.7.2 对策效果确认。若对策已确实实施，应对对策效果是否和预期目的一致进行确认；

若对策的实施未达到预期的效果和目的，对策执行单位应重新制定对策措施；若对策执行已符合预期效果时，进行结案。

5.8 对策标准化

5.8.1　对策执行经确认效果达到预期的目的，应由对策执行单位依《文件控制程序》提出修订相关文件或资料的要求，建立标准化作业；标准化作业时，应运用已采用的纠正措施及其实施的控制来消除其他类似产品和过程存在的不合格原因。

5.8.2　对策执行单位应对标准化进行宣导，确保标准化作业有效实施。

5.8.3　对于经验证效果达到预期目的的防错技术，应由对策提出单位依《文件控制程序》提出标准化。

5.9 纠正措施的管理与跟催

5.9.1　纠正措施的跟催：

权责人员在执行跟催过程中，可适时召开检讨会，利用固定会议提报执行状况，使纠正措施的跟催进行顺利。

5.9.2　送管理审查会议审查：

权责单位整理纠正措施跟催状况向管理审查会议报告，以评估品质体系自我改善的能力与绩效，同时评估所采取措施是否有待进一步完善之处。

5.10 其他

客户要求的问题解决方法，针对客户指定的在矫正与预防措施或客户抱怨等问题上，如明确采用规定的解决方法时应按客户要求执行。

6. 相关表单

（1）《纠正措施报告》。

（2）《品质、环境、安全改善对策书》。

程序文件

Program files

文件名称：内部审核控制程序

文件编号：ZO–QES2–14

制 / 改部门：总经办

制 / 改日期：2019 年 9 月 1 日

修改状况：

	制 / 改日期	版本	版次	页数	修改情况记录
修改履历					

部门	业务部	财务部	行政部	采购部	工程部	生管部	品质部	生产部	总经办
份数									

制定	审查	批准

1. 目的

为保证质量环境安全管理体系对 ISO9001、ISO14001、ISO45001 标准要求的符合性及确保体系能持续运行并不断改进，实施定期或不定期的检查、评审，特制定本程序。

2. 适用范围

本程序适用于公司质量环境安全过程管理体系各环节实施内部审核过程的控制。

3. 职责

3.1　管理者代表

3.1.1　批准内部审核年度计划，内部审核计划表。

3.1.2　负责任命内审组长及确认内部体系审核人员。

3.1.3　负责制定内部审核年度计划。

3.2　内部体系审核组长

3.2.1　编制每次的内部审核计划表。

3.2.2　主持并监督内部审核，批准审核检查表。

3.2.3　向管理者代表提交内部审核结果报告。

3.3　内审员

3.3.1　掌握内部体系审核所必需的知识与技能，对体系实施现场审核。

3.3.2　对记录审核结果，提出不合格项报告，并予以跟踪验证。

3.3.3　协助各相关部门、人员改进质量和有害物质过程管理体系。

3.4　协助配合

各相关部门、人员协助、配合内审员完成审核工作，并对所出现的问题采取纠正 / 预防措施。

4. 内审员资格及条件

（1）内部审核员（内审员）需经过专业培训合格，并由管理者代表授权，使其在审核过程中独立行使职权，不受任何干扰。

（2）内审员不能对自己负责或有直接责任关系的部门进行内部审核工作。

（3）内审员应具有每次审核时编制审核检查表的能力，并按照审核检查表进行审核，将审核过程发现的不符合项进行记录，并进行追踪验证的能力。

5. 内部审核程序

5.1　审核策划与准备

5.1.1　内审组长针对质量环境安全过程管理体系有关活动的重要性进行分类（如可分为对顾客的市场的重要性、对管理者的重要性、对公众的重要性），根据所审核的活动的实际情况和重要性来安排内部审核的日程，确定审核活动的先后顺序和类型，编写年度审核方案。

5.1.2　公司每年至少进行 1 次定期内部质量环境安全管理体系审核，时间间隔不超过 12 个月。由 ISO 专员根据被审核活动和区域的状态和重要性，编制内部审核年度计划报管理代表批准。不定期内部审核，由管理代表根据公司质量环境安全过程管理体系的运行情况决定是否进行更多的审核。

5.1.3　在每次正式审核之前，内审组长根据公司质量环境安全过程管理体系的实际运行情况、被审核部门或活动的重要性及审核员的素质，编制内部审核计划，确定审核目的、范围、依据、时间和审核人员的安排等内容，报管理者代表，并于正式审核前一到二周将内部审核日程表发放到各相关部门，以便各部门做好相应的安排。

5.1.4　若由于时间、内部运行等情况需要调整审核时间，应提前至少一天书面通知相应部门。

5.1.5　内部审核组长召集内部审核员根据公司质量环境安全管理体系文件和质量环境安全标准要求编制相应的审核检查表，内部审核组长应对审核检查表进行审核，合格后方能安排正式的现场审核活动。

5.2　审核过程控制要求

5.2.1　召开首次会议。首次会议主要是为了宣布本次审核的目的、审核范围、审核人员安排，决定是否要对时间、人员安排做出调整。

5.2.2　内审员根据审核检查表中的有关要求对相应部门、活动进行现场审核，通过抽样询问、观察、检查记录等方式来发现不合格的事实，并将有关结果记录于审核检查表中。

5.2.3　若上次审核中有不合格项，则在现场审核过程中，应对其进行适当的检查，以确定此不合格项是否已有效关闭。

5.2.4　内审员在审核过程中不得刁难被审核部门、人员，被审核部门也应充分配合，使得内部审核顺利进行。

5.2.5　审核过程中应注意的事项：

（1）审核目标的制定应能够引起管理者对审核结果的关注。

（2）对审核的有关结果予以记录。

（3）开始审核前向受审核方部门的负责人解释审核的目的和对象。

（4）在开始审核前对有关的文件进行评审。

（5）对问题进行追踪或追溯，在未明确存在的问题前不要停止追查。

（6）仔细聆听受审核部门负责人和人员的说明。

（7）确定审核方案的范围、路径、审核的类型和审核的层次、标准，使用对组织内部运行比较熟悉的人员进行审核，并按确定的标准培训足够的审核员；

（8）充分注意上次内审所发现不合格项的关闭情况。

5.3　总结与报告阶段

5.3.1　现场审核完毕后，内审员根据现场审核的有关结果，通过讨论与分析，开出不合格项报告，将不合格的事实描述清楚。

5.3.2　对本次审核的不合格项进行统计与分析，以发现体系运行的薄弱环节，并将结果记录于不合格项分布表中。

5.3.3　内审组长主持召开末次会议，重申审核目的、范围、依据等，说明内审采用抽样方式的风险性，并宣读不合格项报告，必要时应对其进行适当的解释，总结本次审核情况。

5.3.4　审核组长根据本次审核的有关结果，编写内审报告（主要内容有：审核的具体情况、不合格项的严重程度与分布、抽样的风险性、纠正 / 预防措施的要求、是否达到审核目的等），交管理者代表审批。

5.3.5　将所有记录不合格项的不合格项报告，发放到参与体系运行的所有部门，要求各部门举一反三地进行纠正 / 预防。

5.4　纠正 / 预防措施

5.4.1　不合格项的责任部门，应对所发生的不合格项认真进行分析，找出其真正原因。在有需要的情况下，可采用有关的统计技术。

5.4.2　根据产生不合格的真正原因，制定具有针对性的纠正 / 预防措施，初步确定完成这些措施所需要的时间，得到相应内审员的确认后予以实施。

5.4.3　若在采取纠正 / 预防措施过程中涉及文件修改，则按体系文件控制程序的有关要求执行。

5.4.4　当发现审核有效性存在问题时，对审核方法进行调整并对审核员进行相应的培训。

5.5　不合格项的验证

5.5.1　审核员根据纠正 / 预防措施的预计完成时间，对不合格项进行验证。

5.5.2　验证以现场验证为主，根据采取的纠正 / 预防措施，逐条检查是否已完成，并有效。

5.5.3　若在规定时间内没有完成纠正 / 预防措施或实施纠正 / 预防措施的效果不理想，内审员应提出相应的建议与要求，并重新验证，直到符合要求为止。

5.6　审核结果的评审

管理者代表将每次审核的结果提交管理者评审会议进行评审，若纠正 / 预防措施涉及资源要求或系统性的问题，应在管理者评审会议中予以解决或决定。

5.7　内审员的评审

内部审核员资格审核及评审公司所有的内部审核员应符合 4.0 条款的要求，管理者代表还应每年一次地对内部审核员进行评审，评审的内容包括是否有完整的审核检查表，审核过程是否按计划实施，是否对其所发现结果进行跟踪验证。若一年以上没有从事内部审核活动，应对其资格进行重新确认或培训。

5.8　审核记录

内部质量环境安全过程管理体系审核活动所产生的记录由文管中心按记录控制程序的要求予以保存，并提供查阅。

6. 相关记录

（1）《审核计划》。

（2）《审核检查表》。

（3）《不合格报告》。

（4）《内部审核报告》。

（5）《审核方案》。

程序文件

Program files

文件名称：管理评审控制程序

文件编号：ZO-QES2-15

制 / 改部门：总经办

制 / 改日期：2019 年 9 月 1 日

修改状况：

	制 / 改日期	版本	版次	页数	修改情况记录
修改履历					

部门	业务部	财务部	行政部	采购部	工程部	生管部	品质部	生产部	总经办
份数									

修订	审查	批准

1. 目的

为监察公司内部管理阶层是否遵循既定质量环境安全体系方针及目标运作，以确保管理体系之适宜性及有效性，特制定本程序。

2. 适用范围

本程序适用于本公司文件化质量环境安全管理体系的评审过程。

3. 定义

会议：指质量环境安全管理体系评审会议。

4. 职责

4.1　总经理

4.1.1　召开及主持会议。

4.1.2　审批会议议程及评审结果。

4.2　管理者代表

4.2.1　筹备会议评审所需要的各种验证资料。

4.2.2　起草会议议程及收集各部门对议程的意见并加以修订。

4.2.3　组织整理评审结果报告副总经理。

4.3　ISO 专员

4.3.1　筹备体系文件控制运行报告。

4.3.2　记录会议内容，并保存相关资料。

4.4　各部门负责人

4.4.1　提交管理评审会议所需要的书面材料。

4.4.2　执行管理评审会议决议，按照决议要求实施相应的纠正 / 预防措施。

5. 程序

5.1　评审人员

质量环境安全管理体系管理评审会议由下列人员组成：

总经理、管理者代表、内审组长、各部门主管、总经理指定人员。

其中，总经理主持会议，每次会议上述人员必须出席。

5.2　会议时间

质量环境安全管理体系管理评审会议每年（前后间隔时间不可超过 12 个月）至少召开一次，当总经理认为有必要（如公司组织机构、人员、经营范围发生变化、运行体系过程中发生重大质量不合格等问题）的时候，可以增加召开次数。

5.3　会议内容

每次会议前，由管理者代表负责制定“管理评审会议议程”及收集有关资料和报告以供讨论，每次会议至少包括下列各项：

（1）管审输入：

①一、二、三方审核结果，法规符合性评价结果。

②客户投诉、客户满意度调查、相关方交流信息。

③质量过程的业绩和产品质量、HSF 的符合性。

④各部门质量目标及指标有效性和达成情况。

⑤环境管理体系运行过程中预防和纠正措施的状况。

⑥供应商风险评估、定期考核、改善及消减状况。

⑦供应商调查及本公司产品宣告实施情况报告。

⑧以往管理评审会的跟踪措施。

⑨管理体系的变更，客观环境的变化，环境因素、危险源及有关的法律发展变化，有害物质管理法规发展变化。

⑩ 持续改进项目达成状况。

⑪ 员工参与协调的输出。

⑫ 相关方的沟通。

⑬ 风险和机遇。

⑭ 合规性评价结果。

⑮ 改进的建议。

（2）管审输出：

①管理体系及过程有效性的改进。

②与顾客要求有关的产品的改进。

③资源需求。

④为实现持续改进的承诺做出的与体系方针、目标、指标，以及修改有关的决策和行动。

⑤目标未达成的措施。

5.4　会议相关要求

“管理评审会议议程”应于会议召开前 1 周左右下发到各相关部门。参加管理评审会议的人员应根据会议议程的要求进行充分准备，并就以上相关内容提出书面报告。

5.5　评审结果

5.5.1　每次管理评审会议的内容由 ISO 专员记录，管理者代表组织整理《管理评审会议报告》，经总经理审批，并由 ISO 专员负责保存。

5.5.2　管理评审会议记录至少要涉及以下内容：

（1）每次会议所讨论之问题、建议及解决方法。

（2）若客户所要求的相关产品没有满足其要求，应在会议记录中提出改进要求。

（3）若体系运行过程中发现资源不足，应提出相应的资源需求。

5.6　执行与监督

管理者代表负责所有会议中确定的纠正措施或改进计划的有效执行。由管理者代表监督纠正措施或改进计划的执行情况。

5.7　资料保存

所有与管理评审有关的各种资料由公司 ISO 专员负责保存与管理。

6. 相关表单

（1）《管理评审计划》。

（2）《管理评审报告》。

7. 附件

管理评审流程图：

权责单位	作业流程	重点提示	文件 / 窗体
各部门	管审会议需求	每年至少召开一次，当副总经理认为有必要的时候（如公司组织机构、人员、经营范围发生变化、运行体系过程中发生重大问题等），可以增加召开次数	
管理代表	会议通知	每次会议前，由管理者代表负责制定“管理评审会议议程”	1. 管理评审会议议程 2. 电子邮件
各部门	资料收集 / 统计 / 分析	收集有关资料和报告以供讨论	各部门统计分析资料
各部门	会议：管审输入	见 5.3	管理评审会议报告
管理代表	会议：管审输出	见 5.3	管理评审会议报告
ISO 专员	会议记录	每次管理评审会议的内容由 ISO 专员记录，管理者代表组织整理《管理评审会议报告》，经副总经理审批，并由 ISO 专员负责保存	管理评审会议报告

续表

权责单位	作业流程	重点提示	文件／窗体
管理代表	会议记录追踪	管理者代表负责所有会议中确定的纠正措施或改进计划的有效执行。由管理者代表监督纠正措施或改进计划的执行情况	管理评审会议报告
ISO 专员	会议记录追踪	所有与管理评审有关的各种资料由公司 ISO 专员负责保存与管理	管理评审相关的各种表单

程序文件

Program files

文件名称：风险机遇控制程序

文件编号：ZO–QES2–16

制改部门：总经办

制改日期：2019 年 9 月 1 日

修改状况：

	制 / 改日期	版本	版次	页数	修改情况记录
修改履历					

部门	业务部	财务部	行政部	采购部	工程部	生管部	品质部	生产部	总经办
份数									

制定	审查	批准

1. 目的

为提供风险与机会的识别、应对指引，确保公司有效规避相应风险，把握有利机遇。

2. 范围

此程序适用于本公司所有过程（包括 OHS）的风险和机会的识别、控制、分析。

3. 权责

（1）最高层负责识别组织外部环境的风险与机会及制定相应的应对措施，以及对措施的有效性进行分析。

（2）行政部负责识别危险源管理，法律、法规及其他要求的风险和机遇。

（3）行政部负责识别内部运营过程、企业文化、价值观、财务等的风险和机遇。

（4）其他各部门负责识别本部门所有过程的风险与机会，以及制定相应的应对措施和对措施的有效性进行分析。

（5）管理者代表负责汇总以上各部门所识别的所有过程的风险与机会，以及所制定的应对措施和对措施的有效性进行分析结果，并提交管理评审。

4. 定义

无。

5. 流程图

5.1　风险和机遇管理过程

流程	输入	输出	责任人	完成时间
识别或更新内外环境状况 ↓	政治、经济、社会、技术、法律、环境及内部经营理念、价值观、过程运行、危险源管理	组织内外部环境风险评估表 SWOT 分析表	管理代表、总经理、业务部、财务部	每年年底，国内外出现重大经济、政治、社会问题时
外部环境风险机遇识别 ↓	外部环境现状，相关方需求与期望，法律、法规本身	组织内外部环境风险评估表	管理代表、总经理、销售部、财务部	外部环境现状识别一周内
内部过程风险机遇识别 ↓	内部环境现状	组织内外部环境风险评估表	各过程负责人、相关管理人员、管代	每年年底或内部出现重大调整时

续表

流程	输入	输出	责任人	完成时间
制定应对措施	内外环境的风险、机遇、优势与劣势	组织内外部环境风险评估表	各过程负责人、相关管理人员、管代	风险、优势、劣势识别后三天内
评审措施及环境变化	组织内外部环境识别，风险机遇及应对措施	组织内外部环境风险评估表	所有经理以上级别人员	每年管理评审
修改相关文件	更新过后的风险机遇评估分析表，组织内外部环境识别表	相关的 ISO 文件，文件变更申请单	相关文件负责人、文控	各部门提出文件变更一天内

5.2　相关方需求与期望

流程	输入	输出	责任人	完成时间
识别相关方	与 OHS 体系相关方	相关方需求与期望评审表	业务部、采购部、行政部、财务部、管代、总经理	每年年底
识别这些相关方的需求	相关方的需求与期望	相关方需求与期望评审表	业务部、采购部、行政部、财务部、管代、总经理	每年年底
制定这些需求应对措施	相关方需求与期望	相关方需求与期望评审表	业务部、采购部、行政部、财务部、管代、总经理	每年年底
评审措施及相关方需求	相关方需求与期望，应对措施	更新后的相关方需求与期望评审表	业务部、采购部、行政部、财务部、管代、总经理	每年年底

6. 相关文件

《内部审核程序》。

7. 相关表单

（1）《组织内外部环境风险机遇评估表》。

（2）《相关方需求与期望评估表》。

三、文控相关程序文件

程序文件

Program files

文件名称：文件控制程序

文件编号：ZO–QES2–06

制 / 改部门：总经办

制 / 改日期：2019 年 9 月 1 日

修改状况：

	制 / 改日期	版本	版次	页数	修改情况记录
修改履历					

部门	业务部	财务部	行政部	采购部	工程部	生管部	品质部	生产部	总经办
份数									

制定	审查	批准

1. 目的

为使本公司品质环境安全体系文件与资料能适时正确地发放到各相关部门，避免逾期失效的文件遭误用。

2. 范围

本程序适用于本公司内部制定的文件表格或外部客户提供的图纸与收集的国际标准。

3. 职责权限

3.1　内部文件权责

文件阶层	文件名称	作 成	审 查	核 准	收发管制
一	手册	管理者代表	管理者代表	总经理	文控中心
二	程序文件	主管部门	管理者代表	总经理	文控中心
三	指导书、作业性文件	相关担当	权责人员	部门经理	文控中心
四	记录表格	随相应的二、三阶文件一同审批			文控中心

3.2　外部文件权责

文件类别	审 查	核 准	收发管制
与品质环境安全相关的图纸、规格等技术资料	权责人员	部门长	文控中心
与品质环境安全相关的国家、国际标准	权责人员	管理者代表	文控中心
与品质环境安全相关的安全规格与标识	权责人员	管理者代表	文控中心
环境、劳动、卫生方面的法律法规	权责人员	管理者代表	文控中心
客户特定的品质环境安全要求	权责人员	管理者代表	文控中心

3.3　文控中心

负责质量和环境管理手册，程序文件，指导书，作业性文件，记录表格和技术图纸，图面，工程图图纸，相关检查基准的归口管理；负责受控文件的新本发放、旧本回收。

4. 定义

（1）第一阶文件。品质环境安全手册：简要说明品质环境安全系统如何满足国际标准要求。

（2）第二阶文件。程序书：规定何人于何时在什么地方做什么事情。

（3）第三阶文件。指导书：工程图、设备维护、作业指导书、检验标准，相关规章制度，说明如何做的文件。

（4）第四阶文件。表单格式：用以收集传递资讯，控制作业流程或证明作业已符合要求。

（5）外来文件。客户、政府机关、社会团体等相关方发送的关于产品质量、环境有害物质、质量和环境管理体系等要求的文件、文书（包含图纸、图面、检查基准、作业指导书和法律法规等）。

5. 工作内容

5.1　文件编写规则

5.1.1　书写规定，文件内容统一使用“五号”字体。

5.1.1.1　第二阶文件格式如下：

（1）目的。

（2）范围。

（3）权责。

（4）定义。（无定义时填写“无”）

（5）作业内容。

（6）附属文件。

（7）表单。

（8）三阶文件。

5.1.1.2　文件页次格式：第 页 共 页。

5.1.1.3　各标题内的小标题顺序格式如下：

1 → 1.1 → 1.1.1 → 1.1.1.1 →……以此类推；

2 → 2.1 → 2.1.1 → 2.1.1.1 →……以此类推。

5.1.2　文件经 3.1 权责主管核准后即可制定。

5.2　内 / 外部文件编号系统

5.2.1　一、二阶及外部文件编号：

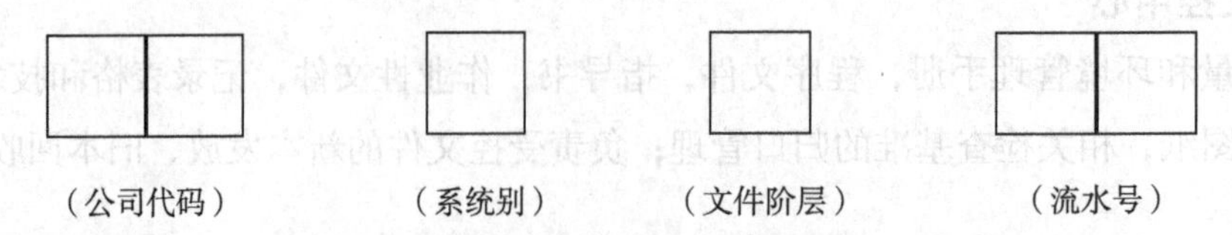

5.2.1.1　公司代码：如以 ZO 代表 惠州 ZO 精密技术有限公司。

5.2.1.2　系统别：

[Q] 代表品质体系文件；

[G] 代表共用性文件；

[E] 代表环境体系文件；

[S] 代表职业健康安全体系文件；

[T] 代表 IATF16949 体系文件。

5.2.1.3　文件阶层：以 A、B、C 分别代表一、二、三阶层文件，外部文件可直接使用已有的编号。

5.2.1.4　一、二阶文件流水号：01~999 代表该份文件的顺序号。

5.2.2　三阶文件编号规则如下：

□□	□	□	□□
（公司代码）	（部门代码）	（文件阶层）	（流水号）

三阶文件流水号：01~999 代表该份文件的顺序号。

5.2.2.1　公司代码：如以 ZO 代表 惠州 ZO 精密技术有限公司。

5.2.2.2　部门代码：

[QA] 代表品质文件（QA1 代表 IPQC 一部，QA2 代表 IPQC 二部）；

[PD] 代表生产部文件（生产 1、2、3、4 部，分别以 PD1、PD2、PD3、PD4 来区分）；

[PMC] 代表生管部文件；

[ED] 代表工程部文件；

[HR] 代表行政部文件；

[PG] 代表采购部文件；

[GA] 代表财务部文件；

[GM] 代表总经办文件。

5.2.3　表单流水号：部门代码加流水号，版本初版为 A0，改版时直接更换为 A1，以此类推用 01~999 代表该份文件所附表单的顺序号，如 SR4– 部门代码 – 流水号中，SR4 代表表格代码。

5.3　版本 / 版次管理

5.3.1　文件的版本以 A/0 表示为初版，换版时变更为 A/1，以此类推。

5.3.2　版次管理：修订规定为 1~6 次为止；超过 6 次直接上升为 B0。

5.3.3　需要管制的外部文件要盖上“外来文件”的印章，登录于《外来文件管理履历》。

5.4　内部文件的编制

文件由相关部门进行文件编写。为提高文件的可操作性和实用性，文件作成时，作成部门应组织相关部门共同对文件进行评审，评审无异议后，共同在文件上签字确认。

5.5　文件的登录

5.5.1　内部文件编制或修订完成后由文控中心对文件进行编号，版本核对确认无误后登录于《程序文件总览表》上，以便于管理文件的最新状态。

5.5.2　外部文件经审查后盖红色“外来文件”章，并由文控中心登录于《外来文件管理履历》，政府机关、客户和相关方有关质量管理、环境管理和环境有害物质控制的相关外来文件应经管理者代表确认后登录于相关外来文件管理履历进行管理。需要分发的文件，由文控中心按公司相关规定进行分发管理。

5.6　文件的发行

5.6.1　文件的发行：

5.6.1.1　程序文件需发行到各相关部门使用时由文控中心复印所需份数，并于复印件的每页右上角位置加盖蓝色“受控文件”章，背面右上角位置加盖红色“副本文件”章，原稿在背面右上角加盖蓝色“原稿文件”章；程序文件原稿由文控中心登录于《程序文件一览表》后统一归档保存。

5.6.1.2　三级作业指导文件包括 SIP、SOP、BOM 表、工程图纸、工艺流程图、包装规范等需发行到各部门使用时，由品质文员、开发文员负责复印各部门所需文件份数，并于复印件的每页右上角位置加盖蓝色“受控文件”章，背面右上角位置加盖红色“副本文件”章，原稿在背面右上角加盖蓝色“原稿文件”章后，原稿由品质文员、开发文员登录于对应《程序文件一览表》后，分发至各相关单位。各相关单位在接收文件时需在《文件收发记录表》中签名确认文件发放的时间、数量、版本等信息。

各部门在接收到受控的文件后，如果现场有临时需要增加受控的作业文件，则由各部门文员根据需求将接收的受控文件进行复印，并加盖对应内部红色受控印章，如品质部 QA1、QA2，生产部 PD1、PD2、PD3。盖章后登录于《文件收发记录表》后方可发行，各接收者在接收时必须在《文件收发记录表》中签名。

5.6.2　程序文件原版由文控中心实施中央控制；三级作业指导文件由开发部、品质部文员实施控制，外部文件以盖有红色“外来文件”章的为原版。

5.7　文件的分发

文件分发时要求各接收部门负责人于《文件收发记录表》上签收。

5.8　文件的补发

如所使用的文件不慎丢失或破损而影响使用时，应由部门负责人员以《文件修订 / 废止申请表》提出，经部门经理核准后补发，并做好签收记录。

5.9　文件的修订 / 作废

5.9.1　文件依国家 / 国际法律法规、客户要求、内部要求进行及时的更新及修订。

5.9.2　内部文件的修订必须由原编制部门进行，原审核部门审核，如因某种情况指定新的部门来审核，则该部门应获得相关资料，以供参考。

5.9.3　文件修订前由相关部门向文控中心提出《文件修订 / 废止申请表》（必要时），由部门经理承认后方可进行修订。

5.9.4　二、三阶文件修订时应在首页的修订栏里反映修订情况（日期 / 页次 / 版本），如修订内容多时填写《文件修订 / 作废申请表》编号，修订内容少时直接写变更内容（每次修订时在修订之处应明确标示）。

5.9.5　当文件修订 5 次以上时须换版本。

5.10　文件的回收

5.10.1　程序文件、指导书每次换版本时都应及时收回旧版文件，并盖红色“作废”章予以作废，文件回收时应注意份数及内容的完整性，且将收回情况登录于《文件收发记录表》上，但换版次时直接更换相关页次即可（同时要求收件人在原版背面签字接收）。

5.10.2　必要时由文控中心保留旧版原稿文件的前两版，但必须在每页盖上红色“作废”印章，以供参考。

5.10.3　涉及公司机密的作废文件纸张不可再利用。

5.11　文件的保管

文件的原稿由文控中心妥善保管，相关部门应对所使用的复印件自行保管，经发行后的正式文件使用部门及人员不得在文件上画线加注记号及修改其内容。如有特殊情况，临时用笔修改的，必须在修改地方签名并注明修改日期，且临时修改的文件在 7 天之内必须更新为正式受控文件。

由供应商提供的证明性文件和资料 / 测定器相关类的文件由相应权责部门或人员保管。

5.12　文件的定期评审

5.12.1　文控中心每半年到相关部门核对文件的最新版本和持有份数。

5.12.2　文控中心每半年或在公司组织发生变更后组织相关部门对文件进行评审。

5.12.3　文控中心对各部署做成文件进行定期评审（每半年一次），若有异常，立即通知文件做成部署。进行确认及相应修订。

5.13　文件的学习、执行

5.13.1　各部门主管负责组织本部门人员学习相关文件，必要时对学习结果进行考核。

5.13.2　各部门主管负责监督本部门人员执行、遵守相关文件。

5.14　文件的补充

体系管理人员每年一次通过政府部门、行业协会及其他相关单位咨询品质环境安全体系的标准及法律、法规方面的最新资料，以便确认品质环境安全体系的适宜性及有效性。

5.15　文件的借阅

借阅人对所借的文件应负有妥善的保管责任，不可拆卷、涂改、损坏。

5.16　记录管理

记录管理按照《记录控制程序》执行。

6. 附属文件

无。

7. 表单

（1）《外来文件管理履历》。

（2）《文件收发记录表》。

（3）《文件修订 / 废止申请表》。

（4）《文件借阅登记表》。

（5）《程序文件一览表》。

程序文件

Program files

文件名称：记录控制程序

文件编号：ZO-QES2-13

制改部门：总经办

制改日期：2019 年 9 月 1 日

修改状况：

修改履历	制 / 改日期	版本	版次	页数	修改情况记录

部门	业务部	财务部	行政部	采购部	工程部	生管部	品质部	生产部	总经办
份数									

制定	审查	批准

1. 目的

为确保公司各项记录能被妥善保存和适当运用，并为实现可追溯及纠正、预防提供客观证据。

2. 范围

适用于与品质、环境、安全体系所有相关记录，包括供应商的某些品质、环境、安全记录表格。

3. 权责

（1）文控负责将所有品质、环境、安全记录汇总登录在《品质、环境、安全记录总览表》上，负责标准样式的管理、发放。

（2）各部门负责对质量和环境过程的记录管理。

4. 定义

记录：阐明所取得的结果或提供所完成活动的证据的文件。

5. 工作内容

5.1　品质、环境、安全记录表格的控制

编制、更改、汇总、发放、回收。

5.1.1　编制：各相关部门根据品质、环境、安全体系程序文件，作业标准书及产品品质、环境、安全记录控制的要求编制相应表格，由文控中心赋予其唯一的编号。

5.1.2　更改：品质、环境、安全记录表格的更改依照《文件控制程序》执行。

5.1.3　汇总：文控人员按各程序文件要求进行记录分类整理，并将所有品质、环境、安全记录汇总登录在《品质、环境、安全记录总览表》上。

5.1.4　发放、回收：各部门经理根据该表格的使用量来决定以何种方式（厂内复印或外协印刷），以满足要求。

5.2　品质、环境、安全记录表格的使用

5.2.1　各部门应使用相关文件规定的最新版表单格式或名称。

5.2.2　记录者应认真填写，确保内容的真实性、完整性及准确性。

5.2.3　品质、环境、安全记录不可用铅笔填写，原则上使用黑色笔芯的笔填写，并力求清晰。

5.2.4　记录需修改时，需填写《文件修订 / 废止申请表》，经部门审批后交于总经办统一修改。

5.2.5　品质、环境、安全记录需要发到相关部门传阅时，相关人员可在相应位置签章表示已阅览。

5.3　品质、环境、安全记录的管理

5.3.1　各部门应由兼职（专职）的文员负责本部门的品质、环境、安全记录管理。

5.3.2　品质、环境、安全记录应放置于适当的环境中，采取防蛀防潮措施，防止损坏和丢失，保持其完整性。

5.3.3　品质、环境、安全记录应分类保存，加以标识便于追溯。

5.3.4　品质、环境、安全记录存档于电脑媒体中时须备制保存于不同媒体中（如电脑硬盘、软盘），防止因一个媒体的损坏而丢失。

5.3.5　如需要查询或借阅品质、环境、安全记录，查询或借阅记录时不得涂改，应保证其完整性，品质、环境、安全记录借阅原则为在保管现场阅读，若需复印应征得品质、环境、安全记录保管责任者的同意。

5.3.6　如客户合同中规定时，可允许客户或其代表调阅品质、环境、安全记录或索取影印本，但需取得管理者代表的同意。

5.4　品质、环境、安全记录的保存期限

（1）内部品质、环境、安全体系审核和管理评审记录保存三年。

（2）培训记录须保存到员工离厂。

（3）品质、环境、安全记录及生产记录的保存期限为一年以上，具体可依据《品质、环境、安全记录总览表》。

（4）生产制作指示保存三年。

（5）客户订单、客户投诉退货报告、仪器校准证书需保存三年。

（6）当客户或政府部门另有要求时，按客户、政府部门要求执行。

（7）与 ROHS&REACH 有关的记录均保存 5 年。

5.5　品质、环境、安全记录保存到期后的处理方法

品质、环境、安全记录保存到期后由相关部门经理批准后销毁。

5.6　记录表格的修改及废止

如记录表格需修改或废止时，由各记录表格原编制部门以书面形式提出申请，由该部门主管批准后，统一交文控中心进行修改或废止。

6. 相关表单

《品质、环境、安全记录总览表》。

第三章　管理规定

NO.	程序名	文件编号	版本 / 版次	发行日期	编写部门	备注
1	电梯安全管理办法	ZO-HR3-01	A/0	2019 年 9 月 1 日	行政部	
2	空压机安全操作管理办法	ZO-HR3-02	A/0	2019 年 9 月 1 日	行政部	
3	承包商安全卫生管理规定	ZO-HR3-03	A/0	2019 年 9 月 1 日	行政部	
4	员工职业健康及劳动保护管理规定	ZO-HR3-04	A/0	2019 年 9 月 1 日	行政部	
5	节约能源、资源管理规定	ZO-HR3-05	A/0	2019 年 9 月 1 日	行政部	
6	重要危险源评价方法及评价标准	ZO-HR3-06	A/0	2019 年 9 月 1 日	行政部	
7	火灾、触电、台风应急预案	ZO-HR3-07	A/0	2019 年 9 月 1 日	行政部	
8	交通事故应急预案	ZO-HR3-08	A/0	2019 年 9 月 1 日	行政部	
9	生产现场应急预案	ZO-HR3-09	A/0	2019 年 9 月 1 日	行政部	
10	食物中毒应急预案	ZO-HR3-10	A/0	2019 年 9 月 1 日	行政部	
11	传染病预防和控制管理规定	ZO-HR3-11	A/0	2019 年 9 月 1 日	行政部	
12	突发事件处理规定	ZO-HR3-12	A/0	2019 年 9 月 1 日	行政部	
13	员工健康管理规定	ZO-HR3-13	A/0	2019 年 9 月 1 日	行政部	
14	餐厅安全卫生管理规定	ZO-HR3-14	A/0	2019 年 9 月 1 日	行政部	
15	厨房安全卫生管理规定	ZO-HR3-15	A/0	2019 年 9 月 1 日	行政部	
16	电工房安全卫生管理规定	ZO-HR3-16	A/0	2019 年 9 月 1 日	行政部	
17	消防安全管理规定	ZO-HR3-17	A/0	2019 年 9 月 1 日	行政部	
18	宿舍安全卫生管理规定	ZO-HR3-18	A/0	2019 年 9 月 1 日	行政部	
19	员工安全行为规范	ZO-HR3-19	A/0	2019 年 9 月 1 日	行政部	
20	电动叉车管理规范	ZO-HR3-20	A/0	2019 年 9 月 1 日	行政部	
21	访客（门禁）管理规范	ZO-HR3-21	A/0	2019 年 9 月 1 日	行政部	
22	急救员培训管理规范	ZO-HR3-22	A/0	2019 年 9 月 1 日	行政部	
23	螺杆式空压机安全操作管理规范	ZO-HR3-23	A/0	2019 年 9 月 1 日	行政部	
24	劳动防护用品管理规范	ZO-HR3-24	A/0	2019 年 9 月 1 日	行政部	
25	绿化管理规范	ZO-HR3-25	A/0	2019 年 9 月 1 日	行政部	
26	灭四害管理规范	ZO-HR3-26	A/0	2019 年 9 月 1 日	行政部	
27	女职工保护管理规范	ZO-HR3-27	A/0	2019 年 9 月 1 日	行政部	
28	气焊（割）安全管理规范	ZO-HR3-28	A/0	2019 年 9 月 1 日	行政部	
29	人体工程学识别、评价控制程序	ZO-HR3-29	A/0	2019 年 9 月 1 日	行政部	
30	消毒柜操作管理规范	ZO-HR3-30	A/0	2019 年 9 月 1 日	行政部	

续表

NO.	程序名	文件编号	版本 / 版次	发行日期	编写部门	备注
31	血媒传播管理规范	ZO-HR3-31	A/0	2019 年 9 月 1 日	行政部	
32	压力容器安全管理规范	ZO-HR3-32	A/0	2019 年 9 月 1 日	行政部	
33	氩弧焊安全操作管理规范	ZO-HR3-33	A/0	2019 年 9 月 1 日	行政部	
34	饮用水卫生管理规范	ZO-HR3-34	A/0	2019 年 9 月 1 日	行政部	
35	紫外线消毒灯操作管理规范	ZO-HR3-35	A/0	2019 年 9 月 1 日	行政部	
36	作业梯使用安全管理规范	ZO-HR3-36	A/0	2019 年 9 月 1 日	行政部	
37	EHS 职责和组织架构	ZO-HR3-37	A/0	2019 年 9 月 1 日	行政部	
38	保安人员职责和权限	ZO-HR3-38	A/0	2019 年 9 月 1 日	行政部	
39	急救药箱管理制度	ZO-HR3-39	A/0	2019 年 9 月 1 日	行政部	
40	机器设备管理办法	ZO-PD3-01	A/0	2019 年 9 月 1 日	生产部	
41	危险物品管理办法	ZO-PMC3-01	A/0	2019 年 9 月 1 日	生管部	
42	危险化学品储存区安全管理办法	ZO-PMC3-02	A/0	2019 年 9 月 1 日	生管部	
43	有机溶剂使用标准	ZO-ED3-02	A/0	2019 年 9 月 1 日	工程部	
44	新材料、新制程、新设备管理办法	ZO-ED3-01	A/0	2019 年 9 月 1 日	工程部	
45	生产现场职业健康安全目标指标管理方案	ZO-GM3-01	A/0	2019 年 9 月 1 日	总经办	
46	办公区域职业健康安全目标指标管理方案	ZO-GM3-02	A/0	2019 年 9 月 1 日	总经办	

一、行政部相关管理规定

电梯安全管理办法

1. 目的

正确地使用电梯，防止因电梯操作不当致使人员伤害。

2. 范围

本公司使用的电梯。

3. 定义

无

4. 权责

行政部电工组：负责电梯的安装、操作和检修。

5. 内容

（1）电梯的设计安装应确保电梯的安全性（当电梯发生故障时，电梯的设计应配置自动报警系统且保留可供电梯工逃生的窗口，电梯在设计时即需设定乘载重量）。

（2）电梯设计安装完成后，应对电梯的环安影响进行评估，确保电梯在使用过程中不会发生意外且电梯的使用是可监控的。

（3）电梯操作人员在上岗前应具备操作技能并获取相关证明，若不具备或没有上岗证明，则须对操作人员进行适当地培训。培训合格后，获取上岗证明方可操作电梯，非操作人员不得操作电梯。此外，本公司电梯是用于乘载货物的，故除电梯操作人员外其他任何人员均不得乘坐电梯，行政部保安人员应随时监控，以预防电梯事故的发生。

（4）电梯应每日进行点检并将检查结果记录于电梯点检表中，新安装电梯在运行一段时间后应对电梯在第一阶段的运行状况进行分析，以及时发现电梯可能存在的隐患并及时预防，以确保电梯操作人员的安全。此后，每一个月对电梯进行一次重点维修，维修的过程需记录于《电梯维护履历表》中。

（5）当电梯操作出现意外时，电梯操作人员应第一时间按响警铃，并从逃生窗口及时逃离（逃生窗口确保 24 小时开通）。保安在接到报警后，立即通知电工组赶赴现场依《应急准备和响应控制程序》的要求进行救护。

6. 相关资料

《应急准备和响应控制程序》。

7. 附件

（1）《设备日常点检表》。
（2）《电梯维修履历表》。

空压机安全操作管理办法

1. 目的

为防止空压机对人员造成伤害。

2. 范围

全厂空压机。

3. 定义

无。

4. 权责

行政部 / 电工组：空压机的操作及维护。

5. 内容

（1）除去所有因安全维护而安装的维修附件及维修标志牌。

（2）盘车至少一圈，以确保无机械干涉。

（3）检查并确定所有安全保护装置处于合适的操作状态。

（4）空压机的最高允许运作环境温度为 40℃。

（5）空压机在移动前应对储气桶减压，开机前应将空压机摆放稳定，固定脚轮以防振动引起机器位移。

（6）所有的维护工作均应停车释放压力后进行，空压机曲轴箱至少应在停车 15 分钟后才能打开。

（7）维修空压机时应在启动装置上设一标志牌，其上注明“警告：正在检修，严禁开车”。同时，还应采取措施将空压机断路，以避免因疏忽或意外而启动空压机。

（8）空压机的安全阀每年至少校验一次，压力表应按计量部门规定的期限校验，制压阀、压力开关、电磁开关也应定期进行检查，以确保它们处于正常工作状态。

（9）所有防护罩、警告标志等安全防护装置应定期检查。

（10）空压机之储气桶应定期做耐压试验，检验周期每年一次。

（11）定期清洗空压机各部件时，任何情况下均不应用易挥发、易燃清洗剂或对人体有害的清洗剂来清洗。清洗完成后，所有部件应漂洗吹干。

（12）空压机在使用时会产生高强度的噪声，因此，检修人员在查看空压机运行情况时，必须配戴防噪声罩，且不可长时间停留；查看完毕后，应及时关闭空压机房的铁门，以减少噪声的扩散侵害。

6. 相关资料

《空气压缩机使用说明书》。

7. 附件

《设备日常点检表》。

承包商安全卫生管理规定

1. 目的

为遵守职业健康安全法令，防止职业灾害，并保障本公司同仁及承包商进行施工及特殊作业时的安全健康和维护设施安全，须事先做好安全措施，并提高作业时的危害意识，特制定本办法。

2. 范围

本公司自行施工项目的同仁及进入各区域工作的承包商。

3. 定义

（1）临时施工：因厂内突发或紧急状况，针对该状况进行相对应的设施抢修或移出。

（2）特殊作业：指职业健康安全法令规定的动火、吊挂、局限空间作业。

（3）夜间 / 假日施工：指公司规定除日常上班时间以外的施工，其时间包括：平日 18:30 至翌日 8:00、法定节假日。

（4）动火作业：指在含有可燃物或易燃物的区域内执行可能产生发火源的作业。

4. 权责

4.1　行政部

4.1.1　不定期安全巡检与承包商管理的督导与考核。

4.1.2　各种施工许可证的签核。

4.2　工程承办工程师

4.2.1　协助一般及临时性施工承包商入厂事宜。

4.2.2　承包商施工管理及督导。

4.2.3　施工期间若发生意外事故，本公司自行施作单位需自行提出书面意外事故调查报告，承办工程师则协助承包商提出。

5. 内容

5.1　施工申请

5.1.1　每次工程、业务合约或订单，承包商或公司自行施作同仁均先签署《承包商施工人员守则》(附件 7.1),再取得《施工许可证》(附件 7.2)后,始得施工。

5.1.2　承包商至少应于施工前三个工作日告知工程承办工程师,工程承办工程师要求承包商签署《承包商施工人员守则》并将正本交行政部存查后,再申请及取得《施工许可证》,并张贴于施工现场明显处,始得施工。

5.1.3　当工作期间中断七天以上,工作环境变更或承包商工作场所负责人更换时,承办单位须要求承包商重新申请。

5.2　特殊作业申请

5.2.1　承包商或自行施作同仁于施工期间有下列作业时,应取得特殊作业许可证后,始得进行该项作业:

(1)电焊、氩焊、乙炔切焊、自动氩焊、塑料熔焊等作业;或使用喷灯、砂轮、热风枪、瓦斯焊枪、切割装置、研磨时会产生高热现象及其他可能发生明火;或产生粉尘、烟雾等引发火警警报作业前,需取得《动火作业许可证》(附件 7.3)后,始得作业。

(2)动用固定式起重机、移动式起重机、人字臂起重杆、升降机、营建用提升机、吊笼、卷扬机、简易升降机等进行货物吊升搬运的作业或外墙清洗作业及其他须使用吊挂工具施工前,必须取得《吊挂作业许可证》(附 7.4)后,始得进行吊挂作业。

(3)进入水槽、化学槽等各式储槽内或风管、管沟、蓄水池或通风不良空间,须取得《局限空间作业许可证》(附件 7.5)后,始得进入该局限空间施工。

5.2.2　特殊作业许可证的申请及注意事项,规定如下:

(1)由承包商通知承办工程师或由自行施作同仁,于作业前三个工作日提出申请。

(2)许可证限当天许可时限内有效。超出许可时限,仍需作业者,承办人员须向原隔离单位申请展延,每次展延以 2 小时为限,展延申请仅限 1 次。

(3)连续多天动火,其动火作业 5 公尺范围内环境状况无变化时,经承办工程师、行政部、承包商现场工安管理人员及作业施工人员签署同意,得持同一许可单持续作业,其许可期限以当周(周一至周日)为限。须继续作业时,隔周必须依程序重新取得许可后施工。

(4)除以上状况外,其吊挂及局限空间作业申请限当天许可期限内有效,隔天需再实施作业时,需重新申请许可证。

(5)经签发许可的作业,其作业区域安全状况与审核当时若已明显改变或有安全顾虑时,本公司各级单位人员,均得要求该作业停止施工,该许可证自动失效。须重新取得许可证后,始得继续施工。

(6)未经取得许可前擅自施工,因而造成人员伤亡、财务损失者,概由承包商或自行施作同仁负完全责任。

(7)承包商或自行施作同仁经取得作业许可证后,应确实依照动火、吊挂、局限空间等作业安全注意事项施工,并避免一切可能引起火警、坠落、窒息及其他危及人员安全的事情发生。

(8)承办工程师需全程监督特殊作业过程。如有其他特殊原因而无法全程监督时,须有代理人在场监督。

（9）实施特殊作业结束后 30 分钟内，承办工程师或施作同仁需确认人员及环境安全无虞后，于特殊作业许可证上签名后留存备查，供行政部稽查，行政部亦会视情况不定期至现场稽查。

5.2.3 动火作业许可证的管理，规定如下：

（1）作业施工前，若认为有引发火警侦测器误动作的可能，施工负责人员持《动火作业许可证》向厂务消防系统负责人员或行政部申请隔离，由消防系统负责人员或值班人员负责隔离及复归动作。

（2）动火作业若须隔离，厂务消防系统负责人员或行政部隔离人员皆须于《动火作业许可证》上签名，不需隔离者，工程承办工程师须于申请单上叙述不需隔离的原因。

（3）个人防护：

动火作业人员应配戴适当的个人防护用具，如护目镜、安全带等。

（4）紧急处理：

① 动火作业期间遇有警报应立即停工，并视状况加以冷却动火处，未获警报解除前不得复工。

② 动火作业区域遇有易燃物泄漏或闻到易燃物的气味，则不论有无警报或主管指示，应主动立即停工，并通知主管处理

（5）动火结束后 30 分钟内，环境确认安全无虞后，承办工程师于动火作业的“作业完成确认”字段上签名，掷回隔离负责人，以作为复归的依据。

5.2.4 吊挂作业许可证的管理，规定如下：

（1）承包商的吊挂作业人员及起重机，需合格且具有有效期内的执照，始得进行吊挂作业。

（2）吊挂前厂商须先实施作业前检查，若有异常状况，应先行处理再行吊挂。

（3）须使用经检查合格的吊挂机具及吊索。

（4）起重机运作时，须指派另一人在场指挥，以及严禁闲杂人员进入。

（5）严禁人员站立或通过吊物下方，人员不得随吊具升降。

（6）须完成架设施工围篱或警示带，吊车之外伸撑座须完全张开及固定妥当。

（7）吊钩应有防脱舌片及距钢索 0.25 公尺以上，应设过卷预防装置 / 标志。

（8）运转中的吊车，驾驶者不得离座。

5.2.5 局限空间作业许可证的管理，规定如下：

（1）人员欲进入局限空间作业前，须完成包括确认 O_2 浓度大于 18%、可燃性气体浓度低于爆炸下限的 30%、H_2S 及 CH_4 浓度小于 10ppm、CO 浓度小于 35ppm，承包商需备有缺氧作业主管合格证及急救人员证照，有本公司现场监督人员在场监督。

（2）局限空间作业前应以送风机实施机械通风 30 分钟以上，并以氧气浓度测定器测定作业场所四周，确保 O_2 浓度大于 18%，人员方可进入该局限空间作业。

（3）局限空间作业场所作业应持续通风，直至作业完成方可撤离通风设备。

（4）进入局限空间内的电气机具，包括照明灯，其使用电压不得超过 24 伏特，且导线须

为耐磨损及有良好绝缘性，并不得有接头。

（5）进入局限空间内所使用的交流电焊机，应有自动电击防止装置，并增加每隔一小时测定氧气浓度一次以上。

（6）局限空间内从事溶剂相关作业（如油漆），严禁动火作业及防止火灾爆炸，作业者应配戴自给式空气呼吸器或正压式输气管面罩。

（7）局限空间半日以上作业时，下半日上工前仍需重新测定氧气及有害气体浓度。

5.2.6 夜间假日入厂作业申请：

（1）承包商或施工同仁若有夜间或假日施工，须于前三日提出申请，承包商则由承办工程师代为提出申请。

（2）夜间 / 假日入厂作业申请一次以一周为限，跨周时，则须再次提出申请。

（3）承包商或施工同仁假日入厂施工，须凭夜间 / 假日入厂作业申请方可入厂作业。

5.3 安全卫生及环保

承包商之报价内容均需包含所有安全卫生及环保费用。一经完成采购程序，不得以实施安全卫生及环保管理为由，要求本公司提高经费或自行停止施工。

5.4 机具、设备、安全防护器具

（1）承包商自备的机器、工具等设备，须符合有关法令的规定要求并依规实施自动检查且留下记录备查，如本公司相关单位查核发现不合规定者，停用并移离工作现场。

（2）承包商应遵照本公司承揽业务的规定，自备安全防护器具及必要的设施。

5.5 一般生活垃圾、事业废弃物的处理

（1）在新扩建区域，承包商因施工所产生的一般生活垃圾、事业废弃物应由各承包商依据协议规定办理。

（2）在生产运转区域，一般生活垃圾部分，各承包商并入本公司的废弃物分类处理；事业废弃物部分，应由各承包商自行委托合格清除 / 处理厂商清运，或经协议后另案处理。

5.6 可能发生的灾害或意外事故

对于各种可能发生的灾害或意外事故，承包商就拟订紧急应变计划引起之一切损失，人员伤害及触犯法令之刑责问题等，概由承包商负完全责任。若损及本公司或其他第三者的财物时，承包商应负责全额赔偿。

5.7 意外事故通报、处理、调查

5.7.1 工作场所闻有异味或有紧急意外事故，应远离工作区并通知承办人员、厂内紧急应变小组或行政部，并于允许范围内，做第一时间的紧急应变，并尽可能配合公司人员做必要可行的抢救。

5.7.2 承揽人员应了解施工作业区域四周的紧急避难路线与安全通道情况。

5.7.3 承揽人员应了解工作区四周的消防器材与急救箱的放置地点及使用方法。

5.7.4 发生意外事故须紧急疏散时，应遵从本公司人员指挥疏散。

5.7.5 承包商施工期间，发生任何意外事故（火灾、化学品泄漏等造成人员伤亡或影响

生产，应尽速告知各承办单位或行政部，有人员受伤请尽速联络医务室，并应于事故发生后三天内完成书面意外事故调查报告。意外事故调查期间承包商有义务配合执行调查，以便采取有效对策防止再发。

5.7.6　施工期间如有职业灾害或意外事故发生，归咎其原因为承揽人或再承揽人未做好安全防护措施所致，承揽人或再承揽人除同意负责一切事故之刑责与民事赔偿外，本公司有权要求承包商负责赔偿。

5.8　违反工安环保规定罚则

5.8.1　承包商违反本公司《承包商安全管理办法》及本办法之管理手册所列各项规定时，本公司将依据违规事实，予以适当处罚。因而造成本公司损失者，本公司有权要求承包商负责赔偿。

5.8.2　本公司员工皆有权对违反本公司安全卫生环保规定之承包商提出建议、规劝或通知承办单位及行政部处理。

5.8.3　再承包商遭本公司开立罚单时，一律由主承包商统筹于十日内至本公司财务部缴款，不得以任何理由推诿，逾期者自工程款中以双倍扣除。

6. 相关资料

无。

7. 附件

(1)《承包商施工人员守则》。
(2)《施工许可证》。
(3)《动火作业许可证》。
(4)《吊挂作业许可证》。
(5)《局限空间作业许可证》。
(6)《联络单》。

员工职业健康及劳动保护管理规定

1. 目的

为维护员工的合法权益，保障员工在工作过程中的健康与安全，不断提高职业健康安全绩效。

2. 适用范围

适用于员工职业健康及劳动保护工作的控制。

3. 职责

（1）各部门负责组织实施国家、地方、上级有关企业安全生产及员工职业健康、劳动保护工作的各项规定。

（2）行政部负责员工体检和女职工妇检，并建立职工健康档案。

4. 工作程序

4.1 职业健康及劳动保护基本要求

4.1.1 公司应根据“企业负责、行业管理、国家监察、群众监督”的国家安全生产管理体制和国家劳动保护法律、法规的有关规定，建立安全生产领导小组（成立安全工作委员会）。

4.1.2 公司及各部门根据国家、地方及有关规定建立工会组织。

4.1.3 各部门要依据公司职业健康安全管理方针、目标，并结合本部门实际情况制定出自己的目标及管理方案。

4.1.4 各部门可依据《人力资源控制程序》对员工进行职业健康安全知识的教育培训，使其认真履行各自岗位职责规定的职业健康安全责任。

4.1.5 各部门应接受各级安全监督人员的监督与检查，按照“安全第一、预防为主、群防群治”的原则对隐患进行整改、消除，减少风险的存在。

4.1.6 员工及其代表有权参与职业健康安全管理体系的各项活动，并享有以下权利：

（1）参与职业健康工作方针和程序的制定、实施和评审。

（2）参与影响作业场所人员职业安全健康的任何变化的讨论。

（3）参与有关职业安全健康的事务。

（4）员工可通过各种形式了解职业安全健康员工代表和职业安全健康管理者代表，并可在职业安全健康等方面与他们进行沟通和协商。

4.1.7　按《职业病防治法》要求，建立职工健康档案，并由公司行政部管理。

4.2　员工的健康体检

4.2.1　公司根据相关规定每年组织员工进行一次体检。

4.2.2　行政部对从事有毒有害作业及特种作业人员必须按相关规定，组织其到指定的医院进行职业病预防体检。

4.2.3　各部门根据国家、地方的有关规定及公司企业安全管理方针在公司范围内对可能引起职业病危害工种、作业场所加以监控，杜绝职业病的发生。

4.3　女工保护

4.3.1　切实做好女员工的“五期”（月经期、怀孕期、产假期、哺乳期、经县级以上医务部门确诊患更年期综合征）保护工作，严格贯彻劳动部颁发的《女员工禁忌劳动范围的规定》。

4.3.2　女员工怀孕，单位要根据女员工的具体情况核减其劳动定额，对怀孕7个月以上（含7个月）的女员工，应当根据情况在劳动时间内适当安排休息时间，不得安排从当日22时至次日6时之间的夜班劳动。怀孕女员工在劳动时间内进行产前检查，应算劳动时间。

4.3.3　女员工产假、哺乳，按《女员工保护规定》有关条款执行。

4.3.4　根据女员工的生理特点，每年为女员工进行一次体检。

4.4　生产现场作业控制

4.4.1　生产部必须对员工进行遵守劳动纪律的教育，使其在生产过程中坚持安全生产、文明生产，做到不伤害自己、不伤害他人也不被他人伤害。

4.4.2　应在生产中采取一切适当预防措施保证所有工作现场安全可靠，不存在可能危及员工职业健康安全的风险。

4.4.3　行政部在员工进入生产现场前必须按劳保用品管理规定发放劳动防护用品和用具，提醒员工正确使用和维护安全防护用品。

4.4.4　应为员工提供必要的工间休息设施，如更衣、卫生、盥洗设备。员工在生活卫生条件方面应受到必要的帮助并不断改善。

4.5　职业病预防的管理

4.5.1　粉尘的管理：作业人员要佩戴符合防尘要求的劳保用品，各部门不定期抽查劳保用品的使用情况。

4.5.2　有毒有害气体的管理：在作业过程中必须保持通风，防止吸入有毒有害气体。各部门安全检查人员在作业过程开始前负责检查落实通风情况，发现问题及时纠正，不具备通风条件禁止生产。

4.5.3　噪声的管理：在车间强噪声环境工作的作业人员，须佩戴耳塞以减轻噪声对身体的危害。

4.5.4　防暑降温的管理：高温季节为防止中暑，调整工作时间，避开高温时间段；对从事高温作业的人员，根据劳动强度的不同分别发放防暑降温药品，防止中暑现象发生。

4.5.5 劳动保护用品的管理：各部门负责按照劳动保护的有关规定向员工发放劳动保护用品，并每月对员工正确使用劳保用品的情况进行监督检查，发现问题及时纠正，并落实预防措施，防止发生意外事故。

4.5.6 劳动时间的管理：执行《劳动法》有关规定，员工因为工作需要而进行加班劳动时，各部门要加强加班期间的工作环境检查，观察员工的工作状态，防止员工过度疲劳，并必须按照《劳动法》的有关规定，及时足额发放加班工资。

4.5.7 劳动强度管理：各部门根据工作、岗位和个人能力安排员工适当的工作岗位，严格控制劳动强度，采取必要的安全保证措施，防止发生职业病和安全事故。

4.6 职业健康及劳动保护权利

员工应当享受到安全健康的劳动环境和条件，对于强令员工冒险作业的行为有权抵制、检举、揭发，以及向劳动保护监督检查委员会或上级有关部门控告。

5. 相关文件

无。

6. 记录

（1）《劳保用品发放记录》。

（2）《体检表》。

节约能源、资源管理规定

1. 目的

为科学合理地利用能源、资源，减少浪费现象。

2. 适用范围

各部门的能源、资源管理。

3. 定义或术语

无。

4. 职责

（1）行政部负责产品实现过程及日常管理过程中的节约能源、资源控制。

（2）职能部门负责日常管理过程中的节约能源、资源控制。

5. 工作程序

5.1　生产过程中的节约能源、资源

生产产品过程节能主要是控制生产电力消耗，节约生产用水、节约生产材料。根据编制的生产计划，依据实际消耗，由行政部填写《水电统计表》，行政部填写《办公用品领用登记表》实行限额使用，按月计量进行考核，并根据节能进展情况进行统计分析，对能源消耗进行记录。

5.1.1　节约用水控制：

5.1.1.1　根据产品特点，有市／区节水办下达的用水指标按相应指标制定用水年度指标，杜绝加价水费的发生，无用水指标的区域实行定额用量限额管理。

5.1.1.2　各部门在办公区、生产现场用水必须有专人负责管理，减少跑、冒、滴、漏的浪费现象。用水设施及器具，必须推广使用节水型装置。

5.1.2　节约用电控制：

5.1.2.1　行政部应明确专人负责按月进行电负荷计量记录。

5.1.2.2　生产现场用电指标按定额用电量限额使用。各用电场所的照明、动力负荷应使

用单独开关分别控制，做到人走机停、人走灯灭。

5.1.2.3 机电设备更新、用电设施增容必须考虑淘汰耗能高的产品，提倡使用节能新产品。

5.1.2.4 行政部切实加强安全与节约用电的检查工作，做好节电宣传教育。

5.1.3 节约材料控制：

5.1.3.1 加强现场管理，如加强对材料计量管理，减少缺损；材料合理码放，防止损坏；制定节奖超罚制度，杜绝浪费等。

5.1.3.2 采取材料节约措施。

5.1.3.3 采取技术节约措施。

5.2 日常管理过程中的节约能源、资源

日常管理过程中各部门应针对管理过程特点建立相应的节水、节电等措施。同时，针对其资源消耗特点确定相应的管理办法。

6. 相关文件

无。

7. 记录

（1）《水、电统计表》。

（2）《办公用品领用登记表》。

重要危险源评价方法及评价标准

1. 目的

为明确重要危险源评价方法及评价标准，以确保对风险控制的针对性和有效性。

2. 适用范围

本公司作业活动内的重要危险源。

3. 定义

危险性 = LEC

L——事故或危险事件发生的可能性。

E——暴露于危险环境的频率。

C——危险严重度。

4. 三个主要因素的评分方法

评分方法如下表：

（1）发生事故或危险事件的可能性 L 值：

分数值	事故或危险情况发生可能性
10	完全被预料到
6	相当可能
3	不经常，但可能
1	完全意外，极少可能
0.5	可以设想，但绝少可能
0.2	极不可能
0.1	实际上不可能

（2）暴露于潜在危险环境的频次 E 值：

分数值	出现于危险环境的情况
10	连续暴露于潜在危险环境
6	逐日在工作时间内暴露
3	每周一次或偶然地暴露

续表

分数值	出现于危险环境的情况
2	每月暴露一次
1	每年几次出现在潜在危险环境
0.5	非常罕见地暴露

（3）可能出现结果的分数值 C 值：

分数值	可能出现结果	
	经济损失 / 万元	伤亡人数
100	$X \geqslant 1000$	死亡 10 人以上
40	$500 \leqslant X < 1000$	死亡 3~10 人
15	$100 \leqslant X < 500$	死亡 1 人
7	$50 \leqslant X < 100$	多人中毒或重伤
3	$10 \leqslant X < 50$	至少 1 人致残
1	$1 \leqslant X < 10$	轻伤

5. 评价结果分类及控制要求

分数值	危险程度
$D > 320$	极其危险，不能继续作业
$160 \leqslant D < 320$	高度危险，需要立即整改
$70 \leqslant D < 160$	显著危险，需要整改
$20 \leqslant D < 70$	可能危险，需要注意
$D > 20$	稍有危险，可被接受

火灾、触电、台风应急预案

一、火灾应急预案

1. 目的

为对潜在的火灾事故做出应急响应，最大限度地减少火灾事故造成的损失，特制定本应急预案。

2. 应急人员组成

公司成立由总指挥、副总指挥和部门主管组成的应急领导小组。应急参与人员应在以总指挥为中心的应急领导小组的领导下开展应急抢救工作。

——总指挥

公司办公区发生火灾时，应以在现场的公司领导层中的一位为总指挥，按公司经理—副经理—行政部主管等顺序确定火灾总指挥。作业现场发生火灾时，应由生产部负责人中确定一位为总指挥。总指挥负责处理火灾事故的全面工作。

——副总指挥

负责协助总指挥处理火灾事故。办公区发生火灾时，副总指挥在公司中层领导中确定，按经理—行政部主管等顺序确定。作业现场发生火灾时，副总指挥按生产主管—作业班组长的顺序确定。副总指挥应服从总指挥的指挥。

——参加人员

发生火灾时，应视情况召集经培训或参加过预演的人员进行灭火，参加人员按公司义务消防员—公司所有在现场的部门负责人—公司所有男员工—公司所有员工的顺序逐步扩大灭火人员范围。生产现场发生火灾后所有生产人员都应参加。

3. 应急指挥地点

公司办公区发生火灾时，指挥地点视情况确定，一般在行政部。作业现场火灾事故应急指挥地点一般在作业现场的行政部。

4. 应急联系电话

办公区发生火灾时，应马上拨打公司领导电话，或行政部主管手提电话，由主管领导及时确定抢救措施及是否拨打 119 报警电话及 120 急救电话。生产现场发生火灾时，应马上致电生产经理，以确定是否打 119 报警。

5. 事故的性质及后果

（1）火灾事故发生后，应在最短的时间内确定火灾的性质，以确定以何种方式进行灭火。

（2）火灾事故发生后，应对事故的后果进行预测，以确定是否需要更多的外部援助或采取特别措施。

6. 应急所需设备

（1）公司办公区的应急设备包括：灭火器、消防栓、喷淋灭火器、救生绳、紧急通道、火警警报系统、急救箱、手提电话、固定电话等。

（2）生产现场的应急设备：灭火器、急救箱、备用沙包、手提电话、固定电话等。

7. 应急措施及步骤

（1）火灾事故发生后，现场人员应迅速将信息传递给行政部，同时采取适当措施以防事故扩大，总指挥立即组织开展应急工作并通知公司应急领导小组。

（2）当需要外部援救时，应在总指挥统一指挥下，立即通知当地应急机构（消防、医院等），联系时必须讲明事故地点、严重程度、单位电话号码等详细情况，并派人接应。

（3）当需要外部援助时，总指挥应统一协调指挥。

（4）进行应急抢险过程中，应以保护人员人身安全和财产免遭损失为第一要务。

8. 应急后预案的评估

紧急情况发生后，行政部或生产部应对火灾事故应急预案进行评审，对预案中存在的不足之处及时予以补充完善。

二、触电应急预案

1. 目的

为对潜在的触电事故做出应急响应，最大限度地减少触电事故造成的损失，特制定本应急预案。

2. 应急人员组成

公司成立由总指挥、副总指挥和部门主管组成的应急领导小组。应急参与人员应在以总指挥为中心的应急领导小组的领导下开展应急抢救工作。

——总指挥

作业现场发生触电事故后，应由项目负责人中确定一位为总指挥，按在现场的分管项目的经理—作业班组长顺序确定总指挥。总指挥负责处理触电事故的全面工作。

——副总指挥

作业现场发生触电事故时应确定一名副总指挥，按班组长—作业员的顺序确定。副总指挥应服从总指挥的指挥。

——参加人员

发生触电事故时，应视情况召集经培训或参加过预演的人员进行抢救。必要时，安排生产现场其他生产人员参加。

3. 应急指挥地点

作业现场触电事故应急指挥地点一般在作业现场的行政部。

4. 应急联系电话

作业现场发生触电事故时应马上致电作业现场经理，以确定是否拨打 119 报警。为确保应急工作所需人员和资源能迅速、及时到位，应建立应急人员或机构通信录，以备所用。

5. 事故的原因及后果

（1）触电事故发生后，应在最短的时间内确定触电的原因，以便及时切断相关电源和采取相应措施。

（2）触电事故发生后，应对事故的后果进行预测，以便确定是否需要更多的外部援助或采取特别措施。

6. 应急所需设备

生产现场的应急设备包括：绝缘手套、绝缘鞋、绝缘棒、急救箱、应急灯、对讲机、固定电话等。

7. 应急措施步骤及注意事项

（1）触电事故发生后，现场人员应迅速使触电者脱离电源，把触电者接触的那一部分带电设备的开关、刀闸或其他设备断开，或设法将触电者与带电设备脱离。

（2）现场人员应及时将信息传递给现场最高负责人，并立即通知应急领导小组成员。

（3）应急设备管理人员应以最快速度将应急设备提供给应急人员。

（4）触电者脱离电源后，如神志清醒者，应使其就地平躺，严密观察，暂时不要让其站立或走动。

（5）触电者如神志不清，应就地仰面平躺，且确保其气道畅通，并用 5 秒钟的时间，呼叫伤员或轻拍其肩部，以判定伤员是否意识丧失。禁止摇动伤员头部并呼叫伤员。

（6）触电伤员如呼吸和心跳均停止时，应立即就地坚持抢救，并设法联系医疗部门以接替救治。

（7）抢救过程中，可能时，用塑料袋装入砸碎的冰屑做成帽状包绕在伤员头部，露出眼睛，使脑部温度降低，以争取心肺脑完全复苏。

（8）医疗部门接替救治之前，可能情况下应就地按心肺复苏法（通畅气道—口对口或对鼻进行人工呼吸—胸外按压）及时进行抢救。

（9）当联系医疗机构时，应讲明触电伤员所在地点、严重程度、单位电话号码等详细情况，并派人接应。

（10）当需要外部援助时，总指挥应统一协调指挥。

8. 应急后预案的评估

触电事故发生或预演过后，行政部 / 生产部应对触电事故应急预案进行评审，对预案中存在的不足之处及时予以补充改进。

三、台风应急预案

1. 目的

为对台风做出应急响应，最大限度地减少台风造成的损失，特制定本应急预案。

2. 应急人员组成

公司成立由总指挥、副总指挥和部门主管组成的应急领导小组。应急参与人员应在以总指挥为中心的应急领导小组的领导下开展应急抢救工作。

——总指挥

作业现场台风来临前，应由作业现场负责人中确定一位为总指挥，按在现场的分管领导—班组长的顺序确定总指挥。总指挥负责处理防台风的全面工作。

——副总指挥

作业现场台风来临前，应确定一名副总指挥，按现场分管领导—班组长的顺序确定。副总指挥应服从总指挥的指挥。

——参加人员

防台风时，应视情况召集经培训或参加过预演的人员进行抢救。必要时，安排其他人员参加。

3. 应急指挥地点

生产现场防台风应急指挥地点一般在作业现场的生产部。

4. 应急联系电话

为确保防台风应急工作所需人员和资源能迅速、及时到位，应建立应急人员或机构通信录，以备所用（见附页）。

5. 事故的后果分析

台风来临前，应根据气象部门发布的台风警报对事故的后果进行预测，以便确定是否需要更多的外部援助或采取特别措施。

6. 应急所需设备

生产现场的应急设备包括：水靴、雨衣、防雨罩、绝缘靴、绝缘手套、水泵、应急灯、对讲机、固定电话等。

7. 应急措施步骤及注意事项

（1）通过电视或电台发布的台风预报，或通过查询“121 声讯台”，及时掌握台风发展的动态。

（2）根据台风动态，当风力增大到五级以上时，禁止露天进行焊接或气割；当风力增大到六级以上时，应停止露天高处作业。

（3）台风到来前，应对大型机械起重设备、电气设备、现场临时设施、脚手架等进行一次全面的安全性检查，对可能存在的安全事故隐患及时予以整改。

（4）根据台风预报情况，并结合现场实际，在可能或必要的情况下，将价值高、危险性大的物品或设施转移至相对安全的地方。

（5）应急设备管理人员应在台风来临前将应急设备提供给应急抢救人员。

（6）现场值班人员应根据台风造成的破坏程度，随时与应急领导小组联系，以便应急人员能及时采取相应措施进行抢救。

（7）当出现紧急情况需要与当地有关机构联系并请求其支援时，应讲明地点、严重程度、单位电话号码等详细情况，并派人接应。

（8）当需要外部援助时，总指挥应统一协调指挥。

8. 应急后预案的评估

台风发生或预演过后，生产部应对防台风应急预案进行评审，对预案中存在的不足之处及时予以补充改进。

9. 附件，紧急情况联系方式

火警：119

急救：120

匪警：110

当地派出所：××××××

当地村委会：××××××

紧急情况公司联络人：×××、×××

交通事故应急预案

1. 目的

为对潜在的交通事故做出应急响应，最大限度地减少交通事故造成的损失，特制定本应急预案。

2. 应急人员组成

公司成立由总指挥、副总指挥和部门经理组成的应急领导小组。应急参与人员应在以总指挥为中心的应急领导小组的领导下开展应急抢救工作。

——总指挥

公司部门所属的车辆发生交通事故后，应由在公司办公的领导层中的一位为总指挥，按公司总经理—副总经理的顺序确定交通总指挥。总指挥负责处理交通事故的全面工作。

——副总指挥

负责协助总指挥处理交通事故。副总指挥在公司中层领导中确定，按行政部经理—生产部经理的顺序确定。副总指挥应服从总指挥的指挥。

——参加人员

发生交通事故时，应视情况召集急救人员进行抢救。

3. 应急指挥地点

公司部门所属车辆发生交通事故时，指挥地点视情况确定，一般在行政部。

4. 应急联系电话

公司所属车辆发生交通事故时，应马上拨打行政部办公电话，或行政部经理手机，或直接向总经理汇报，以及确定是否拨打 122 报警电话及 120 急救电话。

5. 事故的性质及后果

（1）交通事故发生后，应在最短的时间内确定交通事故的性质，以及应以何种方式进行急救。

（2）交通事故发生后，应对事故的后果进行预测，以便确定是否需要更多的外部援助或采取特别措施。

6. 应急所需设备

应急设备包括：汽车、急救箱、手提电话、固定电话等。

7. 应急措施及步骤

（1）交通事故发生后，现场人员应迅速将信息传递给行政部，同时采取适当措施以防事故扩大，总指挥立即组织开展应急工作并通知公司应急领导小组。

（2）当需要外部援救时，应在总指挥统一指挥下，立即通知当地应急机构（交警、医院等），联系时必须讲明事故地点、严重程度、单位电话号码等详细情况，并派人接应。

（3）当需要外部援助时，总指挥应统一协调指挥。

8. 应急后预案的评估

紧急情况发生后，行政部应对交通事故应急预案进行评审，对预案中存在的不足之处及时予以完善和修正。

生产现场应急预案

目　录

1. 安全生产事故应急救援领导小组名单

组长：
副组长：
组员：各班组长

2. 应急通信联络电话表

火警：119
急救：120

3. 应急行动程序

如发生重大安全事故后，各单位应采取以下的应急行动：

（1）最先发现者应立即向本单位的负责人报告事故。

（2）负责人知道事故后，应立即赶到事故地点并拨打 120 进行抢救伤员。

（3）需要的时候还应拨打 110 或公安部门的电话，如是火警应拨打 119 进行灭火。

（4）立即通知公司领导人和有关部门，公司领导人和有关部门的人员在接到通知后，应在第一时间赶到现场。

（5）保护现场，对事故现场的任何物件都要保持原样，不得破坏、挪动及冲洗等。

（6）进行现场拍照或摄影，作为调查证据。

（7）通知安全监督管理局和安全监察站，进行事故通报。

（8）采取一切有效措施，防止事故扩大，减少人员伤亡和财产损失，将事故损害降低到最小程度。

4. 事故预防措施和应急预案

根据《中华人民共和国安全生产法》及其他法律、法规的要求，我公司为了加强安全生产监督管理，防止和减少生产安全事故，保障员工生命和财产安全，当发生事故时，能够采取正确的应急措施和对策，阻止事故的扩大和蔓延，最大限度地减少人员伤亡和财产损失，特制定事故应急预案。

4.1　火灾事故预防及应急措施

4.1.1　预防措施：

我公司为了预防火灾事故的发生，成立了防火领导小组和义务消防人员，并在火灾易发生地生活区、生产区按国家规定配备了灭火器材和消防水管，在明显的位置张贴火警电话号码及救护电话号码，同时进行消防演习并做记录。

4.1.2　应急措施：

（1）工作区域万一发生火灾，火灾发现人应立即示警通知工作区域负责人，并立即使用办公现场配备的消防器材扑灭初起之火，项目部消防负责人接到报警后，要立即组织义务消防员进行灭火，并安排人员疏散，转移贵重财物到安全地方，拨打119电话报警，同时通知公司领导和有关部门。

（2）灭火时要根据燃烧物的特点，正确使用消防器材。

① 如发生木材等燃烧物的火灾时，用水或泡沫灭火剂或干粉灭火剂（ABC型）直接喷射在燃烧的物体上进行灭火。

② 如遇电器设备火灾，应立即关闭电源，用窒息灭火法，如二氧化碳灭火器、干粉灭火剂（ABC型或BC型）等，直接喷射在燃烧的物体上，阻止其与空气接触，达到灭火效果。

③ 如遇油类火灾，用泡沫灭火剂或干粉灭火剂和二氧化碳灭火器等，直接喷射在燃烧的物体上，阻止与空气接触，达到灭火效果，严禁用水扑救。

④ 如遇贵重仪器设备、档案、文件着火，可用窒息灭火方法，用二氧化碳等气体灭火器直接喷射在燃烧物上，或用衣服、干麻袋等覆盖，中断燃烧，达到灭火的效果，严禁用水、泡沫灭火器、干粉灭火器等进行扑救。

4.2　触电事故预防及应急措施

工作区域容易发生触电事故的重点部位是总配电房、配电箱、操作箱、各种用电设备及接入的临时用电等。

4.2.1　预防措施：

为了防止触电事故的发生，工作区域临时用电应严格按照《工作区域临时用电安全技术规范》规定，采用TN—S系统，配电线路按三相五线制布线，三级漏电保护措施（即总配电箱—配电箱—分路开关箱）。所有的布线和维修由各项目部派专职电工负责，并在显眼处公布报警电话号码及救护电话号码，以防止触电事故的发生。

4.2.2　应急措施：

（1）当员工发生触电事故时，发现人应立即切断电源。如来不及切断电源，应用绝缘体（干竹或干木等物）拨开电线、电器，使其与触电者分离。

（2）将触电的员工抬去安全的地方，立即进行口对口人工呼吸。

（3）对心跳停止的触电者，进行胸外心脏按摩。

（4）立即送医院抢救，救护电话：120。

4.3　中毒事故预防及应急措施

工作区域容易发生中毒的部位主要是生产现场。

4.3.1　预防措施：

（1）为防止员工中毒，保证员工的身体健康及生命安全，有毒化学品等应有专人在专门区域负责保管，并有明显的警示标识。

（2）当需要使用有刺激性气味的化学品时，应注意现场的通风透气，以防止气体中毒。

4.3.2　应急措施：

当员工发生中毒时，要根据不同的中毒原因，采取不同的措施进行抢救。

（1）如中毒员工是从呼吸道吸入有害气体的，救人者切不能轻举妄动，首先要保证事故现场的通风，用气体探测仪探测，确认事故现场没有危险时，才去救人。如无法确定事故现场是否安全，应立即拨打 119 电话报警并接应，同时要疏导人员，围闭封锁事故现场。

（2）如员工是通过皮肤吸入而中毒的，要立即将中毒者转移到安全地方，脱去衣服，用大量的水冲洗皮肤。如中毒物污染眼睛，立即用清水冲洗，至少冲洗五分钟。

（3）如中毒员工是从口摄入的，用舌压板或汤匙等刺激喉咙催吐，然后立即送医院抢救或拨打 120 救护电话。

4.4　中暑事故预防及应急措施

夏天户外作业时，容易引起中暑。

4.4.1　预防措施：

（1）认真听取天气预报，提前做好防中暑工作。

（2）做好茶水、绿豆汤等防中暑药物的发放工作。

4.4.2　应急措施：

（1）当员工发生中暑时，要立即将中暑员工撤离高温环境，在阴凉处休息，并服含盐冷饮。

（2）在头部、腿部、腹股沟处放置冰袋，同时以冷水擦洗全身。

（3）立即送医院抢救，并报公司有关部门。

4.5　高处坠落事故预防及应急措施

工作区域容易引起高处坠落的主要有清洁楼梯、外墙、门窗等高空作业部位。

4.5.1　预防措施：

（1）正确使用个人防护用品，包括工作鞋等。

（2）按照有关规定做好相应的防护工作。

4.5.2　应急措施：

高处坠落事故发生时，工作区域负责人应马上组织抢救伤者，首先要观察伤者的受伤情况、部位、伤害性质，然后采取相应的急救措施。

（1）如伤者处于休克状态，要让其安静、保暖、平卧、少动，并将下肢抬高 20 度左右。应立即了解伤者的受伤情况、部位、伤害性质，如有需要，应立即进行人工呼吸、胸外心脏按压等措施。

（2）出现颅伤，必须维持呼吸畅通。昏迷者应平卧，面部转向一侧，以防舌根下坠或分泌物、呕吐物吸入，发生喉阻塞。

（3）有骨折者，应初步固定后再搬运。遇有凹陷骨折、严重的颅底骨折及严重的脑损伤症状出现，创伤处用消毒纱布或清洁布等覆盖伤口，用绷带或布包扎后，及时送就近的大医院治疗。

（4）发现脊椎受伤者，应及时在创伤处用消毒清洁布等覆盖伤口，用绷带或布条包扎好。

搬运时，将伤者平卧在帆布担架或硬板上，以免受伤的脊椎移位、断裂造成截瘫，导致死亡。抢救脊椎受伤者，搬运过程严禁只抬伤者的两肩与两腿或单肩背运。

（5）发现伤者手足骨折，不要盲目搬运伤者，应在骨折部位，用夹板把受伤位置临时固定，使断端不再移位或刺伤肌肉、神经或血管。

（6）遇有创伤性出血的伤员，应迅速包扎止血，使伤者保持在头低脚高的卧位，并注意保暖。

（7）对伤者做简单抢救后，都应动用最快的交通工具或其他措施，及时把伤者送往就近医院抢救。

4.6　物体打击事故预防及应急措施

工作区域容易引起物体打击的部位是通道口、有施工的楼下、高空抛物等。

4.6.1　预防措施：

（1）正确使用个人防护用品，作业前需观察高空环境。

（2）按照有关规定做好相应的防护工作。

（3）尽量不采用上下交叉作业，特殊原因确需上下交叉作业时，应做好防护工作。

4.6.2　应急措施：

当发生物体打击事故时，抢救的重点应放在对颅脑损伤、胸部骨折和创伤性出血的处理。

（1）发生物体打击事故时，应马上组织抢救伤者，首先观察伤者的受伤情况、伤害性质，如伤者处于休克状态，要让其安静、保暖、平卧、少动，并将下肢抬高 20 度左右。遇伤者呼吸心跳停止者，应根据伤者的受伤情况、部位、伤害性质，立即进行人工呼吸、胸外心脏按压。

（2）出现颅脑损伤，必须维持呼吸道畅通。昏迷者应平卧，面部转向一侧，以防舌根下坠或分泌物、呕吐物吸入，发生喉阻塞。有骨折者，应初步固定后再搬运。遇有凹陷骨折、严重的颅底骨折及严重的脑损伤症状出现，创伤处用消毒纱布或清洁布等覆盖伤口，用绷带或布包扎后，及时送就近的大医院治疗。

4.7　有毒有害废弃物排放的预防及应急措施

有毒有害废弃物主要指有害药品及包装物等。

4.7.1　预防措施：

工作区域废弃有害药品及包装物等有毒有害物较多时，如果处理不当，会对环境造成污染，必须引起我们的高度重视。

（1）有毒有害废弃包装袋和容器的排放必须严格按照《中华人民共和国固体废弃物污染环境防治法》的规定执行。

（2）设立可回收、不可回收、有毒有害分类垃圾桶，有毒有害废弃物必须放在有毒有害垃圾桶内。

（3）禁止员工乱倒、乱抛有毒废弃物，禁止露天存放。

（4）数量较多的有毒有害废弃物，应委托专门回收单位或生产厂家回收处理。

4.7.2　应急措施：

当有毒有害废弃物污染环境时，应采取如下措施，防止污染蔓延。

（1）污染事故发生时，项目现场负责人应组织有关人员，根据不同的污染物，采取相应的措施，消除污染源。

（2）污染事故无法控制，可能会造成严重后果时，项目负责人应划出警戒范围，不准无关人员进入并立即拨打 119 电话报警并接应。

（3）事故造成人员伤害的，马上抢救伤员，送伤员到医院救治。

4.8　污水排放的预防及应急措施

现场产生污水的因素很多，如清洁污水、洗工具的废水和生活用水等。

4.8.1　预防措施：

因清洁污水排放较多，因此应做好污水排放工作，最大限度地减少对环境的污染和市民生活的影响。

（1）工作区域要有节约用水措施。

（2）严禁长流水。

（3）经常教育员工节约用水。

（4）生产用水要循环使用。

（5）工作区域的污水不得直接排放到市政管网，应挖排水沟及设置冲洗池，经过过滤沉淀后，方准排放。

（6）经常清疏下水道，防止泥沙堵塞管网，造成污水横流，污染环境。

4.8.2　应急措施：

（1）如下水道堵塞，污水污染环境，影响市民生活，生产负责人应马上下令暂停用水，并组织人员清理。

（2）查明造成污染的原因，迅速整改隐患。

4.9　突发性公共卫生事件的预防及应急措施

4.9.1　出现突发性公共卫生事件和流行病，如“非典型肺炎”“禽流感”等，人力资源部应临时成立事件领导小组。

4.9.2　按照上级领导要求进行突发性公共卫生事件和流行病的防治工作。

4.9.3　对非传染性疾病的病人，应快速治疗，对食物中毒等病例，要立即送医院诊治，并向“卫生部门”送检食物样品，对未发病的就餐人员要进行监控和调查，保证病人及时得到医治。

4.9.4　对卫生间等公共场所要定期或不定期地进行清洁消毒。

4.9.5　发生“突发事件”要立即向领导和有关部门报告，并采取有效措施防止事件扩大和蔓延。

4.9.6　积极开展爱国卫生运动，加强生产现场环境卫生管理，厕所保持清洁卫生，下水道保持通畅，垃圾及时清理。

4.9.7　合理安排生产，避免工人过度劳累，员工应加强体育锻炼，增强免疫力，出现发烧、头痛、咳嗽及喉咙痛等病症时及时就医，出现疑似、确诊禽流感病例及时上报。

4.9.8　加强生产现场日常消毒工作，可采用烧碱、醛类、氧化剂类消毒剂药物消毒或高温消毒、紫外线消毒；

4.9.9　对清洁工按地区分类登记，掌握工人健康状况和流动情况。

4.10　交通事故应急预案

4.10.1　目的：

为对潜在的交通事故做出应急响应，最大限度地减少交通事故造成的损失，特制定本应急预案。

4.10.2　应急人员组成：

公司成立由总指挥、副总指挥和部门经理组成的应急领导小组。应急参与人员应在以总指挥为中心的应急领导小组的领导下开展应急抢救工作。

——总指挥

公司部门所属的车辆发生交通事故后，应由在公司办公的领导层中的一位为总指挥，按公司总经理—副总经理的顺序确定交通总指挥。总指挥负责处理交通事故的全面工作。

——副总指挥

负责协助总指挥处理交通事故。副总指挥在公司中层领导中确定，按行政部经理—生产部经理的顺序确定。副总指挥应服从总指挥的指挥。

——参加人员

发生交通事故时，应视情况召集急救人员进行抢救。

4.10.3　应急指挥地点：

公司机关所属车辆发生交通事故时，指挥地点视情况确定，一般在办公室。

4.10.4　应急联系电话：

公司所属车辆发生交通事故时，应马上打行政部办公电话，或行政部经理手机，或直接向总经理汇报，以及确定是否打 122 报警以及 120 急救。

4.10.5　事故的性质及后果：

（1）交通事故发生后，应在最短的时间内确定交通事故的性质，以确定以何种方式进行急救。

（2）交通事故发生后，应对事故的后果进行预测，以便确定是否需要更多的外部援助或采取特别措施。

4.10.6　应急所需设备：

应急设备包括：汽车、急救箱、手提电话、固定电话等。

4.10.7　应急措施及步骤：

（1）交通事故发生后，现场人员应迅速将信息传递给行政部，同时采取适当措施以防事故扩大，总指挥立即组织开展应急工作并通知公司应急领导小组。

（2）当需要外部援救时，应在总指挥的统一指挥下，立即通知当地应急机构（交警、医院等），联系时必须讲明事故地点、严重程度、单位电话号码等详细情况，并派人接应。

（3）当需要外部援助时，总指挥应统一协调指挥。

（4）进行应急抢险过程中，应以保护人员人身安全和财产免遭损失为第一要务。

4.10.8　应急后预案的评估：

紧急情况发生后，行政部应对交通事故应急预案进行评审，对预案中存在的不足之处及时予以完善和修正。

4.11　应急器材清单

4.11.1　消防器材：

消防器材包括：消防灭火器 、消防铁锹 、消防水带 、消防水桶、消防上楼水管。

4.11.2　防触电器材：

防触电器材包括：绝缘鞋、绝缘手套。

4.11.3　防高处坠落、防物体打击器材：

防高处坠落、防物体打击器材包括：安全帽、安全带、安全网。

4.11.4　防中毒器材：

防中毒器材包括：防毒面罩、抽风机。

4.11.5　药物：

药物包括：各种急救药品、氧气袋。

4.11.6　相关电话：

火警电话：119。

急救电话：120。

附：节假日、自然灾害、突发事件、重大活动及环境卫生事件的应急预案

为处理好特殊或突发情况（即节假日、自然灾害、突发事件、重大活动及环境卫生事件的应急预案）的有效应付，并有序地开展工作，我公司有如下应急工作预案。

应急工作预案：为进一步控制和遏制在作业活动过程中发生的事故态势，减少事故造成的人员伤亡和财产损失，制定纠正预防措施，防止事故重复发生，特制定本预案。

1. 本项目应急预案领导工作小组

（1）领导小组：

组长：

副组长：

组员：各生产经理或主管

领导小组下设各项目组，主要负责策划、组织、领导应急预案工作。各班组要结合本应急预案的要求，有效应对各种突发事件及做好各项应急救援工作。

（2）主要职责：

及时准确地掌握区域的应急动态，提出预防突发事件的对策和措施。在领导的指挥下，积极做好突发事件的应急处置工作；与有关部门密切配合，保证各项应急工作高效、有序地进行。一旦发生突发事件，由小组牵头应急指挥，采取措施。

2. 工作的原则

（1）分级管理，各负其责，领导小组要指导各班组开展工作，各班组要根据各自的工作范围做好安全管理工作。

（2）对可能发生的安全事故要做到早发现、早报告、早控制、早处理。

（3）对发生的安全事故要做出快速反应，及时启动本应急预案。

3. 工作范围

（1）项目组、清运车辆及项目服务范围等发生火灾或其他安全事故时。

（2）清运工作人员在作业时发生安全事故。

（3）在项目范围出现意外安全事故时。

（4）因自然灾害（如台风、暴雨、雷电等）而引发安全事故时。

4. 保障措施

（1）项目的应急分队由 3 人组成。

（2）各班组分别成立安全工作应急分队。

（3）各应急分队要配备应急抢险车辆及其他抢险用具。

（4）各应急分队要指定应急集结地点。

5. 突发事件应急处理流程

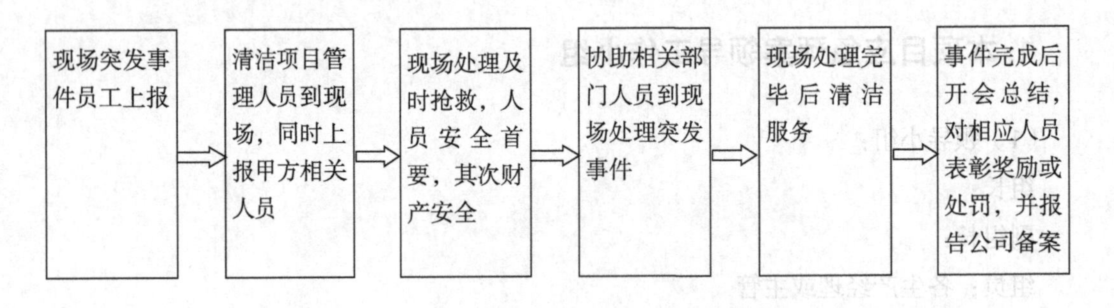

6. 工作要求

（1）发生火灾或其他安全事故时，在确保现场人员生命安全的前提下，要按照消防及有关事故的规定进行处理，及时疏散人群并积极组织救援工作。一线作业人员、巡查人员等在日常工作中发生施工或交通意外等情况时，要及时向本班组应急分队通报。若遇人员受伤，应及时报警并积极组织抢救。

（2）出现非法集会、聚众斗殴或游客拥挤时，要及时疏散聚集、拥挤的人群，并报警处理，有人员受伤时要报 120 救护中心。

（3）发生自然灾害时，各应急分队要听从项目安全应急工作领导小组的统一指挥，及时投入防洪抢险工作。若遇雷雨、台风、暴雨等天气，项目安全应急工作领导小组要及时通知各班组，立即采取预防措施，防止意外事故的发生。发生意外灾害时，积极组织各相关单位做好抢救工作，并且及时报警，协助各班组组织人员紧急疏散，把灾害的损失降到最低。加强值班制度，随时与项目安全应急工作领导小组保持联系，发生紧急状况时，及时向项目安全应急工作领导小组汇报，并做好善后工作。

（4）清运车辆出现故障需要及时抢修时，现场应按有关安全施工规定，做好安全措施，确保施工人员安全和交通畅顺。清洁车辆在服务实际需求数量上都有相应的 1 辆备用车辆。

（5）在清洁作业出现安全事故时，应急分队要协助有关单位严格保护现场，并迅速采取必要措施，抢救人员及财产。

（6）清运车辆在运输垃圾过程中出现交通事故时，项目安全应急分队要协助交警及时疏散人群，保护现场，迅速采取应急措施，并听从现场领导的指挥，开展切实有效的应急救援工作。

7. 应急措施要点

（1）应急期间，公司全体管理人员的手机保持 24 小时畅通。

（2）应急相应人员要求 20 分钟到现场。

（3）成立由 10 人组成的应急小队，从本公司邻近的项目部应急队伍中抽调人员。各生产部的主管均兼任组长（4 位组长）。

（4）10 人应急小队，按每次应急的具体情况，分别分配到指挥部下设的三个专业组，由指挥长、副指挥长分别带队开展应急工作。

（5）公司能调出的车辆和工具，如客车、货车及私家车，都要由指挥部统一调配，协助做好应急工作。

（6）每次应急行动中，公司临时聘用专职医疗人员，带上药品，参与应急行动，救护应急行动中的受伤人员。

8. 常用应急公共电话

匪警：110。

火警：119。

急救中心：120。

供电局：95598。

道路交通事故报警：122。

环保局监督电话：12369。

食物中毒应急预案

1. 目的

为对潜在的食物中毒事故做出应急响应，最大限度地减少食物中毒事故造成的损失，特制定本应急预案。

2. 人员安排

——总指挥

公司办公区发生食物中毒事故后，应由在现场的公司领导层中的一位为总指挥，按公司总经理—副总经理—办公室主管顺序确定食物中毒事故总指挥。作业现场发生食物中毒事故后，生产主管确定为总指挥。总指挥负责处理食物中毒事故的全面工作。

——副总指挥

处理公司办公区食物中毒事故时应在现场确定一名副总指挥，协助总指挥处理事故。副总指挥在公司中层领导中确定，一般由副总或办公室主管担任。作业现场发生食物中毒事故时应确定一名副总指挥，按作业现场班组长—作业员的顺序确定。副总指挥应服从总指挥的指挥。

——参加人员

发生食物中毒事故时，应视情况召集急救人员进行抢救。

3. 应急指挥地点

公司办公区发生食物中毒事故时，指挥地点视情况确定，一般在办公室或生产现场。作业现场食物中毒事故应急指挥地点一般在作业现场办公室。

4. 应急联系电话

办公区发生食物中毒事故时，应马上拨打办公室电话，或人事资源部经理手提电话，由办公室人员汇报总经理，以及确定是否拨打 120 急救电话。作业现场发生食物中毒事故时应马上致电生产负责人，以确定是否打 120 急救电话。

5. 事故的性质及后果

（1）食物中毒事故发生后，应在最短的时间内确定食物中毒的性质，以确定应以何种方式进行抢救。

（2）食物中毒事故发生后，应对事故的后果有预测，以便确定是否需要外部援助和制定急救方案。

6. 应急所需设备

（1）公司办公区的应急设备包括：汽车、急救箱、手提电话、固定电话。

（2）生产现场的应急设备包括：汽车、急救箱、手提电话、固定电话。

7. 应急措施及步骤

（1）公司办公区食物中毒事故发生时，现场人员应迅速将信息传递给人力资源部，同时采取适当措施控制事故加深加重；作业现场食物中毒事故发生时，现场人员应迅速将信息传递给生产部，同时采取适当措施控制事故加深加重；总指挥立即组织应急工作并通知公司应急领导小组。

（2）当需要外部援救时，在总指挥统一指挥下，立即通知当地应急机构（急救、医院等），联系时必须讲明事故地点、严重程度、单位电话号码等详细情况，并派人接应。

（3）当需要公司内部援助时，总指挥应统一协调指挥。

（4）现场总指挥应视情况启动应急资金。

8. 应急后预案的评估

经过紧急情况后，人力资源部对食物中毒事故应急预案进行评审，对方案中存在的不足之处及时予以补充完善。

传染病预防和控制管理规定

1. 目的

为预防、控制和消除传染病的发生与流行，保障员工身体健康。

2. 适用范围

适用于公司员工、办公区、生活场所和管理处管辖区域。

3. 职责

（1）行政部负责公司本部员工、办公区、生活场所的传染病预防和控制管理。

（2）各生产部负责本部门员工、管辖区域的传染病预防和控制管理。

（3）行政部负责对传染病预防控制的监督管理和检查。

4. 工作程序

4.1 传染病分类

按《传染病防治法》和卫生部有关规定，常见传染病分为三类 37 种。

4.1.1 甲类：鼠疫、霍乱。

4.1.2 乙类：病毒性肝炎、细菌性和阿米巴性痢疾、伤寒和副伤寒、疟疾、艾滋病和非典型肺炎、禽流感等 24 种。

4.1.3 丙类：肺结核、流行性感冒、急性出血性结膜炎，除霍乱、痢疾、伤寒和副伤寒以外的感染性腹泻病等 11 种。

4.2 预防和控制

4.2.1 公司应对员工进行预防传染病的卫生健康教育。

4.2.2 公司应提供符合国家有关部门要求的工作和办公场所，自行或配合当地有关部门消除鼠、蝇等病媒昆虫和其他传播传染病的动物的危害。

4.2.3 员工如患传染病或疑似传染病，在治愈或排除传染病嫌疑前，不得从事卫生人事部门规定禁止的易使该病传染扩散的工作。

4.2.4 公司员工的健康检查具体按《员工职业健康及劳动保护管理规定》执行。

4.2.5 传染病经确诊后，应管理好传染源，按规定进行隔离与治疗，对其用过的器皿、被服、工作场所及时进行消毒，切断传播途径。对密切接触人员亦要按规定进行医学观察，确认无传染时，方可工作。

4.2.6　生产部应对管辖区域的相关方以宣传或通知的形式提出相关要求。

4.3　八种常见传染病的特征及预防指引

4.3.1　病毒性肝炎：

4.3.1.1　症状和体征：最近出现食欲减退、恶心、厌油、乏力、巩膜黄染、茶色尿、肝脏肿大、肝区痛等。

4.3.1.2　预防措施：

（1）向员工进行各型肝炎传播途径和预防方法的宣传，一旦发现有肝炎症状者，应立即送医院检查。

（2）饮食卫生、饮水卫生和公共场所卫生的管理：落实食具消毒、实行分餐制，保证流动水，供洗手及洗餐具。

（3）对提供餐饮服务的公司进行调查。要求炊事工作的人员工作前需取得健康合格证。

4.3.2　细菌性和阿米巴性痢疾：

4.3.2.1　症状和体征：腹泻、有脓血便、黏液便、水样便、稀便或伴有里急后重症状。

4.3.2.2　预防措施：

（1）加强卫生宣传教育，提高员工知识水平和自我防病能力，养成良好的卫生习惯，消灭苍蝇和蟑螂。

（2）搞好饮水和食品卫生。

（3）垃圾堆放处要做到无蝇、无蛆。

（4）严格落实各项消毒措施，防止交叉感染。

4.3.3　伤寒和副伤寒：

4.3.3.1　症状和体征：不能排除其他原因引起的持续性高热（热型为稽留热或弛张热）、畏寒、精神萎靡，无欲、头痛、食欲不振、腹胀、皮肤可出现玫瑰疹、脾大，起病相对缓慢。

4.3.3.2　预防措施：

（1）开展卫生宣传教育，把住病从口入关。

（2）搞好饮水卫生、饮食卫生、环境卫生，采取治疗与管理以带菌者为主的综合性措施。

4.3.4　疟疾：

4.3.4.1　症状和体征：病人大多突起发冷、发抖、面色苍白、口唇与指甲发紫、脉搏快而有力；发冷停止后，继有高热、面色潮红、头痛、全身酸痛、口渴、皮肤干热的症状；接着就是全身大汗，体温骤然下降至正常，除感疲劳外，顿感轻松，如此症状可反复周期性发作。

4.3.4.2　预防措施：

（1）管理传染源，及时发现疟疾病人，并进行登记、管理和追踪观察。

（2）切断传播途径：使用蚊帐，大面积灭蚊，消除积水、根除蚊子滋生场所。

（3）保护易感者：流行季节，服药预防。

4.3.5　流行性感冒：

4.3.5.1　症状和体征：急起高热，表现为畏寒、发热、头痛、乏力、全身酸痛等。体温可达 39℃ ~40℃，一般持续 2~3 天后渐退。全身症状逐渐好转，但鼻塞、流涕、咽痛、干咳等上呼吸道症状较显著，少数患者可有鼻衄、食欲不振、恶心、便秘或腹泻等轻度胃肠道症状。体检病人呈急病容，面颊潮红，眼结膜轻度充血和眼球压痛，咽充血，口腔黏膜可有疱疹。症状消失后，仍感软弱无力，精神较差，体力恢复缓慢。

4.3.5.2　预防措施：

（1）早期发现，早期确诊和早期治疗，采取有效隔离措施，以减少传播，降低发病率，控制流行。在流行期间应减少集体活动。

（2）药物预防，流行早期发放预防性药物。

4.3.6　急性出血性结膜炎：

4.3.6.1　症状和体征：一般的病人常有异物感，怕光、流泪并有少量浆液性分泌物，约有半数病人球结膜下呈点状或片状出血，严重者可遍及整个球结膜，故称“红眼”。有些病人除眼部症状外，常伴有发热、流涕、咽痛、耳前及颌下淋巴结肿大等，有病毒性上呼吸道感染的症状。

4.3.6.2　预防措施：

（1）早期发现，迅速诊断，及时隔离治疗，减少传播，降低发病率，控制流行。在流行期间应减少集体活动。

（2）药物预防，可发放氯霉素、病毒唑眼药水进行预防性治疗。

4.3.7　肺结核：

4.3.7.1　症状和体征：长期低热，全身毒性症状表现为午后低热，伴倦怠、乏力、夜间盗汗、食欲减退、易激怒、心悸、面颊潮红、体重减轻等。一般有干咳或只有少量黏液。伴继发感染时，痰呈黏液性或脓性。约 1/3 病人有不同程度的咯血。

4.3.7.2　预防措施：

（1）及时发现，及时治疗。

（2）讲究个人卫生，不随地吐痰，切断结核传播途径。

（3）培养良好的卫生习惯，保持房间空气新鲜，注意劳逸结合，增强体质，提高抵抗力。

4.3.8　非典型肺炎：

4.3.8.1　症状和体征：以发热为首发症状，体温 38℃ ~40℃（发烧越高，病情发展将越重，偶有畏寒），同时伴有头痛、关节酸痛和全身酸痛、乏力，可有胸痛或腹泻；有逐渐明显的呼吸道症状，干咳、少痰；个别病人可发展成为呼吸窘迫综合征，导致呼吸衰竭；多数病人症状较轻；肺部体征变化不是很明显，听诊时可有一些干啰音或湿啰音，但不明显，发病 10~14 天为病情进展期间，14 天后逐渐恢复，体温正常。

4.3.8.2　预防措施：

（1）工作、生活场所通风。

（2）注意个人卫生，用肥皂和流动的水洗手。

（3）疾病流行期，少去公共场所或人口密集场所。

（4）建立每日健康检查制度，一旦发现员工有发热、咳嗽等症状的，要及时到医院检查治疗。

（5）凡经医院诊断为疑似非典型肺炎的，暂停上班，并隔离治疗。

（6）与非典型肺炎病人密切接触者，留家观察一周，如无发热、咳嗽等症状的，可恢复上班。

（7）一旦发现疑似非典型肺炎病人，立即向当地疾病预防控制中心（卫生防疫站）报告。

5. 支持性文件

《员工职业健康及劳动保护管理规定》。

6. 记录

无。

突发事件处理规定

1. 目的

为规范保安组处理突发事件的程序（火警、火灾除外），提高对突发事件的应急处理能力，维护辖区内的正常工作和生活秩序。

2. 适用范围

适用于办公区域内各类突发事件的处理（火警、火灾除外）。

3. 职责

（1）行政部主管负责指挥突发事件的处理。
（2）保安队长负责落实行政部主管下达的命令，具体处理突发事件。

4. 工作程序

4.1　处理各类突发事件的基本原则

4.1.1　快速反应原则：

4.1.1.1　当班保安员接警后，应在5分钟内到达突发事件现场。

4.1.1.2　保安队长在休息时间接到突发事件的报告后，10分钟内到达突发事件现场。

4.1.2　统一指挥原则：

4.1.2.1　处理突发事件由管理处主任负责统一指挥。

4.1.2.2　在特殊情况下，由保安队长负责统一指挥。

4.1.2.3　保安班长协助指挥突发事件的处理。

4.1.3　服从命令的原则：

保安班长需无条件服从保安队长的命令，并负责对突发事件的处理过程做详细记录。

4.1.4　团结协作原则：

保安组作为突发事件的处理部门，行使管理处赋予的指挥权和处理权。在保安组做出突发事件处理决定时，各相关组均应团结一致，紧密协作，配合保安组做好突发事件的处理工作。

4.2　盗窃

当保安员发现有盗窃现象或接到盗窃报案时，立即用对讲机或电话向保安队长或当班班长报告现场的具体位置，然后留在被盗窃现场，或迅速赶赴被盗窃现场，维护现场秩序，保护现场，禁止一切人员进出现场。

4.2.1　保安员到达现场后，立即了解被盗的具体地点、时间及情况。

4.2.1.1　保安员到达现场，案犯已经逃离现场时，可用对讲机或电话报告，但在使用对讲机公用频道时不应随意泄露案件的性质。正确的呼叫对讲机术语：“×××（保安队长或当班班长的对讲机编号），请你速到 ×× 单位 / 位置（或使用特殊频道报告）。”

4.2.1.2　保安员到达现场时，如案犯仍未逃跑或已被抓捕，可使用对讲机向保安队长或当班班长报告。

4.2.2　保安队长接报告后立即用通信器材指挥调遣保安员对现场进行保护，并迅速赶赴现场指挥。

4.2.2.1　与当值保安班长联系，要求保安班长对案发现场进行保护。

4.2.2.2　保安队长到达现场立即了解案情及相关资料（询问笔录），根据案情需要做出布置。

员工健康管理规定

1. 目的

为预防、控制和消除职业危害，预防职业病，保护全体员工的身体健康及其相关权益。

2. 适用范围

本公司的全体员工。

3. 术语及定义

（1）职业健康：是预防因工作导致的疾病，防止原有疾病的恶化。主要表现为工作中因环境及接触有害因素引起人体生理机能的变化。

（2）职业危害：指对从事职业活动的劳动者可能导致职业病的各种危害。

职业危害因素：职业活动中存在的各种有害的化学、物理、生物因素，以及在作业过程中产生的其他有害因素。

（3）职业病：是指劳动者在劳动中，因接触职业危害因素而引起的属于国家公布的职业病范围的疾病。

4. 职责

4.1　职业病防治委员会

公司成立职业病防治委员会，人力资源部经理任主任，人力资源部主管为副主任，各部门及有关部门的主要负责人为成员。

4.1.1　贯彻、落实国家有关职业健康管理与职业病防治工作的法律、法规，并将此工作列入公司日常管理的重要内容。

4.1.2　审定职业健康与职业病防治工作的目标及实现目标的方案，并定期监督检查方案的落实情况，解决各部门关系协调、所需资金落实等问题。

4.1.3　确定公司的职业危害因素监测点，协助卫生部门对职业危害因素监测点进行监测，并对监测结果进行公示；对超标场所分析原因，提出整改方案，监督整改。

4.1.4　负责职业病危害项目申报工作，申报的主要内容有：用人部门的基本情况；作业场所职业危害因素种类、浓度或强度；产生职业危害的生产技术、工艺和材料；职业危害防护设施，应急救援设施。

4.1.5　负责组织进行建设项目的职业病危害预评价和职业病危害控制效果评价。

4.1.6　负责公司员工职业健康档案的建立及归档工作。

4.1.7　开展职业卫生教育工作，普及和提高全体员工的职业卫生知识，提高自救、互救能力。

4.1.8　对从事有害作业的劳动者进行上岗前和离岗前的职业健康检查，以及在岗期间定期的职业健康检查，并负责将其职业健康检查的结果告知本人。

4.1.9　开展职业病防治卫生知识和相关法律、法规知识的培训，提高劳动者的自我防护能力，并按规定发给劳动者符合国家标准或行业标准的个人防护用品，督促、指导其正确使用。

4.1.10　负责将在工作中可能产生的职业病危害及其后果、职业病防治告知员工，员工岗位变动时，及时向员工依照前款规定，履行如实告知的义务。

4.1.11　对有害作业场所应采取隔离等防护措施，设置警示标识，配备必要的卫生防护设施。

4.1.12　发生职业性中毒事故时，作业部门应立即报告当地卫生行政部门和职业病防治监测。

4.1.13　被诊断为患有职业病的劳动者，积极协调，按规定安排治疗或调换工作岗位。职业病患者的待遇按照国家有关规定执行。

4.2　各职能部门

4.2.1　宣传贯彻《中华人民共和国职业病防治法》法律、法规、规章和国家卫生标准，并认真执行。

4.2.2　监督有害作业并将职业病防治工作纳入部门目标管理。

4.2.3　参与本公司重大职业危害事故的调查处理。

4.2.4　对作业场所职业危害因素的浓度或强度按规定进行监测。

4.2.5　组织员工对职业病防治情况实施监督。

4.2.6　教育督促员工遵守职业健康管理制度和岗位操作规程。

4.2.7　对有害作业场所进行监督，并向公司提出职业病防治建议。

5. 管理要求

（1）公司应当建立健全职业健康监护制度，保证职业健康监护工作的落实。

（2）公司应当组织从事接触职业病危害作业的员工进行职业健康检查。员工接受职业健康检查应当视同正常出勤。

（3）公司不得安排有职业禁忌的员工从事其所禁忌的作业。

（4）公司不得安排未成年工从事接触职业病危害的作业；不得安排孕期和哺乳期的女职工从事对本人和胎儿、婴儿有危害的作业。

（5）公司应当组织接触职业病危害因素的员工进行定期职业健康检查。发现职业禁忌或者有与所从事职业相关的健康损害的员工，应及时调离原工作岗位，并妥善安置。

（6）劳动者职业健康检查的费用，由公司承担。

（7）本公司定期职业健康检查的周期一般为一年。

（8）公司应当及时将职业健康检查结果如实告知员工。

（9）公司应当建立并按规定妥善保存职业健康监护档案。

（10）员工有权查阅、复印其本人职业健康监护档案。

餐厅安全卫生管理规定

1. 目的

为给员工提供一个良好的用餐环境，特制定以下卫生管理作业标准，望厨房及全体员工认真执行及遵守。

2. 范围

全体员工。

3. 定义

无。

4. 权责

（1）厨工负责餐厅的清洁工作。

（2）电工负责餐厅电器的保养。

（3）行政部保安负责餐厅就餐秩序的维持并负责电视及音响设备的管制。

（4）厨工负责餐厅就餐设备、设施的保管与检修。

（5）就餐人员负责各自吃剩食物及其包装或盛载物的清理。

5. 内容

（1）厨工于每次员工用餐后对餐厅地面、桌、椅进行清洁，清洁需保证地面不能湿滑，以防人员滑倒受伤。同时，厨工还需对餐厅门窗每天进行清洗，保持干净；清洗过程中，厨工应配戴相应的劳保用品并注意安全，以免意外事故的发生。当人员就餐完毕后，厨工应及时对剩余饭菜进行清理，剩余的饭菜可交由养猪场处理。

（2）电工组定期对餐厅使用的电器设备进行检查，对于已损坏或将要损坏的设备及时进行修复或更换，以确保电器使用的安全性和就餐人员的安全。

（3）行政部保安人员于每次就餐之前检查餐厅基本卫生情况，并做好就餐秩序维持的准备工作。当人员进入餐厅就餐时，保安人员应要求就餐人员依餐厅相关制度进行就餐，对不遵守秩序及其他意外事件及时控制和处理。当人员在就餐时需要观看电视时，由保安人员依电视开放时间的规定打开电视供就餐人员观看。电视及配套音响设备由保安人员管理，其他人员不得私自使用，保安人员应对此进行监控，以防止此类事件的发生。当电视用其配套音响设备出现故障时，保安人员应及时通报电工进行维修。餐厅就餐时可播放一些轻松柔和的音乐，音量不能过大，保持适中，以增进人员的就餐食欲，切忌播放较为激烈的音乐。

（4）就餐人员进入餐厅就餐时应遵守餐厅就餐秩序，不应大声喧哗，影响他人就餐。更不可敲打碗筷台凳，损坏公司财物。人员就餐完毕后，应及时清理个人饭桌卫生，将剩余饭菜倒入剩菜桶内。

（5）厨工应定期对餐厅就餐使用设备、设施（如餐桌、餐椅、地面等）进行检查、保养，发现有损坏的设备、设施及时修复或更换，保证人员在就餐使用时不受到意外伤害。

（6）电工应对餐厅音响、电视线路进行点检，结果记录于《设备日常点检表》。

6. 相关资料

无。

7. 附件

（1）《设施设备月保养记录》。

（2）《设备日常点检表》。

厨房安全卫生管理规定

1. 目的

为使厨房卫生保持干净整洁，保证员工饮食安全、卫生且减少厨房作业对外界环境的影响。

2. 范围

厨房各项作业。

3. 定义

无。

4. 权责

（1）采购负责寻找评估及选定合格的食品供货商。

（2）伙委会负责食品进料的抽样检验。

（3）厨工负责食品的摘选、清洗、切割，同时负责厨房卫生的清洁及可食用食品的搬运和分配。

（4）厨师负责食物配置、蒸煮及食用安全。

5. 内容

（1）采购人员自市场了解食品供应点及食品价格，并经比价、议价后将供货商数据报于副厂长审核，厂长核准后，确定合格的供货商。

（2）厨房每日委派一名厨师到供货商市场选购当日食品，并将选购食品运输到公司，进入厂区后，运输人员应确保食品不掉落于厂区内。

（3）伙委会对采购的食品数量进行点收并对食品质量进行抽样检验。经检验，食品可食用时，厨房搬运到食品存放地。食品存放区域应保持干净整洁。

（4）食品供应到位后，厨工依当天的食物菜单选取相应的食品进行摘选、清洗、切割，做好食品加工的前期处理工作。处理过程中，厨工应配戴劳保用品；食品的清洗要干净，不可有不卫生的杂物残留于食品当中；切割时注意用刀安全，避免切伤。

（5）厨师将厨工处理好的食品依菜单要求进行配置、蒸煮。制作过程中，应确保食物卫生和可食性，避免因食物不熟或其他原因而致使人员在食用后出现身体不适。同时，在食物制作过程中，厨师应确保抽油烟机能够正常有效地运作，以保证厨师在作业时不受到油烟的侵害。此外，厨师在使用锅灶点火时，应控制油量，油量不宜过大，否则将可能导致起火，造成人员受伤。

（6）厨工将已经配置好的可食用食物搬运到打饭窗口，平均分配于食用人员。厨工在搬运及分配食物时，应配戴口罩、一次性透明胶手套，厨工使用的口罩应保持清洁、卫生。

（7）厨房所有工作人员均需持有身体健康证明及通过餐饮卫生常识考核方可上岗作业，否则不能从事任何与食品加工有关的工作。厨房工作人员需每年进行身体检查和餐饮卫生常识考核，以确保厨房所有工作人员均能够满足工作的需要。

（8）厨房作业废弃物处理：

①厨工进行摘选、清洗、切割时产生的废弃物应放入备用垃圾袋中，不准随地乱扔。

②厨师须将残余油和菜集中倒入备用垃圾桶内，不可随意丢于地面。

③厨工打饭时注意不能将饭粒散落在地板上，若已经掉落，须及时清理。

④厨工在人员食用完毕后，须及时清理食堂卫生，确保食堂卫生清洁。

⑤作业中产生的废水须排入隔油池，经处理后排放。

⑥各项作业中产生的废弃物倒入垃圾桶中，由清洁工交于管理区环卫所处理；食用后的剩余饭菜卖于养猪场处理。

⑦厨房作业中产生的废气因含有 SO_2 等有毒、有害性气体，因此须经过废气处理装置处理后方可排放。

（9）厨房清洁工必须随时清洗洗碗池，厨房的窗户、门、墙壁、灶及地板等，保持厨房卫生清洁。

（10）厨房人员必须穿戴整洁，上班时严禁抽烟、随地吐痰，以确保自身及他人身体健康。

（11）食品加工用具的保养与消毒：

厨房人员于每次食品加工前后，均需对所使用之食品加工用具（如刀、砧板、切肉机、切菜机等）进行清洁及消毒，且定期对电器用具（如切肉机、切菜机、冰箱、洗碗机、消毒柜等）的电器特性进行保养及检修，并将结果记录于相关窗体中。

（12）其他具体要求：

生熟食分开；防蝇、防蚊、防鼠等。

6. 相关资料

无。

7. 附件

《设备日常点检表》。

电工房安全卫生管理规定

1. 目的

为防止电工房作业造成紧急意外事件和不良的环保影响，制定本标准。

2. 范围

适用于电工房机柴油防治、高压电防护及电工日常工作的使用管理。

3. 定义

无。

4. 权责

电工负责公司内所有用电设施设备的保养及线路的维修。

5. 内容

5.1　发电机运行检查

5.1.1　发电机运行前，机电人员应检查发电机是否有机柴油泄漏，对环境是否造成冲击的情形，确认后方可开机。

5.1.2　发电机运作时，机电人员应定期每小时对发电机进行检查，其检查结果记录于《发电机运行记录表》。一旦发现有机柴油泄漏情形，如对环境有造成冲击，应立即停机并适当处置，以免污染继续发生。

5.1.3　对于已泄漏的机柴油，应及时擦拭干净，以避免二次污染。

5.2　发电机保养及维修

5.2.1　本厂发电机的保养及维修均委托外部专业机电公司承包施作。

5.2.2　机电人员依《信息与沟通管理程序》对发电机保养维修承包商倡导本厂环境政策及相关的环境目标指针及方案，并倡导承包商依本作业标准 5.2.3~5.2.5 作业。

5.2.3　必须在本厂使用柴油清洗发电机零配件时，须做好防护措施，防止柴油泄漏污染环境。

5.2.4　对于在发电机保养、维修时更换出来的机油禁止倒入下水道，必须倒入指定的废机油桶内，以便由专业废机油公司回收利用。

5.2.5　维修保养过程中产生的沾有油污的废机油格、风格等废零配件，不得随便弃置处理，须由发电机保养维修承包商带走并妥善处理。

5.3　电工房油罐加油

5.3.1　油罐加油前，应先检查加油设备是否运行正常，油管是否漏泄，确认合格后方可加油，检查项目包含油泵、阀门、油罐油量显示管的检查。

5.3.2　加油时应随时注意油罐油量显示管，以避免油溢出造成环境冲击。

5.3.3　加油完毕后，应等加油管喷头上的油滴干净后方可把加油管取回加油车。

5.3.4　发电房人员依《信息与沟通管理程序》对柴油供货商倡导本厂环境政策及相关的环境目标及方案。

5.4　用电安全防护

5.4.1　变压器配电柜等有高压电存在区域应标示“高压危险”“请勿靠近”，对有低压电暴露的区域也应标示“有电危险”，并设防护栏等必要防护措施，以防止紧急意外事件发生。

5.4.2　管理部人员应对本厂供货商与承包商倡导用电安全，并于电工房门口标示“机房重地闲人免进”。

5.4.3　本厂工程及其他相关人员，在日常施工、作业过程中，应注意安全作业。

5.5　设备点检保养

公司内部各用电设施设备，电工须每日安排人员进行点检保养，并记录于相关点检表中，详见附件。

6. 相关资料

无。

7. 附件

（1）《设备日常点检表》。

（2）《发电机运行记录表》。

消防安全管理规定

1. 目的

（1）为使本厂预防火灾发生有所依循。

（2）为达成本厂《应急准备和响应控制程序》及《中华人民共和国消防法》所列之要求。

2. 范围

（1）本公司各单位及周围区域火灾发生时。

（2）当本公司发生其他紧急事件、爆炸事件、重大工伤事故等，可参照本标准作业。

3. 定义

无。

4. 权责

4.1　行政部

负责本标准的制定并公告实施。

4.2　人事训练

负责本标准的教育训练。

4.3　环安管理最高负责人

负责本标准制定的核准。

4.4　环安管理代表

4.4.1　负责本标准修订的审核。

4.4.2　为本公司火灾发生紧急应变小组组长和灾变总指挥，当灾变发生时负责指挥协调下列各紧急应变分小组的活动：

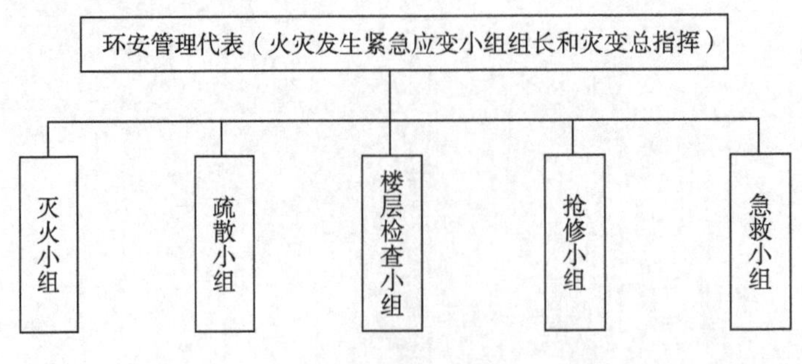

4.5 灭火小组

由本公司保安组成，负责本厂火灾的扑救。由行政部负责保安工作的保安队长担任灭火小组组长，负责火灾扑救的组织领导。本小组作业程序见本标准 5.2 火灾扑救。

4.6 疏散小组

由生产部班长级以上、主管级以下干部（其他部门 / 区域各部门 / 区域最高主管）组成疏散小组，负责各区域 / 线别人员疏散的组织领导。由生产部经理担任疏散小组组长，负责疏散小组成员的指挥与疏散工作。本小组作业程序见本标准 5.3 火场疏散。

4.7 楼层检查小组

由本厂生产部主管担任，负责检查各楼层，确保所有人员撤离工作区。由生产部经理兼任楼层检查分小组组长，负责楼层检查的组织领导。

4.7.1　楼层检查小组成员应迅速检查负责区车间，包含洗手间、休息室等，确保这些地方无遗留人员，保证所有人员撤离工作区。

4.7.2　离开前关门但不要锁门，以便阻止火势蔓延及方便人员撤离。

4.7.3　前往集合区，向主管报告检查结果，并等待环安管理代表的进一步指令。

4.8 抢修小组

由本公司行政部电工组成，负责灾变发生后抢修损坏的供电供水及通信设备。由电工组组长担任抢修小组组长，负责抢修小组成员的指挥督导。

4.8.1　接到火灾警报后，电工人员应迅速到达指定区域集合，等待抢修小组组长的进一步任务分配。

4.8.2　一旦接到断电、断水通知，抢修小组就立即带齐抢修设备、器材前往现场抢修，保证灭火有充足水源和电源供应。

4.8.3　使用消防水枪前需切断相关区域所有电源，保证应急照明灯正常使用。

4.9 急救小组

由本公司医务室组成，负责灾变发生时伤员者的急救工作，由行政部主管担任急救小组组长，负责急救小组成员的抢救指挥工作。

4.9.1　一旦接到火灾警报，急救小组应立即带齐急救箱和担架前往指定区域集合，等待环安管理代表进一步指令。

4.9.2　如果伤病员于本公司医务室无法治疗，需立即送往附近医院抢救。

5. 内容

当火灾发生时，须镇定自如，并依如下程序作业：

5.1 报警

拉响警铃，迅速向消防队报警，因本厂门 24 小时有人值班，且 24 小时可拨火警电话 119，报警人员可在门卫室报警。报警时，必须讲清楚起火地点、单位，并派人接应消防车，同时迅速向环安管理代表及起火单位主管报告，以便进一步采取对策。

5.2　火灾扑救

5.2.1　起火单位或者区域要迅速组织力量，扑救生命和物资，任何单位个人，都有义务支持灭火。

5.2.2　由环安管理代表担任火场总指挥，参加扑救火灾的单位和个人，必须服从火场总指挥的统一指挥。

5.2.3　当火灾蔓延，必须拆除毗邻建（构）筑物才能避免重大损失时，火场总指挥有权决定拆除，并命令人员转移到安全地点。

5.2.4　取下灭火器，抽下保险栓，对准火焰根部喷射，灭火人员应站立于上风位置。

5.2.5　打开消防栓门，取下水管接于出口处，扭开阀门用水枪喷射火焰根部。

5.2.6　灭火人员应牢记下列事项：

5.2.6.1　只有火较小而且安全时才灭火。

5.2.6.2　因为水是导体，不可在着火电器上加水，又因为油比水轻，不可在着火油上加水，否则油会在水上面继续燃烧。

5.2.6.3　灭火时，始终要保证在火势一旦失控时有安全脱离的途径。

5.2.6.4　火势失控时立刻停止灭火并脱离现场，开门但不要锁门，这样能阻止火和烟的扩散。

5.2.7　有关电力设备的注意事项详见《高低压电力设备灭火需知》。

5.3　火场疏散

当火势无法控制时，必须撤离火灾现场，一旦接到撤离警告：

5.3.1　所有人员应停止工作，关闭机器和设备。

5.3.2　疏散小组成员指挥人员从指定通道撤离现场，不得使用电梯，来访人员及合同方也一起撤离。如果通道堵塞可另辟途径，楼层检查员对所负责的楼层进行检查确保无遗留人员或围困人员。

5.3.3　所有人员直接前往指定地点集合，不要停留在洗手间或更衣室。

5.3.4　每人要在指定的自己的集合点上，部门主管清点人数，发现丢失时立即报告环安管理代表。

5.3.5　所有撤离人员都应按其主管的指示有序地集合起来，排成队在环安管理代表发出“警报解除”信号前，任何人不得回现场工作。

5.3.6　技术人员关断电和气，然后到集合地点集合。

5.3.7　灭火小组人员取附近的灭火器材后前往集合地点集合，等待进一步指示；急救员取担架和急救箱后前往集合地点集合。

5.4　寻求支持

当火势无法控制，人员撤离后，亦应继续组织力量扑灭火灾，并向临近消防机构及周围居民寻求支持和帮助，以便把火灾损失降至最低限度。

5.5　及时通知

火灾发生时，应及时用电话或派人通知周围居民，使周围居民有充分的时间做紧急应变，避免火灾对周围居民的影响。

5.6　事故报告

紧急事故处理后，由发生部门填写《事故报告》，记录事故的始末、处理过程及改善对策，呈环安管理代表审核，环安管理最高负责人核准后交行政部存档备查。

5.7　消防设施的点检保养

行政部保安每月须对公司内部所有消防设施进行定期点检及保养，并将点检结果分别记录于《年灭火器日常点检表》《年消防栓点检表》《消防泵房保养点检表》中。点检过程中如发现异常则联络电工组进行维修，如无法修复由行政部对外联络服务机构处理。

5.8　消防设施的检修

行政部委请政府认可的消防工程维修保养服务机构每年一次对本厂消防设施（消防栓、消防水管道、灭火器）实施检修，消防设施的检修情况、处理意见、处理结果，由消防工程维修机构负责人做成报告，经本厂消防设施负责人确定合格后，交行政部存档备查。

5.9　消防演习

行政部须每年进行一次消防演习，并做消防演习报告。

6. 相关资料

（1）《应急准备和响应控制程序》。

（2）《高低压电力设备灭火须知》。

7. 附件

（1）《事故报告》。

（2）《年灭火器日常点检表》。

（3）《年消防栓点检表》。

（4）《消防泵房保养点检表》。

宿舍安全卫生管理规定

1. 目的

为给员工提供一个舒适、卫生的休息环境，特制定宿舍卫生管理作业标准，望大家认真执行及遵守。

2. 范围

全体员工。

3. 定义

无。

4. 权责

（1）行政部/舍监全面负责宿舍的卫生与安全。

（2）住宿人员应遵守宿舍安全卫生管理办法，确保住宿安全及卫生。

（3）行政部负责宿舍楼建造的验收，确保宿舍楼使用的安全性、卫生性、舒适性。

5. 内容

（1）行政部寻找评估和选定建筑承包商进行宿舍楼的设计与施工。宿舍楼的设计应便于通风、采光和垃圾的排放。

（2）宿舍楼建造完成后，行政部人员依设计要求对宿舍楼进行验收。验收时要特别注意对楼层安全性的检验、确认。楼层安全性的检验可包括：楼层的建造结构、使用的建筑材料、房屋装修的材料、电路的安全性等方面。宿舍楼经过验收合格后，必须预先通风一个月以上，确保楼层及房间内残留的有毒或有害气体完全排放。必要时，需请相关检测部门进行房屋空气质量检测，合格后，方可安排人员入住。

（3）舍监需在床铺使用前对所有床铺进行检修，确保床铺的安全性。电工在安装屋内用电器设备（如电灯、风扇等）时，需保证电器安装及使用的安全性。

（4）宿舍楼卫生注意事项：

①住宿人员在住宿时产生的垃圾须放入各自宿舍垃圾桶内，不得随意乱扔垃圾。

② 各宿舍每日须安排一人清扫房间，且将垃圾倒入公共性垃圾桶内。

③ 各宿舍每周须进行一次大型卫生清扫，由宿舍长进行安排。

④ 清洁工每日对各宿舍产生的垃圾进行汇总清理且将宿舍楼层及过道地板拖洗干净，但地面不宜湿滑。

⑤ 清洁工须监督及提醒员工爱护公共卫生。

⑥ 住宿人员应注意个人卫生，保持宿舍清洁，避免蚊虫祸害。同时，舍监于每三个月进行一次宿舍消毒。此外，住宿人员需爱护宿舍设施（如床铺、地面、墙壁、供水设备），发现异常时，及时向舍监汇报，由舍监进行修复或更换。

⑦ 住宿人员在宿舍区内不得大声喧哗，影响他人休息。宿舍内不得私自接电线，亦不得使用大功率电器设备，以免触电或引起火灾。同时，宿舍内不得吸烟或生火，以确保消防安全。

6. 相关资料

无。

7. 附件

无。

员工安全行为规范

1. 目的

为维护公司每位员工的利益，使大家有一个良好、舒适的工作环境，根据公司有关规定，特制定以下工作行为规范，请大家认真遵守。

2. 适用范围

全厂员工。

3. 基本职责

3.1　遵守公司各项规章制度。

3.2　遵守本岗位所属部门的各项管理细则。

3.3　遵循公司利益第一的原则，自觉维护公司利益。

3.4　严格按公司管理模式运作，确保工作流程和工作程序的顺畅高效。

3.5　必须服从上级领导的工作安排，不得无故拒绝协作上级命令。

3.6　按岗位描述要求按时、按质、按量完成各项工作和任务，并接受监督检查。

3.7　按时完成自身岗位所分解的工作指标，按规定时限完成任务。

3.8　确保《外出活动登记表》记载真实，并接受监督检查。

3.9　监督检查同事的行为活动和工作，发现问题及时指出并帮助其改进，拒不接受者应及时上报。

3.10　对规章制度、工作流程中不合理之处及时提出并报直接上级，确保工作与生产的高效。

3.11　努力提高自身素质和技术业务水平，积极参加培训、考核。

3.12　根据自己岗位变化提出自身培训计划报直接上级，提高自身岗位工作能力。

3.13　员工有根据自身岗位实际情况提出合理化建议的义务。

4. 员工行为规范

4.1　忠于职守，不做有损公司的事，时刻维护公司的利益，树立公司的良好形象。

4.2　按时上下班，不迟到、不早退。亲自刷卡，不得委托或代人刷卡。

4.3　工作场所讲普通话，不得大声喧哗，不影响他人办公。

4.4　进入他人办公室前，必须先敲门，得到允许后方可进入；人事行政部和财务部为公司重要职能部门，如无特殊原因不得长时间停留。

4.5　为了增进团队协作精神，上下级之间、同事之间可直呼姓名，或“姓 + 职位称呼”；对外介绍上级时，应正式和礼貌，请称呼“上级姓名 + 职位称呼”。

4.6　早晨上班，与同事第一次相见应主动招呼“您早”或“您好”，下班互道“再见”等用语。

4.7　待人接物态度谦和、诚恳友善。对来宾和客户委托办理事项应力求做到机敏处理，不得草率敷衍或任其搁置不办。

4.8　为了大家的健康，工作场所请勿吸烟。

4.9　中午就餐请勿饮酒，以免影响下午的正常工作。

4.10　为了创造舒适的办公环境，应随时保持本岗位所辖范围的清洁卫生，随时以 5S 要求自己；洗手间应做到及时冲洗。

4.11　爱惜并妥善保管办公用品、设备；桌面物品摆放整齐有序；下班必须将所有文稿放置妥当，以防止遗失、泄密。

4.12　上班时间请不要看与工作无关的报刊或书籍。

4.13　为了公司的安全，不要将亲友或无关人员带入办公场所。

4.14　为了保持公司电话线路的畅通，因私打电话或接听电话请不要超过 3 分钟。另外，请不要使用总机拨打电话或长时间接听电话。

4.15　公司允许员工在紧急情况下因私使用长途电话或长途传真，但须经人事行政部同意，并根据电信局有关规定缴纳话费。

4.16　为了保证办公设备的正常工作，未经人事行政部允许不准打印、复印个人资料。

4.17　下班后离开办公室时，请注意关闭自己的计算机，以减少不必要的消耗和防止资料泄密，同时员工在未经允许的情况下不要私自使用别的部门的电脑。

4.18　注意防火、防盗，发现事故隐患或其他异常情况立即报有关部门处理，以消除隐患。

5. 员工职业形象

5.1　为了展现员工的精神面貌和体现公司的整体形象，公司员工应该注意自己的衣着和仪表。

5.2　个人仪表应该整洁，穿着正规。禁止穿背心、裤衩、超短裙或拖鞋上班。

5.3　男职员头发宜常修剪，并应经常剃胡须；女职员宜保持淡雅轻妆，不宜浓妆艳抹。

5.4　上班时应佩戴工作牌。

6. 员工工作规范

6.1　不允许在工作时间内处理自己的事务。

6.2　不允许利用工作时间和办公用具打游戏、下棋、聊天和煲电话粥。

6.3　工作时间内不要观看视频文件。

6.4　工作时间不上与工作无关的网站。

6.5　工作时间不得下载和阅读与工作无关的文件。

6.6　不得私自拆开机器。如果机器有问题，应及时通知综合办公室，不要擅自拆开修理。

6.7　为了保证计算机资料的安全，请不要在计算机中安装电脑游戏（操作系统自带游戏除外）。

7. 办公秩序

7.1　办公区内不得大声喧哗，请保持安静舒适的办公环境。

7.2　自觉爱护公共设施和设备，请尽力保持公用复印机、打印机、传真机的正常工作，厉行节约。

7.3　来访客人需在前台登记，并一律在洽谈室会谈。

7.4　访客确有需要进入办公区，必须由专人陪同；进入资料室、研发室需经部门经理同意后方可进入。

7.5　进入他人办公室前，必须先敲门，得到允许后方可进入。

7.6　行政部、财务部为公司重要职能部门，如无特殊原因不得长时间停留。

7.7　保持个人办公位整洁，请将杂物放置在隐蔽处。

7.8　厂内禁止吸烟。

7.9　自觉遵守公司的卫生保洁管理规定。

7.10　下班离开办公室前，请关闭机器电源，收好资料和文件，最后离开者请关闭电器、门窗。

7.11　不允许利用工作时间和公司办公用具打游戏、下棋、聊天和煲电话粥，以及处理私人事务。

8. 保密制度

8.1　为保守公司秘密，维护公司权益，特制定本制度。

8.2　公司秘密是指关系到公司权利和利益，依照特定程序确定，在一定时间内只限一定范围的人员知悉的事项。

8.3　公司附属组织和分支机构，以及职员都有保守公司秘密的义务。

8.4　公司保密工作，实行既确保秘密又便利工作的方针。

8.5　对保守、保护公司秘密，以及改进保密技术、措施等方面成绩显著的部门或职员实行奖励。

8.6　公司秘密包括本制度第二条规定的下列秘密事项：

8.6.1　公司重大决策的秘密事项。

8.6.2　公司尚未公布实施的经营战略、经营方针、经营规划、经营项目及经营决策。

8.6.3　公司内部掌握的合同、协议、意向书及可行性报告、主要会议记录。

8.6.4　公司财务预算报告及各类财务报表、统计报表。

8.6.5　技术档案资料包括：技术方案、可行性报告、研发资料、工艺流程、制造方法、技术指标、计算机软件、数据库、实验数据、检测报告、图纸、模具、操作手册、技术文控等一切与技术有关的书面、电子文档资料。

8.6.6　公司所掌握的尚未进入市场或尚未公开的各类信息。

8.6.7　公司职员人事档案，工资性、劳务性收入及资料。

8.6.8　其他经公司确定应当保密的事项。

8.7　公司秘密的密级分为“绝密”“机密”“秘密”三级。

8.7.1　绝密是最重要的公司秘密，泄密会使公司的权利和利益遭受特别严重的损害。

8.7.2　机密是重要的公司秘密，泄密会使公司的权利和利益遭受重要损害。

8.7.3　秘密是一般的公司秘密，泄密会使公司的权利和利益遭受损害。

8.8　属于公司秘密的文件、资料，应当依据本制度第七条规定标明密级，并确定保密期限。

9. 保密措施

9.1　属于公司秘密的文件、资料和其他物品的制作、收发、传递、使用、复制、摘抄、保存和销毁，由总经理办公室或主管副总经理委托专人执行，采用电脑技术存取、处理、传递的公司秘密由电脑部负责保密。

9.2　对于密级文件、资料和其他物品，必须采取以下保密措施：

9.2.1　非经总经理或主管副总经理批准，不得复制和摘抄。

9.2.2　收发、传递和外出携带，由指定人员担任，并采取必要的安全措施。

9.2.3　在设备完善的保险装置中保存。

9.3　属于公司秘密的设备或者产品的研制、生产、运输、使用、保存、维修和销毁，由公司指定专门部门负责执行，并采用相应的保密措施。

9.4　在对外交往与合作中需要提供公司秘密事项的，应当事先经总经理批准。

9.5　具有属于公司秘密内容的会议和其他活动，主办部门应采取下列保密措施。

9.6　不准在私人交往和通信中泄露公司秘密，不准在公共场所谈论公司秘密，不准通过其他方式传递公司秘密。

9.7　公司工作人员发现公司秘密已经被泄露或者可能泄露时，应当立即采取补救措施并及时报告总经理办公室；总经理办公室接到报告后，应立即做出处理。

10. 保密纪律

10.1　不该说的话，不要说。

10.2　不该问的事，不要问。

10.3　不该看的文件，不要看。

10.4　不该记（摄、录）的事，不要记（摄、录）。

10.5　不得擅自携带密件外出。

10.6　不得在公共场合谈论公司秘密。

10.7　不得在私人通信中涉及公司秘密。

10.8　不得在不利于保密的地方放置密件。

10.9　不得利用公用电话、明码电报，以及邮局办理秘密事项。

10.10　发现泄密及时报告，采取补救措施，避免或减轻损害。

10.11　客人问及公司秘密，应予以婉拒避谈。

电动叉车管理规范

1. 目的

为使电动叉车的操作符合公司安全管理规定，确保操作人员的健康与安全，特制定本规范。

2. 适用范围

本规范适用于公司内部电动叉车的操作。

3. 职责

设施工程部负责本规范的制定与更新。

4. 操作规范

4.1　检查车辆

4.1.1　叉车作业前后，应检查外观，加注润滑油。

4.1.2　检查起动、运转及制动性能。

4.1.3　检查灯光、音响信号是否齐全有效。

4.1.4　叉车运转过程中应检查压力是否正常。

4.1.5　叉车运行后还应检查泄漏情况并及时更换密封件。

4.2　起步

4.2.1　起步前，观察四周，确认无妨碍行车安全的障碍后，先鸣笛后起步。

4.2.2　叉车在载物起步时，驾驶员应先确认所载货物平稳可靠。

4.2.3　起步必须缓慢平稳起步。

4.3　行驶

4.3.1　行驶时，货叉底端距地高度应保持30~40厘米，门架须后倾。

4.3.2　行驶时不得将货叉升得太高。进出作业现场或行驶途中，要注意上空有无障阻物刮碰。载物行驶时，如货叉升得太高，还会增加叉车总体重心高度，影响叉车的稳定性。

4.3.3　卸货后应先降落货叉至正常的行驶位置后再行驶。

4.3.4　转弯时，如附近有行人或车辆，应先发出信号，并禁止高速急转弯。高速急转弯会导致车辆失去横向稳定而倾翻。

4.3.5　非特殊情况禁止载物行驶中急刹车。

4.3.6　载物行驶在超过7度和高于一档速度上下坡时，非特殊情况不得使用制动器。

4.3.7　叉车在运行时要遵守厂内交通规则，必须与前面的车辆保持一定的安全距离。

4.3.8　叉车运行时，载荷必须处于不妨碍行驶的最低位置，门架要适当后倾。除堆垛或装车时，不得升高载荷。在搬运庞大对象时，对象挡住驾驶员的视线，此时应倒开叉车。

4.3.9　叉车由后轮控制转向，所以必须时刻注意车后的摆幅，避免初学者驾驶时经常出现的转弯过急现象。

4.3.10　禁止在坡道上转弯，也不应横跨坡道行驶。

4.4　装卸

4.4.1　叉载物品时，应按需调整两货叉间距，使两叉负荷均衡，不得偏斜，物品的一面应贴靠挡物架，叉载的重量应符合载荷中心曲线标志牌的规定。

4.4.2　载物高度不得遮挡驾驶员的视线。

4.4.3　在进行物品的装卸过程中，必须用制动器制动叉车。

4.4.4　货叉在接近或撤离物品时，车速应缓慢平稳。注意：车轮不要碾压物品垫木，以免碾压物绷起伤人。

4.4.5　用货叉叉货时，货叉应尽可能深地叉入载荷下面，还要注意货叉尖不能碰到其他货物或对象。应采用最小的门架后倾来稳定载荷，以免载荷后向后滑动。放下载荷时可使门架少量前倾，以便于安放载荷和抽出货叉。

4.4.6　禁止高速叉取货物和用叉头向坚硬物体碰撞。

4.4.7　叉车作业时禁止人员站在叉车上。

4.4.8　叉车叉物作业时，禁止人员站在货叉周围，以免货物倒塌伤人。

4.4.9　禁止用货叉举升人员从事高处作业，以免发生高处坠落事故。

4.4.10　不准用制动惯性溜放物品。

4.4.11　禁止使用单叉作业。

4.4.12　禁止超载作业。

5. 相关记录

《电动叉车日常检查表》。

访客（门禁）管理规范

1. 目的

为确保公司财产安全，加强来访人员管理及控制活动区域，结合公司的实际情况，特制定访客（门禁）管理规范。

2. 范围

所有进入 ×× 公司的来访人员（分为七类）。

（1）面试及来访人员（含客户）。

（2）送拉货人员。

（3）维修施工、保养、废品回收及食堂工作人员。

（4）外包厂商人员。

（5）重工及驻厂人员。

（6）非 ×× 公司的集团员工。

（7）特殊人员。

3. 实施细则

3.1　大门访客（门禁）管理

3.1.1　人员管控：

3.1.1.1　面试及来访人员（含客户）：

不做来访登记者只可在大门会客厅会客，如需进入公司会客，需至大门换取《来宾证》，填写《来访放行条》（如有自带物品请在放行条上注明，需由来访人员自行填写，保安确认签名）。如需在 A 栋大厅会客，由对应厂 / 部人员接待；活动范围只限 A 栋大厅及五楼会议室，不得进入其他区域。如需进入其他区域，需填写《厂区参观申请单》（附件 1），由被访厂 / 部门最高主管签核后送公司最高领导批准，在大厅总机换取《参访证》及白色背心，由被访人全程陪同，直至返回出厂。面试人员一律在大门面试。（注：经理级以下人员需至大门口接送访客，经理级以上人员只需电话通知即可）

3.1.1.2　送拉货人员：

在大门进行登记换取红色背心（所有来厂送货人员必须全部出示证件，本人取本人证件），填写《来访放行条》，穿好背心后入厂送货，活动范围只限收货中心及其他收货处，不得进入其他区域（不得在厂外交货，所有送货厂商需登记后进入公司内送货）。

3.1.1.3　外包厂商（维修施工、保养、废品回收及食堂工作人员）:

由保安通知行政部或行政部及对应部门确认，在大门外进行登记，填写《来访放行条》（如有自带物品请在放行条上注明，需由来访人员自行填写，保安确认签名），穿本人单位工衣，用本人工作证换取《访客证》后由行政部人员及对应部门人员带领到维修施工及保养现场，不得进入其他区域；对应部门人员需全程陪同。废品人员着公司工衣于大门登记换访客证，至对应区作业。食堂工作人员进出请主动出示识别证放行。

3.1.1.4　重工及驻厂人员:

（1）供应商重工人员入厂在大门保安处登记，换证及着蓝色背心，由对应部门人员带领至重工区，只可在对应之重工区活动。

（2）客户驻厂人员需对应部门提供联络单至总务写明公司名称、姓名、性别、驻厂时间、是否在厂内吃宿、驻厂事由。着客户公司工衣，提供本人一寸彩照，人力资源部制作发放《临时厂证》，保安凭证放行。如有自带电脑者进出请写放行条，对应部门经理签核放行。

3.1.1.5　非 ×× 公司的集团员工:

包括台北总公司人员及各分公司职员。

（1）台北出差人员至 ×× 公司配戴总公司规范厂证及工衣，从大门进入厂区，并配合大门保安的检查；

（2）各分公司人员至 ×× 公司配戴分公司规范厂证，从大门进入厂区，至行政部登记领取工衣；如无配戴厂证，则需至行政部办理临时厂证。

（3）台北出差人员及各分公司人员至 ×× 携带之计算机需及时至 MIS 办理相应申请出入手续。

3.1.1.6　特殊人员:

（1）包括业务公司总经理级人员，派出所、劳动局、安监及安委办、环保局、海关、供电局、仲凯管委会、卫生局等人员。至公司无须登记，由保安通知对应窗口人员接待，并陪同其进行事务处理，事务完成后陪同至大门，无须安检，直接放行。（业务公司总经理级人员如申请有贵宾证，请主动出示）

（2）政府机关单位工作人员到大门后由大门保安通知相关对应人员，由陪同人员全程陪同，无须安检，直接放行。

（3）其他特殊人员：如 SGS 客户来访时请被访部门提前写来访放行条，至大门保安处，由被访人员陪同出入，免检放行。

3.1.1.7　上班时间员工出入管控:

（1）员工上班时间从大门因公出入需经理级以上人员签核《出差单》（含经理级人员），对无出差单人员只限行政部人员，但需至保安室登记出厂及返厂时间。非公人员严禁从大门出入。

（2）联毅人员上班时间因公至 ××，凭《出差单》至大门保安处由保安确认放行（手写单），如有带物品请在放行条注明，对应部门经理签核放行。

（3）×× 人员上班时间因公至联毅或外出办事凭出差单至大门保安处确认放行。如有带物品外出者需开立放行条，部门主管核准，保安核实放行。

（4）所有人员进出大门走人行道，特殊情况经行政部批准后才可走行车道。

（5）对私事探访人员，由保安引导小门候访。（依小门门禁管理规范）

3.1.2　物品及车辆管控：

3.1.2.1　各厂送货来访车辆及来访人员车辆至厂，于厂大门停车处停车，至保安处凭有效证件登记，由保安系统确认车辆后，发放访客背心及来访放行条入厂送货。

3.1.2.2　临时送货来访车辆及来访人员车辆至厂，公司对应部门人员提前两小时写申请单报部门主管签核，放至大门保安处，保安依申请单放行。

3.1.2.3　所有物品从大门进出者，对出厂之物品保安凭有效放行条检查，确认签核人员签名模式、数量及时间，无异放行。

3.1.2.4　台干及中干手提计算机依放行条形码及放行条核对放行。

3.1.2.5　访客参访自带物品进厂时在《来访放行条》上注明，且由值班保安签名确认，离厂时由被访部门人员签名，至大门保安确认放行。

3.1.2.6　公务出差人员乘公司车辆外出需有相关人员签核之《派车单》，保安确认出差人数及检查车辆无异后放行。

3.2　小门岗访客（门禁）管理

3.2.1　人员管控：

3.2.1.1　亲属探访：

（1）亲属只限直系亲属（父母亲、配偶、小孩）。

（2）探访时间为周六日及法定节假日，但需于次日晨 8：00 前离厂（入住 A、B、C 级房以上人员可过夜）。

（3）探访权限只限住宿中干及台干宿舍工长、副课长级、staff5 及 S/L5 等（含）以上人员。

（4）申请干部需填写《干部家属探访申请单》，详细填明所携带物品及探访时间，由部门经理签核后至行政部确认登记，持探访申请单从小门登记进出，如确认离厂需将《家属探访申请表》交由保安确认离厂物品并放行，且保安每周整理交行政部备查。

3.2.1.2　员工骑乘摩托车停放厂内需用《厂内车位证申请表》申请《厂内停车证》，且摩托车及自行车进出小门需下车推行。

3.2.1.3　外包单位人员包括：保安队、食堂、清洁队及园艺人员；着合约公司规范工衣，配戴规范厂证，且人员进出小门不得携带任何物品。

3.2.1.4　进出生活区食堂的送货人员由行政部具体管控，人员送货至公司需着规范工衣及证件，由保安核对厂证放行。

3.2.1.5　应聘人员、体检医院、有线电视人员由人资部负责人至小门处核对人员并陪同进入。

3.2.1.6　卫生局检查人员至小门处由保安及时与总务负责人联系，进出免检放行。

3.2.1.7　生活废品回收的车辆一律停于厂外，人员登记进入，待废品整理好后运出，经保安检查无异常后凭放行条放行。

3.2.1.8　所有进出小门人员需刷卡及配合保安相关检查工作，出差人员需出示相应证件。

3.2.1.9　卡机管理人员需及时对卡机数据下载，维护卡机正常使用功能。

3.2.2　物品管控：

3.2.2.1　离职人员携带物品离开生活区时保安依放行条放行，放行需有宿舍管理员、该员工宿舍内人员签名，且对所携带物品检查无异后方可放行。

3.2.2.2　手提计算机依放行条形码及放行条核对放行。非公司之个人贵重物品可申请办理由总务发放的《贵重物品通行证》（附件 4）凭证出入公司小门，不可进入生产区。

3.2.2.3　有放行条并检查确认放行。

3.2.2.4　员工及食堂人员拿物品出入小门需有放行条方可放行。

3.2.3　信件管控：

3.2.3.1　员工信件凭本人厂证领取。

3.2.3.2　快件及包裹凭本人厂证在保安处登记领取。

3.2.4　重要事项：

所有员工（包括台干）应在 24：00 前返厂，超时为晚归，报人力资源部处理。

说明：此规定台干同等执行。

3.3　打卡处岗位访客（门禁）管理

3.3.1　人员管控：

3.3.1.1　员工上下班进出打卡处需刷卡。进入厂区需着工衣，冬季工衣应将拉链拉起，袖子放下，男生不可着露脚趾鞋，女生不可着拖鞋。

3.3.1.2　公司申请许可之勤务人员至生活区公务，进出请主动出示相应证件，并登记进出时间。

3.3.1.3　清洁工作人员每天进出需至执勤保安处进行出入登记。

3.3.1.4　食堂人员非经总务人员同意不得进入厂区；公司司机无须登记，由保安确认厂证放行。

3.3.1.5　其他部门员工因公或个人事务至生活区需持部门经理级主管签核的放行条，凭放行条在保安处登记放行。

3.3.1.6　员工应配合保安执勤人员的安检抽查。不配合者视情节状况，给予对应处分。

3.3.1.7　非上班时间（放假期间），无特殊情况员工严禁进入厂区。如需进入，需通知行政部主管人员。

3.3.1.8　访客及送货人员，如无人员陪同严禁进入生活区。

3.3.1.9　行政部设施课人员至生活区维修时需登记出入时间，如有物品，需有部门主管签核的放行条方可放行。

3.3.1.10　因生病及其他原因请假，至打卡处时需主动向保安出示请假条打卡出厂。

3.3.1.11　其他需至生活区的业务工程人员由被访单位陪同人员陪同进入生活区，出厂时需从大门办理出厂手续。

3.3.1.12　各制造厂员工需至食堂领取凉茶（或其他物品）等事务时，在保安处登记，领取凉茶地点只限打卡处后洗手台处，严禁进入生活区其他区域。

3.3.1.13　其他原因需通过打卡处者，由人力资源部及总务通知相关事项，方可放行。

3.3.1.14　所有进入生活区及厂区无厂证人员需由对应部门主管（副课级以上）至现场确认出入。

3.3.2　物品管控：

3.3.2.1　携带物品需主动出示，配合保安检查。

3.3.2.2　进入厂区不得携带食品（经人力资源部行政部确认的可带入）。

3.3.2.3　台干及中干手提计算机依放行条形码及放行条核对放行。

3.3.2.4　任何人员不得带公司物品进入生活区（特殊情况需有放行条，由部门经理签核）。

3.3.2.5　员工进入厂区不可携带食品进入，饮料及矿泉水等可进入；特殊情况，部门召开会议等需有行政部通知方可放行。

以上“员工”为在 ×× 公司区域内从事生产、配合生产及办公人员（包括外包清洁、外来驻厂人员等）。

3.4　来访人员物品管控

（1）来访人员自带物品由来访人员自行填写放行条，保安确认并签名。

（2）如有另带物品外出者，需由部门经理级主管签核同意后保安方可放行。

（3）所有来访人员如有自带包类及车辆有进入公司内者，保安需请其自行打开清点物品无误后，方可放行。

（4）客户、非中国区之集团员工、同工业园其他新同事，从大门出厂时全部需配合保安进行安全检查作业，自行将包类中物品取出及车辆打开进行安检，保安检查完毕后放行（客户人员安检需由 ×× 公司内对应业务人员陪同）。

（5）政府机关单位工作人员由陪同人员全程陪同，无需安检，免检放行。

（6）所有来访人员须配合保安进行安检。

3.5　责任管制及处罚

（1）来访者活动区域限制采取责任制，是哪个部门的管理区域由该部门指派人员做管控。

（2）各区域负责人及作业员负责对各区域无参访证及未穿背心人员进行询问，责令其离开。

（3）如有不听从者，请向该厂或部门最高主管报告，由最高主管向行政部报告，行政部将给予其相应处罚。

（4）总务及保安人员将不定时针对厂内访客进行询问，如有未在规定区域内活动及应有专人陪同而无者，总务将提报公司，对相关人员进行惩处。

（5）重工驻厂人员及外包线人员一律从大门进出，并接受保安检查（客户驻厂人员除外）。

（6）对重工驻厂人员、废品回收及送货人员进入本公司不着背心者，一律处以罚款

500 元 / 次。

（7）重工驻厂、废品回收及送货人员一律在指定区域工作，严禁进入办公区域，不得到处活动，违者处以罚款 500 元 / 次。

（8）重要客户及政府人员至厂，随车司机只可在大厅区域等待，不可进入公司其他区域。

（9）所有访客至厂不可进入 A 栋三楼洗手间，一律至大门侧洗手间。

（10）对以上所有来访至公司人员在 ×× 公司内部损坏物品时，除赔偿对应之损坏物品价格外，另加罚 500 元 / 次。

（11）以上所有访客如违反我司相关规定，造成不良影响，我司将会将其本人设为黑名单内，后续不准入厂，如情节严重者通知对应公司进行 500 元罚款。我司无法处理时，将移交司法机关处理。

急救员培训管理规范

1. 目的

为减少和杜绝工伤事故的发生，第一时间正确处理受伤员工的伤情，做到“无事预防，有事知救”。

2. 范围

公司生产现场主管。

3. 培训内容

3.1　外伤的预防及现场处理

3.1.1　导致外伤的原因：

（1）机械因素（机器感应失灵，电压、电流不稳，电源线路老化）。

（2）人为因素（违规操作）。

3.1.2　处理：

（1）小外伤：压迫伤口，压迫伤口近端动、静脉血管，间隔15分钟左右松开一次，并立即送医务室、医院清创包扎。

（2）断指（肢）：应立即停机，拆开机器，将断指（肢）取出，切不可用倒转之法取出断指（肢），以防再次损伤，断指（肢）在常温15小时内有再植条件。

3.1.3　伤后护理：

（1）食软、易消化食物，避免辛、辣、冷、硬、油腻食品。

（2）禁止吸烟，卧床休息，保持良好的血供。

（3）功能锻炼。

3.2　如何避免化学物质对人体的危害

3.2.1　化学物品名：含苯、氯甲磷、砷、氯化烯等，强酸、强碱、醇、汞、煤油。

3.2.2　化学物品的危害：易致过敏性皮肤病，易致神经系统、呼吸系统、循环系统、血液系统损害。

3.2.3　预防：

（1）加强宣传及物品管理。

（2）使用无毒或低毒的原料。

（3）加强防护措施，包括隔离密封，加强通风和使用有效的个人防护用品。

（4）开展健康（职业）检查。

3.3 “中暑”的预防和急救

3.3.1　中暑的概念：指在高温环境下人体体温调节中枢功能紊乱。

3.3.2　中暑的原因：环境温度过高＞ 35℃，强辐射热，无防暑降温措施。

3.3.3　中暑的急救方法：转移至通风阴凉处，口服凉盐水或清凉盐饮料，放置冰袋于头、腋窝、腹股沟处。

3.3.4　预防：改善劳动条件，提供清凉含盐饮料，执行高温环境禁止作业的规定。

3.4 “电击”的伤后处理

3.4.1“电击”概念：俗称触电，是一定量的电流或电能量通过人体引起组织损伤和功能障碍。

3.4.2 “电击”伤后的一般表现：头晕、心悸、四肢无力、肌肉收缩、昏迷等，易造成神经系统损害、心律失常、高钾血症、胃肠道功能紊乱。

3.4.3　处理：迅速切断电源，或用绝缘物使之脱离电源，并送医院急救。

3.5 休克后的心脏复苏

3.5.1　导致休克的原因：意外事件、严重水电解质紊乱。

3.5.2　常见表现：意识消失、瞳孔散大、呼吸停止，摸大动脉搏动消失、心音消失。

3.5.3　心肺复苏法：

（1）保持呼吸道通畅，举颈仰首。

（2）人工呼吸：先口对口人工吹气 2 次，后按 1:5 比例进行心脏按压。

（3）胸外按压，病人平卧硬板床上，按压部位于胸骨中下 1/3 交界处，或剑突根部向上二横指处，按压频率 80~100 次 / 分。

4. 培训方法

由医务室的医护人员现场讲解和演示急救方法，并看培训光盘。

5. 相关记录

《培训记录》。

螺杆式空压机安全操作管理规范

1. 目的

为了使螺杆式空压机的操作符合公司安全管理规定，确保操作人员的健康与安全，特制定本指引。

2. 适用范围

本指引适用于公司内螺杆式空压机的操作。

3. 职责

工务部负责本指引的制定与更新。

4. 操作指引

4.1 开机前

4.1.1 如果在过去的6个月中压缩机一直未使用过，在开机前应改善压缩机主机的润滑情况。

4.1.2 检查油位，油位应位于规定的区域内。

4.1.3 检查电源、相序是否正确，电压是否符合规定的要求。

4.1.4 检查三角皮带是否张紧。

4.1.5 如果空气过滤器保养指示器上的彩色区域完全显示出来，则需要换空气过滤器滤芯。

4.1.6 清除空气过滤器的灰尘收集器的灰尘。

4.1.7 对于水冷型压缩机组还需要检查冷却水排污阀是否关闭，打开冷却水进水阀和调节阀。

4.2 开机

4.2.1 闭合电源，检查电源接通指示灯是否点亮。

4.2.2 打开空压机出气阀。

4.2.3 关闭手动排污阀。

4.2.4 按启动按钮，压缩机开始运行，且自动运行指示灯点亮，开机10秒后，压缩机开始加载运行。

4.2.5 对于水冷型机组还需要在加载运行的过程中调节冷却水流量。

4.3　运行中

4.3.1　定期检查油位，“加载运行”过程中油位应位于规定的区域内。

4.3.2　检查管道是否泄漏。

4.3.3　查看运行温度和冷却系统是否正常。

4.3.4　定期检查空气过滤器保养指示器，发现异常应立即停机。

4.3.5　电动机和机械部位应无异常声响和震动。

4.3.6　如果运行指示灯亮，则表示计算机控制器正在自动控制压缩机的运行，即加载、卸除和重新启动。

4.3.7　通过回油管视镜查看回油情况，检查是否有“需维修”信号。

4.3.8　定期检查显示屏上的读数和显示信息是否正常，如有异常应立即处理，确保机组安全运行。

4.3.9　当管网压力≤ 0.6MPa 时，机组会自动加载；当管网压力≥ 0.75MPa 时，机组会自动卸除，卸除后机组空载运行超过 15 分钟后自动停机。

4.4　停机

4.4.1　按停机按钮，运行指示灯会熄灭；压缩机将卸除运行约 30 秒钟后停机。

4.4.2　紧急情况下停机时，按控制面板上的紧急停机按钮，报警指示灯点亮；排除故障后，拉出该按钮解除锁定。

4.4.3　关闭供气阀，并切断电源。

4.4.4　打开手动排污阀。

4.4.5　对于水冷型机组关闭冷却水进水阀，如果环境温度可能达到冰点，则须将冷却系统内的水全部放空。

4.4.6　停机后再次启动的时间间隔应不少于 2 分钟。

4.5　安全注意事项

4.5.1　不允许擅自对安全阀做任何调整，严禁在没有安全阀的情况下运行压缩机。

4.5.2　在执行任何保养、维修或调整前，须让空压机停机，按紧急停机按钮，切断电源，并让空压机泄压。

4.5.3　机组吸入的空气应没有易燃烟雾或蒸汽（如油漆的稀释剂），否则将引发火灾或爆炸。

4.5.4　安装风冷机组的场地应能获得足够的冷却空气流量，且升温后的冷却空气不应循环进入进气口。

4.5.5　安置好进气口，人身应不被卷入。

4.5.6　从压缩机接到后冷却器或空气管网的排气管应能自由热膨胀，且不应接触或靠近易燃物品。

4.5.7　确保排气阀上无附加外力，连接管无附加应力。

4.5.8　对于配有自动启动和停机系统的机组，应标明“本机也许会不经预告即自行启动”的标签。

4.5.9　供电线路接线应符合有关规范，机组应接地并用保险丝做保护。

劳动防护用品管理规范

1. 目的

为预防工伤和职业病。

2. 适用范围

××电子有限公司。

3. 依据

《中华人民共和国劳动防护用品管理条例》。

4. 劳动防护用品的分类

4.1　按防护部位分类

4.1.1　安全帽。

4.1.2　呼吸护具类包括：防尘、防毒、供养三类。过滤式和隔绝式，是防尘肺和职业病的重要防护品。

4.1.3　眼护具类包括：保护眼面、焊接、防化学、防尘等眼护具。

4.1.4　听力护具包括：长期在85DB（A）上或短时在115DB（A）以上环境中应使用听力护具，耳塞、耳罩、帽盔等。

4.1.5　防护鞋包括：防砸、绝缘、防静电、耐酸碱、耐油、防滑鞋等。

4.1.6　防护手套包括：耐酸碱、电工绝缘、电焊等手套。

4.1.7　防护服包括：免受物理、化学等因素的伤害。

4.1.8　防坠落护具包括：安全带、安全绳和安全网。

4.1.9　护肤用品包括：护肤膏和洗涤剂。

4.2　按用途分类

防尘、防毒、防噪声、防电、防高温辐射、防微波和激光辐射、防放射、防酸碱、防油、防水、水上救生、防冲击，防坠落、防塞等用品。

5. 劳动防护用品的选择

防护用品的选用不仅要考虑其防护性能和卫生性能，还要考虑穿戴是否得体美观。以往的防护用品“傻、大、黑、粗”，没有考虑人的心理特点和审美需要，甚至没有人体尺寸需求，如工作服只有大、中、小号三种，穿起来不合身而影响工作和美观，工人不愿穿，使防护用品失去了防护作用。因此，防护用品要设计得适合人的穿戴，才能使工人坚持使用，达到防护目的。

6. 劳动防护用品的采购

（1）购进劳动防护用品必须具有“三证一票”，即定点生产许可证或生产批准书、检验合格证、安全鉴定证和专用发票。

（2）采购时要到有“特种防护用品资格认可证”处购买。

（3）严禁采购假冒、伪劣、过期、霉变、失效的劳动防护用品。

7. 劳动防护用品的发放

（1）劳动防护用品的选择应考虑对有害因素的防护功能，同时考虑作业环境、劳动强度及有害因素的存在形式、性质、浓度等因素。

（2）所选用的劳动防护用品必须保证质量，各项指标符合国家标准和行业标准。

（3）根据企业安全生产和防止职业病危害的需要，按照不同工种、不同劳动条件发放。

（4）劳动防护用品的发放标准应按照行业或地方标准执行。

（5）劳动防护用品的采购、保管、发放工作，由企业行政或供应部门负责，管理部门和工会组织进行督促检查。

（6）特殊防护用品应建立定期检查制度，不合格或失效的，一律不准使用。

（7）对于在易燃、易爆、烧灼及有静电发生的场所，禁止发放、使用化学防护用品。

8. 劳动防护用品的管理

8.1 使用期限与报废

使用期限按作业条件对防护用品的摩擦、腐蚀类别、受损耗情况、耐腐蚀能力来确定。

8.2 判废条件

8.2.1 不符合国家标准或专业标准。

8.2.2 未达到上级劳动保护监察机构规定的功能指标。

8.2.3 在使用期或保管贮存期内遭到损坏，或超过有效使用期，经检验未达到原规定的有效防护功能最低标准。

8.3 使用防护用品的注意事项

8.3.1 劳动者穿戴防护用品进入作业场所后，不能随便脱卸。

8.3.2 生产过程中，要注意作业环境的变化，发现险情应立即采取紧急措施。

8.3.3 若发现穿戴移位，应随即纠正。

8.3.4 发现用品失灵时，应根据危害性质分别采取堵住某一泄漏位置，使用紧急补救装置或立即撤离现场。

8.3.5 受过较大冲击的安全帽和安全绳不能继续使用，应更新。

8.3.6 在使用过程中，各种防护用品还应根据不同用料、不同结构，尽量避免接触具有溶解燃烧性质和尖锐锋利的器件。

8.4 防护用品使用后的处理

用完后，应根据有关安全操作规程脱卸，经整理、清洁后保存。

8.5 建立防护用品的保管、回收、修理制度

8.5.1 保管方法应分清不同性质，采取专人集中保管、分散个人保管或一次使用报废等方法。

8.5.2 使用单位还应建立回收和修理制度。

8.6 劳动防护用品的检验与认证

劳保用品按国家要求进行第三方检测和认证。

9. 特种防护用品的监督检验

9.1 特种防护用品

特种防护用品包括：头、呼吸器官、眼、面、听觉器官防护类，防护服装，手足防护类，或经劳动部确定的其他特种劳动防护用品。

9.2 劳动防护用品必须符合国家标准规定的质量和要求

特种劳动防护用品由劳动部门审核定点生产，凡无劳动防护用品质量监测部门检测认可的，无劳动防护用品《生产许可证》和《产品合格证》的，生产企业不准生产，经营单位不准经销，用户不准发放使用，违者给予处罚并追究领导人责任。

绿化管理规范

1. 目的

为美化公司环境，为员工提供一个舒适的工作、生活环境，提升企业外在形象，特制定本办法。

2. 范围

适用于公司内部所有绿化场所的养护工作。

3. 定义

无。

4. 权责

（1）行政部后勤为全公司绿化管理单位。
（2）技术人员负责本规程的监督实施及质量控制。
（3）绿化工依照本规程实施草坪养护作业。

5. 程序内容

5.1　草坪养护

5.1.1　淋水：视天气情况淋水，以不出现缺水枯萎为原则。一般夏秋生长季节 1~2 天淋水一次，秋冬季根据天气情况每周淋水 2~3 次。

5.1.2　草坪改良：

5.1.2.1　准备等同面积的同一品种的好草坪块。

5.1.2.2　将要换地方的原草坪草用铲铲起。

5.1.2.3　将铲去草块的地方松土，施放土壤改良肥。

5.1.2.4　将接缘处的草撬高约 1 厘米后将新草铺上。

5.1.2.5　将新旧草一起拍平使之吻合后铺上一层约半厘米厚的新沙。

5.1.2.6　淋水，完成更换过程。

5.1.3　草坪施肥常用肥料及其特点：

5.1.3.1　复合肥。分为即溶和缓溶两种，是草坪的主要用肥。即溶复合肥用水溶后喷施，缓溶复合肥一般直接干撒。

5.1.3.2　尿素。尿素为高效氮肥，常用于草坪追绿。但草坪使用氮肥过多会造成草坪草植株抗病力下降而染病。

5.1.4　施肥方法：

5.1.4.1　按说明用量用手均匀撒施，施肥前后各淋一次水，施肥量每平方米 15 克左右，切忌施肥后不淋水。

5.1.4.2　所有施肥方法均按点一片一区的步骤进行，以保均匀。

5.1.5　施肥周期：

5.1.5.1　草坪每 3 个月或半年施放一次缓溶复合肥。

5.1.5.2　尿素只在重大节庆日、检查时才用于追绿，其他时间严格控制使用。

5.1.6　剪草

5.1.6.1　剪草步骤：

（1）清除草地上的石块、枯枝杂物。

（2）选择走向，与上一次剪草走向要求有至少 30 度以上的交叉，避免重复方向修剪引起草坪长势偏向一侧。

（3）启动发动机，逐渐加大油门，放下刀盘，合上刀盘，合上离合开始行剪，速度不急不缓，路线直，每次往返修剪的截割面应保证有 10 厘米左右的重叠。

（4）遇障碍物应绕行，四周不规则草边应沿曲线剪齐，转弯时应调小油门。

（5）若草过长应分次剪短，不允许超负荷运作。

（6）边角、路基边草坪、树下的草坪用割灌机剪，但若花丛、细小灌木周边修剪不允许用割灌机，以免误伤花木，这些地方用手剪修剪。

（7）修剪后将草屑清扫干净入袋，清理现场。

（8）洗机械，做剪草记录及用机记录。

5.1.6.2　剪草质量标准：

（1）整体效果平整，无明显起伏和漏剪，剪口平齐。

（2）障碍物处及树头边缘用割灌机式手剪补剪，无明显漏剪痕迹。

（3）四周不规则草边及转弯位无明显交错痕迹。

（4）现场清理干净，无遗漏草屑、杂物。

（5）效率标准：单机全包 200~300 平方米 / 小时。

5.1.7　杂草控制：

5.1.7.1　根据杂草的生长情况，选用除草方法。一般少量杂草或无法用除草剂的草坪杂草采用人工拔除，已蔓延开的恶性杂草用选择性除草剂防除。

5.1.7.2　人工除草：

（1）除草按区、片、块的划分，定人、定量、定时地完成除草工作。

（2）除草应采用蹲姿作业，不允许坐地或弯腰寻杂草。

（3）除草应用辅助工具将草连同草根一起拔除，不可只将杂草地上部分去除。

（4）拔出的杂草应及时放于垃圾桶内，不可随处乱放。

（5）除草应按块、片、区依次完成。

5.1.7.3　除草剂除草：

（1）使用除草剂除草时应在技术员指导下进行，由园艺师或技术员配药，并征得绿化保养主管同意，正确先用除草剂。

（2）喷除草剂时喷枪要压低，严防药雾飘到其他植物上。

（3）喷完除草剂的喷枪、桶、机等要彻底清洗，并用清水冲洗喷药机几分钟，洗出的水不可倒在有植物的地方。

（4）靠近花、灌木、小苗的地方禁用除草剂，任何草地上均禁用灭生必除草剂。

（5）用完除草剂要做好记录。

5.1.7.4　杂草防除质量标准：

（1）草坪上没有明显的杂草，12 厘米的杂草不得超过 5 棵 / 平方米。

（2）整块草坪没有明显的阔叶杂草。

（3）整块草地没有已经开花的杂草。

5.1.8　病虫害防治：

5.1.8.1　草坪常见病害有叶斑病、立枯病、腐烂病、锈病等。

5.1.8.2　草坪常见虫病有蛴螬、蝼蛄、地老虎等。

5.1.8.3　草坪病虫害应以防为主。药品选用由技术员或园艺师确定。一般草坪每季喷药一次。

5.1.8.4　对于突发性的病虫害草坪应及时针对性地选用农药加以喷杀，以防蔓延。

5.1.8.5　对于由于病虫害而导致的严重退化的草坪应及时给予更换。

5.2　绿篱养护

5.2.1　绿篱养护质量要求：

5.2.1.1　造型绿篱轮廓清晰，棱角分明。

5.2.1.2　墙状修剪绿篱侧面垂直，平面水平，无明显缺剪漏剪，无崩口，脚部整齐。

5.2.1.3　每次修剪原则上不超过上一次剪口，已定型的绿篱新枝留高不超过 5 厘米。

5.2.1.4　片植绿篱修剪应有坡度变化，但坡度应平滑，不能有明显交接口。

5.2.1.5　绿篱内生出的杂生植物、爬藤等应及时予以连根清除。

5.2.1.6　生长不良或遭受病虫害而严重变形的植株应及时用大小相当的同类植株予以更换。

5.2.2　绿篱养护应视天气情况 2~3 天淋一次水，每半个月用水冲洗一次叶面。

5.2.3　施肥：公司内绿篱根据生长情况要求每半年或三个月施一次缓溶肥，施肥时应严防肥料沾在枝叶上或撒落路边，肥料不许成堆贴近植物根部。

5.2.4　病虫害防治：

5.2.4.1　常见病害及其防治：

（1）白粉病。白粉病发作时用粉锈灵防治。

（2）黑斑病。黑斑病发作时用甲基托布津、代森锰锌、百菌清防治。

（3）煤污病。防治煤污病要清疏植株增强光照，喷杀蚧药和百菌清的混合液，结合防杀蚧壳虫同时进行。

5.2.4.2　常见虫害及其防治：

（1）蚜虫。蚜虫发作时用氯氰菊酯类、万能粉防治。

（2）螨虫。螨虫发作时用克螨特、速螨酮、三氯杀螨醇等防治。

（3）蚧壳虫。蚧壳虫发作时用速扑杀、乐斯本等防治。

5.2.4.3　公司内绿篱每月喷广谱性杀虫药及杀菌药一次。

5.2.4.4　绿篱喷药时将喷药枪伸入绿篱内从叶背面喷。

5.2.5　修剪：

5.2.5.1　公司内绿篱每年冬季应彻底清剪一次枯枝弱枝，并在开春前将高度压到定高点重剪一次。

5.2.5.2　春夏生长季应平均每 25 天修剪一次，平时对个别长枝进行局部修整。

5.2.5.3　用绿篱机修剪的方法步骤：

（1）按比例（一般机油与汽油的比例为 1:20~1:25）配好混合油，加油，修剪前检查机器运转正常。

（2）确定修剪高度，一般不低于上一次剪口。

（3）先剪正侧面，再剪水平面，然后是次侧面。

（4）反复找平剪过的地方，修脚部。

（5）清理剪下的枝叶，不能有枝叶挂于绿篱上。

（6）操作完后离场，做好相关工作记录。

5.2.5.4　绿篱修剪注意事项：

（1）机油与汽油的配油比例准确。

（2）冷机启动时先泵三下油。启动时绿篱剪口不能向着人。刚启动时不能加太多油，启动后拿好机器后再逐渐加大油门。

（3）手握开动着的绿篱机应遵守横平竖直的原则，严禁剪口朝向自己身体任何部位。

（4）绿篱定高原则上不能低于上次修剪的高度，剪后应彻底清理剪下的枝条。

（5）绿篱修剪、喷药、施肥或更换后应及时进行登记。

5.3　常用农药安全使用管理

5.3.1　敌敌畏乳油（广谱杀虫剂）：

5.3.1.1　配药时要充分搅拌才能乳化，不宜与碱性物质混用，应现配现用。

5.3.1.2　喷雾器使用前后应清洗干净，不准在天然水域中清洗。

5.3.1.3　本品对某些植株较敏感，稀释不能低于 800 倍液，最好先进行试验再用。

5.3.1.4　施药时应穿戴好防护用品手套、口罩、胶鞋等，避免药液溅及眼睛、衣服和皮肤。

5.3.1.5　使用本品时应避免药液流入湖泊、河流或鱼塘中。

5.3.1.6　中毒急救：

（1）皮肤接触：用肥皂水及流动清水冲洗。

（2）眼睛接触：用流动清水冲洗10分钟或2%的碳酸氢钠溶液清洗。

（3）吸入：迅速脱离现场至空气新鲜处，呼吸困难时输氧，呼吸停止时立即进行人工呼吸，就医。

（4）误服：误服时立即催吐洗胃、导泻（清醒时才能催吐），就医。解毒药物可用阿托品或解磷定。

5.3.1.7　贮存及运输：应向上放置于通风、阴凉、干燥及儿童接触不到的地方，避免和食物、种子等混放在一起；搬运时轻拿轻放。

5.3.2　百菌清（广谱杀菌剂）：

5.3.2.1　可与大部分农药及叶面肥混合使用。

5.3.2.2　安全间隔期为14天。

5.3.2.3　对鱼敏感，避免污染鱼塘和水域。

5.3.2.4　贮存于阴凉干燥通风处，远离饲料、食物及儿童。

5.3.2.5　在使用过程中如有药液溅到皮肤上，用肥皂水清洗后涂药，并脱去沾上药液的衣服和鞋；如误食，应立即催吐、洗胃；对于发生过敏的患者，可给予抗阻胺或类固醇药物治疗。

5.3.3　拉索乳油（甲草胺除草剂）：

5.3.3.1　本品为低毒除草剂。吸入、摄入或经皮肤吸收后会中毒，有刺激作用。资料报道，对人有致突变作用。受热分解释放出有毒的氯气和氮氧化物。

5.3.3.2　中毒急救：

（1）皮肤接触：立即脱去污染的衣服，用大量流动清水冲洗，就医。

（2）眼睛接触：提起眼睑，用流动清水或生理盐水冲洗，就医。

（3）吸入：迅速脱离现场至空气新鲜处；保持呼吸道通畅，如呼吸困难，输氧。如呼吸停止，立即进行人工呼吸；就医。

（4）误服：饮足量温水，催吐，就医。

5.3.3.3　贮存及运输：储存于阴凉、通风的库房。远离火种、热源。防止阳光直射。包装密封。应与氧化剂、酸类、碱类分开存放，切忌混储。运输途中应防曝晒、雨淋，防高温。

6. 相关文件

无。

7. 附件

无。

灭“四害”管理规范

1. 目的

为降低全厂的“四害”密度，提高全员健康意识，预防疾病发生。

2. 范围

适用于本厂的宿舍、厨房、餐厅、休闲区及厂区周边草地。

3. 定义

四害：是指蟑螂、老鼠、苍蝇、蚊子。

4. 权责

行政部负责灭“四害”的全部工作，其他部门协助行政部后勤组做好灭“四害”的工作。

5. 程序内容

（1）为确保公司建筑物内外环境“四害”密度达标，符合全国和省的标准要求，委托专业公司进行除“四害”工作。

（2）除“四害”专业公司按全国和省的标准要求，履行合约，进行灭“四害”工作。

（3）行政部安排人员检查全厂的“四害”情况，每月进行除“四害”灭效监测。

（4）善后处理：将用过后的药瓶，放置于废弃物摆放区，由有资格的环保公司回收。

6. 相关文件

无。

7. 附件

《除“四害”检查记录表》。

女职工保护管理规范

1. 目的

为维护女职工的合法权益，减少和解决女职工在劳动和工作中因生理特点造成的特殊困难，保护其健康，特制定本程序。

2. 范围

本程序适用于公司女职工的特殊劳动保护工作。

3. 职责

（1）人力资源部在各自业务职责范围内负责女职工特殊劳动保护的管理。

（2）人力资源部协助确定具体的女职工禁忌工种、禁忌工作范围。

（3）人力资源部对女职工劳动保护实施监督管理。

（4）各部门认真执行国家、地方有关女职工劳动保护的法律、法规及公司的有关规定。

4. 工作程序

（1）人力资源部及各单位在职工定岗、定员工作中不得安排女职工从事有关法律、法规及其他要求中明确规定的禁忌工种、禁忌工作范围。

（2）不得安排女职工从事：

① 国家《体力劳动强度分级》标准中第 IV 级体力劳动强度的劳动。

② 连续负重（指每小时负重次数在 6 次以上）每次负重超过 20 公斤，间断负重每次超过 25 公斤的作业。

（3）女职工在月经期间，不得从事装卸、搬运等体力劳动及高空、低温（如冷水低温作业）、野外作业和国家规定的 III 级体力劳动强度的劳动。

（4）在生产第一线长久站立行走的女职工，在月经期间单位应给予适当的照顾，工资奖金如数发放。

（5）已婚待孕的女职工禁忌从事铅、汞、苯、镉等作业场所属于国家《有毒作业分级》标准中第 VI、IV 级的作业。

（6）怀孕女职工禁忌从事：

① 作业场所空气中铅及其化合物、汞及其化合物、苯、镉、铍、砷、氰化物、氮氧化

物、一氧化碳、二氧化碳、氯、甲醛、苯胺等有毒物质浓度超过国家卫生标准的作业。

② 作业场所放射物质超过国家《放射防护规定》中规定剂量的作业。

③人力进行的土方和石方作业。

④《体力劳动强度分级》国家标准中第 III 级体力劳动强度的作业。

⑤ 伴有全身强烈振动的作业，如风钻、锻造等，以及拖拉机驾驶。

⑥工作中需要频繁弯腰、攀登、下蹲的作业，如焊接作业等。

⑦国家标准《高处作业分级》中规定的高处作业。

⑧对怀孕 7 个月的女职工，不得安排其延长工作时间和夜班劳动，对不能胜任原岗位工作的，应根据医务部门的证明，予以减轻劳动量或调换岗位安排适当的工作。

⑨对怀孕满 24 周的女职工，所在单位要设法予以调换轻便工作。

（7）对有过两次以上自然流产史，现又无子女的女职工，应暂时调离有可能直接或间接导致流产的作业岗位。

（8）女职工怀孕不满四个月流产时，给予产假 15~30 天，满四个月以上流产者，给予产假 42 天，产假期间，工资按公司《工资管理暂行规定》发放。

（9）女职工产假为 90 天，分为产前假、产后假两部分。产前假 15 天，产后假 75 天，难产的增加产假 15 天，多胞胎生育的每多生育一婴儿，增加 15 天。产假期间，工资按公司《工资管理规定》发放。

（10）经上级批准生育二胎的女职工，按国家规定享受产假 90 天。

（11）女职工在哺乳未满 1 周岁婴儿期间，所在单位不得安排其从事国家规定的第 III 级体力劳动强度以上的工作和哺乳期禁忌从事的其他劳动。不得延长其劳动时间，一般不得安排其从事夜班劳动。

（12）有不满一周岁婴儿的女职工其所在单位应当在每班劳动时间内给予其两次哺乳时间，每次 30 分钟，两次哺乳时间可合并使用。每多哺乳一个婴儿，每次哺乳时间可增加 30 分钟，哺乳时间和厂区往返时间算劳动时间。

（13）不准在女职工怀孕期、产期、哺乳期降低其基本工资，或解除劳动合同。

（14）女职工劳动保护的权益受到侵害时，有权向所在单位工会或公司工会提出申诉。受理申诉的部门应当自收到申诉书之日起三十日内做出处理决定。女职工对处理决定不服的，可以在收到处理决定书之日起 15 日内向人民法院起诉。

（15）各单位应按照女职工劳动保护规定认真执行女工“四期保护”，落实劳动保护措施。

（16）各级工会按照有关女职工劳动保护的法律、法规和公司规定，监督各级行政部门的贯彻执行情况及实施效果。

5. 相关文件

（1）《中华人民共和国妇女权益保障法》。

（2）《女职工劳动保护规定》。

（3）《女职工禁忌劳动范围的规定》。

（4）《广东省女职工劳动保护规定实施办法》。

（5）《特种作业人员管理程序》。

气焊（割）安全管理规范

1. 目的

为使气焊（割）的操作符合公司安全管理规定，确保操作人员的健康与安全，特制定本程序。

2. 适用范围

本规定适用于公司内气焊（割）的操作。

3. 职责

工务部负责本规定的制定与更新。

4. 操作规定

（1）施焊（割）场地周围应清除易燃易爆物品，或进行覆盖、隔离。

（2）必须在易燃易爆气体或液体扩散区施焊时，应经有关部门检试许可后，方可进行。

（3）氧气瓶、乙炔瓶或液化石油气瓶、压力表及焊割工具上，严禁沾染油脂。

（4）氧气瓶、乙炔瓶（液化石油气瓶）不得放置在电线正下方，乙炔瓶或液化石油气瓶不得与氧气瓶同放一处，气瓶存放和使用间距必须大于 5 米，距易燃、易爆物品和明火的距离，不得少于 10 米。检验是否漏气，要用肥皂水，严禁用明火。

（5）氧气瓶、乙炔瓶应有防震胶圈和防护帽，避免碰撞和剧烈震动，并防止暴晒。

（6）点火时，焊枪口不准对准别人，正在燃烧的焊枪不得放在工件或地面上。带有乙炔和氧气时，不准放在金属容器内，以防气体逸出，发生燃烧事故。

（7）不得手持连接胶管的焊枪爬梯、登高。

（8）高空焊接或切割时，必须挂好安全带，焊接周围如下方应采取防火措施，并有专人监护。

（9）严禁在带压的容器或管道上焊、割，带电设备应先切断电源。

（10）在贮存过易燃易爆及有毒物品的窗口或管道上焊、割时，应先将所有的孔、口打开。

（11）工作完毕应将氧气瓶、乙炔瓶气阀关好，拧上防护罩，并彻底消除火灾隐患后，方可下班离开。

人体工程学识别、评价控制程序

1. 目的

对公司从事体力劳动给员工带来的影响进行识别，对其可能与人体工程学风险进行评价，并根据评价结果进行相应的控制，为公司选定适当的人体工程学管理方案提供依据。

2. 范围

本公司人工搬运材料和举起重物、长时间站立和高度重复或者强力的装备工作的识别与评价。

3. 定义

（1）人体工程学：为员工提供合适的工作环境，而非强迫员工去适应工作环境。

（2）累计：在一定周期，如一个星期、一个月、一年甚至几年时间内组建的加剧（如腕隧道症候群、上踝炎、肩周炎、液囊炎症等）。

（3）损伤：神经、组织等身体部位的伤害。

（4）混乱：身体非自然或反常情形。

4. 职责

（1）人体工程学评估小组负责对本公司内所有工序活动及场所进行人体工程学风险识别与评估。

（2）被评估部门负责对本部门不符合人体工程学的工段进行整改。

（3）人体工程学评估小组组长负责跟进各部门整改措施的完成情况。

5. 内容

5.1　人体工程学的识别

5.1.1　通过伤害和疾病的预防使工作更安全。

（1）通过调整工作状态使工作更加容易。

（2）通过减少体力和精神的压力使工作更舒适。

（3）减少伤害并提高生产力。

（4）节约成品（可以减少相关补偿）。

5.2　辨识风险

5.2.1　辨识风险的范围：

（1）生产线作业方式。

（2）搬运、接货和仓库搬运。

（3）办公室计算机工作者。

5.2.2　造成风险的原因：

（1）重复性。

（2）不正确的姿势。

（3）用力过度。

（4）振动。

5.2.3　依据GB3869-1997《体力劳动强度分级》与GBZ2-2002《工作场所有害因素职业接触限值》的法律、法规进行体力劳动强度分级。

体力劳动强度分级	体力劳动强度指标
Ⅰ	≤ 15
Ⅱ	＞15，≤ 20
Ⅲ	＞20，≤ 25
Ⅳ	＞25

人体工程学评估小组将评估结果记录在《人体工程学评估表》中。

5.2.4　公司每年应至少一次对人体工程学风险进行评估，将风险因素做好及时跟踪改善，以确保风险因素得到解决。

5.3　风险控制措施

5.3.1　风险控制措施主要包括管理措施和工程措施。

5.3.2　风险控制措施的制定方法：

（1）管理方案。

（2）紧急计划。

（3）相应的监视和测量。

5.4　风险控制措施制定后的评审

风险控制措施制定后应在实施前予以评审，其内容为：

（1）风险控制措施制定后是否将风险降低到可容许水平。

（2）是否产生新的风险值。

（3）是否已选定投资效果最佳的解决方案。

（4）计划的措施是否已完全被应用等。

5.5　职业安全健康风险记录

公司应建立并维持辨识和评价职业安全健康风险值和重大职业安全健康风险值的记录，并保持记录的更新。

6. 相关文件

（1）GB3869-1997《体力劳动强度分级》。

（2）GBZ2-2002《工作场所有害因素职业接触限值》。

7. 附件

（1）《人体工程学评估小组架构图》。

（2）《人体工程学评估表》。

消毒柜操作管理规范

1. 目的

为保证公司内饭堂消毒柜的操作符合规范，保障饭堂人员及用餐员工的健康与安全，特制定本规定。

2. 适用范围

本规定适用于公司内饭堂消毒柜的操作。

3. 职责

（1）饭堂负责人负责安排饭堂人员按操作规定进行操作。

（2）行政部负责对饭堂人员的操作进行检查、监督。

（3）行政部负责本规定的制定与更新。

4. 操作规定

4.1 操作程序

4.1.1 检查电源开关是否关闭。

4.1.2 确认关闭后，将清洗干净、沥干水后的餐具摆放架上。

4.1.3 关闭消毒柜门，接通电源开关进行消毒。

4.1.4 消毒完成后，消毒柜将自动关闭电源，保温20分钟再取出餐具。

4.2 注意事项

4.2.1 慎防漏电，如有漏电跳闸现象，立即切断电源开关，停止使用，并报告主管处理。

4.2.2 注意柜内、餐具的温度，取餐具时小心拿放，慎防烫伤。

4.3 清洁保养

4.3.1 保持柜内外清洁。

4.3.2 柜内外采用湿抹布进行抹擦干净，不得用水冲洗。

4.3.3 无杂物，无锈斑。

血媒传播管理规范

1. 目的

为预防因血媒传播引起的员工健康危险及工厂基础设施的安全隐患。

2. 适用范围

适用于工厂的生产区所有可致血媒传播的工具及其他设施、医疗器械及急救药箱常用药品管理、工厂范围内所有可致血媒传播的基础设施。

3. 职责

（1）行政部负责组织制定血媒控制的预防措施和应急措施，并组织进行相关工具的检查，以及对员工的预防宣传教育等工作。

（2）负责组织、统筹工厂的血媒传播预防控制内容的教育和监督，组织车间管理人员与员工血媒传播控制知识培训，常用药品清点、医用器械消毒等。

4. 定义

血媒传播：日常工作事故或医疗处理中，操作工具或医疗器械及其他相关因素引起的皮肤损伤流血，因工具或医疗器械及其他相关因素本身导致以血液为媒介的病毒感染或其他威胁员工健康及工厂工业安全的传播途径。

5. 引用标准

无。

6. 管理

6.1　责任确定

6.1.1　车间管理人员需对车间所有可能导致皮肤破损、失血的操作工具（如剪刀、锥子等）分发到个人，并做简单的安全使用教育培训。各部门主管为血媒传播控制要求的直接责任人。

6.1.2　厨房厨师操作刀具需依照车间血媒传播控制管理要求，厨房负责人为直接责任人，并负责厨房所有刀具或其他利器操作人员与操作工具名称的登记和其他备案工作。

6.1.3　车间及厨房以外的非工作区域，由行政部人员负责清点、登记和确定各类可致血媒传播的对象名称及相应责任人。

6.1.4　医药箱所有常备药品须在每月1日、15日（如遇1日、15日是休息日，则提前或延迟一天进行）进行检查，针对异常情况，需详细登记并报备行政部。

6.1.5　生产车间在使用剪刀、锥子等利器时，须绑定，车间管理人员需根据实际作业情况控制使用利器。

6.2　更换登记

6.2.1　车间可致血媒传播的工具的操作人员在其使用的工具丧失使用价值后，需凭已使用的工具去换取新的工具，车间各部门负责人需做好登记；厨房厨师所有刀或其他利器不能使用后，厨房负责人需收取原工具并做好登记后方能向厨师发放新的工具；车间及厨房以外的非工作区域，若有可致血媒传播的物件不能使用，相关负责人需及时报备登记后方能更换。

6.2.2　员工急救室医疗器材因使用时间过长或损坏造成的无法使用，负责人需凭报废医疗器材方能领取新的医疗器材；员工急救室负责人若有变动，需移交相关器材登记记录和消毒记录。

6.3　培训教育

人力资源部依照本程序内容统筹计划定期的教育培训，并提供完整的培训记录、签到及员工意见反馈。

6.4　应急处理

血媒传播控制事件发生后，急救人员依据《应急准备和回应控制程序》等要求，对当事人进行医疗处理，伤情严重者需送医院治疗。

6.5　事件备案

血媒传播控制事件发生后，处理结果需上报人力资源部，经会议确立改善要求和改善内容，急救室人员做好事故记录。

7. 相关资料

（1）《应急准备和响应控制程序》。

（2）《每周药箱检查表》。

压力容器安全管理规范

1. 目的

通过对锅炉压力容器压力管道气瓶的采购安装、使用、检修检查和监督等过程的管理，确保锅炉压力容器压力管道气瓶的安全运行使用，保护人身及设备安全。

2. 范围与编制依据

2.1　范围

本程序适用于公司生产生活用锅炉压力容器与气瓶的管理，与上级规定相抵触时应执行上级有关规定。

2.2　编制依据

2.2.1《锅炉压力容器安全监察暂行条例》及其实施细则。

2.2.2 《蒸汽锅炉安全技术监察规程》。

2.2.3 《热水锅炉安全技术监察规程》。

2.2.4《压力容器安全技术监察规程》。

2.2.5 《气瓶安全监察规程》。

2.2.6 《溶解乙炔气瓶安全监察规程》等。

3. 机构与职责

3.1　公司锅炉压力容器检验站

在公司总工的领导下成立公司锅炉压力容器检验站，负责对生活用锅炉压力容器与气瓶的安全技术管理进行监督。公司工程部锅炉专工为公司锅炉安全技术管理负责人，汽机专工为公司压力容器压力管道安全技术管理负责人，物资公司专工计划员为气瓶安全技术管理负责人，项目部工程部锅炉专工、汽机专工、物资公司专工计划员分别担任本项目部的锅炉压力容器压力管道气瓶安全技术管理负责人。项目部锅炉压力容器使用单位、气瓶储存使用单位必须设立专兼职人员负责锅炉压力容器及气瓶的安全技术管理工作，并严格按照有关规程的规定，做好锅炉压力容器及气瓶运输储存使用管理工作。

3.2　公司总工职责

对锅炉压力容器压力管道气瓶的安全技术管理工作负责。

3.3　公司锅炉监察工程师职责

（1）在公司总经办领导下负责贯彻执行国家及上级有关锅炉压力容器安全监察的方针政

策法规规程。

（2）协调处理锅炉压力容器有关问题。

（3）参加锅炉压力容器事故的调查处理。

3.4　安全技术管理负责人职责

（1）负责提出锅炉压力容器的修理改造方案并监督实施。

（2）参与锅炉压力容器压力管道气瓶事故的调查处理。

3.5　项目部主管领导职责

（1）督促各有关单位部门认真贯彻执行国家上级及公司有关锅炉压力容器压力管道气瓶的安全监察的方针政策法规规程制度。

（2）对本项目部的锅炉压力容器压力管道气瓶的安全技术管理负责。每年应至少组织两次安全技术管理情况检查，并将检查情况报公司锅炉压力容器监督部门。

3.6　锅炉压力容器气瓶存储使用单位主管领导职责

（1）每月进行一次现场检查。

（2）解决锅炉房及压力容器气瓶管理中人、财、物上的问题。

（3）关心司炉工压力容器操作人员及气瓶管理人员的有关问题。

3.7　使用单位专兼职管理人员职责

（1）传达并贯彻当地政府锅监机构和公司下达的各种安全指令。

（2）对司炉工人、水质化验人员组织技术学习和进行安全教育。

（3）组织制定锅炉压力容器气瓶等各项管理规章制度。

（4）对锅炉等的各项规章制度的实施情况进行检查。

（5）督促检查锅炉及其附属设备的维护保养和定期检验计划的实施。

（6）解决锅炉房人员提出的问题，如不能解决应及时向主管领导汇报。

（7）向当地政府锅炉监察机构和公司报告本单位锅炉压力容器气瓶等使用管理情况。

3.8　锅炉班长职责

（1）督促检查司炉工人严格按操作规程操作。

（2）对设备维护保养负责。

（3）负责贯彻执行锅炉房各项规章制度规程。

3.9　司炉工人职责

（1）严格执行各项规章制度，精心操作，确保锅炉的安全运行。

（2）发现锅炉有危及安全的异常现象时，采取紧急停炉措施并报告班长及单位主管人员。

（3）拒绝执行任何对锅炉安全运行有危害的违章指挥。

（4）努力学习业务知识，不断提高操作水平。

3.10　锅炉水处理人员职责

（1）严格执行锅炉水处理管理规则、锅炉房安全管理规则的有关规定及水质标准。

（2）正确并及时地进行水处理设备的操作及水质化验工作，并根据水质情况采取相应的措施。

（3）锅炉停炉检验及检修时，应到现场了解锅炉内结构及腐蚀情况，认真做好必要的记录和水垢腐蚀状况的收集和分析工作，提出进一步提高水处理效果的措施。有关记录和分析资料应存入锅炉技术档案。

3.11　压力容器使用单位管理人员职责

（1）贯彻执行压力容器安全技术监察规程和有关压力容器的安全技术规范。

（2）编制压力容器的安全管理规章制度。

（3）参加压力容器的安装试验及试运行。

（4）检查压力容器的运行维修和安全附件校验情况。

（5）负责压力容器的检验、维修、改造等的审查。

（6）编制压力容器的年度定期检验计划，并负责组织实施。

（7）负责向当地政府锅监机构和公司报送当年压力容器数量和变动情况统计报表、压力容器的定期检验计划的实施情况、存在的主要问题等。

（8）参加压力容器事故的调查分析。

（9）负责压力容器操作人员安全技术培训管理工作。

（10）负责建立压力容器的技术档案。

3.12　压力容器班长职责

（1）督促操作人员严格按操作规程操作。

（2）对压力容器的维护保养负责。

（3）负责贯彻执行压力容器的各项规章制度规程。

3.13　压力容器操作人员职责

（1）严格执行各项规章制度，精心操作确保安全运行。

（2）发现压力容器有危及安全的异常现象时，应采取紧急停机措施并报告班长及单位主管人员。

（3）对任何有害压力容器安全运行的违章指挥应拒绝执行。

（4）努力学习业务知识，不断提高操作水平。

3.14　气瓶储存单位管理人员职责

（1）根据气瓶安全监察规程和溶解乙炔气瓶安全监察规程，制定本单位气瓶安全管理制度。

（2）负责制定事故应急处理措施。

（3）负责对气瓶的场内运输含装卸及驾驶储存人员进行技术安全教育。

（4）负责联系有检验资格的锅炉压力容器检验机构对本单位的气瓶进行定期检验，监督检查供气单位气瓶的定期检验情况。

4. 程序

4.1　锅炉的控制

4.1.1　购置与安装：

4.1.1.1　锅炉设备由公司机械部负责购置。公司应派人参加验收，验收不合格的应退货或由制造厂负责消除缺陷。

4.1.1.2　购买的锅炉产品必须附有与安全有关的技术资料，内容包括：

（1）锅炉图样包括总图安装图和主要受压部件图。

（2）受压元件的强度计算书或计算结果汇总表。

（3）安全阀排放量的计算书或计算结果汇总表。

（4）锅炉质量证明书，包括合格证、金属材料证明、焊接质量证明和水压试验证明。

（5）锅炉安装说明书和使用说明书。

（6）受压元件重大设计更改资料。

4.1.1.3　锅炉产品出厂时应在明显位置设置铭牌。铭牌内容应符合蒸汽锅炉安全技术监察规程、热水锅炉安全技术监察规程的规定。

4.1.1.4　锅炉房的设计建造应符合蒸汽锅炉安全技术监察规程、热水锅炉安全技术监察规程的有关规定。锅炉房建造前，由使用单位部门将锅炉房平面布置图交当地政府锅炉压力容器监察机构审查同意，否则不得施工。

4.1.1.5　锅炉安装单位必须持有锅炉安装许可证且在有效期内，其安装级别符合要求。

4.1.1.6　锅炉安装应符合蒸汽锅炉安全技术监察规程和热水锅炉安全技术监察规程的有关规定，并应符合工业锅炉安全技术监察规程的有关规定。

4.1.1.7　由锅炉安装单位和使用单位共同进行锅炉安装质量的分段验收和水压试验，总体验收时应有地方政府锅监机构和公司有关人员参加。

4.1.2　使用与管理：

4.1.2.1　办理锅炉使用登记证应具备以下资料，由使用单位负责向县级以上政府锅监机构申请。

（1）锅炉登记表、锅炉登记卡。

（2）锅炉出厂资料。

（3）锅炉安装质量检验报告。

（4）锅炉房平面图。

（5）水处理方法及水质指标。

（6）锅炉安全管理各项规章制度。

（7）持证司炉工人数。

4.1.2.2　锅炉经重大修理或改造后，使用单位部门必须携带锅炉使用登记证和修理或改造部分的图纸及施工质量检验报告等资料，到原登记机关办理备案变更手续，并将修理改造情况报告公司安全监察机构。

4.1.2.3　锅炉拆迁过户时，由使用单位向原登记机关办理注销手续，交回使用登记证，其全部资料随锅炉转至接收单位。

4.1.2.4　锅炉报废时，使用单位向原来登记机关交回锅炉使用登记证办理注销手续，因不能保证锅炉安全运行而报废的锅炉决不能再用。

4.1.2.5　使用锅炉的单位必须逐台向当地政府锅监机构办理登记手续，未取得锅炉使用证的锅炉不准投入运行。

4.1.2.6　司炉工人必须按照技术监督局原劳动部颁发的《锅炉司炉工人安全技术考核管理办法》进行培训考核，并取得县级以上政府锅监机构颁发的司炉操作证，严禁无证上岗。

4.1.2.7　在用锅炉必须实行定期检验。定期检验包括外部检验、内部检验和水压试验。定期检验由使用单位委托有检验资格的锅炉压力容器检验单位进行，并将年度检验计划报当地政府锅监机构。未取得定期检验合格证的锅炉不准投入使用。

4.1.2.8　在用锅炉一般每年进行一次外部检验，内部检验每两年进行一次，每六年进行一次水压试验。当锅炉受压元件经重大修理或改造后也需进行水压试验。当内部检验和外部检验同在一年进行时，应首先进行内部检验，再进行外部检验。

4.1.2.9　除定期检验外，遇有下列情况时也应进行内部检验：

（1）移装锅炉投运前。

（2）锅炉停止运行一年以上需恢复运行前。

（3）受压元件经重大修理或改造后及重新运行一年后。

（4）根据上次内部检验结果和锅炉运行情况对设备安全可靠性有怀疑时。

4.1.2.10　锅炉房应有下列制度：

（1）岗位责任制，按锅炉房的人员配备，分别规定班长、司炉工、水质化验员等职责范围内的任务和要求。

（2）锅炉及其辅机的操作规程，明确规定设备投运前的检查与准备工作，启动与正常运行的操作方法，正常停运和紧急停运的操作方法，设备维护保养要求。

（3）设备维护保养制度，明确规定锅炉本体安全保护装置仪表及辅机的维护保养周期的内容和要求。

（4）巡回检查制度，明确规定检查的内容、路线及记录项目。

（5）交接班制度，明确规定交接班的内容、检查内容和交接手续。

（6）水质管理制度，明确规定水质定时化验的项目和合格标准。

（7）清洁卫生制度，应明确规定锅炉房设备及内外卫生区域的划分和清扫要求。

（8）安全保卫制度。

以上制度由使用单位编制，报公司主管机构审查。

4.1.2.11　锅炉房应有以下记录：

（1）锅炉及附属设备的运行记录。

（2）交接班记录。

（3）水处理设备运行及水质化验记录。

（4）设备检修保养记录。

（5）单位主管领导和锅炉房管理人员检查记录。

（6）事故记录。

以上记录应保存四年以上。

4.1.2.12　锅炉档案资料原件应由公司档案中心存档，使用单位应有复印件。锅炉档案资料应包括：

（1）锅炉使用登记资料。

（2）锅炉定期检验资料。

（3）锅炉使用登记证原件放使用单位，复印件放公司档案中心。

4.1.2.13　锅炉运行中遇有下列情况之一时应立即停炉：

（1）锅炉水位低于水位表最低可见边缘。

（2）不断加大给水及采取其他措施，但水位仍继续下降。

（3）锅炉水位越过最高可见水位满水，经放水仍见不到水位。

（4）给水泵全部失效或给水系统故障不能向锅炉给水。

（5）水位表或安全阀全部失效。

（6）设置在汽水间的压力表全部失效。

（7）锅炉元件损坏且危及运行人员安全。

（8）燃烧设备损坏炉墙倒塌，或锅炉构架被烧红等严重威胁锅炉安全运行。

（9）其他异常情况危及锅炉安全运行。当锅炉运行中发现受压元件损坏，炉膛严重结焦，受热面金属超温又无法恢复正常，以及其他重大问题时应停止锅炉运行。

4.1.2.14　锅炉的使用单位负责锅炉的检修和停炉保养工作，其检修计划、维修保养情况向公司机械部报告。对停用和备用的锅炉由使用单位采取防腐措施。锅炉检修人员进入炉内检修时的工作环境应符合蒸汽锅炉安全技术监察规程和热水锅炉安全技术监察规程的有关规定。

4.1.2.15　锅炉的水处理应能保证锅炉水质符合 GB1576 低压锅炉水质标准。

4.1.2.16　水处理设备安装完毕后，由使用单位进行调试或委托有能力的单位进行调试，并出具调试报告。调试后的水质应符合水质标准的要求。

4.1.2.17　水处理人员经过培训考核并取得地市级以上锅监机构发给的锅炉水处理人员操作证方可独立操作。

4.1.2.18　锅炉的化学清洗按照锅炉化学清洗规则的有关规定执行。锅炉的化学清洗单位必须具有省级以上含省级安全监察机构颁发的锅炉化学清洗资格证书。仅实施碱煮单位不需进行资格认可。每台锅炉的酸洗时间间隔不宜少于二年。

4.1.2.19　安全阀的设置应符合蒸汽锅炉安全技术监察规程、热水锅炉安全技术监察规程的有关规定，并每年进行一次校验铅封是否完好无损，保存好校验记录。每周至少一次手动排汽、每月至少一次自动排汽并有记录，做到无卡死、锈死，启回座动作灵敏可靠。

4.1.2.20 压力表的设置应符合蒸汽锅炉安全技术监察规程、热水锅炉安全技术监察规程的有关规定。压力表每半年进行一次校验并保存校验记录，校验铅封是否完好无损，对存水管应定期冲洗并保存冲洗记录。

4.1.2.21 水位表的设置应符合规程的规定，并设有最高、最低安全水位。标注水位显示应清晰，每班应冲洗水位表并有记录，汽水阀门无锈死、无渗漏 。

4.1.2.22 水位监控装置的选用、安装等应符合规程的规定，装置应定期试验并保存试验记录，保证装置动作准确可靠、不渗漏。

4.1.2.23 额定容量大于等于 2t/h 的锅炉高低水位报警低水位联锁保护装置，其选用、安装应符合规程有关规定，装置应定期试验并保存试验记录，做好无锈蚀、无渗漏动作灵敏可靠。

4.1.2.24 燃油或气体锅炉应设熄火保护装置，其选用、安装符合规程的规定，装置维修校验应符合要求并保存记录，做到装置动作灵敏可靠。

4.1.2.25 锅炉辅机应定期维护保养，做到运转状况良好。

4.1.2.26 各类管道介质流向应标注清楚，保温油漆完好，各类阀门管道无跑冒、无滴漏。

4.1.2.27 锅炉房周围物品堆放整齐，道路畅通，锅炉房照明、通风设施齐全，光线充足，通风良好。

4.1.2.28 每台锅炉每班持证司炉工按以下数量配备：

（1）蒸发量 1t/h 的锅炉不少于 1 人。

（2）蒸发量 6t/h 的锅炉不少于 2 人。

（3）锅炉房有多台同时运行的锅炉，其持证司炉工人数应考虑每台锅炉人数总和的 70% 以上。

4.2 压力容器的控制

4.2.1 压力容器由公司机械部负责购买并按规定验收合格。

4.2.2 压力容器设计单位应提供设计图样，必要时提供设计安装使用说明书。对中压、高压反应储存压力容器还应提供强度计算书。

4.2.3 压力容器的制造单位必须提供以下资料：

（1）竣工图纸。

（2）产品质量证明书 。

（3）压力容器产品安全质量监督检验证书。

现场组焊的容器竣工并经验收合格后施工单位除提供上述资料外，还应提供焊接质量检验的技术资料。

4.2.4 压力容器技术档案原件由公司档案中心保存，使用单位应保存复印件，内容包括：

（1）压力容器登记卡 。

（2）压力容器设计资料。

（3）压力容器制造安装资料。

（4）检验、检测记录以及有关检验的技术档案资料。

（5）修理方案、实际修理情况记录及有关技术档案和资料。

（6）压力容器的技术改造方案图样、材质证明书、施工质量检验及技术档案资料。

（7）安全附件校验修理更换记录。

（8）有关事故的记录资料和处理报告。

4.2.5　压力容器使用部门应编制压力容器安全管理制度和安全操作规程。操作规程包括以下内容：

（1）操作工艺指标。

（2）开停机的操作程序和注意事项。

（3）运行中应重点检查的项目和部位，运行中可能出现的异常现象和防止措施，以及紧急报告的程序。

4.2.6　压力容器投用前由使用部门向当地政府锅监机构申报和办理使用登记证，无证不得投入使用，并将压力容器登记表报锅检站。

4.2.7　压力容器操作人员应进行安全教育和考核，操作人员应持安全操作证上岗。

4.2.8　压力容器发生下列异常现象之一时，操作人员立即采取紧急措施，并按规定的报告程序及时向部门主管领导报告。

（1）压力容器工作介质温度或壁温超过许用值，采取措施仍不能得到有效控制。

（2）压力容器主要受压元件发生裂缝、鼓包、变形等危及安全的缺陷。

（3）安全附件失效。

（4）接管紧固件损坏难以保证安全运行。

（5）发生火灾直接威胁到压力容器的安全运行。

（6）过量充装。

（7）压力容器液位失去控制，采取措施仍得不到有效控制。

（8）压力容器与管道发生严重振动，危及安全运行。

4.2.9　压力容器内部有压力时不得进行任何修理和紧固工作。

4.2.10　压力容器检验修理人员在进入容器内部工作前，使用部门必须按在用压力容器检验规程的要求做好准备和清理工作，达不到要求的工作人员不得进入。

4.2.11　压力容器的修理和技术改造必须满足压力容器安全技术监察规程的有关规定。

4.2.12　使用部门必须认真安排压力容器的定期检验工作，并将年度检验计划报当地政府锅监机构，并报公司一份。压力容器的定期检验工作由使用部门委托当地锅炉压力容器检验单位进行。

4.2.13　定期检验分外部检验、内部检验和耐压检验。外部检验每年至少一次；内部检验期限安全状况等级为13级的每隔6年至少一次，安全状况为34级的每隔3年至少一次；耐压试验周期为10年至少一次。

4.2.14　缩短和延长内外部检验周期时应符合压力容器安全技术监察规程的有关规定。

4.2.15　压力容器安全附件应实行定期检验制度，安全阀一般每年至少校验一次，爆破片应定期更换。对于超过爆破片标定爆破压力而未爆破的，应更换压力表，半年校验一次。测温仪表按公司计量管理规定的期限校验。

4.2.16　压力容器安全附件的选用安装使用，应符合压力容器安全技术监察规程的有关规定。

4.3　气瓶的控制

4.3.1　气瓶的运输储存使用等，应符合气瓶安全监察规程和溶解乙炔气瓶安全监察规程的有关规定。

4.3.2　运输和装卸气瓶时应遵守以下规定：

（1）运输工具上有明显的安全标志。

（2）必须佩戴好瓶帽，有防护罩的除外，轻装轻卸严禁抛滑滚碰和倒置。

（3）吊装时严禁使用电磁起重机和倒链绳捆扎。

（4）气瓶装在车上应妥善固定，横放时头部应朝向一致，垛高不得超过车厢高度且不超过五层，立放时车厢高度应在瓶高的三分之二以上。

（5）夏季运输应有遮阳装置，避免曝晒，城市的繁华市区应避免白天运输。

（6）严禁烟火，运输可燃气体气瓶时应备有灭火器材。

（7）运输车严禁停靠在人口稠密区，在主要机关及有明火的场所中间停靠时，司机与押运人员不得同时离开。

4.3.3　盛装一般气体含乙炔的气瓶每三年检验一次，盛装惰性气体的气瓶每五年检验一次，液化石油气瓶使用未超过二十年的每五年检验一次，超过二十年的每两年检验一次。气瓶使用过程中发现严重腐蚀损伤或对其安全可靠性有怀疑时，应提前进行检验库存或停用，超过一个检验周期的重新使用前应检验，由使用部门委托有检验资格的锅炉压力容器检验机构进行检验，并将检验情况报公司安全机构。

4.3.4　气瓶的储存：

4.3.4.1　应设专用仓库符合防火规定。

4.3.4.2　仓库内不得有地沟暗道，严禁明火和其他热源，仓库内应通风干燥，避免阳光直射。

4.3.4.3　空瓶与实瓶应分开放置，并有明显标志。毒性气体气瓶和瓶内气体相互接触能引起燃烧爆炸，产生毒物的气瓶应分室存放，并在附近设置防毒用具及灭火器材。

4.3.4.4　气瓶放置佩戴好瓶盖，应保持直立且应有防倾倒的措施。

4.3.5　气瓶的使用：

4.3.5.1　不得擅自更改气瓶的钢印和颜色标记。

4.3.5.2　使用前应进行安全状况检查，对盛装气体进行确认。

4.3.5.3　气瓶的存放地点不得靠近热源，距明火 10 米以外。

4.3.5.4　气瓶立放时应采取防止倾倒措施。

4.3.5.5　夏季应防止曝晒。

4.3.5.6　严禁敲击碰撞。

4.3.5.7 严禁在气瓶上进行电焊引弧。

4.3.5.8 严禁用温度超过40℃的热源对气瓶加热。

4.3.5.9 气瓶投入使用后不得对气瓶进行挖补焊接修理。

4.4 检查和监督

4.4.1 使用部门应对锅炉房压力容器安全工作进行定期检查，部门主管领导对锅炉房应每月做一次现场检查，锅炉房管理人员应每周做一次现场检查并做好记录，以备当地政府锅监机构和公司安全机构检查。

4.4.2 公司将组织有关部门对锅炉房压力容器技术管理情况不定期进行检查。

4.4.3 公司根据检查情况对管理较好的锅炉房和压力容器使用部门进行奖励，不合格的应限期整改，整改不合格的给予经济处罚。

4.5 附则

4.5.1 经有检验资格的锅炉压力容器检验机构检验，需报废的锅炉压力容器由使用部门办理报废手续。

4.5.2 锅炉压力容器发生事故时，发生事故的部门应向当地政府锅炉压力容器安全监察机构及公司安监部锅检站报告。

氩弧焊安全操作管理规范

1. 目的

为使氩弧焊的操作符合公司安全管理规定，确保操作人员的健康与安全，特制定本规范。

2. 适用范围

本规范适用于公司内氩弧焊的操作。

3. 职责

工务部负责本规范的制定与更新。

4. 操作规范

（1）焊机必须可靠接地，没有地线不准使用。
（2）焊枪要有良好的隔热、绝热性能。
（3）工作完毕或临时离开工作场地，必须切断焊机电源及气门。
（4）工作前要穿好工作服和胶鞋，最好穿耐腐蚀性强的非棉织品工作服。
（5）在引弧或施焊时，要注意挡好避光屏，以免强烈的弧光伤害别人。
（6）室内焊接场地，必须配置良好的通风设备。
（7）焊接过程中避免钨极与焊件短路或钨极和焊丝接触短路。
（8）交换钨极时要等到焊枪冷却，防止烫伤。

饮用水卫生管理规范

1. 目的

为保障公司员工的健康、安全，规范饮用水卫生管理。

2. 适用范围

公司内供水、饮水设施、设备及个人饮水器具。

3. 责任

供水、饮水设施、设备由工程部管理及检修，后勤部协管，行政部监督。

4. 管理

（1）供水系统的二次供水水池每年彻底清洗、消毒一次。

（2）公司内所有人员自备饮水水杯，一次性水杯只提供给客人使用。

（3）公司提倡饮用开水或凉开水，也由饮水机提供冰水。

（4）公司办公区域饮水以饮水机（使用桶装水）提供。桶装水供应商必须提供《营业执照》及《食品卫生许可证》复印件。饮水机每季度由桶装水供水商清洗消毒一次。

（5）生产区域饮水由自来水供水经过滤系统进入饮水机提供，过滤系统的滤芯每三个月更换一次，并由滤芯饮水机供应商清洗消毒一次；采购的滤芯必须有“QS”标志。

（6）饮用水每年送疾病控制中心检测一次。生活区只供应开水作为饮用水。

紫外线消毒灯操作管理规范

1. 目的

为规范紫外线消毒灯的使用，加强紫外线消毒灯的管理，确保其灭菌功能，特制定本规定。

2. 适用范围

本规定适用于饭堂紫外线消毒灯的操作。

3. 职责

（1）饭堂负责人负责安排饭堂人员按规定进行操作。

（2）总务科负责本规定的制定与更新。

4. 操作规定

（1）紫外线消毒灯的使用时间：

每天工作前 30 分钟及下班后 30 分钟为紫外线消毒灯照射时间。

（2）操作人员进入工作区时应提前 10 分钟关掉紫外线消毒灯。

（3）紫外线消毒灯管的清洁，应用毛巾蘸取无水乙醇擦拭其灯管，并不得用手直接接触灯管表面。

（4）紫外线消毒灯有异常情况应及时反映给工程部，必要时进行更换。

作业梯使用安全管理规范

1. 目的

为加强对作业梯安全管理，确保作业项目中使用的作业梯使用安全，拿放及使用正确，保障人员安全，根据国家有关标准，结合我公司实际，制定本规定。

2. 适用范围

适用于讯强公司内所有区域。

3. 作业梯的范围

直梯（直爬梯）、固定梯（人字梯）、伸缩梯（双梯）。

4. 使用方式

（1）使用者应负责在使用作业梯前对之进行彻底检查。需要检查的项目包括：安全鞋、安全扶手、连接件和五金件。特别注意是否有连接件松开、边沿突出、毛刺和部件磨损。如果发现问题严禁使用。

（2）作业梯应放置在地面或其他支撑上，不应架在箱、桶、平板车等不稳固的物体上，不准垫高使用，以防止受载荷后发生不均匀下沉或梯脚与垫物间的松脱，产生危险。

（3）直梯（直爬梯）的工作角度以 75°±5°为宜，过大则易发生倾滑，具有危险性。固定梯（人字梯）、双梯（高凳）应有坚固、灵活的铰链，下端应设有限制张开角度的拉链。梯子踏板上下间距以 30 厘米为宜，不能有缺档。

（4）作业梯不应放置在门前通道处使用；若在通道处使用作业梯时，应设专人监护或设置临时围栏。

（5）梯脚底部要坚实，并且要采取加包扎、钉胶皮、锚固或夹牢等防滑措施，以防滑跌倾倒。在光滑及冰冻地面上应有防滑措施。

（6）人员在沿爬梯上下时应面对爬梯。

（7）选择足够长度的作业梯，确保所有工作执行期间，工作人员无须攀到顶部第一根横档以上进行作业。

（8）采用作业梯的人员在开始工作前应确保绑紧爬梯顶部，而此时应派另一个人员稳住爬梯底部。直梯应根据工作性质在可能的地方进行绑扎固定。

（9）使用作业梯时，如不能用绳索支撑固定稳住时，应由专人在下面扶持，应做好防止落物打伤扶持人员的安全措施。梯子下方不许过人。

（10）作业梯的上端要加设固定措施。高处作业攀爬人员身上要系好安全带，登梯后先将安全带就近挂在现场合适的牢固器物上，然后将梯顶两个接触点绑缚在现场合适的牢固器物上。特别强调：当不能找到合适挂靠点时，为了保障施工作业的安全，必须采用搭设脚手架的方式进行高处施工作业。

（11）在有可能接触到电流的地方应采用不导电的爬梯。

（12）工人在攀爬作业梯时，手中不得携带任何材料或工具。

（13）在需要作业梯的工作完成后或在每个作业阶段结尾，使用者应将作业梯从作业区域或过道中移开，防止造成滑落、撞击危险，并应将其送回正确的储藏地点。

（14）一次只能允许一人上下作业梯。作业梯不能同时承载两人及以上的负荷。

（15）在作业梯上作业时应采用防坠落设备。

（16）在作业梯上的工作人员不应探身，以防止重心偏移而摔伤。

（17）在上下攀爬作业梯时应遵循“三点接触”原则，即双手单脚或双脚单手必须同时接触作业梯，应保证两手一脚或两脚一手与作业梯接触。

5. 作业梯检查

（1）一旦发现某架作业梯有缺陷，则该作业梯不得继续使用，应予以报废或标上“危险，不得使用”字样的标牌，直至修复完好为止。

① 作业梯梯级或横档松动（用手可以转动）、破损、弯曲或损坏。

② 作业梯梯级或横档油腻或易滑脱。

③ 螺丝、螺栓、铆钉或其他金属件松动。

④ 立杆或支柱弯曲、破裂、断裂。

⑤ 摇晃。

（2）直梯（直爬梯）铰链松动、弯曲或破裂。

（3）伸缩梯（双梯）：

① 伸缩梯伸缩锁具有松散、破裂或缺损问题。

② 伸缩梯伸展后锁具有问题，不能正常就位。

（4）固定梯（人字梯）

① 固定梯防护箱形部件弯曲、损坏或严重腐蚀。

② 爬梯固定部位的螺栓或铆钉头严重生锈、丢失或不合格。

③ 扶手或相邻踏步平台损坏和严重生锈。

④ 换步障碍。

⑤ 爬梯基础或平台上有障碍物。

⑥ 踏步平台围栏破损。

EHS职责和组织架构

1.EHS管理委员会安全管理职责

（1）组织制定企业的安全生产政策、目标及年度安全工作计划，并监督各部门组织实施。

（2）协调指导各部门开展监督检查、宣传教育等安全管理工作。

（3）研究解决安全生产重大问题。

2.EHS委员会的组成

（1）公司EHS委员会应能够代表公司各部门、各阶层、各班次，所以公司EHS委员会成员应来自不同部门、班次和高中层人员。

（2）本公司EHS委员会所包含的部门：生产部、行政部、品质部、工程部、业务部等。

（3）公司EHS委员会成员以部门推荐、EHS主任审核和认定的方式产生，由EHS主任对各位成员进行EHS工作事务的考评，决定其是否继续留任。

（4）当出现任期届满不再留任及任期中途退出成员时，EHS主任与该成员所代表的部门联系，要求重新提名以补充成员。

3.EHS委员会组织架构图

见附件。

4.EHS委员会成员任期

EHS委员会成员任期为至其离职或出现不能胜任的情况时。

5.EHS职责

5.1　总经理职责

（1）确保本厂规定及管理行为符合EHS标准及适用的法律法规要求，并监督完善和维护。

（2）加强安全生产管理，确保在本厂建立健全安全管理责任制，将安全生产纳入各级管理人员的任期目标。

（3）定期主持召开安全管理工作会议，全面研究安全管理工作，及时推广总结先进经验，对存在的安全隐患提出解决方法或预防措施。

（4）负责健康、安全、环境、福利及常规设施事宜，组织对员工有关安全、健康、环境的宣传、教育和培训工作。

（5）主持 EHS 委员会日常工作，处理员工投诉、建议事件。

5.2　安全主任兼 EHS 主任职责

（1）直接负责本厂的安全管理工作。

（2）对相关安全生产法律法规在本厂的贯彻执行负责，认真落实“安全第一，预防为主”的方针，把安全管理工作纳入日常管理的重要议事日程。

（3）制定安全措施、操作规程并监督实施。定期向最高管理者提交工作意见。

（4）定期与员工代表召开会议，采取必要的措施，确保工人合法权益和安全生产条件。

（5）组织开展本厂安全生产和教育培训活动。

（6）组织开展安全生产检查和巡视，整改事故隐患和不断改善安全条件。

（7）本厂发生重大安全事故时及时组织抢救，并参与事故的调查处理工作。

5.3 EHS 委员会

（1）根据上级下达的安全生产目标制定本部门的具体工作计划并组织实施，组织开展员工的安全培训教育。

（2）保障本部门设备及人员操作符合有关安全法规、规定和技术标准要求，组织开展经常性的现场安全检查，重点检查设备设施和作业环境是否符合规定、员工是否违章作业。

（3）对发现的安全问题要定人、定时、定措施落实整改，并及时反馈整改情况，遇有重大问题要及时报告。

（4）发生事故要及时报告并组织好现场救护工作，必要时组织人员安全撤离现场，协助有关部门做好事故调查。

（5）负责收集、听取本部门人员的意见，向 EHS 主任反映员工关于 EHS 的意见表达。

（6）参加 EHS 的定期会议。

5.4　管理代表职责

（1）组织 EHS 事务的有关知识的宣传、培训和训练。

（2）对新材料、新购化学品、新工艺、新机器、新产品的安全评估结果的审查和批准。

（3）主持 EHS 定期会议，并跟踪会议决议的落实。

（4）批准 EHS 各项规章制度。

附件　EHS委员会组织架构图

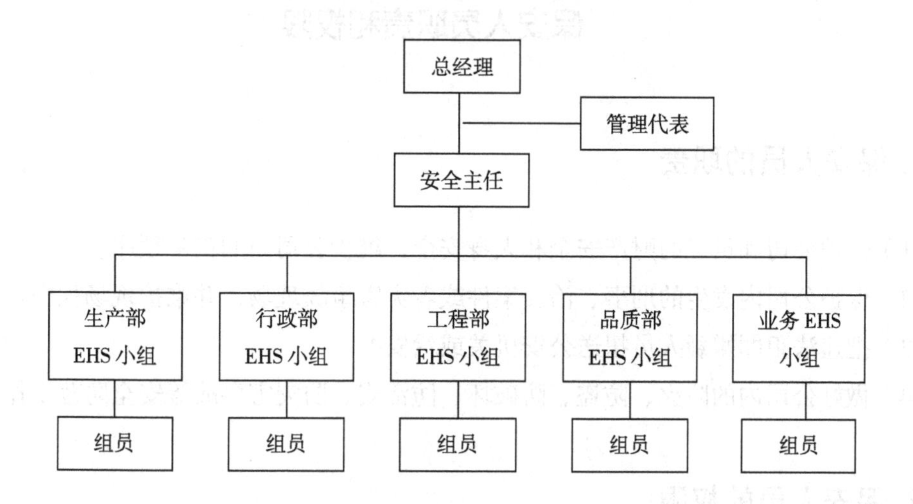

保安人员职责和权限

1. 保安人员的职责

（1）保护公司和员工的财产安全和人身安全，维护公司内的正常秩序。

（2）保护公司内发生的刑事、治安案件或者灾害事故现场，并维护现场秩序。

（3）把违法犯罪嫌疑人员扭送公安机关或治安办。

（4）做好公司内的防火、防盗、防破坏、防治安、防灾害事故等安全防范工作。

2. 保安人员的权限

（1）对于刑事案件等现行违法犯罪人员，有权抓获并扭送公安机关。

（2）对发生在公司内的刑事、治安案件，有权保卫现场、保护证据、维护现场秩序及提供与案件有关的情况，但无现场勘查权。

（3）依照本公司的规章制度规定，劝阻或制止未经许可的进入公司内的人员、车辆。

（4）对出入公司内的人员、车辆及其所携带、装载的物品，按要求进行验证检查，但无人身检查权。

（5）进行公司内安全防范检查，提出整改意见和建议。

（6）遇到违法犯罪人员不服制止，甚至行凶、报复的，可采取正当防卫，但不得涉及无辜人员或不当防卫。

（7）对非法携带枪支、弹药和管制刀具的可疑人员有权进行盘查、监视，并报告当地公安局或相关部门处理。

（8）对违反厂纪厂规的人，进行劝阻、制止和批评教育。

（9）制止公司内的违法犯罪的行为。

（10）对有违法犯罪的嫌疑人，可以监视，并向公安机关或治安办报告，但无侦查、扣押、搜查权。

（11）监督进出厂员工配戴厂证和穿着工衣。

3. 保安人员禁止从事的行为

（1）阻碍国家机关工作人员依法执行任务。

（2）非法剥夺、限制他人人身自由。

（3）罚款或没收财物。

（4）扣押他人证件或者财物。

（5）辱骂、殴打他人或者教唆殴打他人。

（6）私自为他人提供保安服务。

（7）处理民事纠纷、经济纠纷或者劳动争议。

（8）其他违反厂纪、厂规的行为。

急救药箱管理制度

1. 目的

为保障员工在遇到伤害时可以及时获得必要的药品。

2. 范围

办公室、车间、仓库、宿舍。

3. 权责

（1）行政部负责各区域药箱的配置和管理。

（2）药箱存放区的部门负责人负责药箱的日常管理工作。

4. 要求

（1）在生产车间、办公室、仓库应设置药箱，配置必备的药品。

（2）管理人员应培训员工使之明白药箱位置、所配药品用法。

（3）管理人员应随时清点、整理药箱，药品摆放整齐，无过期变质药物。

（4）保证药箱 24 小时开放，禁止将药箱上锁，员工用药后必须自觉到《急救药箱药品发放清单》上登记。

（5）药箱里的药品按下列清单配置，每一种药品消耗超过三分之二时应补充。

药品名称	50 人以下的工场	50 人以上的工场	备注
急救手册	1 本	1 本	
医用脱脂纱布	1 包	2 包	
医用胶布	1 卷	2 卷	
创可贴	20 片	40 片	
医用脱脂棉	2 包	2 包	
棉签	1 包	2 包	
剪刀、镊子	1 把	1 把	
绷带 / 三角巾	1 条	1 条	
正红花油	1 瓶	1 瓶	
3% 双氧水	1 瓶	1 瓶	

续表

药品名称	50 人以下的工场	50 人以上的工场	备注
75% 医用酒精	1 瓶	1 瓶	
红药水	1 瓶	1 瓶	
一次性橡胶手套	1 双	1 双	
云南白药喷雾剂	1 瓶	1 瓶	
安全别针	1 包	1 包	

备注：口服的处方药不可以放在急救药箱里，本文件存放在每一个药箱里。

二、总经办相关管理规定

生产现场职业健康安全目标指标及管理方案

序号	重大危险源	目标	指标	职业健康安全管理方案					
				控制措施	责任部门	责任人	完成时间	资源保证 / 元	检查部门
1	生产作业过程粉尘吸入伤害	杜绝职业病的发生	职业病发生率为零	1. 做好防护 2. 建立应急预案 3. 进行专项检查 4. 定期检测等	生产部	生产部负责人	长期	1000	生产部
2	厂区内车辆行驶防护不当交通意外伤害事故	杜绝交通安全意外事故的发生	交通安全事故发生率为零	1. 做好现场人员的安全交底 2. 现场做好警示标志 3. 建立应急预案进行控制 4. 进行专项检查	各部门	各部门负责人	长期	1000	生产部
3	切割机使用时防护不当刀具机械伤害	杜绝机械伤害的发生	机械伤害事件发生率为零	1. 建立防护用品、用具的佩戴机制 2. 刀具设置罩子防止伤害 3. 进行安全交底 4. 建立应急预案进行控制	生产部	生产部负责人	长期	1000	生产部

文件编号：ZO–GM3–01 A0

拟制：　　　　审核：　　　　批准：

办公区域职业健康安全目标指标及管理方案

序号	不可接受风险	目标	指标	职业健康安全管理方案					
				控制措施	责任部门	责任人	完成时间	资源保证 / 元	检查部门
1	火灾事故伤害	杜绝火灾事故发生	火灾事故发生率为零	1. 建立应急预案，定期检查、维护相关办公设备、设施 2. 制定应急预案并交底，定期组织消防演练 3. 加强员工消防知识培训，熟练掌握各种消防器材的使用，提高员工的安全意识 4. 办公区域禁止吸烟 5. 配备充足和有效的消防设施，并定期进行点检	各部门	各办公区域部门	长期	1000	行政部
2	触电事故伤害	杜绝触电事故发生	触电事故发生率为零	1. 制定安全用电管理制度 2. 指定专人定期对用电安全进行监督检查 3. 建立触电事故应急预案 4. 对办公室人员开展安全用电的培训	各部门	各办公区域部门	长期	1000	行政部

文件编号：ZO–GM3–02 AO

拟制：　　　　审核：　　　　批准：

三、生产部相关管理规定

机器设备管制办法

1. 目的

为确保本公司机器设备的正常运作，将其在采购、操作、维护、保养时产生的环安冲击减至最小程度。

2. 范围

适用本公司使用的所有机器设备。

3. 定义

无。

4. 权责

（1）机器设备的采购：使用单位。
（2）机器设备的一级保养：使用单位。
（3）机器设备的二级保养：生产部。
（4）机器设备的维修：生产部。
（5）机器设备对环安影响的评估：工程部 / 生产部。

5. 内容

（1）新购设备的环安影响评估依《新材料、新制程、新设备管理办法》执行，新设备的环安影响评估应确保该设备是适用的，该设备的操作方法是安全的，该设备的安装及放置是安全的。具体的评估依《新材料、新制程、新设备事前评审记录表》中有关机械设备的审查内容进行。

（2）新设备的调试：对新设备进行初步评估后，在确保该设备的使用安全时，进行新设备的调试，在调试的过程中若对原有的状态进行改变时，则需再次进行新设备的环安影响评估，以确保该设备的使用是安全并可监控的。

（3）机器设备的维修保养依照ISO9000程序文件《生产设备管理程序》执行。机器设备在维修、保养时，保养人员应注意个人安全，必要时应配戴相应的劳保用品，对个人不能维修之故障应委外进行维修，切不可逞强私自维修。维修人员在进行设备维修前还应做好设备泄漏防护准备，确保在维修时能量（如废水、废油、废气、噪声等）泄漏的影响范围减小并能够控制，避免人员受伤。

（4）机器设备在维修时的抹布、废机油等废弃物的处理依《废弃物管理办法》执行。

（5）机械设备维修、保养及其事故发生均需依照《记录管制程序》进行详细记录，并在可行时进行统计，以便及时地发现机械设备的异常及不适当或机械设备操作方法的异常及不适当。相关部门将事故发生的状况记录于《事件调查与处理报告》，由管理部协同相关事故发生部门进行分析，并由相关部门提出整改措施。

6. 相关资料

（1）《新材料、新制程、新设备管理办法》。

（2）《生产设备管理程序》。

（3）《废弃物管理办法》。

（4）《记录管制程序》。

7. 附件

（1）《事件调查与处理报告》。

（2）《新材料、新制程、新设备事前评审记录表》。

四、生管部相关管理规定

危险物品管理办法

1. 目的

为确保本厂能符合危险物使用标准的要求，同时借由实施危险物识别活动，以唤起全体员工对潜在危害的认识，进而预防危险的发生。

2. 范围

凡在本厂内爆炸性物质及引火性液体等符合《中华人民共和国危险物名录》者均属之。

3. 定义

危险物：指爆炸性物质、引火性液体。

4. 权责

4.1　各请购单位

4.1.1　告知采购部物品的危险性并建立《危险品清单》，且依法规分类或图示给予明显标示。

4.1.2　对本部员工做安全储存、搬运、使用的教育训练，并做记录交人事存查。

4.2　采购部

4.2.1　填写《联络单》并交行政部及请购部门存查。

4.2.2　对引火性液体危险物，要求厂商提供该物质的《零件成分表》。

4.2.3　安排教育训练同 4.1.2。

4.3　行政部

4.3.1　汇整并审查各相关部门所交《零件成分表》。

4.3.2　有助焊剂、稀释剂等危险物品入厂时，根据接收的货柜 PACKING LIST，提前做好搬运、储存准备，预防紧急意外事件发生。

5. 内容

（1）行政部依据 GB12268-90《危险货物品名表》鉴别所导入物质的危险性。

（2）行政部负责汇总本厂所使用的所有危险物质数据，并建立本公司的《危险品清单》于行政部存查。

（3）清单建立后，随时修正，保持最新的清单数据，并分别保存于各使用相关单位。

（4）请购单位预知所请购的物质为危险物质时，则应于请购单上或料表上注明，以利于采购作业。

（5）对于新购入危险物质应由资材部于危害物质入厂时，依《新材料、新制程、新设备管理办法》进行环安影响评估，并填写《联络单》，通知仓库制定相应的管理办法，妥善保管该危险物质。

（6）资材部于购入引火物质时，应要求供货商填写并提供《零件成分表》。

（7）《零件成分表》应与《联络单》一并交行政部整理，并由行政部复查该《零件成分表》的正确性和完整性。

（8）各单位对有危险物质的场所、危险物质给予分类标示，并由行政部负责确认检查，其标示内容包括如下列事项：

① 图示。

② 化学名称。

③ 适当的危险警告。

④ 危害防范措施。

（9）训练：

① 所有使用或可能暴露于危险物质影响场所的作业人员都应依《人力资源控制程序》接受安全使用危险物品的定期训练，当工作区有新增的危险物质时，应该针对该物质的危害性及防护给予作业人员训练。

② 危险物质的训练由各相关单位主管负责执行，并予以记录。其训练要点如下：

A. 危险物质的标示内容。

B. 危险物质的特性。

C. 危险物质对人体健康的危害。

D. 危险物质的使用、存放、处理及弃置等安全作业程序。

E. 紧急应变措施依《应急准备和响应控制程序》处理。

③ 各单位的训练记录应交人事部门存盘备查。

（10）行政部应检讨各单位的危害防范措施或设施是否足够，如发现缺失，须予以增补 / 购。

（11）如有非上述以外的危险来源的使用及弃置处理，由相关部门依《文件控制程序》提出增修订手续后于《危险品清单》登录，同时依《环境因素识别程序》之规定予以重新评估，增订环安管理方案及查核环安法规的符合性。

（12）对须配置危害防治设施之制程，在制程操作前应检查并确保防治设施可正常操作，否则不可开始制程作业。

（13）危险品泄漏预防及紧急应变准备与反应：

① 危险品包含：稀释剂、助焊剂、酒精、柴油、天那水等。

② 柴油罐有隔油池，车间助焊剂、稀释剂桶放于铁盘内并用胶带或铁链固定，可防止铁桶倾倒和危险物的泄漏与扩散。

③ 当有少量危险物品泄漏时，可用抹布擦拭干净；当有大量危险物品泄漏时，须用容器收集和吸液抹布擦拭干净，以避免污染扩散。

④ 危险物品泄漏时，现场工作人员应迅速采取收集、擦拭等处理措施。当有大量危险物泄漏时，现场工作人员通知警卫，由警卫看管危险物品泄漏现场并做好灭火准备，禁止任何火源靠近。

⑤ 处理泄漏危险物品时，须配备相关的个人防护用品后方可作业，例如防护面具、防护手套、护目镜等。

⑥ 危险物品仓库和危险品其他存放场所及作业场所须配备有空桶、扫把、抹布等收集处理危险品泄漏的器材及防护面具、防护手套和护目镜等个人防护设施。

⑦ 收集的废弃危险物品及抹布可依《废弃物管理办法》处理。

⑧ 处理危险物品泄漏人员需接受相关的特殊教育训练。

⑨ 当危险物品使用场所或储存场所发生火灾时，可依《消防管理办法》和《应急准备和响应控制程序》处理。

6. 相关资料

（1）《中华人民共和国危险物目录》。

（2）《GB12268-90 危险货物品名表》。

（3）《人力资源控制程序》。

（4）《应急准备和响应控制程序》。

（5）《文件与数据管制程序》。

（6）《废弃物管理办法》。

（7）《消防管理办法》。

7. 附件

（1）《零件成分表》。

（2）《危险品清单》。

（3）《联络单》。

危险化学品储存区安全管理办法

1. 目的

为规范并维护公司化学品仓的运行，确保环境不受污染、人员健康、公司财产安全，特制定此管理办法。

2. 范围

与公司危险化学品有关的所有活动及人员。

3. 定义

危险化学品：为我司用于生产的助焊剂、稀释剂、无铅洗板水等。

4. 权责

4.1 生管部

4.1.1 负责危险化学品仓日常储存、搬运、教育训练的安全管理事务。

4.1.2 当产生化学品泄漏等异常情况时，负责现场临时处理并通报工作，具体参照《应急准备和响应控制程序》与《危险物品管理办法》。

4.2 生产部

4.2.1 负责危险化学品储存区日常暂存、搬运、分发、使用、教育训练的安全管理事务。

4.2.2 当产生化学品泄漏等异常情况时，负责现场临时处理并通报工作，具体参照《应急准备和响应控制程序》与《危险物品管理办法》。

5. 内容

5.1 危险化学品的储存

（1）危险化学品应储存于化学品仓内，设专人管理，入库前必须进行检查，核对包装（或容器）上的标示内容。

（2）分类存放，性质相互抵触的物质严禁一起存放。

（3）化学品仓应保持对流通风，并建立防泄漏措施及适用消防器材。

（4）化学品仓内必须标示清楚，仓储人员必须严格培训后方可上岗。参照《人力资源程序》。

（5）现场未使用完的危险化学品，应放在专门安全的贮存区内并有明确标识。

（6）仓库及现场贮存区严禁火源、火种，进入储区前必须关闭所有通信设备。

（7）仓库和使用现场负责人应定期对危险化学品贮存状态进行检查。

5.2　危险化学品的领用

（1）严格按照仓库发放制度发放。

（2）分装危险化学品的容器，必须有明确标识。

（3）使用危险化学品时，必要时有安全防护措施和专用用具，有良好的通风条件。

（4）个人防护器具、通风设备应随时保持性能有效。

（5）现场各级负责人与使用者必须熟读《物质安全资料表》。

5.3　危险化学品泄漏时的处理

（1）在蒸汽多的地方多喷水。

（2）用密闭容器收集泄漏的液体，用吸管吸收残留液，转移到安全的地方。

（3）少量泄漏的地方：用布擦拭或用清水冲洗。

（4）大量泄漏的地方：用防漏沙处理泄漏。

5.4　危险化学品的急救措施

针对危险化学品的吸入、皮肤接触、眼睛接触、食入，依照不同化学品的物质安全数据表的急救措施方法处理。

6. 相关资料

（1）《人力资源控制程序》。

（2）《应急准备和响应控制程序》。

（3）《危险物品管理办法》。

（4）《消防管理办法》。

（5）《物质安全资料表》。

7. 附件

无。

五、工程部相关管理规定

新材料、新制程、新设备管理办法

1. 目的

为使新材料、新制程、新设备导入时的预先审查程序有所依而制定。

2. 范围

（1）本厂新导入的材料（除设计实验的材料）。

（2）本厂新制程导入或制程变更时。

（3）本厂新导入设备其规格、性能非现有设备时。

3. 定义

（1）新材料：是指 ZO 对此种材料从没有使用过。

（2）新制程：是指本厂拟新增的生产工艺（或原有生产工艺的改变）中，可能会造成明显的或潜在环安冲击的工艺。

（3）新设备：是指本厂拟购入的设备在本厂未曾使用过的，会造成明显的或潜在的环安冲击，需做必要的个人防护或污染治理措施方可投入使用的设备。

4. 权责

（1）工程部负责新材料、新设备导入时的事前审查与记录。

（2）生产部负责新制程导入及制程变更时的事前审查与记录。

5. 内容

5.1　新材料的导入

由R&D部依据材料供货商提供的型号、材料规格或材质说明，对化学品及客户已有要求的材料，要求供货商提供《零件成分表》等相关资料进行预先审查。审查的内容需包含该材料对环安的影响，当审查该材料对环安的影响在公司可接受范围时，对样品进行功能测试；审查、测试项目及审查、测试结果须记录于《新材料、新制程、新设备事前审查记录表》。若经审查、测试不合格，由材料供货商重新送样或退回。

5.2　新制程的导入

5.2.1　新产品导入生产及原有产品变更时将有可能发生新制程的导入。

5.2.2　新产品导入生产及原有产品变更时由生产部依据环安影响程度及安全方面予以预先审查，其审查的内容可包括新制程的操作安全性、新制程使用的材料及其材料特性的安全性、新制程加工将可能产生的环境污染及污染物的危害性等。具体审查内容详见《新材料、新制程、新设备事前审查记录表》。新制程经审查后其审查结果需记录于《新材料、新制程、新设备事前审查记录表》中，若经审查不合格，须依《不符合纠正措施控制程序》办理。

5.3　新设备的导入

5.3.1　新购设备的环安影响评估应确保该设备是适用的，该设备的操作方法是安全的，该设备的安装及放置是安全的。具体的评估依《新材料、新制程、新设备事前审查记录表》中有关机械设备的审查内容进行。当新设备经评估后，能够满足评估要求时，新设备方可投入使用，新设备在使用过程中若发生调整、改进时，须重新评估该设备对环安的影响。

5.3.2　若审查有不合格时，则依《不符合与矫正措施程序》办理。

5.4　导入依据

上述情况导入时须依《环境因素识别控制程序》及《危险源辨别评价控制程序》评估，以及法规查核是否造成环安冲击或违反法规。

6. 相关资料

（1）《不符合纠正措施控制程序》。

（2）《环境因素识别控制程序》。

（3）《危险源辨别评价控制程序》。

7. 相关表单

《新材料、新制程、新设备事前审查记录表》。

有机溶剂使用标准

1. 目的

为防止有机溶剂污染环境造成生态的不良影响（尤其是现场人员），并且能正确使用这些化学物质。

2. 范围

适用于稀释剂、助焊剂、工业酒精、清洁剂等有机溶剂的储存、保管、搬运、使用及弃置管理。

3. 定义

无。

4. 权责

（1）生产部负责每十五天对有机溶剂的室内作业场所点检一次，以上点检结果例如：有关员工作业情形，作业场所通风效果及有机溶剂使用、储存、保存、处理、搬运情形等记录于《有机溶剂点检记录表》，并交行政部存查。

（2）生管部负责每十五天对仓库储存的有机溶剂点检一次，其他权责同 4（1）。

5. 内容

（1）有机溶剂的获取：由采购人员要求合格供货商提供具有安全性的有机溶剂，并在首次供应时填写《零件成分表》回传本公司，以表明该材料的安全性。若供货商无法提供《零件成分表》则不能接受此种溶剂，由 IQC 做判退处理。（供货商在后续供应时，每年仍需提供一份《零件成分表》）当供货商交货时，由 IQC 查核是否有相应的出货检测报告，并且需核对是否已有提供该材料的《零件成分表》，当所有要求的数据均齐全时，盖 PASS 章。

（2）有机溶剂的储存：IQC 允收后，有机溶剂由仓库保管员接收并存放于化学仓中分类储存，储存地点需依化学品的特性制定相应的环境要求（此环境要求可包括温度、湿度、空间大小、周围物质及其他）。储存的有机溶剂在堆放时，还需考虑其化学特性，以确保不发生意外。

（3）有机溶剂的保管：化学品仓管理人员应定期对有机溶剂进行检查并填写《有机溶剂点检记录表》，确保其保存的环境不发生偏离。对有存放时间要求的有机溶剂应在有效期内进行使用，超过有效期的须及时处理。易挥发的有机溶剂必须保证容器的密闭性，并配置抽风系统，以确保意外发生时减少损害。具体的有机溶剂的保管详见各类化学品的使用保管注意事项。

（4）有机溶剂的搬运：有机溶剂均为危险品，随时都可能因周围环境的影响而发生泄漏、挥发甚至爆炸，因此在搬运过程中要确保有机溶剂（特别是密闭存放的有机溶剂）的压力平稳，不宜对有机溶剂容器进行剧烈的移动，搬运时应轻拿轻放。

（5）有机溶剂的使用：有机溶剂的使用依各类化学品的使用保管注意事项进行。

（6）有机溶剂的弃置管理：当有机溶剂使用完后，会有部分废渣仍沾附于容器壁上，因此该容器不能直接丢弃，应集中交于仓库，由仓库交供货商回收处理。使用中存留的废弃有机溶剂亦应交于仓库，由仓库集中后交合格供货商处理。同时，仓库需对合格供货商的处理过程进行监控，以确保废弃的有机溶剂被正确有效地处理。

（7）有机溶剂危害性倡导：预防有机溶剂造成伤害的必要事项应通告全体有关人员，通告的方式可包括早会、教育训练、制定使用注意事项等。

6. 相关资料

《人力资源控制程序》。

7. 附件

（1）《有机溶剂点检记录表》。

（2）《零件成分表》。

第四章　四阶表格

记录清单

NO.	记录编号	记录名称	版本	保管部门	保存期
1	SR4–HR–001	消防栓点检表	A0	行政部	三年
2	SR4–HR–002	灭火器日常点检表	A0	行政部	三年
3	SR4–HR–003	年度培训计划表	A0	行政部	三年
4	SR4–HR–004	员工培训记录签到表	A0	行政部	三年
5	SR4–HR–005	教育训练报告书	A0	行政部	三年
6	SR4–HR–006	培训申请外训表	A0	行政部	三年
7	SR4–HR–007	上岗证签收表	A0	行政部	三年
8	SR4–HR–008	人员需求申请表	A0	行政部	三年
9	SR4–HR–009	会议记录	A0	行政部	三年
10	SR4–HR–010	法律、法规和其他要求清单	A0	行政部	三年
11	SR4–HR–011	法律、法规和其他要求合规性评价表	A0	行政部	三年
12	SR4–HR–012	职业病危害告知书	A0	行政部	三年
13	SR4–HR–013	员工代表任命书	A0	行政部	三年
14	SR4–HR–014	劳保用品发放记录	A0	行政部	三年
15	SR4–HR–015	环境健康安全检查记录	A0	行政部	三年
16	SR4–HR–016	消防设施台账	A0	行政部	三年
17	SR4–HR–017	生产现场环境与职业健康安全检查记录表	A0	行政部	三年
18	SR4–HR–018	办公区环境安全管理检查记录	A0	行政部	三年
19	SR4–HR–019	会议通知（省）	A0	行政部	三年

续表

NO.	记录编号	记录名称	版本	保管部门	保存期
20	SR4–HR–020	办公用品领用登记表	A0	行政部	三年
21	SR4–HR–021	重大风险信息交流决定表	A0	行政部	三年
22	SR4–HR–022	事故 / 事件登记表	A0	行政部	三年
23	SR4–HR–023	事件调查与处理报告	A0	行政部	三年
24	SR4–HR–024	相关方联络书	A0	行政部	三年
25	SR4–HR–025	整改报告	A0	行政部	三年
26	SR4–HR–026	设备维修保养记录	A0	行政部	三年
27	SR4–HR–027	电梯维修履历表	A0	行政部	三年
28	SR4–HR–028	吊挂作业许可证	A0	行政部	三年
29	SR4–HR–029	动火作业许可证	A0	行政部	三年
30	SR4–HR–030	设备日常点检表	A0	行政部	三年
31	SR4–HR–031	施工许可证	A0	行政部	三年
32	SR4–HR–032	联络单	A0	行政部	三年
33	SR4–HR–033	设施、设备月保养记录	A0	行政部	三年
34	SR4–HR–034	消防泵房保养点检表	A0	行政部	三年
35	SR4–HR–035	员工体检报告	A0	行政部	三年
36	SR4–HR–036	水电费统计表	A0	行政部	三年
37	SR4–HR–037	发电机运行记录	A0	行政部	三年
38	SR4–HR–38	危险源辨识评价表	A0	行政部	三年
39	SR4–HR–39	重大风险清单	A0	行政部	三年
40	SR4–HR–40	危险源清单	A0	行政部	三年
41	SR4–HR–41	应聘申请表（省）	A0	行政部	三年
42	SR4–HR–42	面试评价表（省）	A0	行政部	三年
43	SR4–HR–43	入职测验表（省）	A0	行政部	三年
44	SR4–HR–44	消防演习计划	A0	行政部	三年
45	SR4–HR–45	消防演习报告	A0	行政部	三年
46	SR4–HR–46	化学品应急演习计划	A0	行政部	三年
47	SR4–HR–47	化学品应急演习报告	A0	行政部	三年
48	SR4–HR–48	×××设备维护记录表（省）	A0	行政部	三年

续表

NO.	记录编号	记录名称	版本	保管部门	保存期
49	SR4-HR-49	会议签到表（省）	A0	行政部	三年
50	SR4-HR-50	除“四害”工作记录表	A0	行政部	三年
51	SR4-HR-51	人体工程学评估表	A0	行政部	三年
52	SR4-HR-52	每周药箱检查表			
53	SR4-GM-001	办公区域目标指标管理方案执行情况检查表	A0	总经办	三年
54	SR4-GM-002	生产现场目标指标管理方案执行情况检查表	A0	总经办	三年
55	SR4-GM-003	办公区域职业健康安全目标指标管理方案	A0	总经办	三年
56	SR4-GM-004	生产现场职业健康安全目标指标及管理方案	A0	总经办	三年
57	SR4-GM-005	职业健康安全目标达成统计表	A0	总经办	三年
58	SR4-GM-006	职业健康安全目标一览表	A0	总经办	三年
59	SR4-GM-007	纠正措施报告（省）	A0	总经办	三年
60	SR4-GM-008	组织内外部环境风险机遇评估表	A0	总经办	三年
61	SR4-GM-009	相关方需求与期望评估表	A0	总经办	三年
62	SR4-GM-010	外来文件管理履历（省）	A0	文控部	三年
63	SR4-GM-011	文件收发记录表（省）	A0	文控部	三年
64	SR-GM-012	文件修订 / 废止申请表（省）	A0	文控部	三年
65	SR4-GM-013	文件借阅登记表（省）	A0	文控部	三年
66	SR4-GM-014	程序文件一览表（省）	A0	文控部	三年
67	SR4-GM-015	品质、环境、安全记录总览表（省）	A0	文控部	三年
68	SR4-GM-016	品质、环境、安全改善对策书（省）	A0	总经办	三年
69	SR4-GM-017	审核计划（省）	A0	总经办	三年
70	SR4-GM-018	审核检查表（省）	A0	总经办	三年
71	SR4-GM-019	不合格报告（省）	A0	总经办	三年
72	SR4-GM-020	内部审核报告（省）	A0	总经办	三年
73	SR4-GM-021	审核方案（省）	A0	总经办	三年
74	SR4-GM-022	管理评审计划（省）	A0	总经办	三年
75	SR4-GM-023	管理评审报告（省）	A0	总经办	三年
76	SR4-GA-001	年度环境 / 职业健康安全体系资金投入计划	A0	财务部	三年
77	SR4-PG-001	供应商 EHS 评估调查表	A0	采购部	三年
78	SR4-PMC-01	电动叉车日常检查表	A0	生管部	三年
79	SR4-PMC-02	零件成分表	A0	生管部	三年
80	SR4-PMC-03	危险品清单	A0	生管部	三年
81	SR4-PMC-04	有机溶济点检记录表	A0	生管部	三年
82	SR4-ED-01	新材料、新制程、新设备事前评审记录表	A0	工程部	三年

一、行政部相关管理表格

________年消防栓点检表

________部室________（车间）

点检年份		1月		2月		3月		4月		5月		6月		7月		8月		9月		10月		11月		12月	
实施时间		第2周	第4周	第2周	第4周	第2周	第4周	第2周	第4周	第2周	第4周	第2周	第4周	第2周	第4周	第2周	第4周	第2周	第4周	第2周	第4周	第2周	第4周	第2周	第4周
消防水带	损坏漏水																								
消防水枪	缺口																								
	漏水																								
消防卷盘	能否正常转动																								
消防水龙头	接口是否完整																								
	阀门能否正常扭动																								
消防箱	箱门是否完好																								
	玻璃是否完好																								
卫生情况	粉尘、泥浆																								
	积水																								
备注																									
点检者																									
确认者																									

续表

点检年份	1月		2月		3月		4月		5月		6月		7月		8月		9月		10月		11月		12月	
实施时间	第2周	第4周	第2周	第4周	第2周	第4周	第2周	第4周	第2周	第4周	第2周	第4周	第2周	第4周	第2周	第4周	第2周	第4周	第2周	第4周	第2周	第4周	第2周	第4周
注	①点检频度：每周一次，点检结果完好的打“√” ②点检时间：每周随机抽一天点检，但与前次及后次需相隔5天以上 ③确认者每月确认一次及签名 ④如有异常情况，要在备注中注明，并及时通知相关领导																							

编号：SR4-HR-001 A0

________年灭火器日常点检表

________部室________（车间）

点检月份		1月		2月		3月		4月		5月		6月		7月		8月		9月		10月		11月		12月	
点检时间		第2周	第4周	第2周	第4周	第2周	第4周	第2周	第4周	第2周	第4周	第2周	第4周	第2周	第4周	第2周	第4周	第2周	第4周	第2周	第4周	第2周	第4周	第2周	第4周
外观检查	销子是否完好																								
	铅封是否完好																								
	喷管是否完好																								
	有无生锈现象																								
表压检查	是否未低于绿线区																								
有效期检查	是否在有效期内																								
备注																									
点检者																									
确认者																									
注	①点检频度：点检者每半个月点检一次，点检结果完好的打“√” ②确认者每月确认一次及签名 ③如有异常情况，要在备注中注明，并及时通知管理部处理																								

编号：SR4-HR-002 A0

年度培训计划表

序号	部门	培训内容	受训对象	课时	考核方式	实施月份												培训性质		推荐讲师
						一月	二月	三月	四月	五月	六月	七月	八月	九月	十月	十一月	十二月	内训	外训	

表格编号：SR4–HR–003 A0

员工培训记录签到表

日期：__________

培训时间：				地点：					
培训内容：									
培训老师：			效果评估：□口试 □笔试 □现场操作 □获取证书						
序号	姓名	部门 / 职位	签名	考核结果	序号	姓名	部门 / 职位	签名	考核结果
1					12				
2					13				
3					14				
4					15				
5					16				
6					17				
7					18				
8					19				
9					20				
10					21				
11					22				

表格编号：SR4-HR-004 A0

教育训练报告书

课程名称				
实施时间				
地　点				
讲　师				
受　训　人　员　情　况				
姓 名	部门	职位	考核结果	考核方式
教育训练内容简述				
效果评价：				

表格编号：SR4-HR-005 A0

培训需求申请表

<table>
<tr><td>申请人</td><td></td><td>申请部门</td><td></td><td>培训日期</td><td></td></tr>
<tr><td>培训对象</td><td></td><td>培训人数</td><td></td><td>姓　名</td><td></td></tr>
<tr><td>培训项目</td><td colspan="3"></td><td colspan="2">培训方式：□内训　□ 外训</td></tr>
<tr><td>培训地点</td><td colspan="3"></td><td>培训费用</td><td></td></tr>
<tr><td>申请说明</td><td colspan="5">申请人：　　　　批准人：</td></tr>
<tr><td>培训内容</td><td colspan="5"></td></tr>
<tr><td colspan="6">部门经理意见：
签名：</td></tr>
<tr><td colspan="6">人力资源部意见：
签名：</td></tr>
<tr><td colspan="6">总经理意见：
签名：</td></tr>
<tr><td colspan="6">备注：</td></tr>
</table>

表格编号：SR4-HR-006 A0

上岗证签收表

编号	姓名	部门	发放时间	签收人	编号	姓名	部门	发放时间	签收人
1					12				
2					13				
3					14				
4					15				
5					16				
6					17				
7					18				
8					19				
9					20				
10					21				
11					22				

表格编号：SR4-HR-007 A0

人员需求申请表

申请部门			申请日期	
需求职别			需求名额	
需求职格	性别			
	年龄			
	教育程度			
	岗位能力要求			
	其他要求			
需求理由说明				
使用说明： （1）以上表单的使用，限于各部门职员 / 技术工 / 品质人员的申请（员工除外，其他人员的聘用全部填写此表） （2）由申请部门详细填写以上内容，交由部门长及总经理批准后，转于行政部进行人力聘请				
申请人：	部门长审核：	总经理批准：		

表格编号：SR4-HR-008 A0

会议记录

时间									记录人		
会议主题											
主持人											
与会人员											
序号	姓名	部门 / 职务	签名	序号	姓名	部门 / 职务	签名	序号	姓名	部门 / 职务	签名
1				6				11			
2				7				12			
3				8				13			
4				9				14			
5				10				15			
会议内容											
主办单位核准签名：				记录人签名：							
会而有议、议而有决、决而有行、行而有致											

表格编号：SR4-HR-009 A0

法律法规和其他要求清单

职业健康安全管理			
序号	名称	相关条款	生效日期
一、国际公约			
1	职业安全卫生公约	全文	1981-06-01
2	作业场所安全使用化学品公约	全文	1990-06-07
二、国家法律			
1	中华人民共和国宪法	第41，42，43，48条	2004-03-14
2	中华人民共和国刑法	第130，133，134，135，137，139条	2011-02-25
3	中华人民共和国刑事诉讼法	第18条	2012-03-14
4	中华人民共和国行政诉讼法	全文	1990-10-01
5	中华人民共和国行政处罚法	全文	2009-11-27
6	中华人民共和国国家赔偿法	全文	2010-10-01
7	中华人民共和国工会法	第23，24，26，28条	2001-10-27
8	中华人民共和国妇女权益保障法	第22，25，26条	2005-12-01
9	中华人民共和国未成年人保护法	第4，5，6，7，16，28条	2007-06-01
10	中华人民共和国消费者权益保护法	全文	2009年修正
11	中华人民共和国消防法	全文	2009-05-01
12	中华人民共和国防洪法	第27，37，45条	2016-07-02
13	中华人民共和国电力法	第七章，第52，53，54，55条	2016-07-02
14	中华人民共和国产品质量法	第8，15，31，32，33，34条	2009-08-27
15	中华人民共和国特种设备安全法	全文	2014-01-01
16	中华人民共和国治安管理处罚法	第2，20，21，25，26，27，28条	2013-01-01
17	中华人民共和国安全生产法	全文	2014-12-01
18	中华人民共和国突发事件应对法	全文	2007-11-01
19	安全生产行政复议规定	全文	2007-11-01
20	中华人民共和国道路交通安全法	全文	2008-05-01
21	中华人民共和国传染病防治法	全文	2004-12-01
22	中华人民共和国农产品质量安全法	全文	2006-11-01
23	中华人民共和国职业病防治法	全文	2016-07-02
24	工伤认定办法	全文	2004-01-01
25	生产安全事故统计制度	全文	2008-03-01
26	使用有毒物品作业场所劳动保护条例	全文	2002-04-30
27	职业病危害事故调查处理办法	全文	2002-05-01
28	职业病诊断与鉴定管理办法	全文	2013-04-10
29	生产安全事故报告和调查处理条例	全文	2007-06-01
30	国务院关于职工工作时间的规定	全文	1995-03-25
31	机关、团体、企业、事业单位消防安全管理规定	全文	2002-05-01
32	危险化学品安全管理条例	全文	2011-12-01

续表

职业健康安全管理			
序号	名称	相关条款	生效日期
33	职业健康监护管理办法	全文	2002-05-01
34	中华人民共和国劳动法	全文	2008-01-01
35	劳动行政处罚若干规定	全文	1996-10-01
36	建设项目（工程）劳动安全卫生监察规定	全文	1997-07-01
37	劳动部贯彻《国务院关于职工工作时间的规定》的实施办法	全文	1995-03-26
38	关于企业实行不定时工作制和综合计算工时工作制的审批办法	全文	1995-01-01
39	仓库防火安全管理规则	全文	1990-04-10
40	高层居民住宅楼防火管理规则	全文	1992-10-12
41	爆炸危险场所安全规定	第四章，第 22，23，26，32 条	1995-01-22
42	易燃易爆化学物品消防安全监督管理办法	第三章，第 11，12 条	1994-05-01
43	工作场所安全使用化学品规定	第 12，13，14，15，16，17，18，19，20 条	1996
44	女职工禁忌劳动范围的规定	全文	1990
45	未成年工特殊保护法	全文	1994
46	劳动防护用品管理规定	第四章，第五章，第 22 条	2005-09-01
47	火灾统计管理规定	全文	1997-01-01
48	《企业职工伤亡事故报告和处理规定》有关问题的解释	全文	1991-07-25
49	企业职工劳动安全卫生教育管理规定	全文	1995
50	特种作业人员安全技术培训考核管理规定	全文	1991
51	火灾事故调查规定	全文	1999-03-02
52	消防安全 20 条	全文	1995
53	国务院关于特大安全事故行政责任追究的规定	全文	2001-04-21
54	工伤保险条例	全文	2011-01-01
55	易制毒化学品管理条例	全文	2005-11-01
56	关于进一步加强安全生产工作的通知	全文	2008-04-30
57	国务院办公厅关于在重点行业和领域开展安全生产隐患排查治理专项行动的通知	全文	2007-05-12
58	《生产安全事故报告和调查处理条例》罚款处罚暂行规定	全文	2007-07-12
59	中华人民共和国尘肺病防治条例	全文	2008-10-05
三、广东省地方法规及规章制度			
1	广东省社会保险登记管理实施办法	全文	1999-04-13
2	广东省社会工伤保险条例	全文	2006-11-27
3	广东省失业保险办法	全文	2004-03-01
4	广东省安全生产条例	全文	2009-09-29
5	广东省计划免疫条例	全文	2012-03-23
6	广东省劳动保护条例	全文	1987-04-01
7	广东省劳动保障监察办法	全文	2008-09-01

续表

职业健康安全管理			
序号	名称	相关条款	生效日期
8	广东省消防条例	全文	2004-07-01
四、惠州市地方法规及规章			
1	广东省惠州市人民政府办公室关于印发惠州市社会保险基金专项治理工作方案的通知	全文	2008-09-28
2	惠州市工伤保险基金市级统筹实施办法	全文	2009-12-07
3	惠州市失业保险基金市级统筹实施意见	全文	2008-12-31
4	惠州市城镇职工基本医疗保险实施细则	全文	2011-01-01

编号：SR4-HR-010 A0

登录人：　　　　审核：　　　　批准：

法律法规和其他要求合规性评价表

职业健康安全管理				
序号	名称	相关条款	生效日期	评价记录
一、国际公约				
1	职业安全卫生公约	全文	1981-06-03	合格
2	作业场所安全使用化学品公约	全文	1990-06-07	合格
二、国家法律				
1	中华人民共和国宪法	第 41，42，43，48 条	2018	合格
2	中华人民共和国刑法	第 130，133，134，135，137，139 条	2018	合格
3	中华人民共和国刑事诉讼法	第 18 条	2018	合格
4	中华人民共和国行政诉讼法	全文	2017	合格
5	中华人民共和国行政处罚法	全文	2017	合格
6	中华人民共和国国家赔偿法	全文	2012	合格
7	中华人民共和国工会法	第 23，24，26，28 条	2008	合格
8	中华人民共和国妇女权益保障法	第 22，25，26 条	2018	合格
9	中华人民共和国未成年人保护法	第 4，5，6，7，16，28 条	2012	合格
10	中华人民共和国消费者权益保护法	全文	2013	合格
11	中华人民共和国消防法	全文	2019	合格
12	中华人民共和国防洪法	第 27，37，45 条	2016	合格
13	中华人民共和国电力法	第七章，第 52，53，54，55 条	2018	合格
14	中华人民共和国产品质量法	第 8，15，31，32，33，34 条	2018	合格
15	中华人民共和国特种设备安全法	全文	2014	合格
16	中华人民共和国治安管理处罚法	第 2，20，21，25，26，27，28 条	2013	合格
17	中华人民共和国安全生产法	全文	2014	合格
18	中华人民共和国突发事件应对法	全文	2007	合格
19	安全生产行政复议规定	全文	2007	合格

续表

职业健康安全管理				
序号	名称	相关条款	生效日期	评价记录
20	中华人民共和国道路交通安全法	全文	2011	合格
21	中华人民共和国传染病防治法	全文	2013	合格
22	中华人民共和国农产品质量安全法	全文	2018	合格
23	中华人民共和国职业病防治法	全文	2018	合格
24	工伤认定办法	全文	2010	合格
25	生产安全事故统计管理办法	全文	2016	合格
26	使用有毒物品作业场所劳动保护条例	全文	2002	合格
27	职业病危害事故调查处理办法	全文	2002	合格
28	职业病诊断与鉴定管理办法	全文	2013	合格
29	生产安全事故报告和调查处理条例	全文	2007	合格
30	女职工劳动保护特别规定	全文	2012	合格
31	国务院关于职工工作时间的规定	全文	1995	合格
32	中华人民共和国环境保护法	全文	2014	合格
33	中华人民共和国企业劳动争议处理条例	全文	1993	合格
34	机关、团体、企业、事业单位消防安全管理规定	全文	2002	合格
35	危险化学品安全管理条例	全文	2013	合格
36	职业健康监护管理办法	全文	2002	合格
37	中华人民共和国劳动法	全文	2018	合格
38	劳动行政处罚若干规定	全文	1996	合格
39	中华人民共和国大气污染防治法	全文	2018	合格
40	重大事故隐患管理规定	全文	1995	合格
41	劳动部贯彻《国务院关于职工工作时间的规定》的实施办法	全文	1995	合格
42	关于企业实行不定时工作制和综合计算工时工作制的审批办法	全文	1994	合格
43	仓库防火安全管理规则	全文	1990	合格
44	高层居民住宅楼防火管理规则	全文	1992	合格
45	爆炸危险场所安全规定	第四章，第 22，23，26，32 条	1995	合格
46	中华人民共和国水污染防治法	全文	2018	合格
47	工作场所安全使用化学品规定	第 12，13，14，15，16，17，18，19，20 条	1996	合格
48	女职工禁忌劳动范围的规定	全文	1990	合格
49	未成年工特殊保护法	全文	1994	合格
50	中华人民共和国环境噪声污染防治法	全文	2018	合格
51	火灾统计管理规定	全文	1996	合格
52	《企业职工伤亡事故报告和处理规定》有关问题的解释	全文	1991	合格
53	中华人民共和国行政许可法	全文	2019	合格
54	特种作业人员安全技术培训考核管理规定	全文	2015	合格
55	火灾事故调查规定	全文	2012	合格

续表

职业健康安全管理				
序号	名称	相关条款	生效日期	评价记录
56	消防安全 20 条	全文	1995	合格
57	国务院关于特大安全事故行政责任追究的规定	全文	2001	合格
58	工伤保险条例	全文	2010	合格
59	易制毒化学品管理条例	全文	2018	合格
60	关于进一步加强安全生产工作的通知	全文	2010	合格
61	国务院办公厅关于在重点行业和领域开展安全生产隐患排查治理专项行动的通知	全文	2007	合格
62	生产安全事故罚款处罚规定（试行）	全文	2014	合格
63	中华人民共和国尘肺病防治条例	全文	2008	合格
64	中华人民共和国劳动合同法	全文	2012	合格
65	安全生产许可证条例	全文	2014	合格
66	建设工程安全生产管理条例	全文	2013	合格
67	特种设备安全监察条例	全文	2009	合格
68	生产经营单位安全培训规定	全文	2015	合格
69	职业病危害项目申报办法	全文	2012	合格
70	安全生产事故隐患排查治理暂行规定	全文	2007	合格
71	生产安全事故应急预案管理办法	全文	2019	合格
72	生产安全事故信息报告和处置办法	全文	2009	合格
73	建设项目安全设施“三同时”监督管理办法	全文	2015	合格
三、广东省地方法规及规章制度				
1	广东省企业职工劳动权益保障规定	第 2，3，10，11，12，13，18 条	2004	合格
2	广东省社会工伤保险条例	全文	2012	合格
3	广东省建设工程消防监督管理规定	全文	1994	合格
4	广东省消防管理处罚规定	全文	1994	合格
5	广东省实施《女职工劳动保护特别规定》办法	全文	2016	合格
6	广东省安全生产条例	全文	2017	合格
四、东莞市地方法规及规章				
1	东莞市重大危险源安全监督管理办法	全文	2012	合格
2	东莞市工伤保险条例	全文	2012	合格
3	东莞市饮用水源水质保护条例	全文	2018	合格
4	关于印发《东莞市职业病防治规划（2011 — 2015 年）》的通知	全文	2011	合格

表单编号：SR4-HR-011 A0

评价人员：　　　　　　　　批准：

职业病危害告知书

＿＿＿＿＿先生／女士：

根据《中华人民共和国职业病防治法》第三十条的规定，我公司应当将工作过程中可能产生的职业病危害及其后果、职业病防护措施和待遇等如实告知您，并在劳动合同中写明，不得隐瞒或者欺骗。在劳动合同期间，您的工作岗位发生变更并且变更的岗位存在职业病危害因素时，公司将重新告知并请您签署。

您所在区域的岗位，存在职业病危害因素。如防护不当，该职业危害因素可能对您的身体造成一定程度的损害。在本岗位，公司已按照国家有关规定，对职业危害因素采取了职业病防护措施，并对您发放合适的个人防护用品。

根据《中华人民共和国职业病防治法》第三十一条的规定，我公司将对您进行上岗前和在岗期间的职业安全卫生培训，指导您正确使用相关的职业病防护设备和个人职业病防护用品。

根据《中华人民共和国职业病防治法》第三十二条的规定，我公司应当安排您进行上岗前、在岗期间和离岗时的职业健康检查，并将检查结果如实告知您。您有义务按照公司的要求参加上岗前、在岗期间和离岗时的职业健康检查。职业健康检查费用由本公司承担。

根据《中华人民共和国职业病防治法》第五十一条的规定，一旦您患上职业病，本公司将按照《工伤保险条例》的相关规定执行。

根据《中华人民共和国职业病防治法》的规定，您有义务履行以下规定：自觉遵守用人单位制定的本岗位职业卫生操作规程和制度；正确使用职业病防护设备和个人职业病防护用品；积极参加职业卫生知识培训；定期参加职业病健康体检；发现职业病危害隐患事故应当及时报告用人单位；树立自我保护意识，积极配合用人单位，避免职业病的发生；离职时，应该按照公司的规定参加离职时的职业健康体检。

若因您不恰当履行前款规定的义务导致本人或者他人损害并进而导致公司承担任何支付和补偿责任的，公司将有权按该费用的 50% 追究您的个人责任。

用人单位盖章　　　　　　　　本人签字（确认收到并同意）

年　　月　　日　　　　　　　　年　　月　　日

SR4-HR-012A0

员工代表任命书

由员工公开选举产生，兹任命公司__________________为我公司的职工代表，代表员工的利益。其职责是：

（1）代表员工就工时、工资、人权、福利、工作环境、健康安全等员工所关心的问题与管理层进行交涉。

（2）定期参加与管理层的沟通会议，提报员工所关心的问题和公司工厂规范的实施情况。

（3）协助员工申诉及调查处理的取证工作。

（4）监督员工投诉及处理的公正性。

（5）不定期收集员工所关心的问题或意见回馈给管理代表，并监督处理的公正性。

（6）有责任认真学习工厂规范及公司颁布的文件并贯彻给员工。

（7）有权享受与其他员工相同的待遇。

（8）有权在不受任何歧视或打击报复的情况下独立开展职权范围内的工作。

总经理：

20_____年____月____日

SR4-HR-013A0

劳保用品发放记录

日期：__________

部门	劳保用品名称	领取数量	回收数量	使用人签名

表格编号：SR4-HR-014 A0

环境健康安全检查记录

序号	检查时间	控制点	责任部门	是否检查	检查内容	检查记录
1		生产车间	生产部	是	检查各部的 6S 及消防设施	
2		全公司	全公司	是	检查公司是否有长流水、长亮灯现象	
3		全公司	各车间	是	检查各部门或车间员工是否将垃圾分类投放	
4		各车间	生产部	是	每个化学品使用工位员工是否均有化学品安全使用说明单张，是否已描述了该物品 MSDS 并备用必要的防蚀工具和应急时的处理方法	
5		垃圾分类池	办公室	是	是否完全按照固体废弃物管理要求进行分类、收集、回收处理	
6		全公司	各部门	是	全公司各部门的消防设施、设备（包括消防应急灯、安全出口指示）是否均有日常检点记录	
7		生产设备	生产部	是	车间所使用设备是否有定期的保养清洁、维修记录	
8		危险化学品	仓库	是	化学品仓内是否均有温湿度监控和消防器材点检记录，是否预备有应急处理的细砂、抹布及防蚀所用的口罩、手套等	
10		车间清洁卫生	各车间	是	临时物料仓、车间各墙角、员工工作台面及地面是否清扫干净	
11		复印纸循环利用	各办公室	是	复印机的纸张（只用单面的）是否已进行循环利用	
12		化学品使用工位	生产部	是	每个化学品使用工位员工是否均有化学品安全使用说明单张，是否已描述了该物品 MSDS 并备用必要的防蚀工具和应急时的处理方法	
14		厂区清洁卫生	清洁工	是	厂区、通道、娱乐场所是否清扫干净，无垃圾残留	
15		办公室	各部门	是	检查办公室用品是否按计划领取（查记录）	
16		人员资质	办公室行政	是	检查重大环境因素岗位培训及培训计划的相关记录	
17		垃圾场	办公室	是	检查垃圾是否按流程、规定进行	
18		全公司	办公室	是	检查下水渠道是否通畅，淤泥是否定期清除，处理后的淤泥是否按危险废弃物处理	
19		各车间	生产部	是	检查各使用化学品工位，是否佩戴相应的防护工具，是否将其产生的垃圾投入垃圾桶中	
20		各车间	生产部	是	各类化学品是否按规定数量领取，所使用的工位是否有化学品安全使用说明书	

续表

序号	检查时间	控制点	责任部门	是否检查	检查内容	检查记录
21		全公司	各部门	是	检查所有消防器材的点检记录和其使用安全有效期，消防通道是否被堵塞	
22		房顶下水管道	办公室	是	检查各栋宿舍及生产大楼下水管道是否完好	
备注：以上由行政部每月安排检查一次						

表格编号：SR4-HR-015 A0

检查人： 审核： 批准：

消防设备设施台账

序号	编号	名称	规格型号	责任人	使用地点

表单编号：SR4-HR-016 A0

环境与职业健康安全检查记录表

检查区域：生产现场 检查日期： 年 月 日

序号	检查项目	标准得分	实得分	异常情况改善	备注
1	设施维护管理	5			
2	物料存放管理	5			
3	添加剂等材料使用管理	5			
4	切割机使用过程安全防护	5			
5	车间粉尘防护	5			
6	劳保用品 / 用具佩戴	5			
7	危险废物处理	10			
8	能源资源消耗管理	10			
9	清洁粉尘气味释放控制	5			
10	车间环境卫生	5			
11	成型机安全设施	5			
12	车间环保、安全标识	5			
13	应急预案制定与实施	10			
14	管理方案执行状况	10			
15	法律法规遵循情况	10			

表单编号：SR4-HR-017 A0

检查人：

办公区域健康环境安全管理检查记录

部门：办公区域　　　　　　　　　　　　检查日期：　　　年　　月　　日

序号	检查项目	检查标准	标准分	实得分	检查情况	整改结果验证时间
1	节水、节电、节纸和其他能源的节约	（1）人员节能意识 2 分 （2）是否采用节能措施 3 分 （3）有无乱接、乱安装、乱使用 3 分 （4）有无相关管理制度 1 分 （5）相关记录建立 1 分	10			
2	废弃物控制	（1）分类存放 4 分 （2）处理、清理 4 分 （3）有害废弃物处理 4 分 （4）土壤污染控制 3 分	15			
3	车辆管理	（1）卫生和车容 2 分 （2）保养和检修 3 分 （3）用车登记 2 分 （4）车辆年检 1 分 （5）按章驾驶 2 分	10			
4	消防设施配置	（1）人员责任制 3 分 （2）消防设备的良好状况 3 分 （3）消防通道 2 分 （4）提醒和指示装置宣传和教育 2 分	10			
5	目标、指标的实现	（1）目标制定 2 分 （2）按目标、指标实现百分率 8 分	10			
6	法律法规执行	（1）相关法律标准规范配备 2 分 （2）有违反法律法规的按程度扣 1~3 分，共 13 分，扣完为止	15			
7	管理方案控制	（1）管理方案的制定情况 5 分 （2）管理方案执行措施 5 分 （3）管理方案执行效果 5 分 （4）管理方案执行记录 5 分	20			
8	应急准备和响应	（1）相关意识、知识 2 分 （2）应急措施（计划）3 分 （3）人员责任制 3 分 （4）文件处理 2 分	10			
汇总情况：　　分　　实际得分：　　百分率：						
检查综合评述： 检查员：						

表单编号：SR4–HR–018 A0

不可接受风险信息交流决定表

序号	不可接受风险		涉及相关方	是否交流	交流方式	交流实施者	实施证据	监督情况	备注
1	不可接受风险	火灾的发生	全体员工、供应商 / 客户 / 相关进入公司人员	√	宣贯		职业健康安全大检查 相关方联络书		
2		触电事故	全体员工、供应商 / 客户 / 相关进厂人员	√	知会		职业健康安全大检查 相关方联络书		
1	不可接受风险	粉尘健康伤害	全体员工、供应商 / 客户 / 相关进入公司人员	√	宣贯		职业健康安全大检查 相关方联络书		
2		切割机刀具机械伤害	全体员工、供应商 / 客户 / 相关进入公司人员	√	宣贯		职业健康安全大检查 相关方联络书		
3		交通安全意外	全体员工、供应商 / 客户 / 相关进入公司人员	√	宣贯		职业健康安全大检查 相关方联络书		

表单编号：SR4-HR-021 A0

编制：　　　　　审核：　　　　　批准：

日期：　　　　　日期：　　　　　日期：

事故 / 件登记表

事故 / 件单位		时间		
事故 / 件地点		事故 / 件类型		
等级		调查组长		
调查人员				
事故 / 件发生经过				
事故 / 件原因分析				
事故 / 件责任划分				
事故 / 件损失	人员伤害 / 人	死亡：　重伤：　轻伤：　无伤害：		
	财产损失 / 元	直接：　间接：		
事故 / 件处理结果				
事故 / 件调查组长（签字）	管理部门负责人（签字）	安全部门负责人（签字）	分管领导负责人（签字）	总经理（签字）
备注				

编号：SR4-HR-022 A0

事故报告

编号：

（1）事故发生时间：________年____月____日____班____时____分。

（2）事故发生地点：____。

（3）人员伤亡情况：死亡______人，重伤______人。伤亡人员详细情况按表1格式填写。

表1 伤亡人员详细信息表

姓名	性别	参加工作时间	年龄	文化程度	用工形式	工种	本工种工龄	安全教育情况	伤害程度	次生灾害造成

（4）事故经济损失：　　万元，其中直接经济损失　　万元。

（5）事故等级：__________。

（6）事故性质：__________。

（7）事故类别：__________。

（8）事故发生单位基本情况：____

____

____

____。

（9）事故发生经过和事故救援情况：____

____

____

____

____。

（10）事故原因：____。

①直接原因：____

____

____

____。

②间接原因：____

____

____

____。

（11）事故暴露的主要问题：____

____

____

____。

（12）事故责任分析：____

____

____

____。

（13）事故防范和整改措施：______________________________________

____

____

____

____。

（14）事故调查报告及其附件：____________________________________

____。

表格编号：SR4-HR-023 A0

填表人签字：______________单位负责人签字：______________

填报日期：________年____月____日

相关方联络书

致：

（1）公司的管理方针：

职业健康安全方针：安全第一、关注健康

预防为主、持续改进

（2）人员进出本公司，应遵守本公司及项目现场的来访登记制度。应关闭手机等通信工具和电子设备，禁止带入火种，严禁吸烟。因工作需要进入项目现场的，应在门卫处登记并通知被访人，由被访人陪同进入。项目现场禁止拍照、摄像、取样，禁止随意逗留。

（3）使用机动车辆时，应保证车辆状态良好，废气、噪声排放应符合国家标准。遵守交通规则；进入本公司及项目现场时，应靠右限速行驶（15KM/H），不得与行人争道。送货车辆需要进入公司的，必须告知被访部门，征得被访部门同意后，按指定路线行驶进入。车辆需要在本公司内过夜的，由被访部门向公司领导申请，由综合服务监管部及项目部负责人指定地点停放，人员必须出外住宿。

（4）物资进出本公司，应遵守本公司物资出入登记查验制度，出示相应的单据和证件，由门卫登记查验后放行。

（5）在本公司及项目现场内施工时，应遵守本公司总部及项目现场的机械安全、用电安全、动土动火安全等环境与职业健康安全管理相关制度，自觉接受本公司的监督检查并签订相关的安全协议，电梯维护人员作业后产生的废弃物由维护人员及时带离公司现场。

谢谢合作！

惠州 ×× 精密技术有限公司

________年____月____日

请贵方填好以下内容后，将本页以 E-mail 或传真的方式回传本公司，谢谢！
签名：________________
回传日期：________________

整改报告

审核日期		审核员	
责任部门		负责人	
不合格描述： □严重不符合项　□一般不符合项　□观察项　　　　审核员：			
原因分析：			
纠正与预防措施： 责任部门负责人：			
管理者代表意见：□ 同意纠正与预防措施　□ 不同意纠正与预防措施 管理者代表确认：			
纠正与预防措施验证： 确认：　　　　批准： 结案日期：			

表格编号：SR4-HR-025 A0

设备维修 / 保养记录

				作成	检讨	承认

设备名称：　　　　　　　　编号：

NO.	日期	区分	保养或维修内容	更换配件名称	效果确认	确认人	备注
1		□保养 □维修					
2		□保养 □维修					
3		□保养 □维修					
4		□保养 □维修					
5		□保养 □维修					
6		□保养 □维修					
7		□保养 □维修					
8		□保养 □维修					
9		□保养 □维修					
10		□保养 □维修					

表格编号：SR4-HR-026 A0

设备履历表

设备名称		设备编号	设备型号	出厂日期	购进日期	生产厂商
NO.	执行记录			执行人	执行日期	审核
1						
2						
3						
4						
5						
6						
7						
8						
9						
10						
11						

表单编号：SR4-HR-027 A0

吊挂作业许可证

Hanging operation Permit

1. 概要信息（由相关主管填写）

<table>
<tr><td>吊挂作业地点</td><td></td><td>进行作业人员</td><td colspan="3">[ ]本公司员工
[ ]外来承包商 ____________</td></tr>
<tr><td>工作内容描述</td><td colspan="5">吊挂设备：
作业内容：</td></tr>
<tr><td>作业人员姓名</td><td colspan="2"></td><td>是否接受过培训</td><td>[ ]</td><td>培训记录 [ ]</td></tr>
<tr><td>监护人员姓名</td><td colspan="2"></td><td>是否接受过培训</td><td>[ ]</td><td>培训记录 [ ]</td></tr>
<tr><td>申请日期</td><td colspan="5"></td></tr>
</table>

2. 所需预防措施检查表（由监护人员填写）

预防措施	Yes	N/A	预防措施	Yes	N/A
1. 施工区域主管已检查并确认工作目的			8. 作业人员已取得有效操作执照		
2. 吊挂方案已被项目负责人认可			9. 特别警示牌、安全围栏、标志已张贴		
3. 所使用的吊挂设备 / 防护已经被寰尚公司检查认可			10. 已使用经检查合格之吊挂机具，且吊具无断裂、扭结、变形、腐蚀		
4. 已有施工负责人在场，使用范围已设置标志或围篱			11. 起重机运作时，已指派另一人在场指挥，以及严禁闲杂人员进入		
5. 严禁人员站立或通过吊物下方，人员不得随吊具升降			12. 厂商已确实执行吊升机具设备的检查		
6. 吊升物未超过额定荷重			13. 地面工作人员已配戴安全帽		
7. 施工现场有监护人员			14. 起重机已取得合格且有效的执照		

3. 签署部门

项目负责人：	作业区域经理、主管：	EHS 部门：

我已了解风险及控制措施，并将对吊挂作业进行有效监护。 签名（监护人员）：　　　　　　　　　　　电话：

表单编号：SR4-HR-028 A0

临时动火 / 用电作业申请表

<table>
<tr><td>装修地点</td><td></td><td>装修单位</td><td></td><td>动火 / 用电负责人</td><td colspan="2"></td></tr>
<tr><td>动火用电部位</td><td></td><td>动火用电起止时间</td><td></td><td>用电工具</td><td colspan="2"></td></tr>
<tr><td>动火用电作业安全措施</td><td colspan="6">1. 生活动火禁止使用瓶装煤气，禁止使用电炉、电热棒等电热设施
2. 动火作业人员必须严格遵守有关部门的操作规程和安全规定：
（1）动火前做到“八不”，即防火、灭火措施没落实不动火；周围杂物和易燃品未清除不动火；附近难以移动的易燃结构物未采取安全防范措施不动火；凡盛装过油类等易燃、可燃液体的容器、管道用后未清洗干净不动火；危险性未排除不动火；高空焊割作业时，未清除地面的可燃物品和未采取相应防护措施不动火；未配备灭火器材或灭火器材不足时不动火；现场安全负责人不在场不动火
（2）动火中“四要”，即现场安全负责人要坚守岗位；现场人员要加强观察，精心操作，发现不安全苗头时，立即停止动火；一旦发现火灾或爆炸事故要立即报警和组织扑救；动火作业人员要严格执行安全操作规程
（3）动火后“一清”，即完成动火作业后，动火人员和现场责任人要彻底清理动火作业现场后才能离开
3. 使用碘钨灯，应做好安全措施，做到灯开时有专人看管，人离灯灭</td></tr>
<tr><td>施工单位负责人意　见</td><td colspan="6">签 名：
年　月　日</td></tr>
<tr><td>装修巡查人员意见</td><td colspan="6">签 名：
年　月　日</td></tr>
<tr><td>装修主管意　见</td><td colspan="6">签 名：
年　月　日</td></tr>
</table>

注：动火 / 用电负责人须有有效上岗证

表单编号：SR4-HR-029 A0

设备日常点检表

设备名称：	型号规格：							编号：						年　月										负责人：							
日期 项目	1	2	3	4	5	6	7	8	9	10	11	12	13	14	15	16	17	18	19	20	21	22	23	24	25	26	27	28	29	30	31
1. 电源开关是否正常																															
2. 设备各部润滑点状况是否正常																															
3. 检查手柄、挡位、开关、旋钮等确保在原位或所需的位置																															
4.X、Y 轴走向是否正常																															
5. 按键操作是否正常																															
6. 传动皮带、齿轮是否良好																															
7. 机床运转是否正常																															
8. 自动装置是否正常																															
9. 调速开关是否正常																															
10. 各种安全装置运作是否正常																															
11. 夹头是否夹好，有无松动																															
12. 地脚螺丝有无松动																															
13. 重要继电器、接触器是否良好																															
点检异常（异常内容）																															
处理措施及结果																															
点　检　者																															
备注：1. 本点检表适用于所有生产加工设备；2. 每天作业开始使用前由操作者进行点检；3. 点检正常用“√”表示，点检异常则用“×”表示，并向组长或设备维修人员汇报，同时将异常内容和处理措施及处理结果记入表中；4. 如果当天没有使用则用“/”记录；5. 如果无此项点检内容用“—”记录；6. 每月底由组长收集表格，并交部门助理存档																															

SR4–HR–030 A0

装修施工许可证

物业名称：　　　　　　　　　　编号：

装修地点：	装修负责人：	装修负责人照片
施工单位：	联系电话：	
预计施工时间：　　年　月　日至　　年　月　日	施工人数：	
注意事项： 1. 施工单位必须遵守管理处装修规定 2. 请施工人员严格遵守有关防火要求 3. 请施工单位配合管理人员的装修检查 4. 请将此表贴于装修户门外	装修主管： （管理处盖章） 发证日期：　　年　月　日	

表单编号：SR4-HR-031A0

××电子有限公司内部联络单

内部联络单					
发文部门		发出人		发文时间	
受文部门			接收人		
相关部门					
联络主题					
联络事由：					
批复（受文部门或个人）：					
部门主管		审核		批准	

表单编号：SR4-HR-032 A0

设施设备月保养记录

正常“√”　故障“×”　　　　年　　份＋　　　　模具名称　　　　　模具编号

保养项目	月份											
	1月	2月	3月	4月	5月	6月	7月	8月	9月	10月	11月	12月
备注												
担当												
确认												
日期												

SR4-HR-033 A0

消防水泵维护保养记录表

项目	维护内容	维护情况
控制箱	控制箱内外清洁、箱内设备无积尘	
	控制箱面板各仪表、按钮、指示灯应完好	
	箱门开关灵活，接地是否良好	
	二次回路各接线端子应紧固无松动，绝缘良好	
	主回路各进出线端子应紧固无松动，无异常发热	
	电缆和电缆头绝缘良好，外表无损伤、无老化现象	
	空气开关、接触器绝缘良好，动作可靠，表面无异常发热	
	热继电器应完好，整定值设置正确，动作可靠	
电动机	清理电动机外部污垢	
	测量绝缘电阻	
	检查接线盒内的接线是否松动、损坏	
	检查各固定螺钉（地脚、端盖、轴承盖）是否紧固	
	检查接地是否良好	
	检查前后轴承是否缺油、漏油	
	检查轴承有无杂音及磨损情况	

泵体	检查泵体是否完好，无裂纹	
	检查叶轮在泵体内无摩擦，无碰撞刮现象	
	检查联轴无磨损，中心位置无位移、无窜动	
	轴承活动自如，无磨损，轴承无变形损坏，与油室轴承配合紧，无松动、移位，无异常响声、卡位现象	
	检查油室油密封圈无老化、磨损，垫片无破损，检查水密封紧，填料无老化、僵硬变质，紧固位置是否有漏水现象	
	检查油位是否正常无泄漏现象	
	检查电机、水泵连轴活接靠背轮是否磨损	
	检查阀门能否开启、关闭，无滴水现象	

上次检查时间	年　月　日	本次检查时间	年　月　日
设备使用状况		维护保养责任人	
抽查人			
检查结果			
备注	每月对消防泵进行一次维护保养		

SR4-HR-034 A0

医院职工职业健康体检表

（工伤保险用）

体 检 单 位：

单位社保编号：

个人社保编号：

姓　　名：＿＿＿＿＿＿＿＿＿　性　　别：＿＿＿＿
身份证号码：＿＿＿＿＿＿＿＿＿　婚姻状况：＿＿＿＿
工　　种：＿＿＿＿＿＿＿＿＿　工　　龄：＿＿＿＿
毒害种类和名称：＿＿＿＿＿＿＿＿＿

受检人签名：　　　　　　　　用人单位签章：

年　月　日　　　　　　　　　年　月　日

一、职业史（由受检查本人填写）

起止时间	工作单位	车间	工种	有害因素	防护措施

二、既往病史____

____

三、家族病史____

____

四、急慢性职业病史

病名：__________________诊断日期：__________________诊断单位：__________________

是否痊愈：____

经期

五、月经史：（初期____停经时间）

周期

六、生育史：现有子女______人，流产______次，早产______次，死产______次，异常胎______次

七、烟酒史：不吸烟，偶吸烟，经常吸______包/天、共______年；不饮酒、偶饮酒、经常饮酒______mL/日、共______年

八、症状（有以下症状用“+”表示，无症状用“—”表示）

项　目	年　月　日	项　目	年　月　日
1. 头痛		35. 气短	
2. 头（晕）昏		36. 胸闷	
3. 目眩		37. 胸痛	
4. 失眠		38. 咳嗽	
5. 瞌睡		39. 咳痰	
6. 多梦		40. 咯血	
7. 记忆力减退		41. 哮喘	
8. 易激动		42. 心悸	
9. 疲乏无力		43. 心前区不适	
10. 低热		44. 食欲减退	
11. 盗汗		45. 消瘦	

续表

项 目	年 月 日	项 目	年 月 日
12. 多汗		46. 恶心	
13. 全身酸痛		47. 呕吐	
14. 性欲减退		48. 腹胀	
15. 视物模糊		49. 腹痛	
16. 视力下降		50. 肝区痛	
17. 眼痛		51. 腹泻	
18. 羞明		52. 便秘	
19. 流泪		53. 尿频	
20. 嗅觉减退		54. 尿急	
21. 鼻干		55. 尿血	
22. 鼻堵		56. 皮下出血	
23. 流鼻血		57. 皮肤瘙痒	
24. 流涕		58. 皮疹	
25. 耳鸣		59. 浮肿	
26. 耳聋		60. 脱发	
27. 口渴		61. 关节痛	
28. 流涎		62. 四肢麻木	
29. 牙痛		63. 动作不灵活	
30. 牙齿松动		64. 月经异常	
31. 刷牙出血			
32. 口腔异味			
33. 口腔溃疡			
34. 牙痛		医生签名	

九、体征

项 目			检查结果	检查医师（签章）	备 注
一般情况	一般情况				
	脉率		次 / 分		
	血压		mmHg		
五官	视力	裸视力	L R		
		矫正	L R		
	晶体				
	眼底				
	外耳				
	听力	左			
		右			
	鼻				
	口腔				
	咽喉				

续表

项目		检查结果	检查医师（签章）	备注
内科	心脏			
	肺			
	肝			
	脾			
外科	甲状腺			
	浅表淋巴结			
	皮肤黏膜			
神经系统	皮肤划纹症			
	膝反射			
	跟腱反射			
	肌力			
	肌张力			
	共济运动			
	感觉异常			
	三颤			
	病理反射			
其他				

十、化验及其他检查

项目		化验结果	化验医师（签章）	备注
血	白细胞 ×109			
	中性 %			
	淋巴 %			
	单核 %			
	红细胞 ×1012/L			
	血红蛋白 g/L			
	血小板 ×109/L			
尿	尿蛋白			
	尿糖			
	红细胞			
	白细胞			
	管型			
肝功能	ALT			
	HBSAg			
	乙肝二对半			
胸部 X 线检查				
心电图				
B 超（肝、胆、脾、肾）				
脑电图				
听、视觉诱发电位				

续表

项　目		化验结果	化验医师（签章）	备　注
神经肌电图				
尿：铅、砷、镉、锰、氟				
血：铅				
尿：δ 一氨基乙酰丙酸				
血：锌原卟啉				
尿：β2一微球蛋白				
全血：胆碱酯酶（u）				
肺功能	FVC　%			
	FEV1　%			
	FEV1/FVC　%			

体检结论及建议	 体检医院签章处 主检医师签字：　　　　年　月　日

水电费统计表

统计部门：　　　　　　　　　　　　　　　　统计日期：

房号	住宿人数	上月电表数	本月电表数	用电度数	平均用电度数	上月水表数	本月水表数	用水方数	平均用水方数	是否节余	备注
301											
302											
303											
304											
305											
306											
307											
308											
309											
310											
311											
312											
313											
314											
315											
316											
317											

制表人：

SR4–HR–036 A0

发电机运行记录表

日期	开机时间	关机时间	运行状况			备注
			电压	电流	转速	

SR4–HR–037A0

危险源辨识评价表

部门：　　　　　　　　　　　　汇总时间：　　年　月　日

编号	活动区域 / 设备	过程或活动	危险源	可能导致事件	风险类别	$D=L*E*C$				风险级别	责任部门	备注
						L	E	C	D			
1												
2												
3												
4												
5												

SR4-HR-038　A0

批准：　　　　审核：　　　　制表：

重大风险清单

序号	设备或作业活动	危害因素	可能导致的事故	事故类型	风险等级	控制措施计划	备 注
1							
2							
3							
4							
控制措施		①制定目标与指标管理方案；②制定运行控制措施；③加强培训教育；④制定应急预案；⑤加强监督检查；⑥保持现有措施					

SR4-HR-39-A0

危险源清单

序号	活动点／工序／部位	危险源及其风险	人员暴露于危险环境的频繁程度	时态	状态	责任部门	是否受控	是否守法	备注
	1								
	2								
	3								
	4								
	5								
	6								
	7								
	8								
	9								
	10								
	11								
	12								
	13								
	14								
	15								
	16								
	17								
	18								
	19								
	20								

SR4–HR–40 AO

东莞市 ×× 有限公司演习计划

× 年 × 月演习计划

时　　间：× 年 × 月 × 日

地　　点：厂区

参加人员：全体人员

总 指 挥：×××

集合地点：紧急集合点

目的：通过此次演习，让全体员工了解发生火灾后的逃生路线及逃生注意事项，避免一旦发生火灾后就不知所措，群龙无首。为此，实践演习灭火、逃生，加强员工的自我保护意识，使生产区域、生活区域的员工都清楚自己在任何情况下的逃生。同时，加强各灭火组、疏散组、抢救组人员的实战经验和业务技能。

走火演习责任人

一、事先准备

1. 火源设置 1 个（火源设置在广场前面，由行政负责设置火源）。

2. 灭火器材（各类灭火器各 8 个、由行政负责准备）。

3. 演习过程摄影（生产区域、生活综合区、仓库等摄影人员由人事担任），另外演习总结摄影。

4. 所有警铃之检查（ ××× 负责）。

5. 事先通知园区办公室，避免造成不必要的误会。

6. 派员在外警戒，避免围观者趁机起混。

二、各区域的撤离时间

1. 生产部、仓库各 2 分钟。

2. 办公室 5 分钟内，电脑员应于可能的情况下，将重要数据（软件或文件），尽快带离火场，以保障工厂利益。

三、其他规定

1. 演习开始前，关闭所有大门，不得有人出入。

2. 除大门留 1 名管理人员外，其余全部参加，并按各自的分工进行。

3. 各区域逃生撤离时，应选择无火源的出口及离火源较远的出口。

4. 严禁撤离时大呼小叫及一些不良行为。

5. 演习总结时，生产办公室安排人对各区域的撤离现场进行摄影检查（检查是否关闭电源及现场留有无关人员）。

四、作业程序

1. 演习前由主管及各部门负责人做好员工的消防知识培训工作，并达到要求。

2. 行政部负责火源设置，并按规定的地点点燃火种。

3. 员工发现火情后，立即敲响火警报警装置，各相关人员积极组织有序地疏散员工。

4. 听到警铃响后，救护员应立即集中到各自岗位紧急待命，时间允许可以协助灭火及维持员工撤离秩序。

5. 各部门负责疏散员工的同时，必须切断电源总开关。

6. 安全责任人迅速将撤离时“受伤”的人员抬送。

7. 行政部派人员记录各区域的撤离时间。

8. 办公室负责最后之列队。

9. 演习结束后，总指挥总结报告，要求操作示范各类器材的使用，并且现场示范灭火，同时抽几名员工进行灭火实习。

10. 此次演习共计 40 分钟。

附：特别事项

1. 当某部门发生火灾时，全体人员应保持镇定，按警铃报警，并迅速担负起抢救工作，不可袖手旁观。

2. 迅速切断电源总制。

3. 白天发现火警时，应立即按警铃并通知行政部经理，由其通知总指挥或副总指挥及消防抢救组人员，视火势或总指挥指示，联络火警。

晚上或节假日发现火情时，厂内人员应立即抢救并通知保安室联络火警，保安人员应迅速联络支援灭火，同时通知有关部门主管。

制定：×××　　　　　　　　批准：×××

东莞市 ×× 有限公司消防演练记录

预案名称	消防演练	演练地点	公司厂区
组织单位总指挥	生产部主管 ××	演练时间	× 年 × 月 25 日
参加人员	全体员工约 20 人		
演练类别	☑实际演练　□提问讨论演练　□全部演练　☑部分预案演练		
实际演练内容	疏散演练、消防安全知识、灭火器的使用、初期火灾扑灭		
物资准备和人员培训情况	4KG 手提式干粉灭火器共 8 个，废铁油桶 1 个 （由安全管理员讲解消防安全知识、灭火器使用要求和个人安全防护）		
演练过程描述	1. 利用车间上班时间，警报 / 哨声响起，员工从车间疏散。 2. 利用一只废铁油桶，加入木栈板碎块等可燃物，倒入 2KG 柴油，然后点燃，灭火器使用安全员现场示范五字诀“拔、握、瞄、压、扫”，全体员工一一参与，利用灭火器对准着火点扫射，把火扑灭		
人员分工	各部门员工轮流上场灭火，对使用上不规范或错误方法，安全员现场改正		
预案适宜性和充分性评审	适宜性：□全部能够执行　☑执行过程不够顺利　□明显不适宜 充分性：□完全满足应急要求　□基本满足，需要完善　□不充分，须修改		
演练效果评审	人员到位情况：□迅速准确　☑基本按时到位　□个别人员不到位 物资到位情况：□现场物资充分，全部有效　□现场物资准备不充分 个人防护：☑全部人员防护到位　□个别人员防护不到位 组织协调情况：□准确高效　☑协调基本顺利，能满足要求 抢险组分工：□合理高效　☑基本合理，能完成任务 实战效果评估：□达到预期目标　☑基本达到目标，部分环节有待改进 外部支持协作有效性：☑报告及时　□联系不上		
存在的问题	安全员现场讲解灭火器材操作使用时，员工基本能够积极参与，少部分女员工比较被动		
说明	图像数据等其它内容另附		
演练时间	本次消防演练结束，共计 40 分钟		

审 核：×××　　　　　　　　　　　　报告人：×××

SR4–HR–45　A0

化学品泄漏演习计划

一、目的

为提高全体人员在化学品泄漏发生时的紧急应变能力，包括逃生、救护、围堵能力，确保人员生命安全、公司财产安全及减少对环境的保护。

二、演习前准备

由副总指挥负责统筹，提前一天准备演习安排，并传达演习的分工和职责。

物资准备：

（1）一个200升铁桶，内装自来水模拟油品、化学品。

（2）沙土两桶。

（3）碎布两包。

（4）胶手套4对。

（5）水鞋4双。

（6）口罩4个。

（7）铁铲4把。

三、演习时间

以广播通知现场发生化学品泄漏位置，要求立即撤离。

四、各组立即履行职责，采取行动

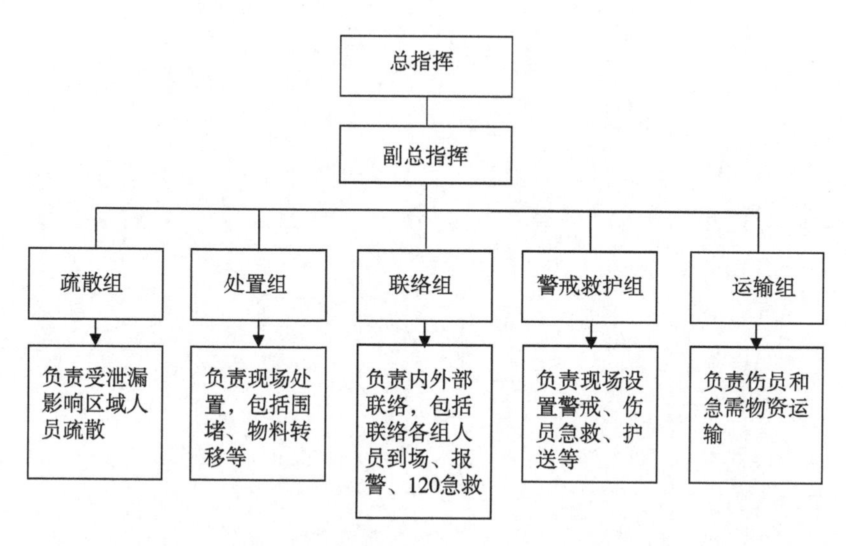

五、逃生路线

各部门、各楼层员工选择就近逃生口离开现场，服从现场疏散人员指挥，疏散人员应封锁受泄漏影响的紧急出口。

六、演习集合

撤离后集合地：公司广场，应按部门排队集合，并主动报数，疏散人员负责清点人数，并将人数集合情况报告总指挥和副总指挥。如人数不符，总指挥立即组织搜救。

七、处置组立即赶到现场实施处置行动

1. 穿戴好防护用品（水鞋、手套、口罩等）。

2. 选取工具立即用沙土、碎布围堵、吸附泄漏物，并设法封堵泄漏口，如无法封堵应立即转移至安全位置。如无法转移，则调集沙土、碎布等吸附物吸附。

3. 等泄漏被堵后，立即清理现场的泄漏物的吸附物。

八、化学品泄漏相关的安全知识讲解

1. 由安全主任讲解紧急逃生知识。

2. 讲解急救知识。

3. 讲解化学品泄漏处置方法、步骤，处置组配合演示。

九、总指挥做本次演习总结

化学品泄漏演习报告

一、目的

为提高全体人员在化学品泄漏发生时的紧急应变能力，包括逃生、救护、围堵能力，确保人员生命安全、公司财产安全，以及减少对环境的污染。

二、演习前准备

副总指挥提前一天做演习准备安排，并传达演习的分工和职责。

准备相应物资：

（1）一个200升铁桶，内装自来水模拟油品、化学品。

（2）沙土两桶。

（3）碎布两包。

（4）胶手套4对。

（5）水鞋4双。

（6）口罩4个。

（7）铁铲4把。

三、演习时间

以广播通知仓库现场发生化学品泄漏，要求立即撤离。

四、各组按计划赶到现场采取行动，履行以下职责：

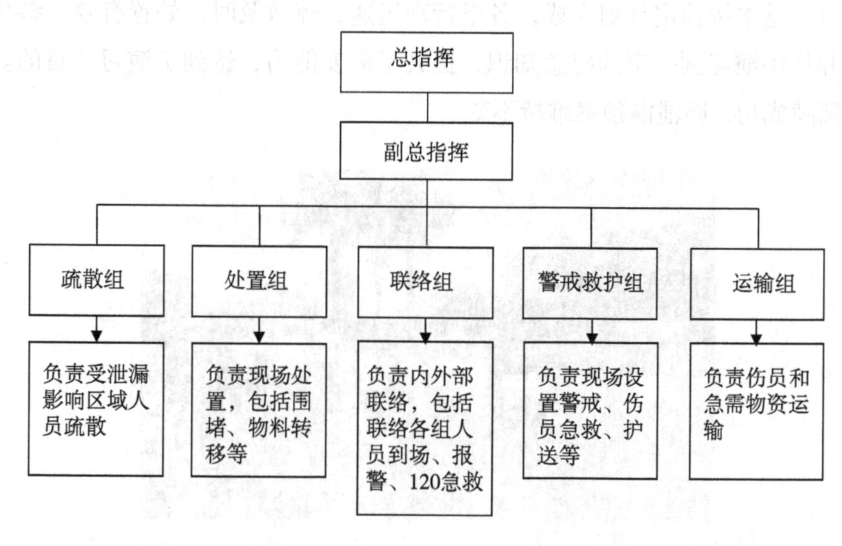

五、疏散集合情况

各部门、各楼层员工基本按指示选择就近逃生口离开现场，服从现场疏散人员指挥，疏散人员封锁受泄漏影响的紧急出口。

从发出警报开始，到人员全部集合完毕，耗时一共 5 分钟，全部按预定集合在公司广场，每个部门一队，并主动报数，疏散人员负责清点人数，并将人数集合情况报告总指挥和副总指挥，计划参与演习人员全部到齐，没有一个遗漏。

六、处置组处置情况

在警报发出后，处置组在 3 分钟内赶到现场，并在 2 分钟内穿戴好防护用品，投入处置行动。

从处置开始 5 分钟之内阻止桶内泄漏物继续泄漏，10 分钟之内清理完现场污染物装至桶内。

八、化学品泄漏相关的安全知识讲解

随后安全主任讲解了与化学品相关的知识：

（1）紧急逃生知识。

（2）急救知识。

（3）化学品泄漏处置方法、步骤，处置组配合演示。

九、总指挥做本次演习总结

本次演习，基本按预定计划完成，各组行动迅速，疏散及时，处置有效，参与的人员均表现积极，并从中演习到一定的应急知识，提升了应变能力，达到了演习的目的。因此，本次演习取得圆满成功，防泄漏预案维持不变。

除“四害”检查记录表

日期	检查组签字	检查内容	结果	备注
		宿舍区除“四害”情况	未见蟑螂、老鼠	
		食堂、小卖部除“四害”情况	除“四害”情况达标	
		宿舍、办公室除“四害”情况	除“四害”情况蚊超标	
		食堂、小卖部除“四害”情况	除“四害”情况蚊超标、蝇明显少	

SR4-HR-050　A0

人体工程学评估表

序号	车间					评价部门					评价日期：　年　月　日				
	作业名称	作业环境				作业姿势			其它因素				综合指数	优先度	备注
		照明	温度	湿度	噪声	站	坐	弯腰 / 下蹲	视力	重复动作	搬运重量	安全性			
1	办公区	1	1	1	1	1	1	0	1	2	1	1	11	2	
2	收放料作业	3	1	1	1	0	1	0	1	1	0	1	10	1	
3	机台调机	1	1	1	2	0	1	1	1	3	1	3	14	2	
4	药水室	1	1	1	1	0	0	0	1	2	0	3	10	1	
5	工程维修	1	1	1	1	1	0	1	1	3	1	3	13	2	
6	药水领用、添加	1	1	1	1	1	0	2	1	2	2	2	14	2	
7	质量检测	1	1	1	0	0	2	2	1	1	1	1	11	2	
备注	1. 评价方法：采用五分负面评分法：劣 =5 分；差 =4 分；可 =3 分；良 =2 分；佳 =1 分 2. 综合指数之算法：将各项的评价分数予以总计（相加起来） 3. 评分标准：综合指数为大于 30 时优先度为 5；综合指数为 21~30 时优先度为 4；综合指数为 16~20 时优先度为 3；综合指数为 11~15 时优先度为 2；综合指数小于 10 时优先度为 1 4. 优先度：评价指数最高者为优先度 5，依此类推，对优先度被评价为 1 的项目，由评价部门和相关部门对其提出改善对策 / 措施														
人机工程因素控制方案：															

SR4-HR-51 A0

每周药箱检查表

年份：　　　　部门：

日期	项目 星期	棉签	药棉	纱布	绷带	医用橡皮膏	消毒液	止血贴	云南白药	一次性手套	风油精	万花油	止血钳	医用剪刀	烫伤膏	备注	检查人签名
月　日	星期																
月　日	星期																
月　日	星期																
月　日	星期																
月　日	星期																
月　日	星期																
月　日	星期																
月　日	星期																
月　日	星期																
月　日	星期																
月　日	星期																
月　日	星期																
月　日	星期																
月　日	星期																
月　日	星期																
月　日	星期																
月　日	星期																

注：此表由部门人员每周进行一次检查，如发现药物不足或丢失，立即向行政部汇报并及时补充药品，并做好记录，没有异常则记录“V”。

SR4–HR–52　A0

二、总经办相关管理表格

办公区域职业健康安全目标指标管理方案执行情况检查表

<table>
<tr><th rowspan="2">序号</th><th rowspan="2">不可接受风险</th><th rowspan="2">目标</th><th rowspan="2">指标</th><th colspan="6">职业健康安全管理方案</th></tr>
<tr><th>控制措施</th><th>责任部门</th><th>责任人</th><th>完成时间</th><th>资源保证</th><th>检查部门</th></tr>
<tr><td>1</td><td></td><td></td><td></td><td></td><td></td><td></td><td></td><td></td><td></td></tr>
<tr><td>2</td><td></td><td></td><td></td><td></td><td></td><td></td><td></td><td></td><td></td></tr>
<tr><td rowspan="4">执行情况</td><td colspan="9">________年第一季度：

检查结果： 检查人： 检查时间：</td></tr>
<tr><td colspan="9">________年第二季度：

检查结果： 检查人： 检查时间：</td></tr>
<tr><td colspan="9">________年第三季度：

检查结果： 检查人： 检查时间：</td></tr>
<tr><td colspan="9">________年第四季度：

检查结果： 检查人： 检查时间：</td></tr>
</table>

拟制： 审核： 批准： 表单编号：SR4-GM-001 A0

生产现场职业健康安全目标指标及管理方案执行情况检查表

<table>
<tr><th rowspan="2">序号</th><th rowspan="2">重大危险源</th><th rowspan="2">目标</th><th rowspan="2">指标</th><th colspan="6">职业健康安全管理方案</th></tr>
<tr><th>控制措施</th><th>责任部门</th><th>责任人</th><th>完成时间</th><th>资源保证</th><th>检查部门</th></tr>
<tr><td>1</td><td></td><td></td><td></td><td></td><td></td><td></td><td></td><td></td><td></td></tr>
<tr><td>2</td><td></td><td></td><td></td><td></td><td></td><td></td><td></td><td></td><td></td></tr>
<tr><td>3</td><td></td><td></td><td></td><td></td><td></td><td></td><td></td><td></td><td></td></tr>
<tr><td rowspan="4">执行情况</td><td colspan="9">____年第一季度：
检查结果：　　　　检查人：　　　　检查时间：</td></tr>
<tr><td colspan="9">____年第二季度：
检查结果：　　　　检查人：　　　　检查时间：</td></tr>
<tr><td colspan="9">____年第三季度：
检查结果：　　　　检查人：　　　　检查时间：</td></tr>
<tr><td colspan="9">____年第四季度：
检查结果：　　　　检查人：　　　　检查时间：</td></tr>
</table>

拟制：　　　　审核：　　　　批准：　　　　表单编号：SR4-GM-002 A0

办公区域职业健康安全目标指标管理方案

序号	不可接受风险	目标	指标	职业健康安全管理方案					
				控制措施	责任部门	责任人	完成时间	资源保证	检查部门
1									
2									
3									

拟制： 审核： 批准： 表单编号：SR4-GM-003 A0

生产现场职业健康安全目标指标管理方案

序号	重大危险源	目标	指标	职业健康安全管理方案					
				控制措施	责任部门	责任人	完成时间	资源保证	检查部门
1									
2									
3									

拟制： 审核： 批准： 表单编号：SR4-GM-004 A0

公司及部门职业健康安全目标达成统计表

序号	部门	项目	目标 / 指标	月份											
				1月	2月	3月	4月	5月	6月	7月	8月	9月	10月	11月	12月
1	公司	火灾事故	0												
		工伤事故	0												
		职业病事故	0												
2	人事行政部 / 财务部	火灾事故	0												
		工伤事故	0												
		职业病事故	0												
3	业务部 / 采购部	相关方职业健康安全投诉	0												
		火灾事故	0												
4	生产部 品管部 / 仓库	工伤事故	0												
		职业病事故	0												
		火灾事故	0												

拟制：　　　　审核：　　　　批准：　　　　表单编号：SR4–GM–005 A0

公司及部门职业健康安全目标一览表

序号	部门	项目	目标 / 指标	考核周期	统计方法	统计部门
1	公司	火灾事故	0	月度	火灾事故次数	行政部
		工伤事故	0	月度	工伤事故次数	行政部
		职业病事故	0	月度	职业病事故次数	行政部
2	行政部 / 财务部	火灾事故	0	月度	火灾事故次数	行政部
		工伤事故	0	月度	工伤事故次数	行政部
		职业病事故	0	月度	职业病事故次数	行政部
3	市场部 / 采购部	相关方职业健康安全投诉	0	月度	职业健康安全投诉次数	行政部
4	生产部 / 品质部 / 仓库	火灾事故	0	月度	火灾事故次数	行政部
		工伤事故	0	月度	工伤事故次数	行政部
		职业病事故	0	月度	职业病事故次数	行政部

拟制：　　　　审核：　　　　批准：　　　　表单编号：SR4-GM-006 A0

职业健康安全风险与机遇识别表

类型	风险及机遇的识别			风险及机遇的评估		风险及机遇应对措施	执行情况	
	类别	外部因素及相关方描述	风险和机遇	发生可能性 × 严重性	等级		执行部门	时限
外部因素	法律法规要求	法律、法规内容的变化	**风险**：对职业健康安全相关法规的更新信息了解不够及时、准确，有不能转化为公司制度执行，使公司在职业健康安全管理方面存在隐患 **机遇**：公司遵守职业健康安全管理要求，可以切实保障员工职业健康安全，树立良好社会形象，提高公司知名度	4×4=16	高	1. 主要职能部门按照要求加强国家职业健康安全法律法规的收集评价 2. 行政部具体落实职业健康安全法律法规的要求	行政部、工程部	全年
							行政部	全年
		职业健康安全标准的变化	**风险**：公司现有的制度，是否符合职业健康安全标准的要求 **机遇**：公司遵守职业健康安全标准，可以切实保障员工职业健康安全，树立良好社会形象，提高公司知名度	3×3=9	一般	1. 主要职能部门按照要求加强职业健康安全相关标准的收集评价 2. 行政部具体落实职业健康安全标准的要求	工程部	全年
							行政部	全年
		《中华人民共和国劳动法》的影响	**风险**：公司劳动合同或规章制度违反《中华人民共和国劳动法》，导致罢工或监管部门重大经济处罚 **机遇**：公司遵守《中华人民共和国劳动法》，可以切实保障员工职业健康安全，树立良好社会形象，提高公司知名度	2×5=10	一般	1. 公司聘请法律顾问对劳动合同模板和公司规章制度进行合规性评审 2. 建立和完善公司规章制度 3. 快速与法律顾问商定解决方案，以应对紧急情况	行政部	全年
		《中华人民共和国职业病防治法》的影响	**风险**：公司生产运行过程中可能存在的违反《中华人民共和国职业病防治法》现象，导致监管部门重大经济处罚及从业人员职业病的发生 **机遇**：公司遵守《中华人民共和国职业病防治法》，可以切实保障员工职业健康安全，树立良好社会形象，提高公司知名度	3×4=12	一般	1. 公司建立并运行《职业病防治管理制度》 2. 定期组织员工进行健康体检 3. 快速与法律顾问商定解决方案，以应对紧急情况	工程部、行政部	全年

续表

类型	风险及机遇的识别			风险及机遇的评估		风险及机遇应对措施	执行情况	
	类别	外部因素及相关方描述	风险和机遇	发生可能性 × 严重性	等级		执行部门	时限
外部因素	法律法规要求	《特种设备安全监察条例》的影响	**风险**：公司生产运行过程中可能存在的违反《特种设备安全监察条例》现象，可能造成人身伤害甚至死亡事故 **机遇**：公司遵守《特种设备安全监察条例》，可以切实保障员工职业健康安全，树立良好社会形象，提高公司知名度	3×5=15	高	1. 工程部制定各类特种设备的操作规程，各类特种设备使用人员严格按照操作规程的要求进行操作 2. 工程部不定期抽查特种设备操作人员的操作要求，是否符合标准要求 3. 根据各种特种设备的检定周期，给予检定 4. 定期保养特种设备	工程部	全年
		《中华人民共和国消防法》的影响	**风险**：现有消防设施不符合《中华人民共和国消防法》，存在消防隐患 **机遇**：公司遵守《中华人民共和国消防法》，可以切实保障员工职业健康安全，树立良好社会形象，提高公司知名度	3×4=12	一般	1. 根据消防要求，公司已配备消防设施 2. 定期检验消防设施的完好情况	工程部	全年
	相关方要求	监管部门的监管力度	**风险**：监管部门针对职业健康安全监管力度加大，如果公司职业健康安全要求执行不规范，可能存在被查处的风险 **机遇**：公司职业健康安全管理的变化，给公司带来新的发展机遇	4×3=12	一般	1. 各级部门严格按照公司的职业健康安全管理制度开展相关工作 2. 职能部门加大对公司内部职业健康安全制度执行情况的检查力度	各部门 行政部	全年 全年
		供应商的要求	**风险**：供应商不遵守公司的职业健康安全规章制度，带来的职业健康安全风险 **机遇**：监督供应商遵守公司职业健康安全要求，提高职业健康安全管理意识	2×3=6	一般	对公司影响较大的供应商做好职业健康安全管理调查工作	总经办	全年

续表

类型	风险及机遇的识别			风险及机遇的评估		风险及机遇应对措施	执行情况	
	类别	外部因素及相关方描述	风险和机遇	发生可能性 × 严重性	等级		执行部门	时限
外部因素	相关方要求	客户的需求	**风险**：客户对公司职业健康安全标准提高，以及对供应过程中职业健康安全保护的期望值提升，给公司生产及服务售后管理提出新的要求 **机遇**：公司职业健康安全管理水平的提升，会给公司带来潜在的发展机遇	2×3=6	一般	业务部加强与客户沟通，统一双方的职业健康安全标准	业务部	全年
		第三方的要求	**风险**：公司运行中可能会对第三方产生不利的职业健康安全影响，或是第三方的职业健康安全要求公司目前无法满足，由此造成的冲突 **机遇**：第三方要求完善公司的职业健康安全管理水平	2×3=6	一般	各职能部门加强与第三方的沟通，对第三方的职业健康安全要求及时进行处理，必要时提交公司高层进行资源配置，降低第三方的抱怨	行政部、工程部	全年
	技术	新领域、新设备、新工艺	**风险**：公司现有的工艺、生产设备会造成较大的职业健康安全风险 **机遇**：通过引进新的生产设备、改进工艺，提高公司的工艺水平，降低和减少职业健康安全风险	3×4=12	一般	公司根据目前的技术水平，制定技术攻关和设备改造计划，相关职能部门予以有效落实	工程部	全年
	市场	市场竞争力	**风险**：公司为保障职业健康安全管理体系有序运行，需投入大量人力、物力、财力，间接增加了产品成本，对公司产品的竞争力和价格都产生比较大的压力，市场风险比较大 **机遇**：因公司推行职业健康安全管理，增强了员工向心力，有利于公司各项管理制度的推行	3×4=12	一般	完善公司内部管理制度，通过优化内部管理、提高生产效率、提升产品质量等措施，可以内部消化新增加成本，提高公司的竞争优势	行政部、工程部、	全年
	社会	本地失业率 安全感 教育水平 公共假日 工作时间	**风险**：公司所在地社会形势比较稳定，失业率较低，人员安全感较高，同时教育水平和人员素质较好，公共假日和工作时间设置比较合理，相对风险较小 **机遇**：公司目前所在区域的社会形势稳定，为公司的稳定发展提供比较好的环境	2×2=4	低	行政部做好人员积极储备工作，及时关注社会信息，为公司创造一个稳定的环境	行政部、工程部	全年

续表

类型	风险及机遇的识别			风险及机遇的评估		风险及机遇应对措施	执行情况	
	类别	外部因素及相关方描述	风险和机遇	发生可能性 × 严重性	等级		执行部门	时限
内部因素	公司运营	管理流程	**风险**：目前公司职业健康安全管理流程基本覆盖了公司日常工作，但是职业健康安全管理要求执行力如果得不到保证，会对公司职业健康安全运行带来一定的风险 **机遇**：完善职业健康安全管理流程，提高执行力，可以提高公司的职业健康安全管理水平	3×4=12	一般	1. 各级部门必须严格按照职业健康安全管理流程要求开展日常工作，对出现的职业健康安全不符合情况及时调整，保持职业健康安全流程的可操作性 2. 公司组织定期进行职业健康安全管理要求的评审	各级部门	全年
		生产过程	**风险**：公司现有的设施、设备，生产运行中会产生噪声、臭味及废气排放，带来一定职业健康安全风险 **机遇**：设备设施的改进，有利于职业健康安全保护，降低职业健康安全风险，减少相关方投诉	3×4=12	一般	生产部加强对设备的管理，制定保养计划，对设备设施实施保养	生产部	全年
	财务状况	费用支付	**风险**：目前国家整体经济情况低迷，形势趋于严峻，给公司带来比较大的财务压力 **机遇**：在职业健康安全方面财务状况处理得当，会提高公司整体的竞争力	3×3=9	一般	1. 业务部门加快产品资金的回笼，减小公司资金压力 2. 财务部门根据公司财务情况做好财务预算，防止出现财务风险	财务部、管理层、业务部	全年
	人力资源	人员的流动 员工环保素质 绩效考核	**风险**：公司目前人员，特别是优秀人才被外单位吸引离开的情况还是存在，对公司是比较大的损失。员工素质在一定程度上存在参差不齐的情况，加上绩效考核不能有效落实，会对工作完成质量造成不好的影响 **机遇**：公司目前主要人员还算稳定，各项绩效考核能顺利开展，为公司的发展提供一个比较好的基础	3×3=9	一般	1. 各部门要及时关注员工的心理变化，注意工作方式，创造良好的工作环境，提高员工的归属感 2. 行政部做好人员的储备工作，防止人员流失后给公司带来的风险 3. 各职能部门加强绩效考核的有效开展，通过考核促进员工的工作积极性，提高业务素质	公司各部门	全年
	资源	基础设施管理 公司运行环境	**风险**：如果公司现有的运行环境及设施、设备管理不善，造成的职业健康安全事故，会给公司造成很大的生产风险 **机遇**：基础设备维护良好，为公司发展创造良好的环境	3×3=9	一般	生产部严格按照公司的年度计划做好设备改造和维护工作，提高公司设备、设施稳定性	生产部	全年

相关方需求与期望和应对措施（ISO45001）

序号	相关方	需求与期望	风险机遇	应对措施	责任人	评价	备注
1	供应商	遵守安全健康法律，公司永续经营	供应商配合	与供应商签订环保 P 安全责任书	总经办		
2	客户	遵守安全健康法律，公司永续经营	客户重视支持 OHS	积极推行 OHS 体系	工程部		
3	股东	遵守安全健康法律，公司永续经营	老板们重视，体系推行的效果大增	引进咨询公司，识别法律法规和客户的要求，全员推行 ISO14001 体系	工程部		
4	员工	保证员工的安全、健康	员工支持 OHS 工作	积极整改车间环境，做好通风排气，确保原材料环保，给员工一个健康的身体。环保设备积极维护保养，保证有效运行	行政部		
5	周边居民	希望企业排出的污水、废气、粉尘、废弃物不要影响他们的生活，不会导致慢性病	如果排放不达标，居民投诉到环保局，可能引起纷争或政府问责	使用环保材料、环保设备	行政部、工程部		
6	政府	希望企业守法，不影响周边居民的生活和健康，企业越做越大，增加就业人数，多交税收	环保部门经常对企业进行环保检查。如果发现不符合要求，将面临问责	行政部每周对公司环境因素管理状况是否守法进行例行检查，确保体系有效运行	行政部		

制定：　　　　批准：　　　　SR4-GM-008 A0

三、财务部相关管理表格

________年度环境 / 职业健康安全体系资金投入计划

经公司领导研究决定，_______ 年度环境 / 职业健康安全管理体系资金投入具体分配计划如下：

（1）安全培训及教育费用：_____ 元。

（2）抢险应急措施：________ 元。

（3）消防设施与消防器材的配置及保健急救措施费用：______ 元。

（4）工作服装等劳保用品的购置费用：________ 元。

（5）体检费：________ 元。

（6）社保费：执行政府相关要求，逐月交付。

编制：

审核：

批准：

SR4–GA–001 A0

四、采购部相关管理表格

供应商 EHS 评估调查表

一、供应商概况

（1）供应商名称（盖章）：
（2）若贵公司不是生产商，请交给生产商填写。
（3）生产商名称（盖章）：
（4）地址：
（5）EHS 负责人：
（6）联系电话：

二、相关许可证

（1）	是否有生产、经营许可证（请附证书复印件）	是□　否□ N/A □
（2）	是否通过 ISO14001 环境管理体系认证或 ISO45001 职业安全和健康管理体系认证（请附证书复印件）	是□　否□ N/A □
（3）	是否有安全生产许可证（请附证书复印件）	是□　否□ N/A □
（4）	是否有排污许可证（请附证书复印件）	是□　否□ N/A □
（5）	是否有消防验收证书（请附证书复印件）	是□　否□ N/A □
（6）	是否进行了安全评价（请附证书复印件）	是□　否□ N/A □
（7）	是否有特种劳动防护用品安全标志证书（请附证书复印件）	是□　否□ N/A □
（8）	是否通过省级安全标准化验收工作	是□　否□ N/A □

三、安全健康和环保管理

（1）	是否建立安全环保组织，有专职 EHS 管理人员	是□ 否□ N/A □
（2）	是否建立安全生产责任制	是□ 否□ N/A □
（3）	是否建立并执行动火作业管理规定	是□ 否□ N/A □
（4）	是否建立并执行设备维护保养管理规定	是□ 否□ N/A □
（5）	是否建立并执行特种设备管理规定	是□ 否□ N/A □
（6）	是否建立并执行 EHS 培训管理规定	是□ 否□ N/A □
（7）	是否建立并执行安全检查和隐患整改管理规定	是□ 否□ N/A □
（8）	是否建立并执行防护用品管理规定	是□ 否□ N/A □
（9）	是否建立并执行危险化学品管理规定	是□ 否□ N/A □
（10）	是否建立并执行应急预案管理规定	是□ 否□ N/A □
（11）	是否建立并执行事故调查报告管理规定	是□ 否□ N/A □
（12）	是否建立并执行废水、废气、固废的管理规定	是□ 否□ N/A□
（13）	近三年有无发生安全和环保事故（请附事故清单）	是□ 否□ N/A □
（14）	公司有无废水处理设施	是□ 否□ N/A □
（15）	公司有无废气处理设施	是□ 否□ N/A □
（16）	固废是否有效处置	是□ 否□ N/A □
（17）	是否建立了化学品清单（附清单、安全标签和 MSDS）	是□ 否□ N/A □
（18）	公司是否有危险化学品的贮罐（附贮罐清单：分布点、容积、材质、化学品名称）	是□ 否□ N/A □

四、其他供应商认为有利的特殊相关资料

（请供应商描述）

SR4-PG-001A0

老板·创业			
一、经理人			
书名	内容	书名	内容
老总有想法，高层有干法 王清华　著	企业将、帅之间的定位问题、角色问题、方法问题、思维问题、管理问题等	**历史深处的管理智慧1：组织建设与用人之道** 刘文瑞　著	通过历史鉴照当今企业选人用人、二代接班人、创业团队管理等问题
历史深处的管理智慧2：战略决策与经营运作 刘文瑞　著	通过历史鉴照当今企业决策、战略规划、战略冒进、决策监督等问题	**历史深处的管理智慧3：领导修炼与文化素养** 刘文瑞　著	通过历史鉴照当今企业的领导修养、用权、管理风格等问题
老板经理人双赢之道 陈　明　著	经理人怎养选平台、怎么开局，老板怎样选/育/用/留		
二、用人			
用好骨干员工 王　敏　著	系统化分享关键人才打造与激励方法	**领导这样点燃你的下属** 孟广桥　著	领导者如何才能让员工积极主动地工作
让用人回归简单 宋新宇　著	帮助管理者抓住用人的要害，让用人变得简单		
三、转型·创业			
创业要过哪些坎 董　坤　著	15年创业咨询经验总结的创业遇到的问题及办法	**高潜牛人** 董　坤　著	创业和事业发展中如何找到牛人
成为下一个SaaS独角兽 崔牛会　主编	19位SaaS领专家，7个不同的视角总结SaaS行业实践	**创模式：23个行业创新案例** 段传敏　著	CEO社群23位企业家的思考与实践分享。
重生——中国企业的战略转型 施　炜　著	本书对中国企业战略转型的方向、路径及策略性举措提出了建议和意见。	**7个转变，让公司3年胜出** 李　蓓　著	企业估值、业务模式、营销、生产制造、客户服务、用户黏性到组织管理7个转变
企业二次创业成功路线图 夏惊鸣　著	五步骤给出了一幅企业二次创业经营突破、管理提升的成功路线图	**跟老板“偷师”学创业** 吴江萍　余晓雷　著	如何通过“偷师”学习与积累当老板的阅历
公司由小到大要过哪些坎 卢　强　著	企业成长路线图，现在我在哪，未来还要走哪些路，都清楚了	**跳出同质思维，从跟随到领先** 郭　剑　著	66个精彩案例剖析，帮助老板突破行业长期思维惯性
企业经营			
经营打造你的盈利系统 高可为　著	选择最有效的经营策略，打造属于自己的商业模式	**中国企业的觉醒** 王　涛　著	企业告别自私、野蛮，转向善良、爱，才会赢得消费者
成为敏感而体贴的公司 王　涛　著	未来有竞争力的企业，一定是那些敏感而体贴的公司！	**有意识的思考** 王　涛　著	对头脑中固有观念保持觉察，从而超越它们的局限
简单思考 孔祥云　著	著名咨询公司（AMT）CEO创业历程中的经验与思考	**写给企业家的公司与家庭财务规划** 周荣辉　著	以企业的发展周期为主线，写各阶段企业与企业主家庭的财务规划

续表

书名	内容	书名	内容
从10亿到100亿的企业顶层设计 刘建兆　著	重新定义企业成长方式，有效益、有效率、有效能、有效果、有品质的良性成长。	**活系统：跟任正非学当老板** 孙行健　尹　贤　著	造活系统，使系统活，靠系统活，活得系统。
宗：一位制造业企业家的思考 刘建兆　著	发展20年营业额近亿元制造业企业家的思考与心得	**使命：驱动企业成长** 高可为　著	用大企业发展轨迹及企业家的心路历程，揭示企业成长的基因，做事的逻辑
让经营回归简单 宋新宇　著	战略、客户、产品、员工、成长、经营者的经营法则	**边干边学做老板** 黄中强　著	86个案例讲述中小公司成长过程遇到的问题和方法
盈利原本就这么简单 高可为　著	跨越业务与财务边界，为企业提高盈利水平提供方法。		
综合管理			
一、企业管理			
让管理回归简单 宋新宇　著	从目标、组织、决策、授权、人才、老板自己等提供方案	**管理的尺度** 刘文瑞　著	西医式的体检化验，又要施加中医式的望闻问切
管理：以规则驾驭人性 王春强　著	人性驾驭角度权度运筹安排的可兑现性，管理有效性	**看电影，学管理** 刘文瑞　著	十六部电影的解读，揭示电影内含的管理之道
好管理　靠修行 曾　伟　著	从佛法、道法思想中寻找管理智慧	**公司大了，怎么管** 金国华　著	成长型企业发展中的共性问题，通过案例实录解开
低效会议怎么改 王玉荣　葛新红　著	从梳理公司会议体系的层面改变低效会议的现状	**年初订计划年尾有结果** 郭　晓　著	总结七步落地方案让战略计划切实落地实现
分股合心 段　磊　周　剑　著	围绕股权激励，详细介绍相关知识和实行方法	**员工心理学超级漫画版** 邢　磊　著	漫画形式对组织中个体心理的全面介绍和深入探讨
让投诉客户满意离开 孟广桥　著	投诉法律法规，应对各种投诉技巧等提升客诉能力		
二、管理思想			
管理学的奠基者 刘文瑞　著	近代以来的管理思想发展揭示管理思想的演化奥秘	**巴纳德组织理论研读** 郭　威　著	深度研读巴纳德《经理人员的职能》，帮你理解和看懂
管理学在中国 刘文瑞　著	科学看待管理学流入中国，对继承发展进行深入阐述	**德鲁克管理学** 张远凤　著	以德鲁克管理思想发展为线展示20世纪管理学发展
德鲁克与他的论敌们 罗　珉　著	德鲁克与马斯洛、戴明等诸多管理大师论战的故事	**德鲁克管理思想解读** 罗　珉　著	作为德鲁克学生全面解构其思想的精髓与实践价值
治论：中国古代管理思想 张再林　著	深入分析中国古代哲学基本精神的基础上，梳理分析了儒法墨三家的管理思想		

续表

营销·销售			
一、企业销售			
书名	内容	书名	内容
大客户销售这样说这样做 陆和平　著	大客户销售活动的十大模块，68个典型销售场景	向高层销售 贺兵一　著	销售人员与客户高层打交道需要重点掌握的知识、技巧
资深大客户经理 叶敦明　著	将大客户经理必须具备的规划、策略、执行三种能力连通自如	成为资深的销售经理 陆和平　著	让销售经理成功把握销售管理6个关键点，并提供工具
销售是个专业活 陆和平　著	据客户采购流程拆分销售过程10阶段，讲解方法技巧	学话术　卖产品 张小虎　著	手机、电动车、家电、食品等消费品的一线销售话术
二、企业营销			
新营销组织力 迪智成　著	适应最新数字化外部环境，系统化协同组织能力建设	营销按钮 老　苗　著	讲述存在于人性以及各个营销环节中的"按钮"
精品营销战略 杜建君　著	"精品营销战略"核心逻辑与营销组合策略	360°谈营销 王清华　古怀亮　著	营销是立体的，从不同角度观察不同企业的营销精髓
互联网精准营销 蒋　军　著	互联网时代整3体策划、包装品牌和产品	招招见销量的营销常识 刘文新　著	做好基本的营销动作都可以提高销量、减低成本
用数字解放营销人 黄润霖　著	用数字说话覆盖营销工作的方方面面	用营销计划锁定胜局 黄润霖　著	让营销计划落地，营销人员只需解决两个问题：基数与概率
我们的营销真案例 联纵智达研究院　著	五芳斋粽子、诺贝尔瓷砖、利豪家具、保健品、娃哈哈	中国营销战实录 联纵智达研究院　著	51个案例，46家企业，46万字，18年积淀
弱势品牌如何做营销 李政权　著	产品与物流通道、服务通道、促销互动通路提供方法	解决方案营销实战案例 刘祖轲　著	十大工业品作者实操案例解码解决方案营销
升级你的营销组织 程绍珊　吴越舟　著	根据企业实际情况建立有机性营销组织	变局下的营销模式升级 程绍珊　叶　宁　著	十年大量案例归纳三种核心驱动要素，三种升级方向
老板如何管营销 史贤龙　著	以十六个招式，理论与案例相结合，高段位营销方法	孙子兵法营销战 刘文新　著	理解《孙子兵法》原意的同时，还可体悟到营销之用
三、品牌			
中国品牌营销十三战法 朱玉童　著	深度演绎最符合企业品牌营销策划的十三套实战战法	中小企业如何打造区域强势品牌 吴　之　著	如何建立强势品牌的角度解析扩张难题
四、营销策划			
这样写文案，就没有卖不动的产品 秦　剑　刘安丽　著	术、法、道三个层面由浅至深培养商业文案创作能力	洞察人性的营销战术 沈　坤　著	介绍了28个匪夷所思的营销怪招，大部分甚至可以直接运用

续表

书名	内容	书名	内容
双剑破局：沈坤营销策划案例集 沈　坤　著	双剑公司8年来的实操案例，每个项目诞生过程、策划角度和方法		
企业案例			
鲁花：一粒花生撬动的粮油帝国 余　盛　著	鲁花如何成长为优秀的带动农业产业发展的品牌，鲁花你一定学得会	**金龙鱼背后的粮油帝国** 余　盛　著	以金龙鱼为脉的一部中国粮油行业的史诗
你不知道的加多宝 曲宗恺　牛玮娜　著	以时间为轴线，详细叙述了加多宝品牌的发展历程	**静水流深** 黄治国　著	作者在美的十五年对何享健近内部讲话资料的整理
娃哈哈区域标杆 罗宏文　怏车君 赵晓萌　寇尚伟	讲娃哈哈豫北市场如何成为娃哈哈全国第一大市场、全国增量第一的市场	**借力咨询：德邦成长背后的秘密** 官同良　王祥伍　著	德邦将自己积累的与咨询公司发展共赢的合作逻辑和盘托出
六个核桃凭什么从0过100亿 张学军　著	全视角深度解读养元企业的裂变成长，复盘十年蜕变轨迹	**像六个核桃一样** 王　超　著	六个核桃为什么卖得这么好，产品畅销的6大要义36条简明法则
中国首家未来超市 IBMG集团　著	对乐城超市的掌门人及内部员工的采访详细阐释了乐城的经验	**三四线城市超市如何快速成长：解密甘雨亭** IBMG集团　著	甘雨亭的许多关键经营指标均高于行业标准，学习其成功的方法
集团化企业阿米巴实战案例 初勇钢　著	作者在某酒厂推行阿米巴经营模式的心得		
经销商			
新经销：新零售时代教你做大商 黄润霖　著	探访近100位经销商在传统营销手法上的创新，传统营销微创新和新营销本地化	**商用车经销商运营实战** 杜建君　王朝阳 章晓青　著	对商用车经销商的经营与管理、4S店运营做了全方面的系统总结
跟行业老手学经销商开发与管理 黄润霖　著	从管理耐用消费品经销商角度提炼了48个代表性问题并给出解决办法	**快消品经销商如何快速做大** 黄润霖　著	经销商如何通过经营实现规模，通过管理实现规模效益
建材家居经销商实战42章经 王庆云　著	经营管理的心法和战法，帮助经销商成为“业务妙手”和“管理能手”	**成为最赚钱的家具建材经销商** 李治江　著	针对建材家居行业的经销商，从销售模式、产品、门店、市场等方面给出方法
白酒经销商的第一本书 唐江华　著	经销商如何选择厂家、合作、运营品牌等问题给建议	**快消品招商的第一本书** 刘　雷　著	从招商理论到招商动作进行系列化分解，化繁为简
中小企业			
中小企业如何打造区域强势品牌 吴　之　著	如何建立强势品牌的角度解析扩张难题	**用流程解放管理者** 张国祥　著	8个板块构成，共66篇文章，14幅流程管理图
用流程解放管理者2 张国祥　著	对中小企业规范化流程管理进行系统的阐述	**弱势品牌如何做营销** 李政权　著	产品与物流通道、服务通道、促销互动通路提供方法

续表

书名	内容	书名	内容
本土化人力资源管理8大思维 周　剑　著	用最贴近中国中小企业现实管理情境的案例去讲述周围人的"家事"	**中小农业企业品牌战法** 韩　旭　著	农业企业需要全产业链视野，更需要品牌实战方法
门店销售冠军复制系统 王吉坤　著	门店型企业如何打造可复制的销售冠军系统，凡是门店型企业都可以使用	**新零售动作分解与实操：建材·家居·家具** 盛斌子　著	对泛家居行业趋势、店面管理、团队管理、促销推广、五感营销等提供策略
家具建材促销与引流 薛　亮　李永锋　著	对泛家居营销执行模式和工具、关键环节等进行汇总	**建材家居门店6力爆破** 贾同领　著	产品力、导购力、形象力、推广力、服务力、组织力
家具行业操盘手 王献永　著	总结家具终端门店发展的现状及问题并给出策略	**手把手教你做专业督导** 熊亚柱　著	系统梳理督导的核心技能，岗位职责、工作流程及技能
手把手帮建材家居导购业绩倍增 熊亚柱　著	针对建材家居门店的业务人员，案例故事还原场景教你成为好导购	**10步成为最棒的建材家居门店店长** 徐伟泽　著	梳理店长管理的核心工作职责，店面管理规范和帮助销售人员成长
建材家居门店销量提升 贾同领　著	9个板块讲述建材门店一个单店如何做到经营的良性循环	**总部有多强大，门店就能走多远** IBMG集团　著	五大方向综合阐述连锁零售企业总部如何提升管理能力
赚不赚钱靠店长，从懂管理到会经营 孙彩军　著	注重专卖店的经营思路拓展，门店管理细节方面能力提升	**新医改了，药店就要这样开** 尚　锋　著	从药店定位的思考，内部和会员管理等几个方面探讨中小型药店发展方向
门店管理			
电商来了，实体药店如何突围 尚　锋　著	新时代药店经营三驾马车：药学专业服务、会员贴心服务和精准定向促销	**引爆药店成交率1：店员导购实战** 范月明　著	药店人的零售工作怎样接待顾客，完善销售技巧
引爆药店成交率2：药店经营实战 范月明　著	从药店经营角度如何建立改善门店现状的实用标准	**引爆药店成交率：专业化销售解决方案** 范月明　著	从简单的拿药服务到提供多角度的专业解决方案
互联网			
一、互联网转型			
画出公司的互联网进化路线图 李　蓓　著	18个"可以……吗"的问题作为你产品、客户和价值方面的指引牌	**7个转变，让公司3年胜出** 李　蓓　著	企业估值、业务模式、营销、生产制造、客户服务、用户黏性到组织管理7个转变
重生战略移动互联网和大数据时代的转型法则 沈　拓　著	四个重生战略对应四个法则告知传统企业的转型重生之路	**创造增量市场：传统企业互联网转型之道** 刘红明　著	为读者提供了寻找这些互联网的切入点和接触点的具体方法，带来增量市场
互联网+变与不变 本土管理实践与创新论坛　著	61篇精华文章，聚焦传统行业如何互联网+时代转型	**今后这样做品牌** 蒋　军　著	顶层设计、营销创新、产品战略、渠道变革、品牌策略
移动互联新玩法 史贤龙　著	立足现实，剖析新时代背景下的移动互联趋势与热点	**互联网时代的成本观** 程　翔　著	多维组合成本的互联网精神和大数据特征及应用

续表

书名	内容	书名	内容
正在发生的转型升级实践 本土管理实践与创新论坛　著	100多位本土管理专家当年对最新一年的思考和实践	**1000铁杆女粉丝** 张兵武　著	如何让普通女性成为忠实追随的铁杆粉丝，磁力点、情感结、甜蜜区、信任圈
混沌与秩序Ⅰ：变革时代企业领先之道 彭剑锋　施　炜 苗兆光　王祥伍 孙　波　夏惊鸣	新环境下企业面临变革应如何应对，作为企业家又应当如何坚守并与企业共同成长提出了深度思考	**混沌与秩序Ⅱ：变革时代管理新思维** 彭剑锋　施　炜 苗兆光　王祥伍 孙　波　夏惊鸣	对处于时代变革下的企业管理新机制、人力资源管理新思维，组织与人的新型关系，结合案例提出优化建议
消费升级：实践·研究 本土管理实践与创新论坛　著	从经营、管理、行业三个方面记录消费升级下的实践	**互联网精准营销** 蒋　军　著	互联网时代整体策划、包装品牌和产品
二、抖音、微信微商、电商			
抖音营销系统 刘大贺　著	抖音系统的实战营销知识，上百个从0做大的案例	**金牌微商团队长** 罗晓慧　著	微商团队长创业实操的指导工具书
微商生意经：真实再现33个成功案例操作全程 伏泓霖　罗晓慧　著	精心挑选的33个微商成功案例，阐述具体操作过程	**快速见效的企业微信营销方法** 孙　巍　著	站在微信生态的立体高度系统讲述企业微信快营销方法论
阿里巴巴实战运营：14招玩转诚信通 聂志新　著	产品定位、阿里巴巴排名因素、数据分析，标题优化等如何做好阿里巴巴	**阿里巴巴实战运营2：诚信通热卖技巧** 聂志新　著	打开诚信通运营的金钥匙，10大具体运营技巧
三、行业新营销			
餐饮新营销 杨　勇　程绍珊　著	聚焦餐饮企业转型，系统的餐饮企业营销管理体系	**新零售进化路径** 李政权　著	预先复盘新零售及商业的未来，找到方向
珠宝黄金新营销 崔德乾　著	珠宝业新营销/新品牌/新产品/新零售/新连接/新场景/新服务/新传播/新管理	**新经销：新零售时代教你做大商** 黄润霖　著	探访近100位经销商在传统营销手法上的创新，传统营销微创新和新营销本地化
新零售动作分解与实操：建材·家居·家具 盛斌子　著	对泛家居行业趋势、店面管理、团队管理、促销推广、五感营销等提供策略	**新营销** 刘春雄　著	让品牌商和渠道商掌握获得独立流量的能力，能够与平台商博弈
快速见效的企业网络营销方法　B2B　大宗B2C 张　进　著	数据和案例90%来自作者服务的中小企业，快速全面地学习企业网络营销方法	**移动互联下的超市升级** 联商网专栏　著	超市未来的发展趋势，对社区超市、生鲜、全渠道建设、O2O等提出观点
百货零售全渠道营销策略 陈继展　著	零售行业的竞争重点、行业本质，战略转型、未来趋势、经验和案例	**互联网时代的银行转型** 韩友斌　著	银行业在互联网金融变革浪潮中所做的积极应对和转型布局
触发需求：互联网新营销样本·水产 何足奇　著	通过鲜誉案例解读阐述水产行业如何进行互联网转型	**新农资如何弯道超车** 刘祖轲　著	从农业产业化、互联网转型、行业营销与经营突破四个方面阐述农资企业转型

续表

书名	内容	书名	内容
新零售　新终端 迪智成　著	将新零售系统打法做梳理并落地在新终端建设上		
		医药医疗	
一、药店			
新医改了，药店就要这样开 尚　锋　著	从药店定位的思考，内部和会员管理等几个方面探讨中小型药店发展方向	**电商来了，实体药店如何突围** 尚　锋　著	新时代药店经营三驾马车：药学专业服务、会员贴心服务和精准定向促销
引爆药店成交率1：店员导购实战 范月明　著	药店人的零售工作怎样接待顾客，完善销售技巧	**引爆药店成交率2：药店经营实战** 范月明　著	从药店经营角度如何建立改善门店现状的实用标准
引爆药店成交率：专业化销售解决方案 范月明　著	从简单的拿药服务到提供多角度的专业解决方案		
二、药品销售			
医药第三终端：从控销到动销　诊所　基层医疗 王祥君　张芳文　著	用大量案例来梳理药企落地动销的策略、方法和技战术	**医药营销：诊所开发维护与动销** 张江民　著	从六个方面系统阐述基层诊所市场营销攻略
处方药合规推广实战宝典 赵佳震　著	对处方药推广体系搭建、推广人员岗位内容等六个方面进行阐述	**医药代理商经营全指导** 戴文杰　著	从产品选择、价格体系设计、路径管理等维度描述代理商产品操作的基本策略
处方药零售这样做 田　军　著	处方药零售的重要性及做市场的具体措施和方法	**OTC医药代表药店开发与维护** 鄢圣安　著	一位从初级OTC医药销售代表成长起来的销售经理的经验分享
OTC医药代表药店销售36计 鄢圣安　著	以《三十六计》为线，写OTC医药代表向药店销售的一些技巧与策略		
三、药企转型			
药企战略·运营与医药产业重构 杜　臣　著	对医药产业的深度认知与发展趋势结合，战略思考与经营操作相统一	**医药行业大洗牌与药企创新** 林延君　沈　斌　著	围绕着创新介绍医药行业，介绍近百家医药企业创新实践案例
医药新营销 史立臣　著	从药企最关心的八个方面阐述制药企业、医药商业企业营销模式转型	**医药企业转型升级战略** 史立臣　著	商业模式转型、管理转型、定位转型、运营模式转型和跨界转型五方面阐述转型
新医改下的医药营销与团队管理 史立臣　著	立足新医改相关政策的解读，为中小医药企业出谋划策	**在中国，医药营销这样做** 段继东　著	时代方略在医药营销领域思想、方法文章的精选合集
四、新医疗			
成为医疗器械领军者 王　强　著	中小型医疗器械生产企业和代理商怎样转型	**新型诊所经营与创新** 动脉网　著	对新型诊所从标准化管理、经营方式、团队建设、连锁模式四个方面进行解读

续表

书名	内容	书名	内容
医美新风口：颜值经济下的亿万市场 动脉网　著	详细介绍中国医疗美容行业的发展趋势，现状以及医美产业链等	**互联网医院：正在发生的医疗新变革** 动脉网　著	介绍互联网医院的建设与运营、管理，发展模式和市场布局，以及发展规律
快消品			
一、快消案例			
中国快消品营销这些年 史贤龙　著	一本书浓缩快消品营销15年的实战历程与前沿思考	**这样打造大单品** 迪智成　著	通过13个大案例帮助企业梳理打造大单品的路径
你不知道的加多宝 曲宗恺　牛玮娜　著	以时间为轴线，详细叙述了加多宝品牌的发展历程	**娃哈哈区域标杆** 罗宏文　快车君 赵晓萌　寇尚伟	讲娃哈哈豫北市场如何成为娃哈哈全国第一大市场、全国增量第一的市场
六个核桃凭什么从0过100亿 张学军　著	全视角深度解读养元企业的裂变成长，复盘十年蜕变轨迹	**像六个核桃一样** 王　超　著	六个核桃为什么卖得这么好，产品畅销的6大要义36条简明法则
5小时读懂快消品营销 陈海超　著	20年快速消品市场风云洞察解码，丰富的案例解析		
二、快消品区域经理			
快消品营销团队管理 刘　雷　伯建新　著	快消品团队管理相关的20余个工具+20余个案例	**这样打造快消品区域标杆** 罗宏文　牛玉龙　著	分为两篇解决如何成功打造标杆市场和进行持续增量管理两大问题
成为优秀的快消品区域经理（升级版） 伯建新　著	作为区域经理的“速成催化器”，升级版增加11篇内容	**快消老手都在这样做：区域经理操盘锦囊** 方　刚　著	一线成长起来的资深快消品营销人“压箱底”绝活亲囊而授
快消品营销人的第一本书 刘雷　伯建新　著	针对一线厂家业务员工作中常遇到的问题给予建议	**销售轨迹：一位快消品营销总监的拼搏之路** 秦国伟　著	一个普通营销人的故事，16年背井离乡的职场拼搏之路
快消品营销：一位销售经理的工作心得2 蒋　军　著	从市场操作、团队管理、传播推广、营销的具体策略和战略等方面提供方法		
三、快消品动销			
动销：产品是如何畅销起来的 余晓雷　著	怎么被消费者买走和竞争对手是谁这两个原点解决动销问题	**动销操盘：节奏掌控与社群时代新战法** 朱志明　著	用七个章节阐述关于动销操盘的要诀，节点、节奏、主次、条件匹配性等问题
动销四维：全程辅导与新品上市 高继中　著	从产品、渠道、促销和新品上市四个方面详细讲解提高动销的具体方法		
四、快消品渠道			
深度分销 施　炜　著	流道价值链、模式选择、渠道策略与管理、零售经销商管理、最佳实践、团队建设	**通路精耕操作全解周俊** 陈小龙　著	对康师傅制胜法宝通路精耕进行系统介绍与说明，图表和完善入微的操作方法

续表

书名	内容	书名	内容
酒水饮料快消品餐饮渠道营销手册 朱伟杰　著	对餐饮渠道深入挖掘，建立适合餐饮渠道发展的服务模式和组织保障措施	快消品经销商如何快速做大 杨永华　著	经销商如何通过经营实现规模，通过管理实现规模效益
快消品营销与渠道管理 谭长春　著	解决日常涉及的渠道管理、市场、产品等营销事务	快消品招商的第一本书 刘　雷　著	从招商理论到招商动作进行系列化分解，化繁为简
采纳方法：化解渠道冲突 朱玉童　著	21个最新的渠道冲突案例立体地介绍渠道冲突的现象和方法		
五、快消品企业战略			
重构：快消品企业重生之道 杨永华　著	从战略，品牌，市场，产品，营销，系统，管理7个方面进行重构	变局下的快消品实战策略 杨永华　著	从5个角度针对快消品企业如何应对行业变局给出答案
新营销 刘春雄　著	让品牌商和渠道商掌握获得独立流量的能力，能够与平台商博弈	采纳方法：破解本土营销8大难题 朱玉童　著	破解困扰营销人的八大难题变给出解决方法
白酒营销培训宝典：复制高业绩 刘孝鞍　著	总结白酒营销人员系统运作市场的要点，转化为易学可复制的动作和工具表单	酒水饮料快消品餐饮渠道营销手册 朱伟杰　著	对餐饮渠道深入挖掘，建立适合餐饮渠道发展的服务模式和组织保障措施
白酒营销的第一本书 唐江华　著	多角度阐释白酒一线市场操作的最新模式和方法	白酒经销商的第一本书 唐江华　著	经销商如何选择厂家、合作、运营品牌等问题给建议
白酒到底如何卖 赵海永　著	多角度地阐释了白酒一线市场操作的最新模式和方法	白酒到底如何卖2：从市场培育到动销 赵海永　著	系统化、标准化、模式化的促成动销的实战操作方式和方法
变局下的白酒企业重构 杨永华　著	白酒企业重构期的营销战略与实操策略6大方法	酒业转型大时代 微　酒　著	酒水营销、新闻资讯及行业分析、预测的知识宝典
区域型白酒企业营销必胜法则 朱志明　著	以36条法则从战略、营销、推广、产品线、品牌、市场、战术、等方面提供方法	10步成功运作白酒区域市场 朱志明　著	从市场攻守、产品攻略、新品上市、占领渠道、促销等十个层面阐述
茶·调味品·油·乳业			
营销中国茶：2小时读懂茶叶营销 史贤龙　著	中国茶营销的“困局”“破局”和“创举”	中国茶叶营销第一书 柏　龑　著	纵览中国茶叶市场的全局，并且有针对性地提出问题并阐述解决方法
调味品营销第一书 陈小龙　著	15年监控中国市场50个中外著名调味品品牌市场运作、管理等得到的经验总结	调味品企业八大必胜法则 张　戟　著	提炼了调味品企业八大规律性的关键成功要素
食用油营销的第一本书 余　盛　著	从小包装油行业概述到产品的基本知识，从基本执行动作到品牌整体策划等	鲁花：一粒花生撬动的粮油帝国 余　盛　著	鲁花如何成长为优秀的带动农业产业发展的品牌，鲁花你一定学得会

续表

书名	内容	书名	内容
金龙鱼背后的粮油帝国 余　盛　著	以金龙鱼为脉的一部中国粮油行业的史诗	乳业营销的第一本书 侯军伟　著	区域型乳品企业如何才能够稳健的发展
工业品			
一、工业品销售			
大客户销售这样说这样做 陆和平　著	大客户销售活动的十大模块，68个典型销售场景	销售是个专业活　B2B 陆和平　著	据客户采购流程拆分销售过程10阶段，讲解方法技巧
成为资深的销售经理：B2B　工业品 陆和平　著	让销售经理成功把握销售管理6个关键点，并提供工具	一切为了订单：订单驱动下的工业品营销实践 唐道明　著	以订单流程的三个环节为主线讲述工业品营销管理新思路
二、工业品营销			
工业品营销管理实务（第4版） 李洪道　著	是信任导向工业品营销体系的深化版、工业品营销管理体系优化咨询升级版	工业品企业如何做品牌 张东利　著	为当下中国制造的品牌化转型提供经过实践证明的理念、方法和体系
工业品市场部实战全指导 杜　忠　著	解决职能不清、市场部五大职能如何运作、职业发展路径等具体问题	解决方案营销实战案例 刘祖轲　著	十大工业品作者实操案例解码解决方案营销
资深大客户经理：策略准　执行狠 叶敦明　著	将大客户经理必须具备的规划、策略、执行三种能力连通自如		
三、工业品企业			
变局下的工业品企业7大机遇 叶敦明　著	探索工业品企业成长的新机会，7大战略与战术性机会	两化融合管理体系贯标流程与方法 戴　勇　著	融合五十多家企业在两化融合贯标过程的经验，总结重点与举措
丁兴良讲工业4.0 丁兴良　著	多角度阐述中国在工业4.0的机遇和挑战		
建材家居			
一、建材家居门店			
家居建材促销与引流 薛　亮　李永锋　著	对泛家居营销执行模式和工具、关键环节等进行汇总	新零售动作分解与实操：建材·家居·家具 盛斌子　著	对泛家居行业趋势、店面管理、团队管理、促销推广、五感营销等提供策略
家具行业操盘手 王献永　著	总结家具终端门店发展的现状及问题并给出策略	手把手教你做专业督导 熊亚柱　著	系统梳理督导的核心技能，岗位职责、工作流程及技能
手把手帮建材家居导购业绩倍增 熊亚柱　著	针对建材家居门店的业务人员，案例故事还原场景教你成为好导购	10步成为最棒的建材家居门店店长 徐伟泽　著	梳理店长管理的核心工作职责，店面管理规范和帮助销售人员成长
建材家居门店销量提升 贾同领　著	9个板块讲述建材一个单店如何做到经营的良性循环	建材家居门店6力爆破 贾同领　著	产品力、导购力、形象力、推广力、服务力、组织力
二、建材家居经销商			
新经销：新零售时代教你做大商 黄润霖　著	探访近100位经销商在传统营销手法上的创新，传统营销微创新和新营销本地化	建材家居经销商42章经 王庆云　著	经营管理的心法和战法，帮助经销商成为“业务妙手”和“管理能手”

续表

书名	内容	书名	内容
成为最赚钱的家具建材经销商 李治江　著	针对建材家居行业的经销商，从销售模式、产品、门店、市场等方面给出方法		
三、建材家居企业			
定制家居黄金十年 韩　锋　翁长华　著	对中国定制家居行业20年发展历程深度、系统、专业的解读	建材家居营销：除了促销还能做什么 孙嘉晖　著	探索家居建材行业营销的革命，回顾和思考来发现行业"营销天花板"的突破口
建材家居营销实务：新环境、新战法 程绍珊　杨鸿贵　著	针对建材家居市场特点提出以客户价值为基础的整体营销价值链		
零货·超市·百货			
新零售进化路径 李政权　著	预先复盘新零售及商业的未来，找到方向	新零售　新终端 迪智成　著	将新零售系统打法做梳理并落地在新终端建设上
移动互联下的超市升级 联商网　著	超市未来的发展趋势，对社区超市、生鲜、全渠道建设、O2O等提出观点	百货零售全渠道营销策略 陈继展　著	零售行业的竞争重点、行业本质，战略转型、未来趋势、经验和案例
超市卖场定价策略与品类管理 IBMG集团　著	零售企业的市场拓展与商品定位、商品结构与商品陈列、毛利分析与库存分析	连锁零售企业招聘与培训破解之道 IBMG集团　著	围绕零售企业组织架构、培训体系建设等内容进行深刻探讨
总部有多强大，门店就能走多元 IBMG集团　著	五大方向综合阐述连锁零售企业总部如何提升管理能力	三四线城市超市如何快速成长：解密甘雨亭 IBMG集团　著	甘雨亭的许多关键经营指标均高于行业标准，学习其成功的方法
中国首家未来超市：解密安徽乐城 IBMG集团　著	对乐城超市的掌门人及内部员工的采访详细阐释了乐城的经验	零售：把客流变成购买力 丁　昀　著	通过大量的实际案例对中国零售业态的升级转型之路提出思考
餐饮·服装·影院			
餐饮新营销 杨　勇　程绍珊　著	聚焦餐饮企业转型，系统的餐饮企业营销管理体系	电影院的下一个黄金十年 李保煜　著	介绍了中国电影产业的运作模式以及电影院的开发、设计思路
餐饮企业经营策略第一书 吴　坚　著	阐述餐饮企业产品之道、市场之道、顾客之道及盈利之道	赚不赚钱靠店长，从懂管理到会经营 孙彩军　著	注重专卖店的经营思路拓展，门店管理细节方面能力提升
农牧业			
一、农资			
饲料营销有方法 陈石平　著	饲料营销的7大核心命题	农资营销实战全指导 张　博　著	深度营销在农资市场行之有效的营销策略和工具
新农资如何弯道超车 刘祖轲　著	从农业产业化、互联网转型、行业营销与经营突破		

续表

书名	内容	书名	内容
二、农牧企业			
中国牧场管理实战 黄剑黎　著	牧场管理标准、管理制度、操作规程做出剖析和指引	中小农业企业品牌战法 韩　旭　著	农业企业需要全产业链视野，更需要品牌实战方法
变局下的农牧企业9大成长策略 彭志雄　著	为农牧企业量身打造了9个立足现在、展望未来的成长策略	农产品营销实战第一书 胡浪球　著	针对33个农产品营销的核心问题提供具体招数
地产·汽车			
一、地产			
中国城市群房地产投资策略 吕俊博　刘　宏　著	挖掘主要城市群的现状特征、发展因子、演化趋势、竞争关系等，给出分析建议	产业园区/产业地产：规划、招商、实战运营 阎立忠　著	认知、规划、招商、运营四方面系统解读产业园区的建设精要和运营技巧
人文商业地产策划 戴欣明　著	“全球化视野（创意）”+“人文+”思维		
二、汽车			
商用车经销商运营实战 杜建君　著	对商用车经销商的经营与管理、4S店运营做了全方面的系统总结	汽车配件这样卖 俞士耀　著	适合轮胎、机油、维修、快保、美容、洗车等汽车服务业态销售实操办法
润滑油销售：这样说，这样做更有效 张金荣　著	总结润滑油销售面对三大客户常遇到的200余个营销问题解决方法		
投资理财·收购资本			
交易心理分析 马克·道格拉斯【美】　著	一语道破赢家的思考方式，并提供了具体的训练方法	财报背后的投资机会 蒋　豹　著	零基础轻松掌握财务报表的相关知识，快速入门
写给企业家的公司与家庭财务规划 周荣辉　著	以企业的发展周期为主线，写各阶段企业与企业主家庭的财务规划	分股合心 段　磊　周　剑　著	围绕股权激励，详细介绍相关知识和实行方法
成功并购300问 浩德并购军师联盟　著	系统学习资本运作和企业并购知识的金融工具书	并购名著阅读指南 叶兴平　著	全球5000多本并购图书中精选200本并进行评价
阿米巴			
阿米巴经营的中国模式 李志华　著	基于阿米巴经典理念提出了适合中国本土的员工自主经营的“1532”模型	集团化企业阿米巴实战案例 初勇钢　著	作者在某酒厂推行阿米巴经营模式的心得
中国式阿米巴落地实践之激活组织 胡八一　著	划分原则、裂变与整合、组织管控、重新定位、巴长竞聘和组阁	中国式阿米巴落地实践之从交付到交易 胡八一　著	从6个方面阐述经营会计，从交付到交易是成功实施阿米巴的标志
中国式阿米巴落地实践之持续盈利 胡八一　著	企业做平台、平台做成阿米巴、阿米巴做成合伙制		

续表

人力资源管理			
一、绩效·薪酬			
书名	内容	书名	内容
回归本源看绩效 孙　波　著	从目的和概念帮助企业梳理绩效管理与经营的关系	走出薪酬管理误区 全怀周　著	7个常见薪酬误区入手为企业提供一套系统解决方法
曹子祥教你做绩效管理 曹子祥　著	作者核心授课课程的还原，掌握绩效管理的核心内容	曹子祥教你做激励性薪酬设计 曹子祥　著	作者28年咨询经验总结，如何进行科学的薪酬体系设计
二、招聘·面试·培训			
把招聘做到极致 远　鸣　著	多年人力资源资深招聘经理多年工作心得提炼	把面试做到极致 孟广桥　著	一套实用的确定岗位招聘标准、提升面试官技能方法
人才评价中心漫画版 邢　雷　著	用漫画形式写成的人才测评专业书籍	世界500强资深培训经理人教你做培训管理 陈　锐　著	从构建培训体系、培训组织、培训文化、开发培训资源教你做培训管理
三、HR高管·劳动法			
经营型HRD 黄渊明　著	总结企业HRD如何支撑企业经营成功抓好七件关键事情	人才供应链：实现高绩效均衡的人才管理模式 许　锋　著	打造人才供应链的四大支柱，十项修炼的完整体系
新任HR高管如何从0到1 新　海　著	到互联网创业型企业担任HRVP，从0到1建立较完善的HR体系	人力资源体系与e-HR信息化建设 刘书生　陈　莹 王美佳　著	6大框架、28个关注点、5大目标、6大优势、166个交付物咨询体系和盘托出
集团化人力资源管理实践 李小勇　著	针对集团型企业人力资源管理急问题，提出科学建议	我的人力资源管理笔记 张　伟　著	第三方咨询视角跳出“技术方法”看人力资源管理
人力资源的5分钟劳动法 李皓楠　著	入职管理、在职管理、离职管理中遇到的劳动法问题及应对		
四、HRBP			
HRBP是这样炼成的之菜鸟起飞 黄渊明　著	作者在初步转型HRBP两年时间里摸索实践的亲身经历与总结	HRBP是这样炼成的之中级修炼 黄渊明　著	结合作者亲身从事HRBP的工作经历，总结HRBP的作战故事
HRBP高级修炼 黄渊明　著	故事方式，HRD角度深度呈现运用HRBP的思维、方法		
企业文化			
企业文化落地本土实践 王祥伍　著	华夏基石“知信行”模型描绘企业文化落地路线图	企业文化的逻辑 王祥伍　著	从文化起源深刻剖析文化、效率、企业、企业文化联系
企业文化定位·落地一本通 王明胤　著	企业文化理念传播和落地聚焦的17种方法，解读了近100个实战案例	36个拿来就用的企业文化建设工具 海融心胜　著	汇集整理了36个通用的企业文化实践工具

续表

书名	内容	书名	内容
企业文化激活沟通 宋杼宸　安　琪　著	系统阐述沟通与企业文化的关系，给予企业提升沟通效能的企业文化解决方案	**企业文化建设超级漫画版** 邢　雷　著	用漫画形式写成的企业文化建设专业书籍，理论体系和 29 个具体的操作方法
在组织中绽放自我 朱仁建　著	个人与组织之间的关系，文化对组织化形成的影响		
流程管理			
营销·研发·供应链业务架构与流程管理 谭勋晖　著	对营销、研发、供应链这三大业务流程变革实践经验总结	**打造集成供应链** 王春强　著	第一用力在“集成”上，梳理内外部各相关模块及其依赖关系
人人都要懂流程 金国华　余雅丽　著	50 幅流程管理漫画，内部对流程价值理念的高度共识	**用流程解放管理者** 张国祥　著	8 个板块构成，共 66 篇文章，14 幅流程管理图
用流程解放管理者 2 张国祥　著	对中小企业规范化流程管理进行系统的阐述	**跟我们学建流程体系** 陈立云　罗均丽　著	在《跟我们做流程管理》基础上丰富了标杆实践案例
16949 质量管理体系落地与全套文件汇编 谭洪华　著	对 IATF16949 每个条款讲解采用理解、作用、落地、模板、成功案例四个模块解析	**ISO9001：2015 制造业文件模板全集** 贺红喜　著	五篇内容组成的完整的质量管理体系工具文件
精益质量管理实战工具 贺小林　著	四个方面对精益质量管理进行了全方位介绍和解读，并提供大量方法工具	**五大质量工具详解及运用案例** 谭洪华　著	APQP、FMEA、MSA、SPC、PPAP 这五大质量工具的具体运用
IATF16949 质量管理体系详解与案例文件汇编 谭洪华　著	针对 IATF16949 的标准原文做详细解说，同时提供大量表单案例	**SA8000：2014 社会责任体系认证实战** 吕　林　著	将 SA8000 多版本及 10 多年的体系实战经验汇编成书
ISO9001：2015 新版质量管理体系解读与案例文件汇编 谭洪华　著	ISO9001：2015 新版标准理解和运用操作进行详细解读	**ISO14001：2015 新版环境管理体系解读与案例文件汇编** 谭洪华　著	ISO14001：2015 改版后的差别和操作运用进行详细讲解
精益生产			
一、精益·JIT·IE			
精益思维 刘承元　著	作者二十余年企业经营和咨询管理的经验总结	**比日本工厂更高效** 刘承元　著	管理提升无极限＋超强经营力＋精益改善里的成功实践
计划与物流精益改善之道 于晓光　著	围绕“计划与物流战略咨询的方法论”进行解析，提供方法论和案例	**300 张现场图看懂精益 5S** 乐　涛　著	通过日本丰田、上市企业案例，用 300 张现场图系统讲解 5S 管理
3A 顾问精益实践 1：IE 与效率提升 党新民　苏迎斌　蓝旭日　著	系统、全面地介绍 IE 工厂管理技术，提高效率创造价值	**3A 顾问精益实践 2：JIT 与精益改善** 肖智军　党新民　著	系统、全面地介绍 JIT 生产方式，并加入实践案例
高员工流失率下的精益生产 余伟辉　著	从三方面论述推行精益管理时如何应对员工流失		

续表

书名	内容	书名	内容
二、生产管理			
化工企业工艺安全管理实操 黄　娜　著	围绕化工工艺安全14要素来展开分析	手把手教你做专业生产经理 黄　娜　著	生产经理如何在信息流、物流、资金流三大流中开展工作
欧博心法：好工厂　靠管理 曾　伟　著	从管人篇和管事篇帮助读者解决人难管、事难控	欧博工厂案例1：生产计划管控对话录 曾　伟　曾子豪　著	工厂管理生产计划管控模块的8个全景细节大案例
欧博工厂案例2：品质技术改善对话录 曾　伟　曾子豪　著	工厂管理品质、技术、效率管理模块的10个全景细节大案例	欧博工厂案例3：员工执行力提升对话录 曾　伟　曾子豪　著	工厂管理人员管控模块的5个全景细节大案例
工厂管理实战工具 曾　伟　著	中国传统文化指导下的工厂管理工具		
全能型班组：城市能源互联网与电力班组升级 国网天津电力公司　著	从互联网时期的班组转型升级出发，对新型班组组织模式和运行机制进行设想	国网天津电力全能型班组建设实务 国网天津电力公司　著	聚焦天津电力公司在探索全能型班组转型升级时的优秀实践
车间人员管理那些事儿 岑立聪　著	小事入手把基层车间管理者头疼的事务打包解决		
咨询·培训师			
培训师事业长青之道 廖信琳　著	培训师自我管理的“洋葱模型”，十项内容与五个层级	管理咨询师的第一本书 熊亚柱　著	深度剖析初级入行咨询师在工作中会遇到的问题
资深管理咨询顾问工作心得 张国祥　著	使用手册讲述咨询师如何操作项目，老板如何选择咨询师，企业如何自主落地	手把手教你做顶尖企业内训师 熊亚柱　著	从开、控、收、编、制、用的角度去践行培训师的职责
TTT培训师精进三部曲上 廖信林　著	手把手教您“深度改善现场培训效果”的一招一式	TTT培训师精进三部曲中 廖信林　著	建构一整套培训课程设计与开发的认知架构和方法体系
TTT培训师精进三部曲下 廖信林　著	通过“沉淀职业功力的六度模型”，帮助培训师在职业技能上的持续精进		
产品·研发			
研发体系改进之道 靖　爽　陈年根 马鸣明　著	取材数十家企业研发改进的咨询实践，提炼一套实操的改进步骤与工具	新产品开发管理，就用IPD（升级版） 郭富才　著	把产品经营的思想凝结在新产品开发管理机制中，升级版更丰富
产品开发管理：方法·流程·工具 任彭枞　著	结合超过300家企业的实际研发管理方法，总结问题和方法，大量表格	资深项目经理这样做新产品开发管理 秦海林　著	采用过程管理方法，对新产品开发的四大过程进行分析，主要针对小电器产品
产品炼金术Ⅰ：如何打造畅销产品 史贤龙　著	如何打造畅销产品的四个方法	产品炼金术Ⅱ：如何用产品驱动企业成长 史贤龙　著	经营者视角重新认识产品，对产品现状快速诊断
中东历史与现状二十讲 黄民兴　著	对中东几千年的历史和动荡的现状进行了一个白描	非暴力抵抗的诞生 甘　地　著	甘地南非21年为印度侨民争取政治权利的艰苦历程